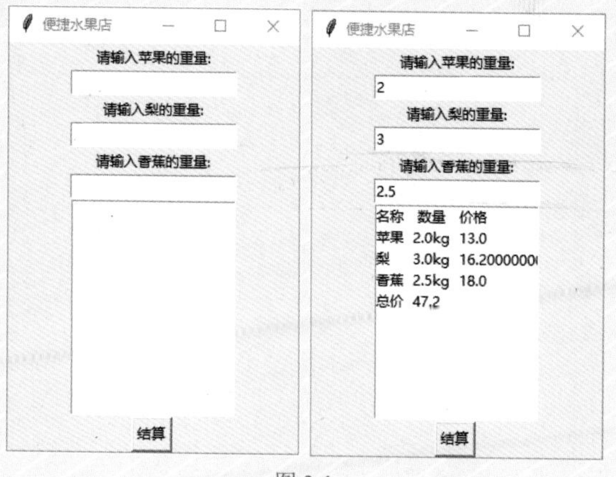

图 2-1

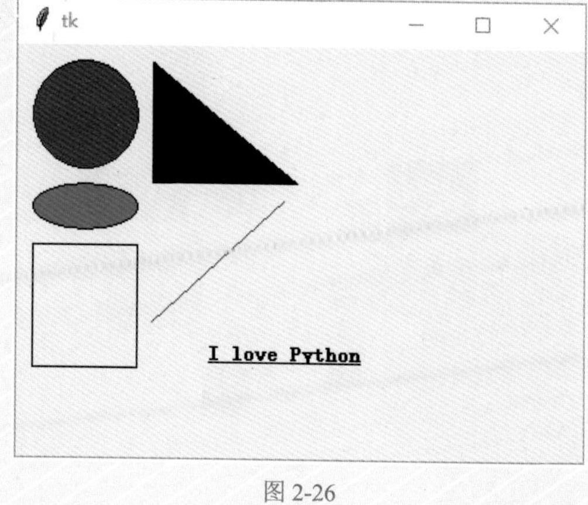

图 2-26

图 6-34

图 6-35

图 6-36

图 6-41

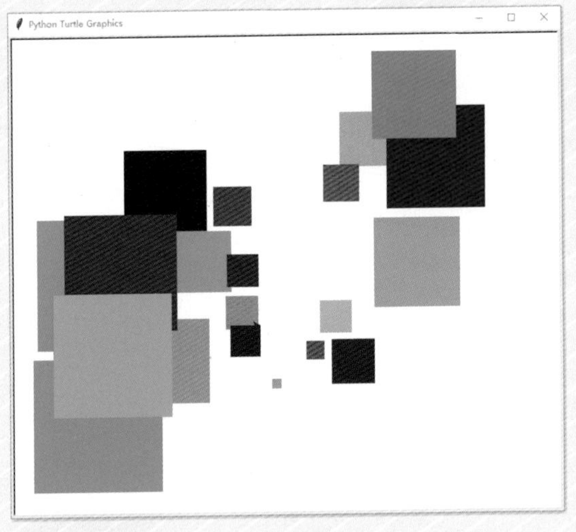

图 8-1

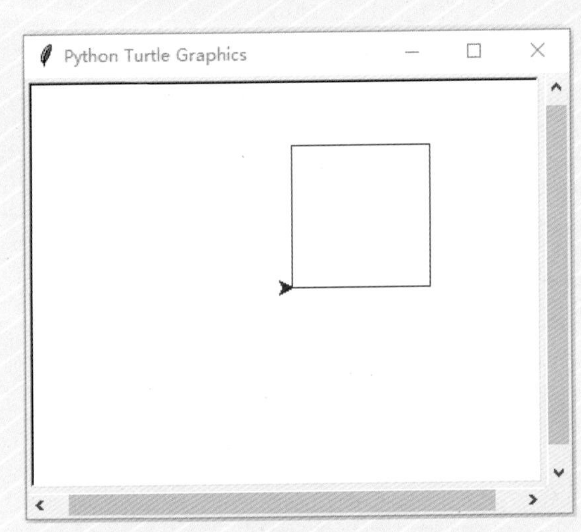

图 8-12

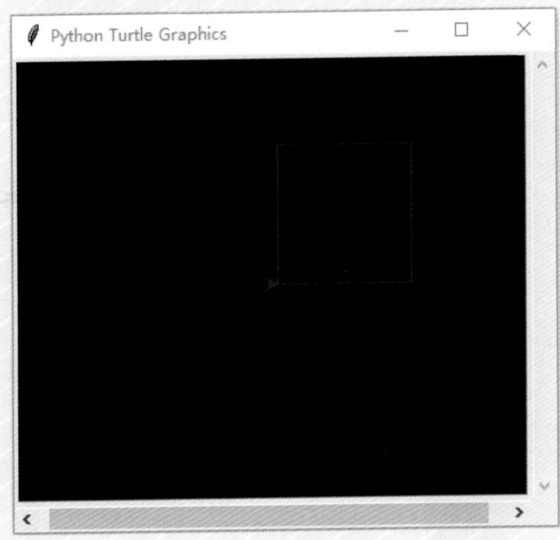

图 8-13

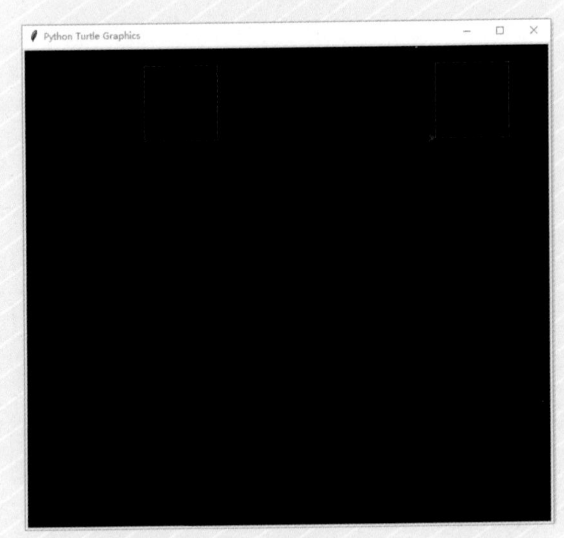

图 8-16

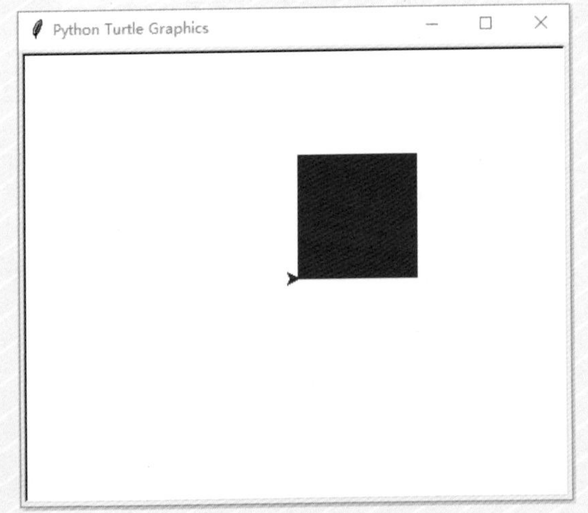

图 8-19

Python

图 8-24

图 8-27

图 8-28

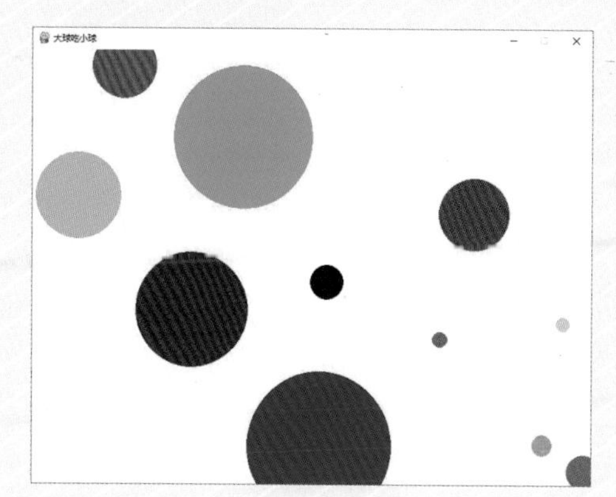

图 9-1

图 9-4

图 9-10

	City_ID	City_EN	City_CN	Province_EN	Province_CN	Admin_district_EN	Admin_district_CN	Latitude	Lon
0	CN101010100	beijing	北京	beijing	北京	beijing	北京	39.904987	116.4
1	CN101010100	beijing	北京	beijing	北京	beijing	北京	39.904987	116.4
2	CN101010200	haidian	海淀	beijing	北京	beijing	北京	39.956074	116.3
3	CN101010300	chaoyang	朝阳	beijing	北京	beijing	北京	39.921490	116.4
4	CN101010400	shunyi	顺义	beijing	北京	beijing	北京	40.128937	116.6
5	CN101010500	huairou	怀柔	beijing	北京	beijing	北京	40.324272	116.6
6	CN101010600	tongzhou	通州	beijing	北京	beijing	北京	40.324272	116.6

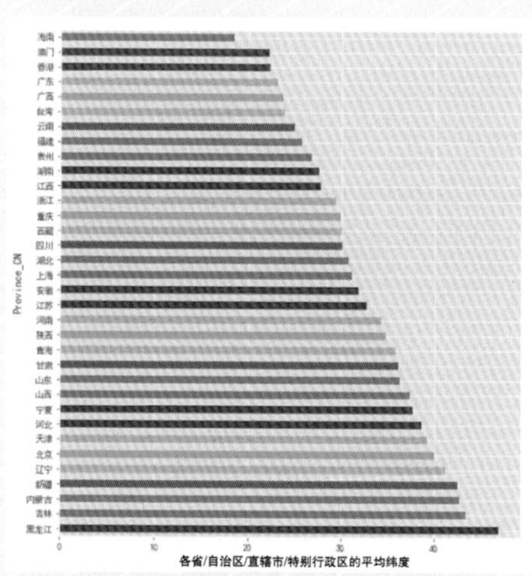

各省/自治区/直辖市/特别行政区的平均纬度

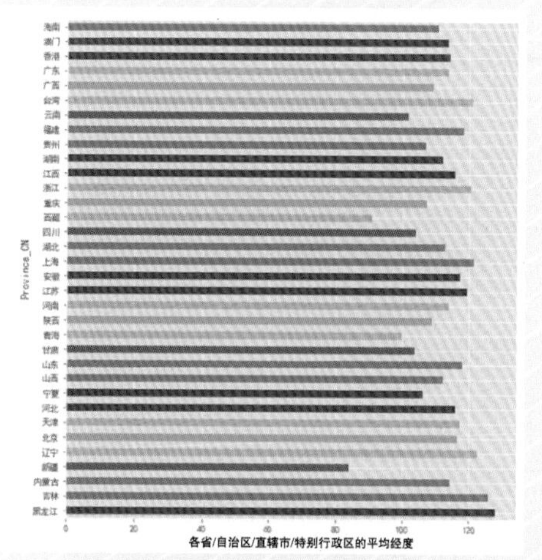

各省/自治区/直辖市/特别行政区的平均经度

图10-82

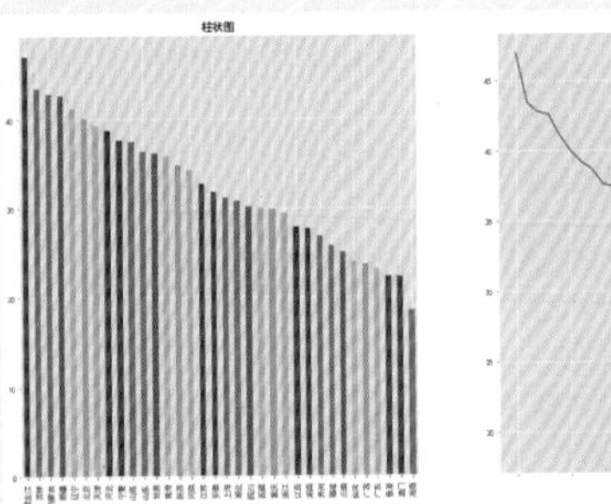
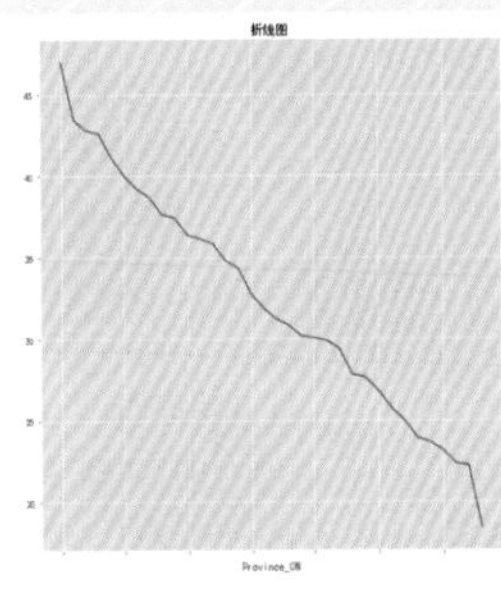

图 10-93

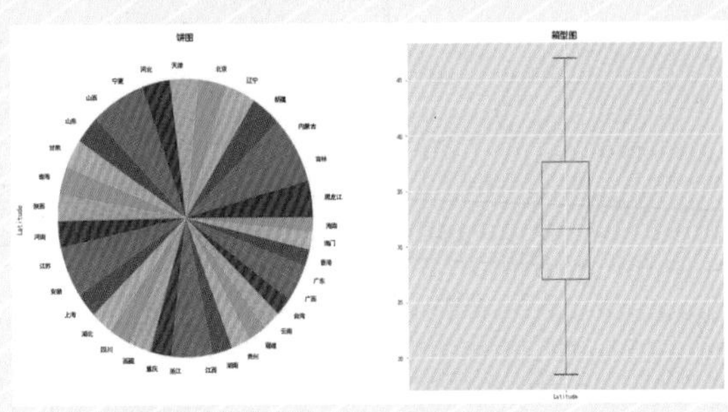

图 10-94

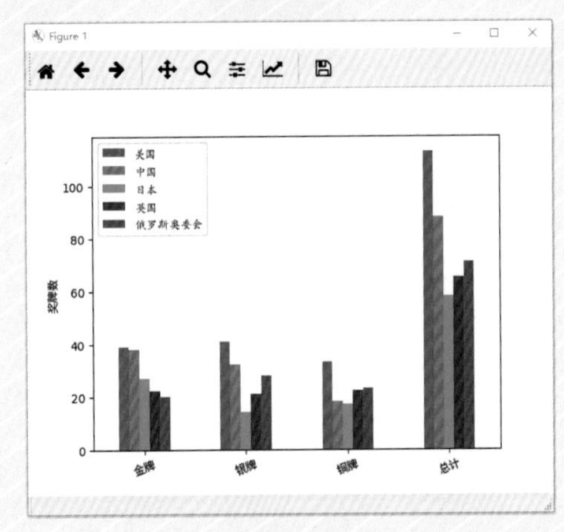

图 10-95

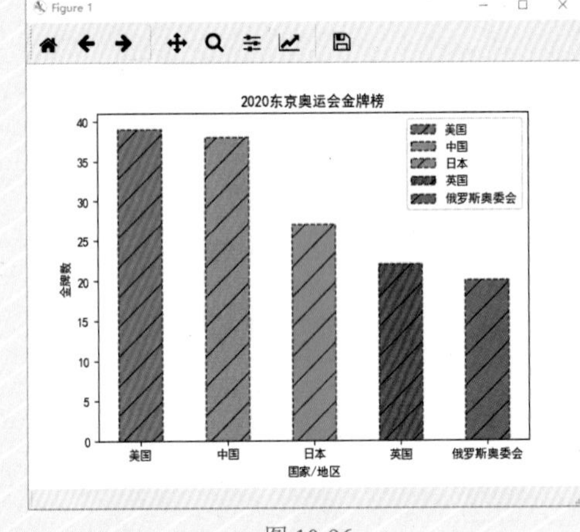

图 10-96

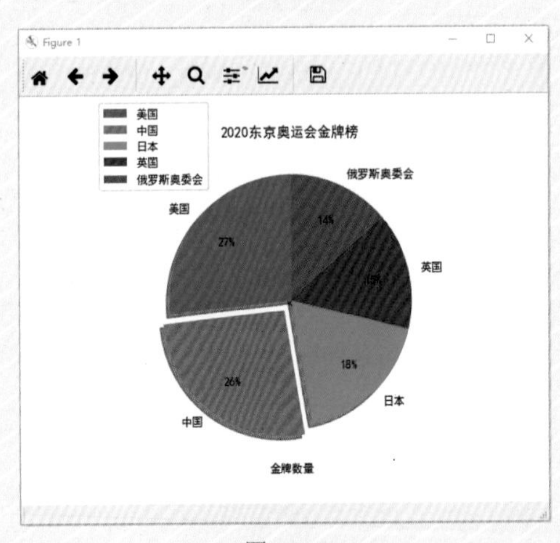

图 10-98

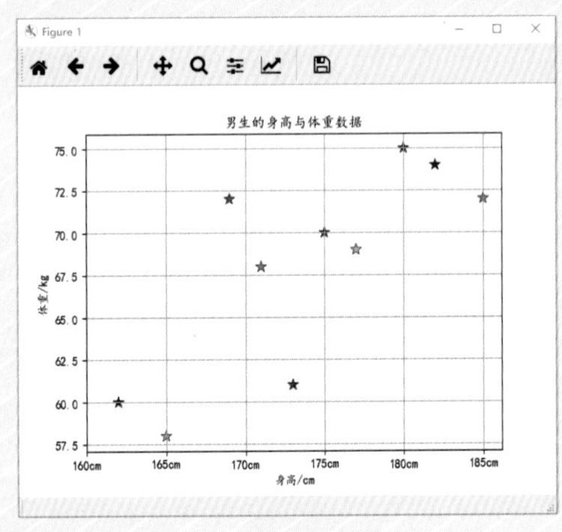

图 10-99

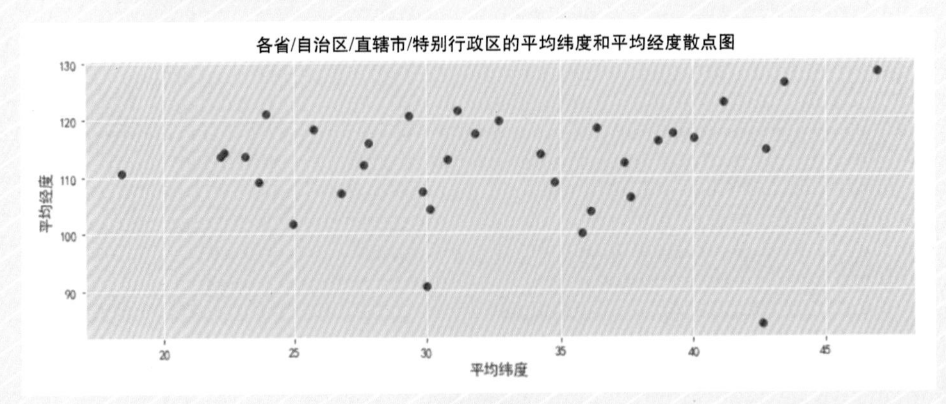

图 10-100

高等院校计算机应用系列教材

案例驱动式Python基础与应用

慕课版

金　兰　梁　洁　张　硕　陈苏红　主　编

王淑青　魏银珍　副主编

清華大学出版社

北　京

内 容 简 介

Python 是编程语言界的“万能军刀”，被广泛应用在网络爬虫、Web 开发、大数据分析与处理、数据挖掘、人工智能、游戏设计与策划、自动化运维、自动化测试、嵌入式开发等多个行业和领域。本书共分为 11 章，内容包括：初识 Python、Python 基础知识、控制结构、字符串及其方法、函数、组合数据类型、面向对象程序设计、turtle 库及其应用、pygame 库及其应用、数据分析与可视化、Python 网络爬虫。

本书沿着“案例 + 知识”这一主线，以问题为导向，采用任务驱动的模式推进。每章从案例导入，以版本层层迭代的形式将案例贯穿始终。在学习本书时，读者沿着清晰的案例路径，可以快速了解 Python 语言及应用。每章具有较完整的知识体系，章节中的“练一练”和“课后练习题”可以帮助读者进一步巩固所学知识，拓展知识的深度和广度。

本书可作为高等学校计算机科学与技术、软件工程、数据科学与大数据技术、人工智能、金融、网络新媒体专业和其他相关专业“Python 程序设计”课程的教材，也可作为程序开发人员的培训教程，还可作为全国计算机等级考试、编程爱好者的学习资料。

本书还特别为任课教师免费提供整套教学资源 (电子课件、教学视频、全部程序源代码和习题参考答案等)，学银在线 (http://www.xueyinonline.com) 的慕课课程“案例驱动式 Python 基础与应用”可与本书配套学习。

本书封面贴有清华大学出版社防伪标签，无标签者不得销售。
版权所有，侵权必究。举报：010-62782989，beiqinquan@tup.tsinghua.edu.cn。

图书在版编目(CIP)数据

案例驱动式Python基础与应用：慕课版/金兰等主编. —北京：清华大学出版社，2022.6 (2024.8重印)
ISBN 978-7-302-60851-6

Ⅰ. ①案…　Ⅱ. ①金…　Ⅲ. ①软件工具—程序设计—高等学校—教材　Ⅳ. ①TP311.561

中国版本图书馆 CIP 数据核字(2022)第 081455 号

责任编辑： 刘金喜
封面设计： 高娟妮
版式设计： 孔祥峰
责任校对： 成凤进
责任印制： 刘海龙

出版发行： 清华大学出版社
网　　址：https://www.tup.com.cn, https://www.wqxuetang.com
地　　址：北京清华大学学研大厦 A 座　　邮　　编：100084
社 总 机：010-83470000　　邮　　购：010-62786544
投稿与读者服务：010-62776969，c-service@tup.tsinghua.edu.cn
质 量 反 馈：010-62772015，zhiliang@tup.tsinghua.edu.cn
印 装 者：三河市天利华印刷装订有限公司
经　　销：全国新华书店
开　　本：185mm×260mm　　印　　张：24.75　　插　　页：2　　字　　数：633 千字
版　　次：2022 年 8 月第 1 版　　印　　次：2024 年 8 月第 3 次印刷
定　　价：89.00 元

产品编号：092290-01

前　言

Python是一门免费、开源的跨平台编程语言，已经有三十多年的发展历史。Python既拥有简洁和清晰的语法特点，还拥有丰富和强大的第三方生态库，近年来拥有了众多狂热的支持者，并在TIOBE编程语言排行榜上稳步上升，跃居前三。在Stack Overflow上Python的排名也在数年间跃居第一名。Python是编程语言界的"万能军刀"，被广泛应用在网络爬虫、Web开发、大数据分析与处理、数据挖掘、人工智能、游戏设计与策划、自动化运维、自动化测试、嵌入式开发等多个行业和领域。目前业内几乎所有大中型互联网公司都在使用Python。

课程宣传

本书是湖北省一流本科课程"案例驱动式Python基础与应用"(线上课程)的配套教材。在课程制作前，课程团队调研走访了证券、银行、科技、教育和服务外包类企业，其中有中泰证券股份有限公司、星环科技公司、上海浦发银行、中软国际武汉分公司和东软睿道教育信息技术有限公司等五家企业，聆听了企业对于Python相关就业岗位的能力需求，Python的优势、特色和应用场景，以及Python的发展前景和趋势。

基于前期的调研，课程团队在选取课程知识和设计课程案例时，经历了反复的讨论和打磨，制作了10个兼具科技与趣味的案例。课程以实际案例为主线，以问题为导向，按需引入知识点，构建模块化的知识体系。每个案例实现过程的视频，可以通过扫描书中对应部分的二维码观看学习。通过线上课程的学习，读者可以轻松、快速地入门Python语言，激发学习兴趣，同时提高自己在不同应用领域内运用Python分析和解决问题的能力。

企业采访

多数学生在快速入门Python语言并进行应用后，又需要进一步拓展知识的广度和深度，形成更加完整的知识结构和体系，基于这一现状，本书应运而生。本书沿着"案例+知识"主线，以问题为导向，采用任务驱动的模式推进。每个案例都设计了2～4个层层递进的迭代版本，每个版本解决两三个问题，从而引出每个问题需要运用的知识点，然后按照知识体系讲解知识点，最后运用这些知识点解决案例中提出的问题。

本书共分为11章，内容包括：初识Python、Python基础知识、控制结构、字符串及其方法、函数、组合数据类型、面向对象程序设计、turtle库及其应用、pygame库及其应用、数据分析与可视化、Python网络爬虫。本书的第2～11章，每章有一个贯穿始终的案例，章节知识与案例的对应关系如下表所示。

章节	案例
第1章 初识Python	
第2章 Python基础知识	案例1 便捷水果店
第3章 控制结构	案例2 健康小助手BMI
第4章 字符串及其方法	案例3 居民身份证
第5章 函数	案例4 通讯录
第6章 组合数据类型	案例5 词频统计
第7章 面向对象程序设计	案例6 电子宠物
第8章 turtle库及其应用	案例7 神奇的抽象画
第9章 pygame库及其应用	案例8 大球吃小球游戏
第10章 数据分析与可视化	案例9 中国城市数据
第11章 Python网络爬虫	案例10 豆瓣网电影信息的爬取

本书可作为高等学校计算机科学与技术、软件工程、数据科学与大数据技术、人工智能、金融、网络新媒体专业和其他相关专业“Python程序设计”课程的教材，也可作为程序开发人员的培训教程，还可作为全国计算机等级考试、编程爱好者的学习资料。

本书还特别为任课教师免费提供整套教学资源(电子课件、教学视频、全部程序源代码和习题参考答案等)，读者可通过扫描下方二维码下载。教学视频可通过扫描书中二维码观看。学银在线(http://www.xueyinonline.com)的慕课课程“案例驱动式Python基础与应用”可与本书配套学习。

教学资源下载

本书由金兰、梁洁、张硕、陈苏红任主编，王淑青、魏银珍任副主编。其中第1章由金兰、王淑青共同编写，第2、5、7章由梁洁编写，第3、8、9章由张硕编写，第4、6、10章由金兰编写，第11章由陈苏红、魏银珍共同编写。全书由金兰负责统稿和校订。

在本书的编写过程中得到了许多同行的帮助，特别感谢广东海洋大学的王淑青老师给我们的课程和教材提出了许多宝贵的意见。同时，在本书的编写过程中，还参阅了许多资料，在此衷心地感谢相关作者。

因编者水平有限，书中难免会有疏漏之处，恳请广大读者给予指正。

编　者

2021年11月

目 录

第1章 初识Python

Python是面向对象的解释型计算机程序设计语言，具备简单易学、免费开源、可移植性强、丰富和强大的类库等众多特性。目前已从众多的编程语言中脱颖而出，在多个领域占据一席之地。

1.1 Python简史

Python的创始人为荷兰人Guido van Rossum(吉多•范罗苏姆)。1989年圣诞节期间，在阿姆斯特丹，Guido为了打发圣诞节的无趣，决心开发一个新的脚本解释程序，作为ABC(ABC是由Guido参加设计的一款教学语言)的继承。就Guido本人看来，ABC这种语言非常优美和强大，是专门为非专业程序员设计的。但是ABC语言并没有成功，究其原因，Guido认为是其非开放性造成的。Guido决心在Python中避免这一失误。同时，他还想实现在 ABC中闪现过但未曾实现的东西。就这样，Python在Guido手中诞生了。Python(大蟒蛇的意思)这一名称取自英国20世纪70年代首播的电视喜剧《蒙提•派森的飞行马戏团》(*Monty Python's Flying Circus*)。

1.2 Python的优缺点

Python的优点很多，可总结为以下几点。

(1) 免费开源：Python的使用和分发是完全免费的。但免费并不代表无支持，Python的在线社区对用户需求的响应和商业软件一样快。而且，由于Python完全开放源代码，提高了开发者的实力，并产生了一个强大的专家团队。尽管学习研究或改变一个程序语言并不是对每一个人都有趣，但是当知道有源代码和无尽的文档资源可以提供帮助时，还是会感到非常欣慰。

(2) 语法简洁：实现相同的功能时，Python的代码行数仅相当于其他语言(C++或Java)代码的1/5～1/3。

(3) 可移植性强：绝大多数的Python程序无须任何改变就可以在所有主流计算机平台上运行。例如，在Linux和Windows之间移植Python代码，只需简单地在机器间复制代码即可。

(4) 类库丰富：Python解释器提供了几百个内置类库。由于Python倡导开源理念，世界各地的程序员通过开源社区贡献了十几万个第三方库，几乎覆盖了计算机技术的各个领域。编写Python程序可以大量调用已有的内置或第三方库，从而实现了良好的编程生态。

(5) “胶水”语言：Python具有良好的扩展性，可以集成C/C++、Java等语言编写的代码，通过接口和库等方式将这些代码“粘起来”，整合在一起。

Python语言的缺点主要体现在执行效率稍低，因此计算密集型任务时可以用C/C++语言编写代码。

1.3 Python的版本

目前，市面上Python 2和Python 3两个版本并行。Python 2于2000年10月16日发布，Python 3于2008年12月3日发布，此版本不兼容之前的Python 2源代码。由于Python 3不兼容Python 2，在Python 3的开发环境中运行Python 2代码会出现异常，因此给学习者带来了很多困惑。

Python官方已于2020年1月1日停止对Python 2的支持。Python 3已推出10年以上，非常成熟，建议读者直接学习Python 3，本书的所有代码全部用Python 3编写。

1.4 Python的应用领域

Python的应用领域极其广泛。下面介绍Python的主要应用领域。

1) Web开发

Python是Web开发的主流语言，与JS、PHP等广泛使用的语言相比，Python的类库丰富、使用方便，能够为一个需求提供多种方案。随着Python的Web开发框架(Django、Flask等)逐渐成熟，开发人员可以快速地开发和管理功能强大的Web应用。

2) 科学计算与数据分析

随着numpy、scipy、matplotlib等众多库的引入和完善，Python被广泛应用于科学计算与数据分析。它不仅支持各种数学运算，还支持绘制高质量的2D和3D图像。与科学计算领域流行的商业软件MATLAB相比，Python的应用范围更广泛。

3) 云计算

Python的强大之处在于模块化，而构建云计算平台基础设施即服务(IaaS)的OpenStack就是采用Python开发的。

4) 网络爬虫开发

网络爬虫可以在很短的时间内，获取互联网上的有用数据，节省大量的人力资源。Python自带的urllib库、第三方requests库、Scrapy框架等让网络爬虫开发变得非常容易。

5) 人工智能

Python是人工智能领域的机器学习、深度学习等方面的主流编程语言，流行的深度学习框架PyTorch、TensorFlow都采用了Python语言。

6) 自动化运维

早期运维工程师大多使用Shell编写脚本，如今Python已成为运维工程师的首选语言。Python作为标准的系统组件，被集成到大多数Linux发行版和macOS中，可以在终端下直接运行Python。Python标准库包含了多个调用操作系统功能的库。通过pywin32，Python能够访问Windows的COM服务及其他Windows API。通过IronPython，Python程序能够直接调用.NET Framework。一般来说，用Python编写的系统管理脚本在可读性、性能、代码重用度、扩展性方面都优于Shell脚本。

7) 服务器软件(网络软件)

Python对于各种网络协议的支持很完善，因此经常被用于编写服务器软件、网络爬虫。第三方库Twisted支持异步网络编程和多数标准的网络协议(包括客户端和服务器端)，并且提供了多种工具，被广泛用于编写高性能的服务器软件。

8) 游戏开发

Python具有较强的抽象能力，可以使用更少的代码描述游戏的业务逻辑。许多游戏开发者先利用Python或Lua编写游戏的逻辑代码，再使用C++编写图形显示等高性能模块。使用Python标准库提供的pygame模块，可以制作2D游戏。

1.5 Python环境的安装和运行

官方提供的Python解释器IDLE是一个跨平台的Python集成开发环境，它支持Windows、macOS和Linux等操作系统，几乎具备了Python开发需要的所有功能，非常适合初学者使用，且足以应付大多数简单应用。安装Python以后，IDLE会被自动安装。Python语言有两个外部函数库：标准库和第三方库。标准库随Python安装包一起发布，用户可以随时使用；第三方库经安装后才能使用。Python官方提供的pip工具使第三方库的安装十分容易。

Python 环境的安装与配置

1.5.1 Python的下载与安装

(1) 下载Python。访问Python官网的下载页面https://www.python.org/downloads/，如图1-1所示。

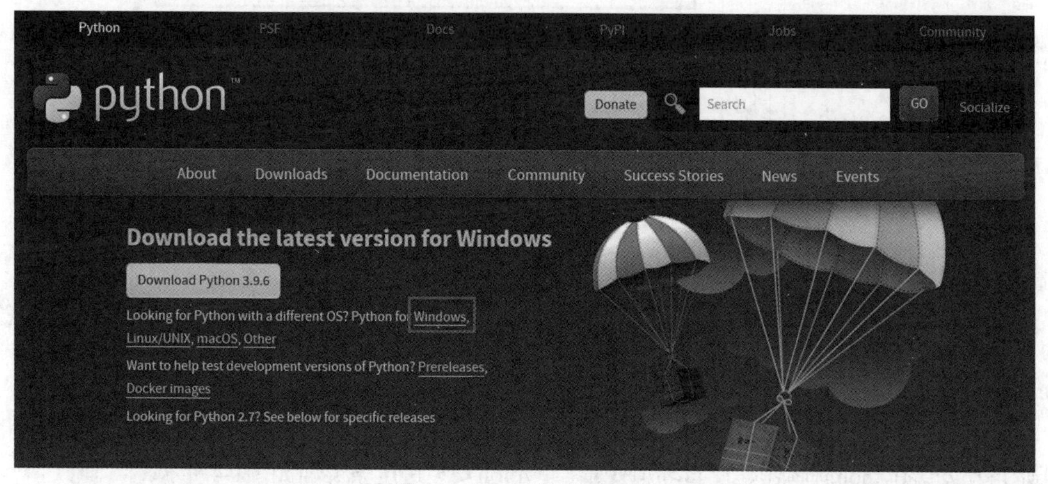

图 1-1　Python 官网下载页面

(2) 单击下载页面中的“Windows”超链接，进入Windows版本软件下载页面，下载页面有很多版本的安装包，用户可以根据自身需求下载相应的版本。图1-2所示为Python 3.7.9版本32位和64位安装包，编写本书时，选用的是Python 3.7.9版本64位安装包。

图 1-2　Python 下载列表

(3) 下载完成后，双击安装包会启动安装程序。Python 3.7.9安装界面中提供了“默认安装”和“自定义安装”两种方式，如图1-3所示。

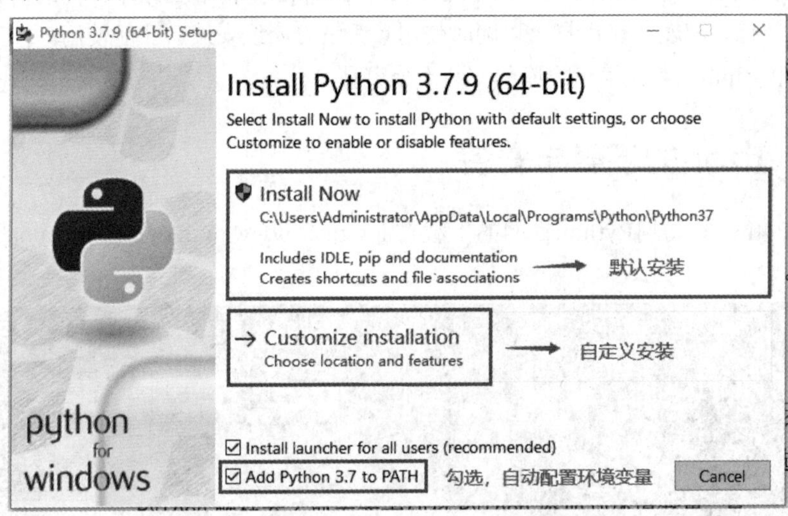

图 1-3　Python 安装界面

需要注意窗口下方的“Add Python 3.7 to PATH”选项。若勾选此选项，安装完成后Python将被自动添加到环境变量中；若不勾选此选项，则在使用Python解释器之前需先手动将Python添加到环境变量。

(4) 勾选“Add Python 3.7 to PATH”，选择“Install Now”，安装程序会在默认安装目录下开始自动安装Python解释器、配置环境变量。Python安装进度条界面如图1-4所示。

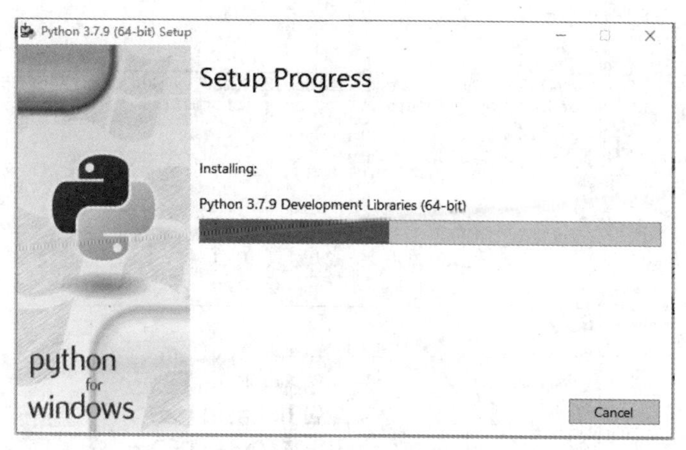

图1-4 Python安装进度界面

(5) 安装成功后的界面如图1-5所示。

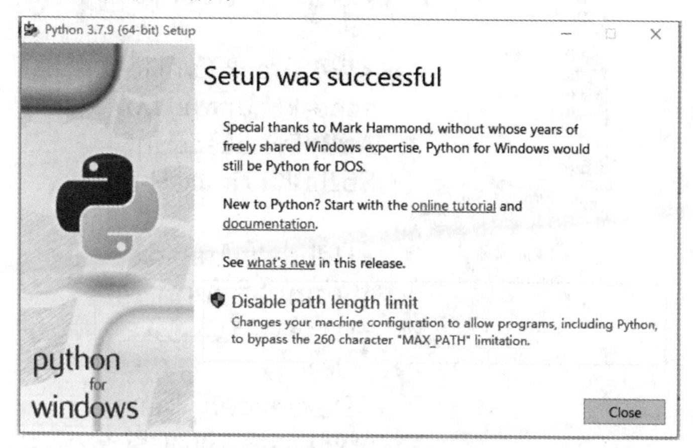

图1-5 Python安装成功界面

1.5.2 IDLE环境的使用

1. 启动IDLE

在Windows的“开始”菜单中选择“Python 3.7”→“IDLE(Python 3.7 64-bit)”，打开IDLE集成开发环境窗口，如图1-6所示。

2. 环境设置

单击“Options”菜单，选择“Configure IDLE”命令，弹出如图1-7所示的Settings对话框，从中可以设置IDLE环境相关参数，如显示字体、字号等。将IDLE环境设置为字号“20”，单击Ok按钮后，查看环境的变化。

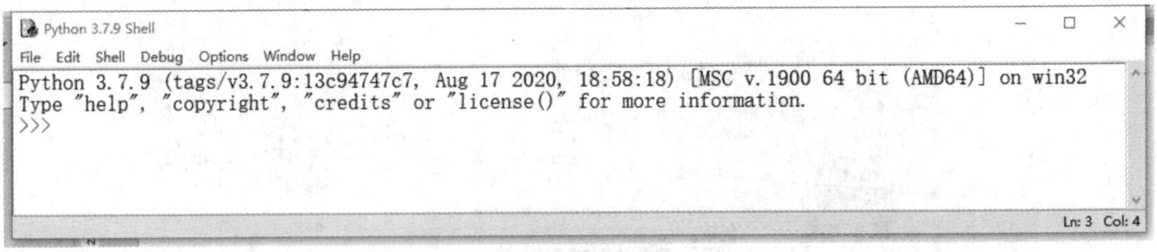

```
Python 3.7.9 Shell
File Edit Shell Debug Options Window Help
Python 3.7.9 (tags/v3.7.9:13c94747c7, Aug 17 2020, 18:58:18) [MSC v.1900 64 bit (AMD64)] on win32
Type "help", "copyright", "credits" or "license()" for more information.
>>>
Ln: 3 Col: 4
```

图 1-6 IDLE 集成开发环境窗口

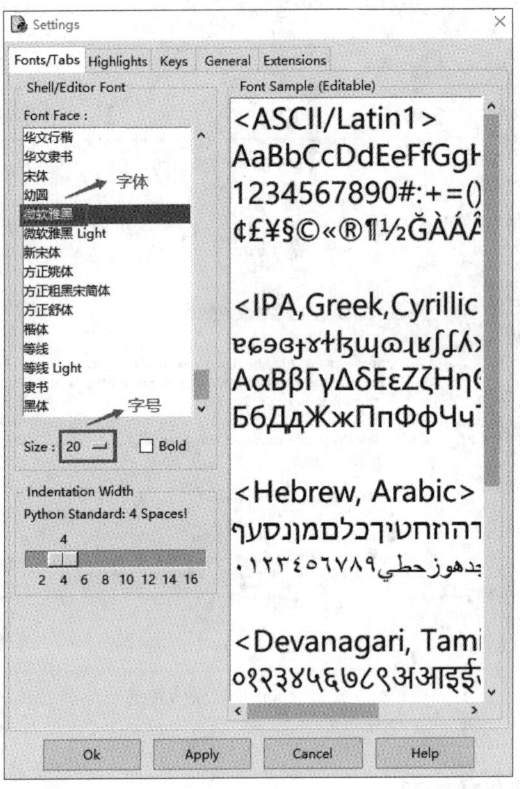

图 1-7 Settings 对话框

3. 程序运行

用户可以在Windows环境下，键入cmd命令，打开如图1-8所示的控制台下的命令提示符窗口。

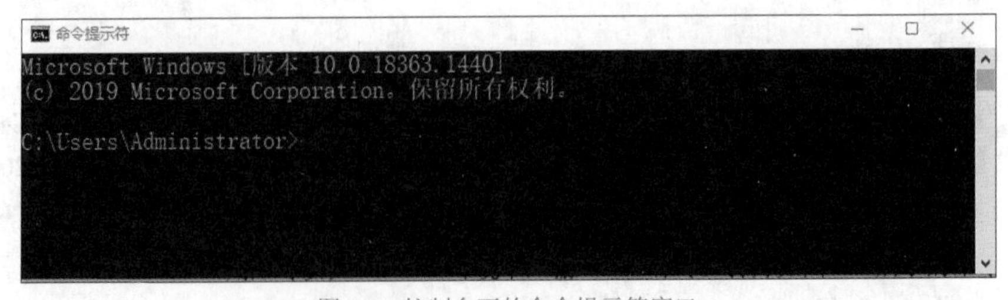

图 1-8 控制台下的命令提示符窗口

在命令提示符“C:\Users\Administrator>”的“>”后输入“python”，按Enter键，出现Python提示符“>>>”，如图1-9所示。

```
命令提示符 - python
Microsoft Windows [版本 10.0.18363.1440]
(c) 2019 Microsoft Corporation。保留所有权利。

C:\Users\Administrator>python
Python 3.7.9 (tags/v3.7.9:13c94747c7, Aug 17 2020, 18:58:18) [MSC v.1900 64 bi
t (AMD64)] on win32
Type "help", "copyright", "credits" or "license" for more information.
>>>
```

图 1-9　输入“python”后的命令提示符窗口

在“>>>”后面键入Python语句“print(2)”，按Enter键，输出结果“2”，如图1-10所示。

```
命令提示符 - python
Microsoft Windows [版本 10.0.18363.1440]
(c) 2019 Microsoft Corporation。保留所有权利。

C:\Users\Administrator>python
Python 3.7.9 (tags/v3.7.9:13c94747c7, Aug 17 2020, 18:58:18) [MSC v.1900 64 bi
t (AMD64)] on win32
Type "help", "copyright", "credits" or "license" for more information.
>>> print(2)
2
>>>
```

图 1-10　在命令提示符窗口运行 Python 语句

若要退出Python环境，在Python命令提示符“>>>”后输入“quit()”或“exit()”，再按Enter键，即退出Python环境，如图1-11所示。

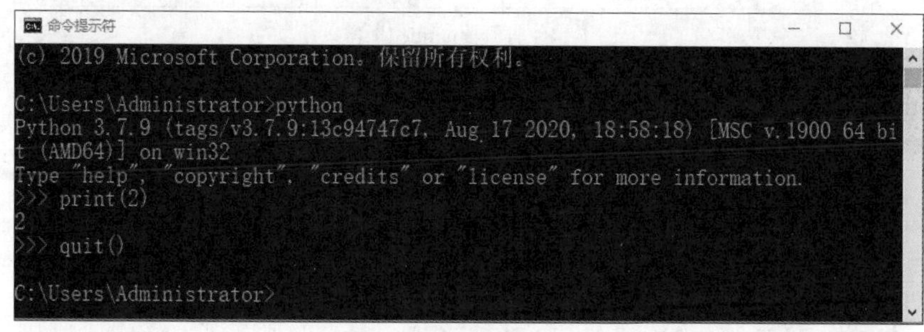

图 1-11　退出 Python 环境

在IDLE集成开发环境中运行Python程序的方式有两种：交互式和文件式。交互式即Python解释器逐行接收Python代码并即时响应；文件式即先将Python代码保存在文件中，再启动Python解释器批量解释代码。

(1) 交互式

启动IDLE，打开IDLE集成开发环境窗口，在命令提示符“>>>”后输入代码“print("Hello World")”，输出结果“Hello World”，如图1-12所示。

```
Python 3.7.9 Shell
File Edit Shell Debug Options Window Help
Python 3.7.9 (tags/v3.7.9:13c94747c7, Aug 17 2020, 18:58:18) [MSC v.1900 6
4 bit (AMD64)] on win32
Type "help", "copyright", "credits" or "license()" for more information.
>>> print("Hello World")
Hello World
>>>
Ln: 5 Col: 4
```

图 1-12　交互式运行 Python 程序

(2) 文件式

打开IDLE集成开发环境窗口，选择菜单“File”→“New File”，如图1-13所示。

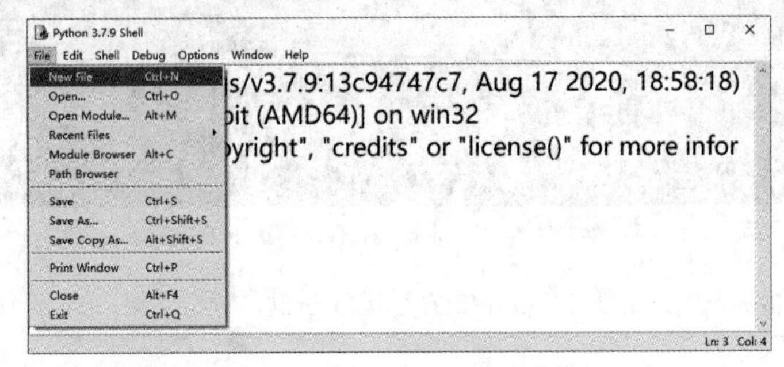

图 1-13　选择“New File”子菜单

创建并打开一个新的名为“untitled”的文件窗口，如图1-14所示。

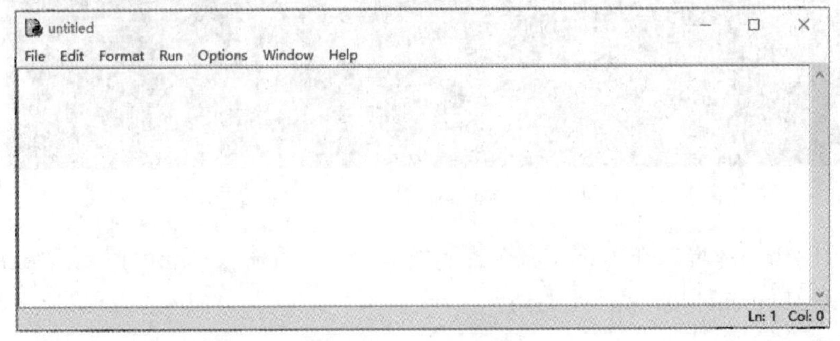

图 1-14　打开“untitled”窗口

在“untitled”文件窗口中输入代码“print("Hello World")”，如图1-15所示。

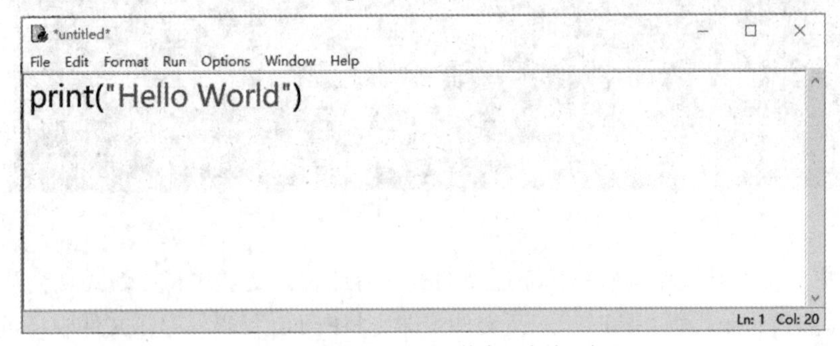

图 1-15　在“untitled”文件窗口中输入代码

单击菜单“Run”→“Run Module”，运行Python程序，如图1-16所示。

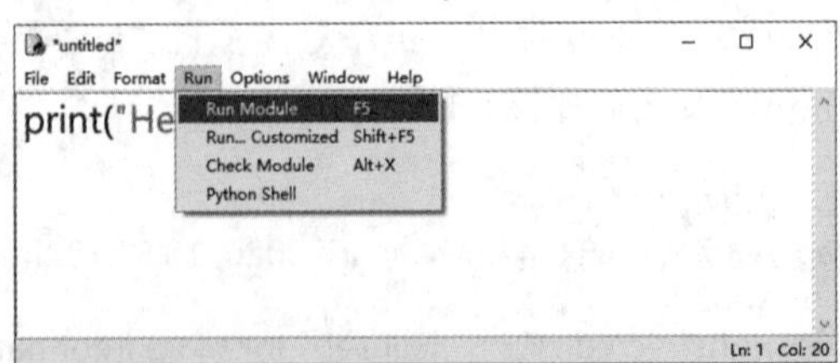

图 1-16　运行 Python 程序

弹出“Save Before Run or Check”对话框，提示用户保存该Python文件，如图1-17所示。

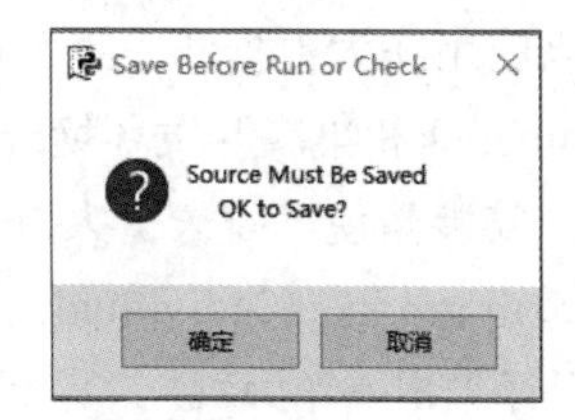

图 1-17　“Save Before Run or Check”对话框

单击“确定”按钮，弹出“另存为”对话框，选择文件存放的路径，然后在“文件名”栏输入“hello”，保存类型默认为“.py”，如图1-18所示。单击“保存”按钮。

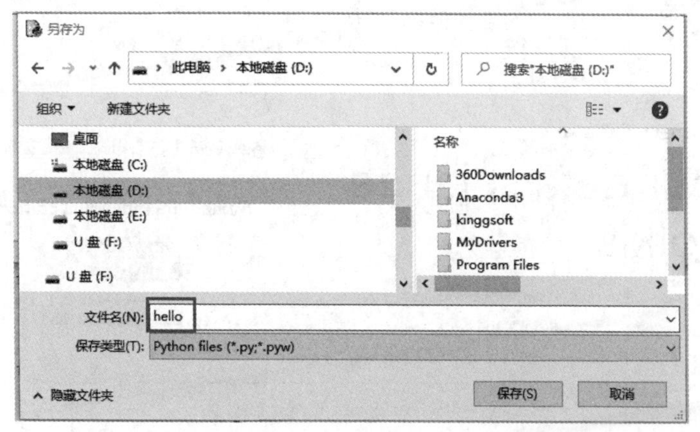

图 1-18　“另存为”对话框

在弹出运行结果的Shell界面中，输出“Hello World”，如图1-19所示。

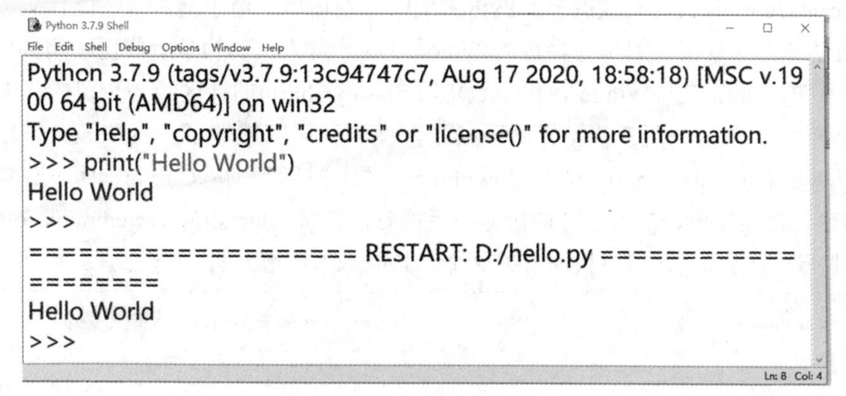

图 1-19　运行结果的 Shell 界面

1.6　其他工具介绍

支持Python的编程环境除了IDLE，还有许多实用且有特色的开发环境。

1. Anaconda：一站式的数据科学神器

Anaconda作为Python的一个集成管理工具，把Python做相关数据计算与分析所需要的模块包都集成在一起。用户只需要安装Anaconda就可以了。Anaconda是一个开源的Python发行版本，包含了180多个与数学科学相关的开源包，在数据可视化、机器学习、深度学习等方面都有涉及，不仅可以做数据分析，还可以应用在大数据和人工智能领域。安装完Anaconda后就默认安装了Python、IPython、Jupyter Notebook和集成开发环境Spyder等。总之，对于学习数据科学的人来说，Anaconda是绝对的神器，安装简便，省去了大量下载模块包的时间。Anaconda的官网下载链接是https://www.anaconda.com/products/individual。图1-20所示为Anaconda官网下载首页。更多关于Anaconda的安装与使用详见本书第9章。

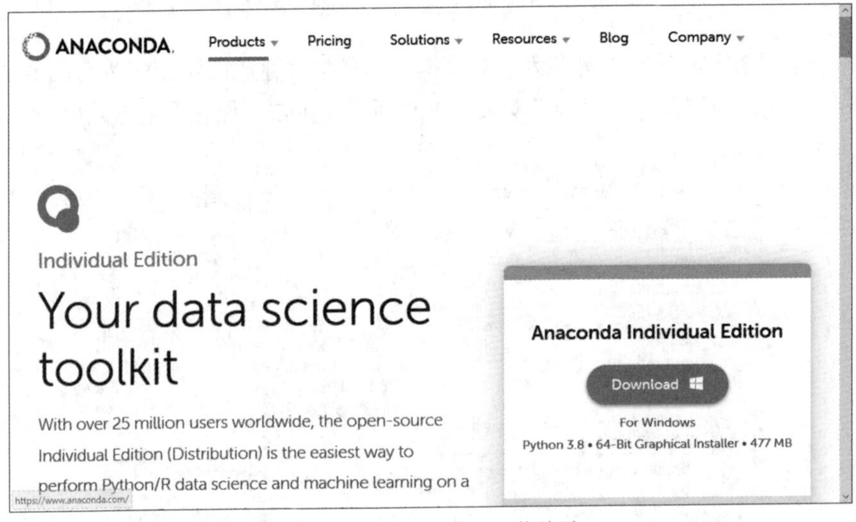

图 1-20　Anaconda 官网下载首页

2. PyCharm：Python开发神器

PyCharm是Jetbrain公司开发的一款Python集成开发环境，由于其具有智能代码编辑器、智能提示、自动导入等功能，目前已经成为Python专业开发人员和初学者广泛使用的Python开发工具。同时，PyCharm支持Windows和macOS用户。PyCharm的社区版是免费的，专业版是付费的。对于初学者来说，两者的差异微乎其微，使用社区版就够了。PyCharm的官网下载链接是https://www.jetbrains.com/pycharm/download/。图1-21所示为PyCharm官网下载首页。由于PyCharm的使用极其简单，推荐官方的快速上手视频，链接为https://www.jetbrains.com/pycharm/learn/。通过视频学习，用户可以快速掌握这个工具的基本使用方法。

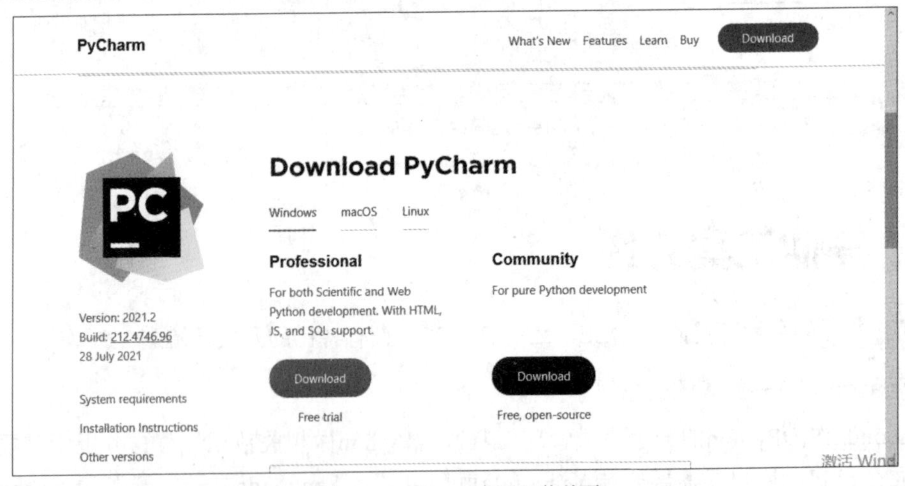

图 1-21　PyCharm 官网下载首页

本章你学到了什么

在这一章，我们主要介绍了以下内容。

- Python的简史、优缺点、版本和应用领域。
- Python环境的安装和运行。

课后练习题

一、单项选择题

1. 下列选项中，不属于Python特点的是(　　)。

   A. 简单易学　　B. 编译型语言　　C. 免费开源　　D. 类库丰富

2. 关于Python版本的描述，错误的是(　　)。

   A. Python 3完全兼容Python 2

   B. Python 2的发布时间早于Python 3

   C. 目前市面上Python 2和Python 3两个版本并行

   D. 在Python 3的开发环境中运行Python 2代码可能会出现异常

3. IDLE用来(　　)。

   A. 编辑Python程序　　B. 将Python程序保存到文件中

   C. 运行Python程序　　D. 所有上述情况

二、简答题

1. 简述Python的优缺点。
2. 简述Python 5个以上的应用领域。

三、操作题

1. 在自己的计算机上搭建Python开发环境。
2. 编写一个Python程序，显示你的姓名、地址和电话号码。

第2章 Python基础知识

案例1　便捷水果店：请为水果店开发一个收银小程序，要求能输入苹果、梨、香蕉的购买重量，计算总金额，并输出购物清单，运行结果如图2-1所示。

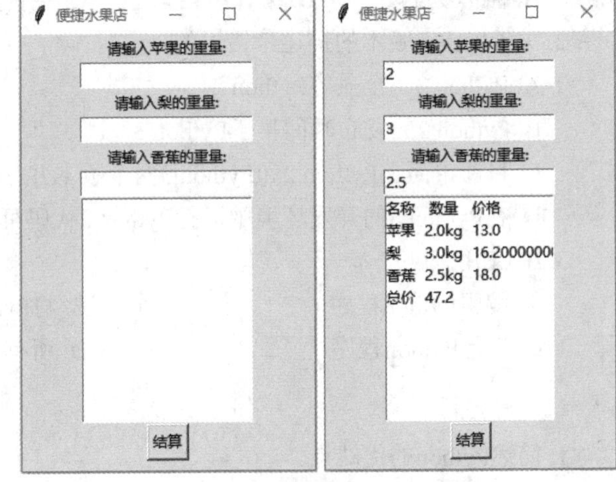

图2-1　便捷水果店运行界面截图

本案例要解决四个问题：

- 问题一：如何计算并显示购物总金额？如何让程序记住水果的单价？
- 问题二：如何输出购物清单？
- 问题三：如何实现用户在运行界面中输入水果的重量？
- 问题四：如何实现具有图形界面的便捷水果店小程序？

本案例涉及的知识点范围如图2-2所示。

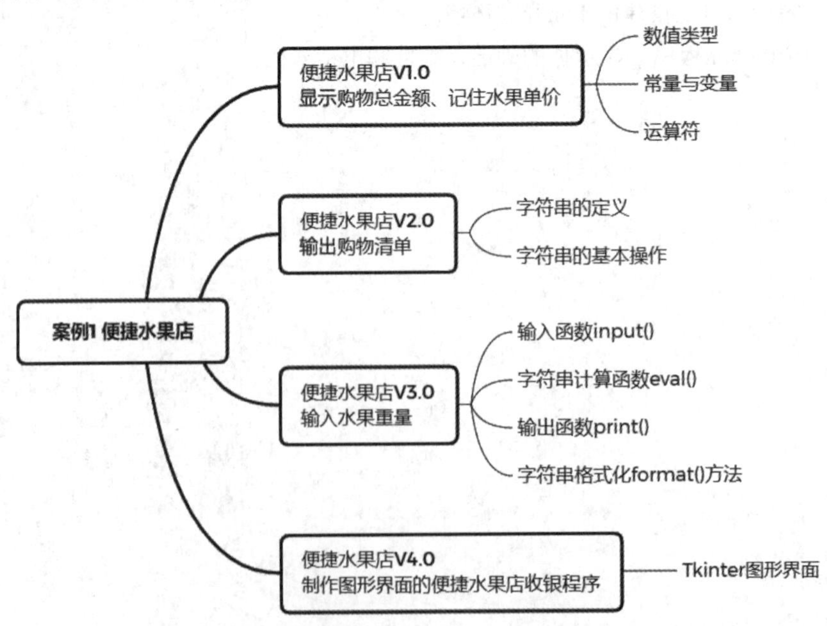

图2-2　便捷水果店案例所涉及知识点的思维导图

2.1 数值类型

数值类型(Numeric Types)用于存储数值，它是Python中最基础的一种变量类型，也是Python程序实现计算功能的基础。Python中可支持的常用数值类型有整型(int)、浮点型(float)、复数型(complex)和布尔类型(bool)。下面我们一起在案例中使用这些类型的数据。

便捷水果店V1.0

请为水果店开发一个收银的小程序，已知水果单价和购买重量如表2-1所示。

表2-1 水果单价和购买重量

水果名称	水果单价	购买重量(kg)
苹果	6.5	2
梨	5.5	3
香蕉	7.2	2.5

这需要用到数值类型、常量和变量、运算符。

便捷水果店 V1.0

2.1.1 整型

Python中的整型(Int Type)数据，简称整数。

整数是指由0～9数字组成，没有小数点，也没有分数的表示形式。整型数据有下列表示方法：

(1) 十进制整数：如1、100、1234等。

(2) 十六进制整数：以0x开头，x可以是大写或小写，如0x10、0x5F、0xABCD等。

(3) 八进制整数：以0o开头，o可以是大写或小写，如0o12、0o55、0o77等。

(4) 二进制整数：以0b开头，b可以是大写或小写，如0B111、0b101、0b1111等。

Python有意地消除对整型数据的长度限制。Python 3版本中取消了对长整型的定义，整数类型不再受到内部位数规定的影响，其取值范围只与计算机的内存有关，换言之，只要计算机的内存足够大，Python的整型数据就能足够长。因此用户几乎无须考虑溢出问题。

2.1.2 浮点型

Python中的浮点型(Float Type)数据，简称浮点数。

浮点数是指由数字0～9和小数点组成的数。浮点数有小数和指数两种形式。

(1) 小数形式浮点数，如1.0、1.、0.12、.123、12.345等。

(2) 指数形式浮点数，如52.3E-4 、1.8e-5等。其中，E 表示 10 的幂。52.3E-4等价于52.3×10^{-4}，使用示例如下：

```
>>> 52.3e-4
0.00523
```

便捷水果店 V1.0

任务1： 计算并输出水果店购物总金额。

解决方法：

```
>>>print(6.5*2+5.5*3+7.2*2.5)          # 其中6.5是浮点数，2是整数
47.5                                    # 运行结果即购物总金额
```

注释用来向用户提示或解释某些代码的作用和功能，它可以出现在代码中的任何位置。Python解释器在执行代码时会忽略注释，不做任何处理，就好像它不存在一样。

Python 支持两种类型的注释，分别是单行注释和多行注释。

(1) Python 单行注释

Python 使用井号“#”作为单行注释的符号，语法格式为：

```
# 注释内容
```

从井号“#”开始，直到这行结束为止的所有内容都是注释。

(2) Python 多行注释

多行注释指的是一次性注释程序中的多行内容(包含一行)。Python 使用三个连续的单引号''' 或者三个连续的双引号"""注释多行内容，具体格式如下：

```
'''
使用3个单引号分别作为注释的开头和结尾
可以一次性注释多行内容
这里面的内容全部是注释内容
'''
```

2.1.3 复数类型

自1.4版本起，Python中加入了复数类型(Complex Type)，简称复数。Python中的复数有如下特点：

(1) 复数由实部和虚部构成，其一般形式为real+imagj。如3+4j、3.1+4.1j。

(2) 实部real和虚部imag都是浮点型。

(3) 虚部必须有后缀j或J。

在Python中可以直接将一个复数赋给一个变量，例如：

```
>>> a=3+2j
>>> print(a)
(3+2j)
```

也可使用内建函数complex(real,imag)来建立复数，例如：

```
>>> a=complex(3,2)                      # 将(3, 2)传入作为复数的实部和虚部
>>> print(a)
(3+2j)
```

2.1.4　布尔类型

Python中的布尔类型(Bool Type)只有两个取值：True(真)和False(假)。实际上布尔类型也是整型，其值True对应整数1，False对应整数0。布尔类型一般用来表示某个命题是错误的还是正确的，例如：

```
>>> 3>5
False
>>> 3<5
True
```

布尔值为False的数据有：

(1) None；

(2) 任何为0的数字类型，如0、0.0、0j；

(3) 任何空序列，如""、()、[]；

(4) 任何空字典，如{}；

(5) 用户定义的类实例，如类中定义了__bool__()或者__len__()。

Python中可以使用bool()函数来判断值的真假，示例如下：

```
>>> bool(0)                                  #数值为0都为假
False
>>> bool([])                                 #空列表为假
False
>>> bool(2)                                  #非零的数值为真
True
```

2.1.5　类型转换

Python内置了一系列可实现强制类型转换的函数，保证用户在有需求的情况下，将目标数据转换为指定的类型。常用的数据类型转换函数如表2-2所示。

表2-2　常用的数据类型转换函数

函数	说明
int()	将浮点型、布尔类型和复合数值类型的字符串转换为整型
float()	将整型和复合数值类型的字符串转换为浮点型
str()	将数值类型转换为字符串

(1) 在大部分关于数字的运算中，Python会自动把整数类型的数据转换成浮点类型的数据，例如：

```
>>>36+2.5                                    # 36自动转换为浮点型数参加运算
38.5
```

(2) 将一个浮点数转换成整数类型，则原数据中的小数部分会被舍弃(不使用四舍五入)，例如：

```
>>> int(34.56)                               # 将浮点数34.56强制转换为整数
34
```

(3) 在一些字符串中也会包含数字，为了获取字符串中的数字，需要使用类型转换的函数，例如：

```
>>> int("50")                              # 将字符串转换为整数
50
>>>float("2.55")                           # 将字符串转换为浮点数
2.55
```

(4) 将数值型的数据转换为字符串，可以作为字符串来处理，需要使用字符类型转换函数，例如：

```
>>> str(34.5)                              # 将浮点数转换为字符串
'34.5'
```

Python中引入type()函数，该函数可以输出参数的数据类型，示例如下：

```
>>> type(100)                              # 输出整数的类型
<class 'int'>
>>> type(3.14)                             # 输出浮点数的类型
<class 'float'>
>>> type(True)                             # 输出布尔型数据的类型
<class 'bool'>
>>> type(None)                             # 输出None的数据类型，即空类型
<class 'NoneType'>
>>> type("hello")                          # 输出字符串的类型
<class 'str'>
```

2.2 常量和变量

整数和浮点数、复数、布尔量都属于常量。常量是指在程序运行过程中值不会发生变化的量，如10、23.5、3+2j、false等。变量是指其值在程序运行过程中可以改变的量。例如：

```
>>> a=14                                   # 将常量14赋值给变量a，a的值为14
>>> print(a)
14
>>> a=156                                  # 将常量156赋值给变量a，a的值变为156
>>> print(a)
156
```

从以上程序可以看出，常量赋值给变量，当给变量a赋予不同的值时，a的值会发生变化，变量a的值永远为最近一次赋予的值。

2.2.1 变量的命名规则

变量的命名必须符合标识符规则，命名变量需要遵守以下规则：

(1) 变量名只能包含字母、数字和下画线。

(2) 变量名只能以字母或下画线开头。

(3) 不要用Python关键字和函数名做变量名，如print、import。

(4) 变量名应既简短又具有描述性，如name比n好。

(5) 变量名区分大小写，如student和Student不一样。

比如合法的变量名有count、test1、name_2_3等，不合法的变量名有2thing、my-name、hello world等。

便捷水果店 V1.0

任务2：水果店收银小程序中，通常水果价格在一定时间内都是固定的，如何让程序记住水果的价格？

解决方法：

```
apple=6.5                          # 用变量apple存放苹果的单价
pear=5.5                           # 用变量pear存放梨的单价
bana=7.2                           # 用变量bana存放香蕉的单价
print(apple*2+pear*3+bana*2.5)     # 输出总金额
```

运行结果：

```
47.5
```

便捷水果店 V1.0

任务2.1　如果香蕉的价格发生变化，如何修改程序？

解决方法：

```
apple=6.5                          # 用变量apple存放苹果的单价
pear=5.5                           # 用变量pear存放梨的单价
bana=7.2                           # 用变量bana存放香蕉的单价
# 变量永远表示最新值，bana现在值为9.8
bana=9.8
print(apple*2+pear*3+bana*2.5)     # 输出总金额
```

运行结果：

```
53.7
```

便捷水果店 V1.0

任务2.2　如何将水果的重量也赋值给变量？

解决方法：

```
apple=6.5                          # 用变量apple存放苹果的单价
pear=5.5                           # 用变量pear存放梨的单价
bana=7.2                           # 用变量bana存放香蕉的单价
count1=2                           # 变量count1存放苹果的购买重量，它的类型为整型
count2=3                           # 变量count2存放梨的购买重量，它的类型为整型
count3=2.5                         # 变量count3存放香蕉的购买重量，它的类型为浮点型
print(apple*2+pear*3+bana*2.5)     # 输出总金额
```

运行结果：

```
47.5
```

由以上程序可以看出，变量的类型由赋值的常量类型决定。例如，将2赋值给count1，2是整数，因此count1就为整型变量；将2.5赋值给count3，2.5是浮点数，count3就为浮点型变量。

特别要注意的是，每个变量在使用前都必须赋值，变量赋值以后才会被创建。

2.2.2 变量的引用

1. 对象和地址

在Python中定义的数据一般称为对象(Object)。计算机中的数据是分块存储的，我们可以把计算机的内存空间视为一个被等分为多个格子的储物柜，储物柜中的每个格子都按顺序编号，当某个对象被定义时，Python将这个对象的数值放入储物柜的某个格子中，格子上的编号是该对象在内存中的地址。

在Python中可以使用内建函数id()获取对象的地址。例如：

```
>>> id(24)
140712243193200
```

在以上程序中，Python首先创建了24个对象，并存放到了内存中，用id()函数可以获得24在内存中的地址，对象的存储和地址如图2-3所示。

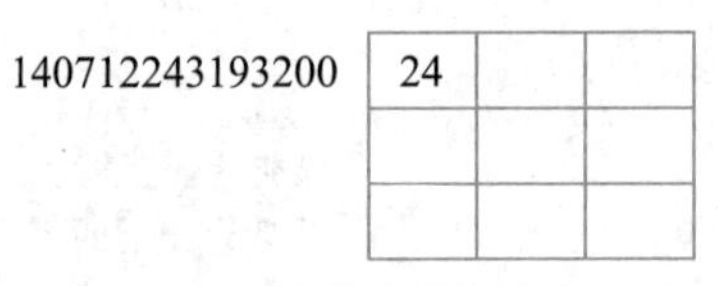

图 2-3　对象的存储和地址

2. 变量的引用

Python中部分对象的值也是不可改变的，值不能被改变的对象称为不可变对象。Python的数值类型就是不可变对象。那么，如何来引用对象的值呢？Python中通过变量来引用对象的值，即变量的赋值。例如：

```
>>> count=24
>>> print(count)
24
```

在以上程序中，Python解释器做了两件事情：

(1) 在内存中创建了一个24的整型对象；

(2) 在内存中创建了一个名为count的变量，将24在内存中的地址存入count的空间，count就等同于地址的别名，count指向24这个对象，通过count就可以直接访问24这个对象的值。

因此当执行print(count)的时候，可以输出24这个值。变量引用对象的关系如图2-4所示。

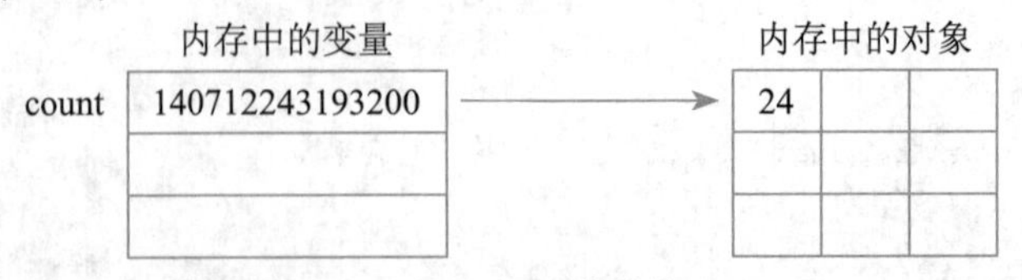

图 2-4　变量引用对象的关系

为什么变量的值可以变化呢？例如：

```
>>> count=24
>>> count=25
>>> print(count)
25
```

在以上程序中，Python解释器也做了两件事情：

(1) count变量首先获得24这个对象的地址，指向24。

(2) 而后count变量获得了25这个对象的地址，指向25。

现在count变量已经指向了25，所以输出count的时候，输出的自然是25这个值。因为变量的地址改变了，所指向的对象的值就改变了。变量地址的改变关系如图2-5所示。

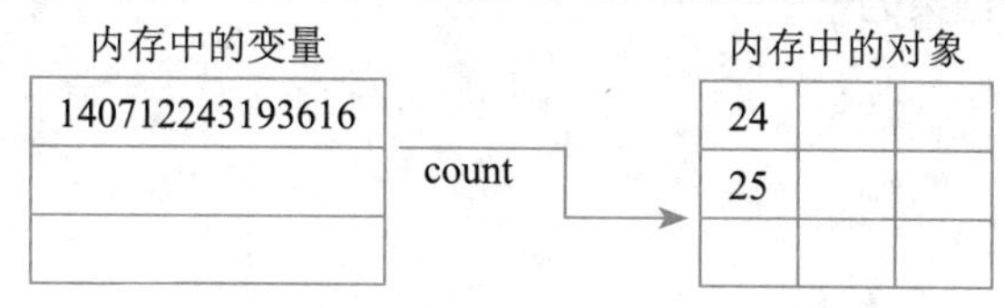

图 2-5　变量地址的改变关系

通过观察图2-5可知，变量的地址改变，所指向的对象就改变了，因此引用到的值就改变了，然而对象本身，比如24、25的值在内存中并没有改变，因为它们是不可变对象。

2.3　数值运算

与其他编程语言相比，Python中的运算符更为丰富，且功能更为强大，因此Python中的数据可以相对简单的方式，实现丰富的运算功能。Python中的运算符可分为算术运算符、赋值运算符、关系运算符、逻辑运算符等。

2.3.1　算术运算符

Python中的算术运算符有+、-、*、/、//、%和**，这些都是双目运算符，算术表达式的基本形式为：

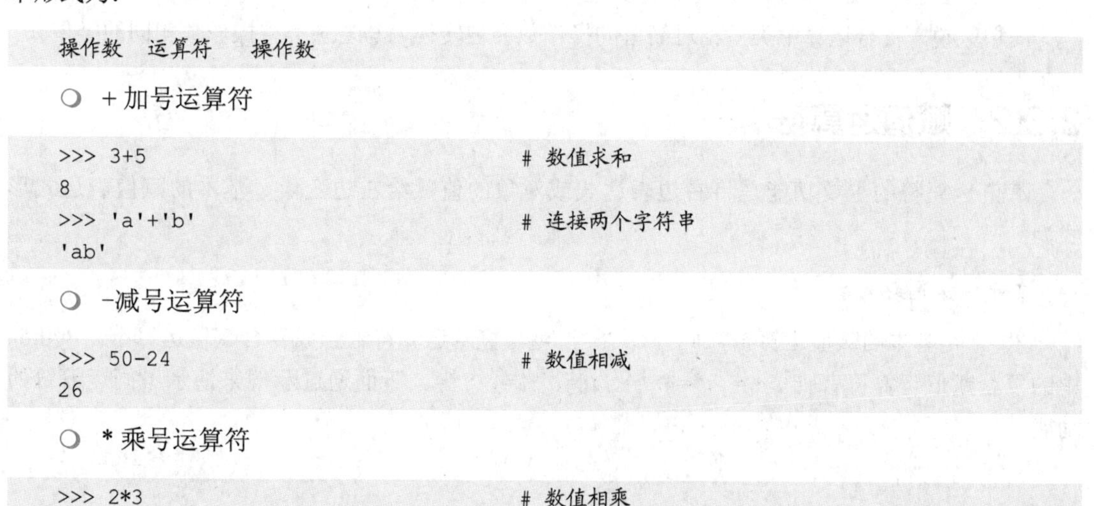

```
操作数  运算符   操作数
```

❍ +加号运算符

```
>>> 3+5                                    # 数值求和
8
>>> 'a'+'b'                                # 连接两个字符串
'ab'
```

❍ -减号运算符

```
>>> 50-24                                  # 数值相减
26
```

❍ *乘号运算符

```
>>> 2*3                                    # 数值相乘
```

```
6
>>> 'la'*3                          # 将字符串重复3次生成一个新的字符串
'lalala'
```

- ** 乘方/幂运算符

```
>>> 3**4
81
```

- / 除号运算符，结果为浮点数

```
>>> 13/3
4.333333333333333
```

- // 整除运算符，结果为整数

```
>>> 13//3                           # 结果为向下取整
4
```

- % 取余数运算符

```
>>> 13%3
1
```

Python中的算术运算符支持对相同或不同类型的数字进行各种运算，且无须进行转换，例如进行如下的混合运算：

```
>>> 25+(3+2j)                       # 整数加复数
(28+2j)
>>> 12.5+5                          # 浮点数加整数
17.5
>>> True+23.7                       # 布尔类型加浮点数
24.7
```

解释器都会给出正确结果。这是由于Python在对不同类型的对象进行运算时，会强制将对象的值进行临时类型转换，这些转换遵循如下规则：

(1) 布尔类型在进行算术运算时，将其分别视为数值0和1。

(2) 整型与浮点型运算时，将整型转换为浮点型。

(3) 其他类型与复数运算时，将其他类型转换为复数类型。

简单来说，混合运算中类型相对简单的操作数会被转换为与复杂类型操作数相同的类型。

2.3.2 赋值运算符

赋值运算符的主要功能是将右边表达式或对象的值赋给左边变量。基本的赋值表达式形式为：

```
变量 = 表达式/对象
```

“=”是基本的赋值运算符，此外，“=”可与算术运算符组合成复合赋值运算符。Python中的复合赋值运算符有+=、-=、*=、/=、//=、%=、**=。下面通过示例来演示不同运算符的功能。

○ = 赋值运算符

```
>>> age=18
>>> score=95.0
>>> age=score                    # 将变量score的值赋值给age
>>> print(age)                   # 输出age的值
95.0
```

当赋值符号两边的数据类型不一致时，左边的变量根据赋过来的值自动改变类型，执行age=score时，右边的score是浮点型，赋值后age也自动变为浮点型，同时值变为95.0。

○ += 复合赋值加运算符

```
>>> age+=2                       # 等价于age=age+2
>>> print(age)
20
```

age+=2相当于用age原来的值18加上2得到20，然后再将20赋值给age，因此最后输出age的值为20。

○ -= 复合赋值减运算符

```
>>> age-=2                       # 等价于age=age-2
>>> print(age)
16
```

age-=2相当于用age原来的值18减2得到16，然后再将16赋值给age，因此最后输出age的值为16。其他复合赋值运算符的功能都是类似的。

○ *= 复合赋值乘运算符

```
>>> age*=2                       # 等价于age=age*2
>>> print(age)
36
```

○ /= 复合赋值除运算符

```
>>> score/=2                     # 等价于score=score/2
>>> print(score)
47.5
```

○ //= 复合赋值整除运算符

```
>>> score//=2                    # 等价于score=score//2
>>> print(score)
47.0
```

○ %= 复合赋值取余运算符

```
>>> score%=2                     # 等价于 score=score%2
>>> print(score)
1.0
```

○ **= 复合赋值乘方运算符

```
>>> score**=2                    # 等价于 score=score**2
>>> print(score)
9025.0
```

2.3.3 关系运算符

关系运算符主要用来比较两个表达式或对象的大小，关系表达式的结果为True或者False，关系表达式的基本形式为：

```
表达式/对象    关系运算符    表达式/对象
```

Python中的关系运算符有<、>、<=、>=、==、！=，下面通过示例来演示不同运算符的功能。

❍ < 小于运算符

```
>>>3<5                                  # 成立，结果为True
>>>3<2                                  # 不成立，结果为False
```

❍ > 大于运算符

```
>>>3>2                                  # 成立，结果为True
>>>3>5                                  # 不成立，结果为False
>>>3<5<7                                # 成立，结果为True
```

❍ <= 小于或等于运算符

```
>>>x=4
>>>x>=3                                 # 成立，结果为True
```

❍ >= 大于或等于运算符

```
>>>x=3
>>>y=6
>>>x<=y                                 # 成立，结果为 True
```

❍ == 等于运算符

```
>>>x='str'
>>>y='stR'
>>>x==y                                 # 不成立，结果为False
>>>x>y                                  # 成立，结果为True
```

字符串大小和数值大小比较略有不同，两个字符串从左向右每个字符进行比较，遇到第一个不相同的字符即r和R，ASCII码值大的字母，其字符串就更大，因为小写字母的ASCII码值大于大写字母，因此字符串str大于stR。

!= 不等于运算符

```
>>>x=2
>>>y=3
>>>x!=y                                 # 成立，结果为 True
```

关系运算符只对操作数进行比较，不会对操作数自身造成影响，*x*、*y*的值不会因为比较受到影响。

2.3.4 逻辑运算符

Python中支持逻辑运算，逻辑运算符有and、or、not，其中and和or是双目运算符，即需要两个运算量，而or是单目运算符，只需要一个运算量，其中运算量可以是表达式或对象。下面通过示例来演示不同运算符的功能。

❍ and 逻辑“与”运算符

```
>>> 24>4 and 9>7                        # 两个运算量都为真，结果才为真
True
>>> 24<4 and 9>7                        # 左边24<4为假，右边9>7为真，结果为假
False
```

逻辑“与”运算要求两个运算量都为真，结果才为真；有一边为假，结果就为假。可以将此运算符理解为中文的“且”字，即左边为真“且”右边也为真，结果为真。

❍ or 逻辑“或”运算符

```
>>> 24<4 or 9>7                         # 两个运算量有一个为真，结果就为真
True
```

逻辑“或”运算符要求只要一边的运算量为真，结果就为真。可以将此运算符理解为中文的“或”字，即左边为真“或”右边为真，结果都为真。除非两个运算量都为假，结果才为假。

❍ not 逻辑“非”运算符

```
>>> not 17>5                            # 运算量为真，结果为假
False
>>> not (5>17)                          # 运算量为假，结果为真
True
>>> not (25)                            # 非零的运算量都默认为True，结果为假
False
```

not的两种写法都是允许的，可作为运算符not使用的也可以作为函数not()使用。

逻辑运算符的短路现象：Python解释器运行逻辑表达式的时候，通过判断运算量和运算符可以提前得出结果，则逻辑表达式后面的部分不被执行。例如：

1) a or b

如果a为True，因为“或”运算只要有一个运算量为真，结果肯定为真，已经提前预知了结果，则后面的b就不需要计算了。

2) a and b

如果a为 False，因为“与”运算必须两个运算量都为真，结果才为真，那么结果肯定为假，已经提前预知了结果，则后面的b就不需要计算了。

逻辑运算符短路现象的示例如下：

```
>>> 12 or 0                             # or的左边为真，右边的0则不需运算
12
>>> 0 or 12                             # or的左边为假，右边的12需要运算
12
>>> 12 and 45                           # and的左边为真，右边的45需要运算
45
>>> 0 and 45                            # and的左边为假，右边的45不需要运算
0
```

2.3.5 运算符的优先级

表达式5+3*4中，是先算加法还是先算乘法呢？在运算量3的左边是加法运算符，右边是乘法运算符，这个时候根据运算符的优先级来决定哪个优先运算，因为乘法运算符的优先级高于加法运算符，因此优先运算乘法运算符。

下面给出Python中从最低优先级到最高优先级的运算符优先级列表。这意味着，在给定的表达式中，Python将优先计算列表中位置靠后的优先级较高的运算符。运算符优先级如表2-3所示。

表2-3 运算符优先级(从低到高)

运算符	说明
or	布尔“或”
and	布尔“与”
not	布尔“非”
in, not in	成员测试(字符串、列表、元组、字典中常用)
is, is not	身份测试
<, <=, >, >=, !=, ==	比较
|	按位或
^	按位异或
&	按位与
<< , >>	按位左移，按位右移
+, -	加法，减法
*, /, %	乘法，除法，取余
+x, -x	正负号
~	按位取反
**	指数

在表2-3中位列同一行的运算符具有相同的优先级。例如，+和-的优先级相同。

在日常工作中，强烈建议使用圆括号操作符来对运算符与操作数进行分组，以更明确地指定优先级，这也能使程序有更好的可读性。

2.4 字符串

便捷水果店V2.0

请为水果店开发一个收银小程序，除输出总价，还需输出购物清单。购物清单如下。

商品名称	重量	价格
苹果	2kg	13.0
梨	3kg	16.2
香蕉	2.5kg	18.0
总	47.2	

字符串

这需要用到字符串的定义和基本操作。

便捷水果店 V2.0

通过观察可以发现，购物清单其实由五行字符串组成，只要按要求拼出指定格式的字符串，就可以输出购物清单。那么，什么是字符串呢？

2.4.1　字符串的定义

字符串(String)就是由一个或多个字符组成的序列。在Python中凡是用单引号、双引号或三引号(三个单引号或三个双引号)引起来的字符序列，都是合法的字符串形式。例如：'中国湖南长沙'、"Python"、'''中国'''。值得注意的是，单引号和双引号适用于单行字符串，而三引号适用于多行字符串。示例如下：

```
>>> str1="hello world"                              # 双引号引起单行字符串
>>> print(str1)
hello world
>>> str2='中国湖南长沙'                              # 单引号引起单行字符串
>>> print(str2)
中国湖南长沙
>>> str3='''This is the second line.                # 三引号引起多行字符串
He said "I'm his farther. "
'''
>>> print(str3)
This is the second line.
He said "I'm his farther. "
```

字符串是不可变对象，即常量。空字符串的表示方法为''(一对单引号)或""(一对双引号)，中间不添加任何字符。注意，在Python中没有字符的概念，即使是一个字母，也属于字符串类型。

2.4.2　字符串的基本操作

下面通过示例来讲解字符串最常用的一些基本操作。

1) + 字符串连接

```
>>> print("Python"+"程序设计")          # 两个字符串连接成为一个新的字符串
Python程序设计
>>> print("Python"+27)                  # 字符串连接整数，无法连接，则报错
Traceback (most recent call last):      # 程序报错
  File "<pyshell#14>", line 1, in <module>
    print("Python"+27)
TypeError: cannot concatenate 'str' and 'int' objects
>>> print("Python"+str(27))             # 将27用str()函数强制转换成字符串再进行连接
Python27
```

便捷水果店V2.0

任务：输出购物清单。

解决方法：

```
apple=6.5                                        # 苹果单价
pear=5.5                                         # 梨单价
bana=7.2                                         # 香蕉单价
count1=2                                         # 苹果购买重量
count2=3                                         # 梨购买重量
count3=2.5                                       # 香蕉购买重量
print("名称  重量  价格")                        # 输出购物清单第一行
print("苹果  "+str(count1)+"kg  "+str(apple*count1))     # 输出第二行
print("梨    "+str(count2)+"kg  "+str(pear*count2))      # 输出第三行
print("香蕉  "+str(count3)+"kg  "+str(bana*count3))      # 输出第四行
# 输出第五行
print("总价  "+str(apple*count1+pear*count2+bana*count3))
```

运行结果如图2-6所示。

```
名称  重量  价格
苹果  2kg   13.0
梨    3kg   16.5
香蕉  2.5kg 18.0
总价  47.5
```

图 2-6　程序运行截图

从以上程序可以看出，每种水果的购物信息都是通过“名称+购买重量+单位(kg)+价格”这四项信息连接而成的一个字符串，并输出出来，例如，第二行苹果购物清单那一行，是由print("苹果 "+str(count1)+"kg "+str(apple*count1)) 4个字符串连接而成，其中count1是苹果的购买重量，是一个整型变量，无法直接进行字符串连接，因此需要用str(count1)将它转换成字符串类型再进行连接。同理，apple*count1是苹果的购买金额，也需要转换成字符串类型才可连接。程序运行截图如图2-6所示。

2) * 字符串重复

```
>>> "happy!"*3                                   # 将字符串重复3次产生一个新字符串
'happy!happy!happy!'
```

3) in 判断字符串是否存在

```
>>> var="hello world"
>>> "hello" in var                               # 判断"hello"在var变量的字符串中是否存在
True
```

4) 求字符串索引

简单地说，字符串索引就是字符串中每个字符所在的位置，这个位置从0开始编号，如果想获得字符串的索引号，可以对字符串对象使用index()方法，使用示例如下：

```
>>> var="hello world"
>>> var.index('l')                               # 获得'l'字符在var字符串中的索引号
2                                                # 索引号从0开始编号
```

练一练

【练一练2-1】程序填空：定义变量name、gender、age、score存放一个学生的基本信息：名字、性别、年龄、英语成绩。

输出如下信息：

名字:王红

性别:女

年龄:18

英语成绩：98.5

(注意每一种类型常量的写法)

```
name="________"
gender="_______"
age=________
score=________
print("名字: "+name)
print("性别: "+_______)
print("年龄: "+________)
print("英语成绩"+________)
```

【练一练2-2】程序填空：在商店买东西时，可能会遇到这种情况：挑选完商品进行结算时，商品的总价可能有0.1元或0.2元的零头，商店老板在收取现金时常会将这些零头抹去。模拟实现超市收银抹零行为。

```
total_money = 36.15 + 23.01 + 25.12             # 累加总计金额
total_money_str = _______________               # 转换成字符串类型
print('商品总金额为: ' + total_money_str + '元')  # 输出商品实际金额
pay_money = ____________                        # 进行抹零处理
pay_money_str = _____________                   # 转换成字符串类型
print('实收金额为: ' + pay_money_str + '元')      # 输出实收金额
```

运行结果：

```
商品总金额为: 84.28元
实收金额为: 84元
```

2.5　格式化输入和输出

有些时候程序会与用户交互。例如，希望获取用户的输入内容，并向用户输出处理后的数据。在Python中可以使用输入函数input()和输出函数print()来实现这一需求。

便捷水果店V3.0

程序对于用户来说是透明的，不必在程序中修改水果的重量，而由用户从运行界面下输入水果的重量。

这需要用到格式化输入和输出。

便捷水果店 V3.0

2.5.1 输入函数input()

input()函数的功能是读取用户输入的字符串，并赋值到一个变量中，使用示例如下所示。

```
>>> name=input()                      # input()函数输入的数据赋值给变量name
Johnny                                # 等待用户输入，用户输入Johnny
# input()函数读取'Johnny'字符串并赋值给name变量
>>> print(name)                       # 输出name中的变量
Johnny
```

值得注意的是，不管用户输入任何数据，input()函数都会作为字符串赋值到左边的变量中，哪怕用户输入的是一个数字，这个数字也是以字符串的形式存放在计算机中，例如：

```
r=input("请输入圆的半径: ")            # 输入圆半径，赋值给变量r
area=float(r)*float(r)*3.14           # 计算圆面积，赋值给变量area
print(area)                           # 输出area中面积的值
```

运行结果：

```
请输入圆的半径: 2.5
19.625
```

在以上的程序中，input("请输入圆的半径:")中的中文字符串在执行时，会作为输入提示保持原样显示在屏幕上，用户可以根据提示在其后进行输入。这里，输入了半径值2.5，虽然输入的是数字，但是input()函数会将“2.5”作为字符串存入变量r中，因此变量r为字符串类型。求圆面积时，需要用强制类型转换函数float(r)，将变量r转换成浮点型再进行运算，最后输出area中面积的值19.625就可以了。

便捷水果店V3.0

任务1：完成让用户从运行界面上输入水果的购买重量。

解决方法：

```
apple=6.5
pear=5.4
bana=7.2
count1=input("请输入苹果的重量:")        # 输入苹果的购买重量
count2=input("请输入梨的重量:")          # 输入梨的购买重量
count3=input("请输入香蕉的重量:")        # 输入香蕉的购买重量
count1=float(count1)                   # 将count1转换为浮点型
count2=float(count2)                   # 将count2转换为浮点型
count3=float(count3)                   # 将count3转换为浮点型
print("名称  重量  价格")
print("苹果  "+str(count1)+"kg  "+str(apple*count1))
print("梨    "+str(count2)+"kg  "+str(pear*count2))
print("香蕉  "+str(count3)+"kg  "+str(bana*count3))
print("总价  "+str(apple*count1+pear*count2+bana*count3))
```

运行结果如图2-7所示：

```
请输入苹果的重量:2
请输入梨的重量:3
请输入香蕉的重量:2.5
名称　重量　价格
苹果　2.0kg　13.0
梨　　3.0kg　16.200000000000003
香蕉　2.5kg　18.0
总价　47.2
```

图 2-7　程序运行输入截图

从上面的程序中可以看出，如果用户输入的是数值，那么后期需要类型转换，根据用户的需要转换成浮点型或整型，在编写代码的时候会给程序员增加不必要的负担。那如何更方便地输入数值类型的数据呢？可以使用eval()函数。

2.5.2　eval()函数

eval()函数的功能是计算一串字符串中的合法Python表达式的值，使用示例如下：

```
>>> exp="100/2*3"                    # 将表达式作为字符串赋值给变量exp
>>> eval(exp)                        # 对字符串中的表达式进行求值
150.0
```

eval()和input()函数一起使用的形式为：eval(input())，作用是将input()函数输入的字符串类型数据转换为数值类型。使用示例如下：

```
>>> a=eval(input())
344.2                                # 用户输入
>>> type(a)                          # 获得变量a的类型
<class 'float'>
>>> b=eval(input())
343                                  # 用户输入
>>> type(b)                          # 获得变量b的类型
<class 'int'>
```

通过以上程序示例可以看出，用户输入的是浮点型数据，eval()函数将数据转换成浮点型；用户输入的是整型数据，eval()函数将数据转换成整型。因此，程序员编码时不需要考虑用户输入的是浮点型还是整型，也不需要再用强制类型转换函数进行类型转换了。

所以在进行数值类型数据输入时，都可以采用eval(input())这种形式，如果期望输入的是字符串，那么直接采用input()函数输入即可。

便捷水果店V3.0

任务2：更便捷地输入数值类型的水果购买重量。

解决方法：

```
apple=6.5
pear=5.4
bana=7.2
count1=eval(input("请输入苹果的重量:"))
count2=eval(input("请输入梨的重量:"))
count3=eval(input("请输入香蕉的重量:"))
```

```
print("名称  数量  价格")
print("苹果  "+str(count1)+"kg  "+str(apple*count1))
print("梨    "+str(count2)+"kg  "+str(pear*count2))
print("香蕉  "+str(count3)+"kg "+str(bana*count3))
print("总价  "+str(apple*count1+pear*count2+bana*count3))
```

运行结果如图2-8所示：

```
请输入苹果的重量:2
请输入梨的重量:3
请输入香蕉的重量:2.5
名称  重量  价格
苹果  2.0kg   13.0
梨    3.0kg   16.200000000000003
香蕉  2.5kg   18.0
总价  47.2
```

图 2-8　程序运行输入截图

在以上程序中改进了数值型数据输入的方法，但是输出清单的时候，仍然要将数值类型的数据转换成字符串类型，才能连接输出。若输出语句中输出不同类型的数据转换类型太麻烦，如何格式化地输出不同类型的数据呢？后面在格式化输出部分将会介绍如何解决这个问题。

2.5.3　多个变量的输入

1. 多个字符串类型数据的输入

要实现多个字符串的同时输入，可以使用split()函数拆分字符串。通过指定分隔符对字符串进行切片，并返回分割后的字符串列表(list)。使用示例如下：

```
>>> name,password=input("请输入用户名和密码: ").split(" ")
请输入用户名和密码: Johnny 12345          # 输入数据之间用空格间隔
>>> print(name,password)
Johnny 12345
```

以上程序中，为何能实现两个字符串的同时输入呢？因为用户同时输入用户名和密码"Johnny 12345"后，split(" ")函数通过间隔符" "(空格)将这个字符串切割成两个字符串放入字符串列表中，列表形式为["Johnny", "12345"]，然后将其中的"Johnny"字符串赋值给变量name，将"12345"字符串赋值给变量password。自此完成了两个字符串的同时输入。

注意，split(" ")内的空格字符串也可以不写，split()默认是以空格作为切割时的间隔符。

2. 多个数值类型数据的输入

要实现多个数值类型的数据输入，可以使用map()函数。由于input()输出的是用空格分开的字符串，split()会分割开各个值并放到列表中，此时在列表中的值是字符串，如果要用于运算，必须在map()中利用int()或者float()等处理为数值类型，再赋值。map()函数的使用形式为：

```
map(function,input().split())
```

map()函数接收两个参数，一个是函数，一个是序列，map将传入的函数依次作用到序列的每个元素，并把结果作为新的list返回。

多个整数输入示例如下：

```
>>> a,b,c=map(int,input("请输入三个整数:").split())
请输入三个整数:12 34 56                  # 输入数据之间用空格间隔
```

```
>>> print(a,b,c)
12 34 56
>>> type(a)
<class 'int'>
```

以上程序中，split()函数首先通过空格间隔将输入字符串"12 34 56"进行切割，切割成三个字符串存入到列表中，列表形式为["12", "34", "56"]，然后map()函数用传入的int函数对列表中的每个元素进行整型类型转换，得到一个新的列表[12,34,56]，最后将列表里的每个整数赋值给对应的变量a、b、c，因此a、b、c变量是整型变量。自此就完成了多个整数的输入，那多个浮点数的输入又该如何实现呢？

多个浮点数输入示例如下：

```
>>> a,b,c=map(float,input("请输入三个浮点数:").split())
请输入三个浮点数:12.5 34 56.7            # 输入数据之间用空格间隔
>>> print(a,b,c)
12.5 34.0 56.7
>>> type(a)
<class 'float'>
```

以上程序中使用split()和map()函数完成了多个浮点型数据的输入，原理同上。

2.5.4 输出函数print()

print()函数的功能是将程序中的数据按指定的格式输出到屏幕上。print()函数的语法格式为：

```
print(对象1,对象 2,…[,sep=' '][,end='\n'][,file=sys.stdout])
```

可以指定输出对象间的分隔符、结束标志符，输出文件。如果缺省这些，分隔符是空格，结束标志符是换行，输出目标是显示器。print()函数使用示例如下：

```
>>> print(1,2,3,sep="***",end='\n')
1***2***3
>>> print(1,2,3)                         # 不设置参数则默认以空格间隔，换行做为结束
1 2 3
```

如果未指定结束标识符end的值，print()函数会默认以'\n'换行作为结尾，比如在程序文件中写入如下代码：

```
print("hello")
print("Tom")
```

运行结果：

```
hello
Tom
```

也可设置结束标志end的值来控制输出的格式，比如在程序文件中写入如下代码：

```
print("hello",end=' ')                   # 以空格结束
print("Tom",end=',')                     # 以逗号结束
print("Lucy")                            # 以换行结束
```

运行结果：

```
hello Tom,Lucy
```

练一练

【练一练2-3】程序填空。请写出输入语句，输入一个人的账户名和密码，并按如下格式输出：

账户名：Victor0203

密码：abc2021

```
user_name=____________("账户名: ")
user_pass=______________("密码: ")
print("账户名: "+_________)
print("密码: "+________)
```

【练一练2-4】程序填空。请写出输入语句，输入三角形的底和高的值，求三角形的面积并输出，输入时提示“请输入三角形的底和高(用空格隔开):”，底和高可以是带小数的浮点数。

```
d,h=map(______,input("请输入三角形的底和高(用空格隔开):").______)
area=0.5*d*h
print("三角形的面积为"+str(area)+"平方米")
```

【练一练2-5】程序填空。做一个简单的计算器，要求用户任意输入一个运算表达式，程序输出运算结果。输入时提示“请输入要计算的表达式:”。

```
s=eval(___________(“请输入要计算的表达式: “))
print(“结果是",s)
```

2.5.5 字符串格式化format()方法

在前面的程序中，如果将不同类型的数据连接成字符串输出，需要先转化类型，这种方法显然比较麻烦。接下来介绍几种更便捷的方法。

1) format()函数

字符串格式化format()的功能是将不同类型的数据组合到一个字符串中。format()方法的语法格式如下：

```
<字符串>.format(<参数列表>)
```

使用示例如下：

```
>>> '标题为{0}{1}'.format('hello',2021)
'标题为hello2021'
```

Python使用{0}表示第一个参数，因此字符串'hello'被组合到字符串中{0}的位置，整数2021被组合到了字符串中{1}的位置，组合以后的字符串为'标题为hello2021'。可以看到，不同类型的数据被format()轻松地组合到了字符串中。

(1) 改变字符串参数的位置，可以改变输出顺序。使用示例如下：

```
>>> '标题为{1}{0}'.format('hello',2021)
'标题为2021hello'
```

这次字符串'hello'还是被组合到字符串中{0}的位置，整数2021被组合到了字符串中{1}的位置，组合以后的字符串为'标题为2021hello'。

(2) 字符串中的参数{}也可以不写编号。不写编号时默认排序从0开始。

```
>>> '标题为{}{}'.format('hello',2021)
'标题为hello2021'
```

2) print()和format()搭配使用

(1) print()可以输出用format()方法组合好的字符串，且能格式化输出不同类型的数据。使用示例如下：

```
age=20
name='Swaroop'
print("{0}的年龄是{1}岁。".format(name, age))
```

运行结果：

```
Swaroop的年龄是20岁。
```

(2) 输出控制小数位数。

```
>>> print('{0:.3f} '.format(1.0/3))  # 保留三位小数
0.333
```

上述代码中“{:.nf}”格式中的“:”表示获取format方法中的参数“1.0/3”，“.nf”表示保留n位小数。

(3) 控制数据输出宽度，补齐数字。

```
>>> num = 1
>>> print("{:0>3d}".format(num))      # 用0补齐，补齐后总长度为3
001
```

上述代码“{:m>nd}”格式中的“m”表示用来补齐的数字，“n”表示补齐后的总长度。

(4) 显示百分比形式。

```
>>> num = 0.1
>>> print("{:.0%}".format(num))       # 显示百分比形式，保留0位小数
10%
```

上述代码“{:.n%}”格式中的“.n”表示保留的小数位数，“%”表示显示百分比形式。

(5) 基于关键词输出。

```
>>>print('{name} wrote {book}'.format(name='Swaroop', book='A Byte of Python'))
Swaroop wrote A Byte of Python
```

上述代码中的“{name}”位置对应输出关键字“name”对应的字符串“Swaroop”，“{book}”位置对应输出关键字“book”对应的字符串“A Byte of Python”。

下面展示了 str.format() 格式化数字输出的多种形式，更多format()格式化数字输出的形式见表2-4。

```
>>> print("{:.2f}".format(3.1415926))
3.14
```

表2-4　format()格式化数字输出的多种形式

数字	格式	输出	描述
3.1415926	{:.2f}	3.14	保留小数点后两位
3.1415926	{:+.2f}	+3.14	带符号保留小数点后两位
-1	{:+.2f}	-1.00	带符号保留小数点后两位
2.78	{:.0f}	3	不带小数
5	{:0>2d}	05	宽度为2，左边填充0
15	{:>5d}	15	宽度为5，左边填充空格
8	{:x<5d}	8xxxx	宽度为5，右边填充x
15	{:<5d}	15	宽度为5，右边填充空格
15	{:^6d}	15	宽度为5，中间对齐
10000000	{:,}	10,000,000	以逗号分隔的数字形式
0.25	{:.2%}	25.00%	百分比格式，保留两位小数
1000000	{:.1e}	1.0e+06	指数记法，底数保留一位小数
15	{:b}	1111	二进制输出
15	{:o}	17	八进制输出
15	{:d}	15	十进制输出
15	{:x}	f	十六进制输出
15	{:#x}	0xf	十六进制输出，带前导符
15	{:#X}	0XF	十六进制输出，带前导符

便捷水果店V3.0

任务3：购物清单用格式化字符串的方式输出。

解决方法：

```
apple=6.5
pear=5.4
bana=7.2
count1=eval(input("请输入苹果的重量:"))
count2=eval(input("请输入梨的重量:"))
count3=eval(input("请输入香蕉的重量:"))
print("名称  数量  价格")
print("苹果  {0}kg    {1}".format(count1,apple*count1))
print("梨    {0}kg    {1}".format(count2,apple*count2))
print("香蕉  {0}kg    {1}".format(count3,apple*count3))
print("总价  {0}".format(apple*count1+pear*count2+bana*count3))
```

运行结果如图2-9所示。

```
请输入苹果的重量:2
请输入梨的重量:3
请输入香蕉的重量:2.5
名称  数量   价格
苹果  2kg    13.0
梨    3kg    19.5
香蕉  2.5kg  16.25
总价  47.2
```

图 2-9　程序运行截图

通过以上程序可以看出，使用format格式化输出的好处是：不管要输出的数据是什么类型，都可以将数据组合到字符串中指定的位置。

2.5.6 字符串格式化占位符%

print()支持格式化输出，在格式化字符串时，Python会插入格式操作符(如%s)到字符串中，为真实的数值预留位置，并说明真实数值需要呈现的格式，因此也称这些格式符为占位符。

不同的占位符为不同类型的变量预留位置，常见的占位符如表2-5所示。

表2-5 常见的占位符

符号	说明
%s	字符串
%d	十进制整数
%o	八进制整数
%x	十六进制整数(a～f为小写)
%X	十六进制整数(A～F为大写)
%e	指数(底写为e)
%f	浮点数

1) 占位符%的类型匹配

使用占位符%时需要注意变量的类型，若变量类型与占位符不匹配，程序会产生异常。示例如下：

```
>>> name = "李强"                                        # 变量name是字符串类型
>>> age = 12                                             # 变量age是整型
>>> print( "你好，我叫%s，今年我%s岁了。" % (name, age))
TypeError: %d format: a number is required, not str     # 程序报错
```

上面程序中执行print输出语句后为什么报错？因为变量name是字符串类型，age是整型，在格式化字符串"你好，我叫%s，今年我%d岁了。"时，第一个%s为name占位置，即name的值会在%s的位置上以字符串形式输出，第二个%s为age占位置，age是整型，只能用%d占位置，因此类型不匹配，程序就会报错。该程序应修改为：

```
>>> name = "李强"                          # 变量name是字符串类型
>>> age = 12                               # 变量age是整型
>>> print( "你好，我叫%s，今年我%d岁了。" % (name, age))
你好，我叫李强，今年我12岁了。
```

将第二个%s修改为%d，%d可以为age变量占位置，age的值在%d的位置上以十进制整数形式输出，类型匹配，程序输出正确结果。

2) 占位符%f保留小数位

使用占位符%f可以格式化输出浮点型数据，若不保留小数位，默认输出6位小数，使用示例如下：

```
>>> print("%f"%(10/3))                     # 10/3的值在字符串中%f的位置上输出
3.333333                                   # 保留6位小数
```

保留固定位数的小数输出的使用示例如下：

```
>>> area=234.3647
>>> print("区域面积为%.2f"%(area))         # 保留2位小数
区域面积为234.36
```

练一练

【练一练2-6】程序填空。

```
name='李强'
age=12
print('你好，我叫___，今年____岁了。'%(name,age))
print('你好，我叫____，今年_____岁了。'.format(name,age))
```

【练一练2-7】程序填空。

```
age=20
name='Swaroop'
print("{_______________}的年龄是{_______________}岁".format(name, age))
```

运行结果：

```
Swaroop的年龄是20岁
```

【练一练2-8】程序填空。输入存款本金count和存款年数num，计算存款num年后账户总金额，并输出总金额。存款年利率为1.75%。

计算公式：总金额=本金count*(1+0.0175)^{num}

```
count=eval(_________ ("请输入存款金额: "))          # 输入本金和存款年份
num= eval(_________ ("请输入存款的年数: "))
sum= _________ *(1+0.0175)** _________
_________________________                          # 计算总金额
# 按格式输出总金额
print( "{______}年后您可以获得{_____:____f}元" .format(num,sum))
```

运行结果：

```
请输入存款金额: 10000
请输入存款的年份: 3
3年后您可以获得10534.24元
```

2.6 Tkinter图形界面开发

图形用户界面(Graphical User Interface，GUI)又称图形用户界面接口，是指采用图形方式显示的计算机操作系统用户界面。与早期计算机使用的命令行界面相比，图形用户界面更加直观也更加友好，目前计算机中使用的各类软件应用基本都配有图形用户界面。

Python作为编程语言中的后起之秀，自诞生之日起便结合了诸多优秀的GUI工具，为图形用户界面开发提供了良好的支持。Python中常用的GUI有tkinter、wxPython、PyGTK和PyQt，其中tkinter是Python默认的GUI。与其他常用GUI相比，tkinter使用简单、可移植性优异，非常适合初次涉及GUI领域，或想了解Python如何实现GUI的开发者使用。本节将围绕便捷水果店V4.0来介绍tkinter图形界面编程知识。

便捷水果店V4.0

完成具有图形界面的便捷水果店小程序，在界面上输入苹果、梨、香蕉的购买重量，点击“结算”按钮，便可显示购物清单。效果如图2-10和图2-11所示。

图 2-10　输入水果重量

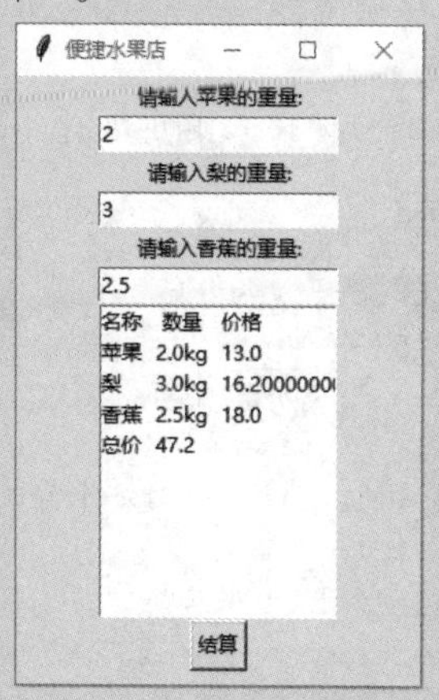

图 2-11　显示购物清单

这需要用到Tkinter图形界面开发。

便捷水果店 V4.0

2.6.1　第一个Tkinter程序：创建窗口

Tkinter是Python的默认GUI库，在安装Python时默认已经安装好了，不需要通过pip工具手工下载。只需在程序前导入Tkinter模块即可使用。使用示例如下：

```
import tkinter as tk                    # 导入tkinter库，为该库命名为tk
# 调用tk库的Tk()方法创建一个窗口对象，名为top
top=tk.Tk()
top.mainloop()                          # top窗口进入消息循环
```

运行结果如图2-12所示。

以上程序中，所创建的top窗口为主窗口或根窗口，为保证能随时接收用户消息，主窗口应进入消息循环，使GUI程序总是处于运行状态。在Python解释器中执行导入tkinter模块和创建主窗口的代码，此时创建的主窗口是一个空窗口，如图2-12所示。通过以下方法可以设置主窗口的特征。

(1) title()：修改窗口框体的名字。

(2) resizable()：设置窗口可调性。

(3) geometry()：设置主窗体的大小，可接受一个“宽×高+水平偏移量+竖直偏移量”格式的字符串。

(4) quit()：窗口退出。

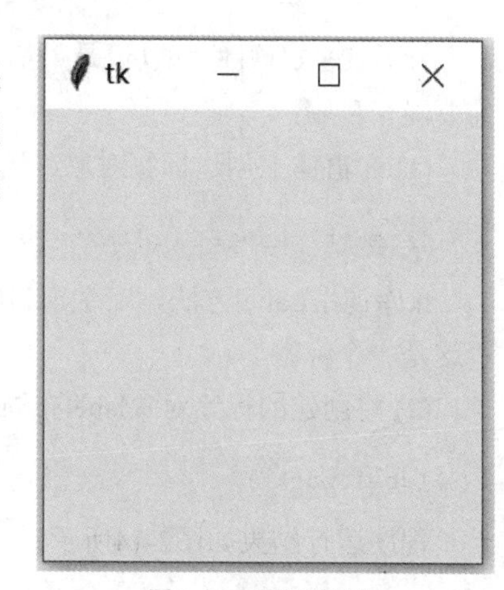

图 2-12　运行结果图

(5) update()：刷新页面。

图形界面的主窗口类似绘图时所需的画纸，每个程序只能有一个主窗口，但可以有多个利用Toplevel创建的窗口。

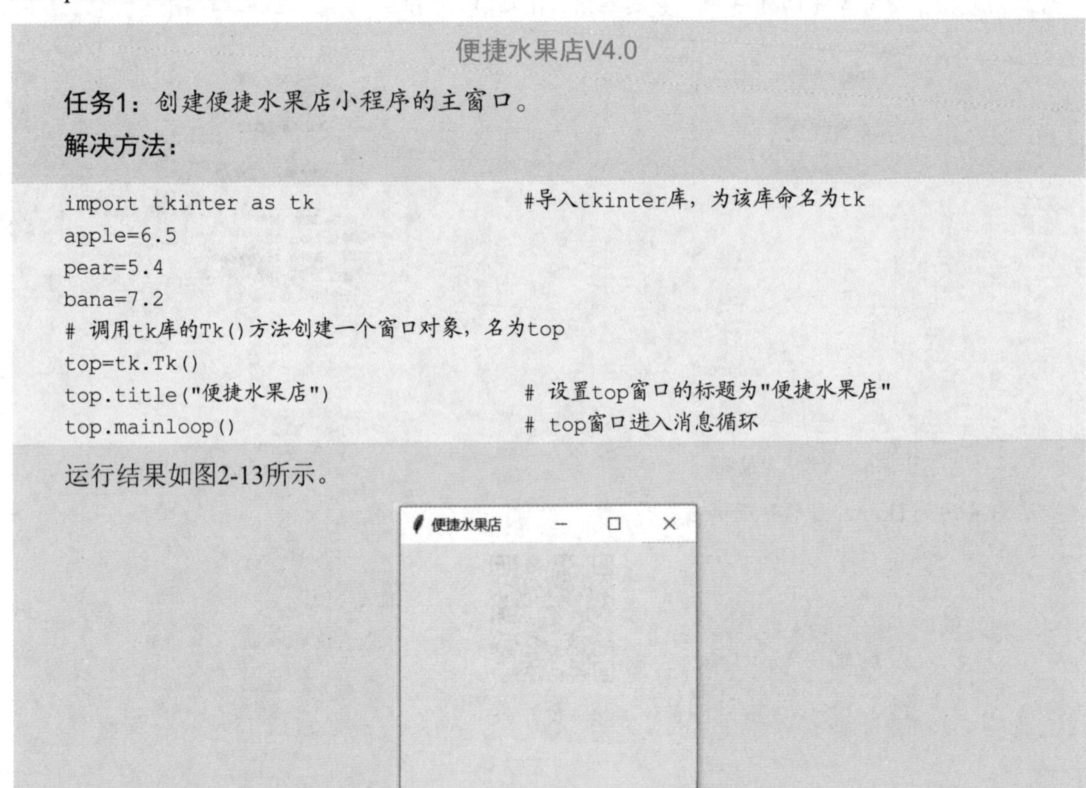

便捷水果店V4.0

任务1：创建便捷水果店小程序的主窗口。

解决方法：

```
import tkinter as tk                       #导入tkinter库，为该库命名为tk
apple=6.5
pear=5.4
bana=7.2
# 调用tk库的Tk()方法创建一个窗口对象，名为top
top=tk.Tk()
top.title("便捷水果店")                     # 设置top窗口的标题为"便捷水果店"
top.mainloop()                             # top窗口进入消息循环
```

运行结果如图2-13所示。

图2-13　运行结果图

如果遇到窗体标题的中文以乱码显示时，可以在程序开头加上：

```
#-*- coding:utf-8-*-
```

窗体上的中文标题就可以正常显示。

2.6.2　标签(Label)

标签(Label)组件可以说是最简单的组件，它不执行任何功能，只用于显示信息。创建标签需要两个步骤：

(1) 在窗体上创建标签对象，例如：

```
label=tk.Label(top,text="这是一个标签")
```

tk库调用Label方法，在主窗口top上创建一个名字为label的标签，标签里显示的文本信息为“这是一个标签”。

(2) 将创建的标签对象label布局到主窗口top上，例如：

```
label.pack()
```

程序运行结果如图2-14所示。

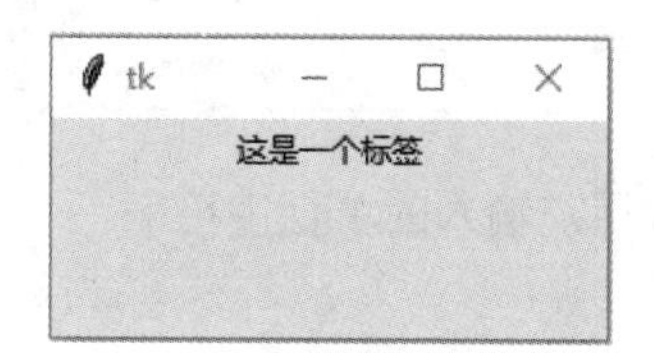

图 2-14 运行结果

以下是Label组件最常用的选项列表，具体如表2-6所示。

表2-6 Label组件常见属性

属性	说明
text	标签文字，可以在标签上添加文字
relief	标签样式，设置控件3D效果，可选的有FLAT、SUNKEN、RAISED、GROOVE、RIDGE
background	标签文字背景颜色，dg='背景颜色'
foreground	标签文字前景色，fg='前景颜色'
borderwidth	标签文字边框宽度，bd='边框宽度'。边框宽度显示需要配合边框样式才能凸显
font	标签文字字体设置，font=('字体', 字号, 'bold/italic/underline/overstrike')
justify	标签文字对齐方式，可选项包括LEFT、RIGHT、CENTER
underline	下画线。取值就是带下画线的字符串索引，为 0 时，第1个字符带下画线；为1时，第2个字符带下画线，以此类推
wraplength	按钮达到限制的屏幕单元后换行显示
height	字体高度，height='高度'。和relief结合使用才会凸显效果
width	字体宽度，width='宽度'。和relief结合使用才会凸显效果
image	标签插入图片，图片必须由PhotoImage转换格式后才能插入，并且转换的图片必须是.gif格式

便捷水果店V4.0

任务2：在便捷水果店小程序的主窗口上创建标签显示信息。

解决方法：

```
import tkinter as tk
apple=6.5
pear=5.4
bana=7.2
top=tk.Tk()
top.title("便捷水果店")
# 创建label1标签
label1=tk.Label(top,text="请输入苹果的重量:")
# 将label1标签布局到窗口上
label1.pack()
top.mainloop()
```

运行结果如图2-15所示。

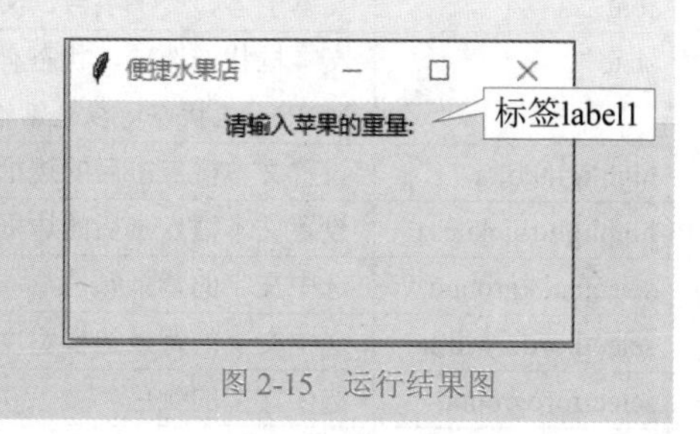

图 2-15 运行结果图

2.6.3 文本框(Entry)

文本框(Entry)组件是用来接收用户输入的单行字符串。

创建文本框需要两个步骤：

(1) 在窗体上创建文本框对象，例如：

```
entry=tk.Entry(top,borderwidth=5)
```

tk库调用Entry方法，在主窗口top上创建一个名为entry的文本框，文本框的边框宽度设为5(默认值为2)。

(2) 将创建的文本框对象entry布局到主窗口top上，例如：

```
entry.pack()
```

程序运行结果如图2-16所示。

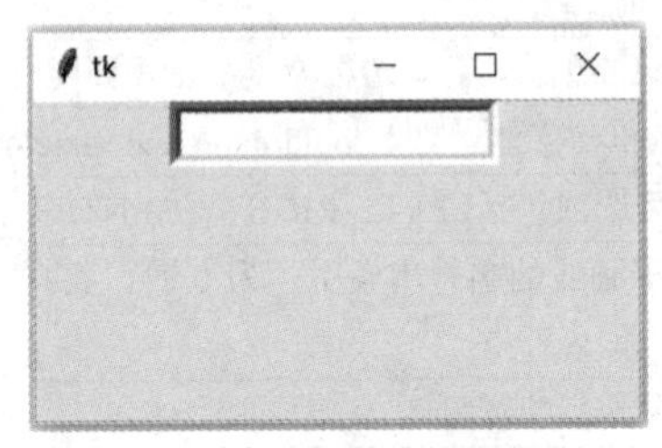

图 2-16 运行结果图

如何获得文本框内用户输入的数据？使用entry.get()方法便可以获得文本框内的字符串，获得的数据类型也为字符串类型。Entry组件最常用的选项列表如表2-7所示。

表2-7 Entry组件常见属性

属性	说明
width	设置文本框的宽度，宽度值每加1则加1字节
insert	文本框插入数据，可以指定插入数据的位置
delete	删除文本框中的数据，可以通过数据位置，指定删除的数据
get	获取文本框中的数据，可以通过数据位置，指定获取的数据
relief	文本框样式，设置控件显示效果，可选的有FLAT、SUNKEN、RAISED、GROOVE、RIDGE
borderwidth	设置文本框的边框大小，值越大边框越宽
background	设置文本框的默认背景色
foreground	设置文本框的默认前景色，即字体颜色
font	文本字体、文字字号、文字字形。字形有overstrike、italic、bold、underline
state	文本框状态选项，状态有DISABLED、NORMAL。DISABLED状态下文本框无法输入，NORMAL状态可以正常输入
highlightcolor	设置文本框点击后的边框颜色
highlightthickness	设置文本框点击后的边框大小
selectbackground	选中文字的背景颜色
selectborderwidth	选中文字的背景边框宽度
selectforeground	选中文字的颜色
show	指定文本框内容显示的字符，例如：让文本框里字符显示为星号，则设置show='*'

便捷水果店V4.0

任务3：在便捷水果店小程序的主窗口上创建文本框输入信息。

解决方法：

```
import tkinter as tk
apple=6.5
pear=5.4
bana=7.2
top=tk.Tk()
top.title("便捷水果店")
label1=tk.Label(top,text="请输入苹果的重量:")
entry1=tk.Entry(top)                    # 在top窗口上创建文本框entry1
label1.pack()
entry1.pack()                           # 将文本框entry1布局到top窗口上
top.mainloop()
```

运行结果如图2-17所示。

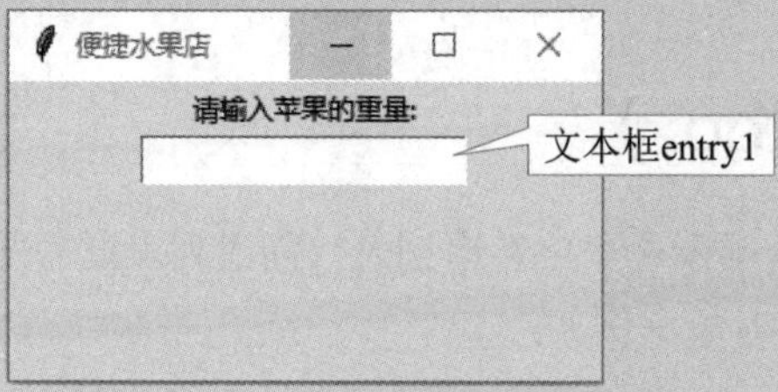

图2-17 运行结果图

在上面程序中为什么要把entry1.pack()写在label1.pack()的下面呢？因为要先放置标签label1到窗口上，再放置文本框entry1到窗口上，这样标签才能出现在文本框的上方。这两句代码的位置决定了它们在主窗口上出现的位置。

学会了标签和文本框的创建方法，就可以为便捷水果店小程序界面补充全部的标签和文本框。

便捷水果店V4.0

(续)任务3：补充便捷水果店界面上全部的标签和文本框。

解决方法：

```
import tkinter as tk
apple=6.5
pear=5.4
bana=7.2
top=tk.Tk()
top.title("便捷水果店")
label1=tk.Label(top,text="请输入苹果的重量:")
label2=tk.Label(top,text="请输入梨的重量:")
label3=tk.Label(top,text="请输入香蕉的重量:")
entry1=tk.Entry(top)
entry2=tk.Entry(top)
entry3=tk.Entry(top)
label1.pack()
```

```
entry1.pack()
label2.pack()
entry2.pack()
label3.pack()
entry3.pack()
top.mainloop()
```

运行结果如图2-18所示。

图 2-18　运行结果图

2.6.4　列表框(Listbox)

列表框(Listbox)组件用于显示一个字符串列表。创建列表框需要三个步骤：

(1) 在窗体上创建列表框对象，例如：

```
list=tk.Listbox(top,height=10,width=10)
```

tk库调用Listbox方法，在主窗口top上创建一个名为list的列表框，列表框的高度设置为10行，宽度设置为10个字符宽度。

(2) 向列表框插入字符串，例如：

```
list.insert(1,"北京")
list.insert(2,"上海")
list.insert(3,"广州")
```

在列表框list第一行插入字符串"北京"，在列表框list第二行插入字符串"上海"，在列表框list第三行插入字符串"广州"。

(3) 将创建的列表框对象list布局到主窗口top上，例如：

```
list.pack()
```

程序运行结果如图2-19所示。

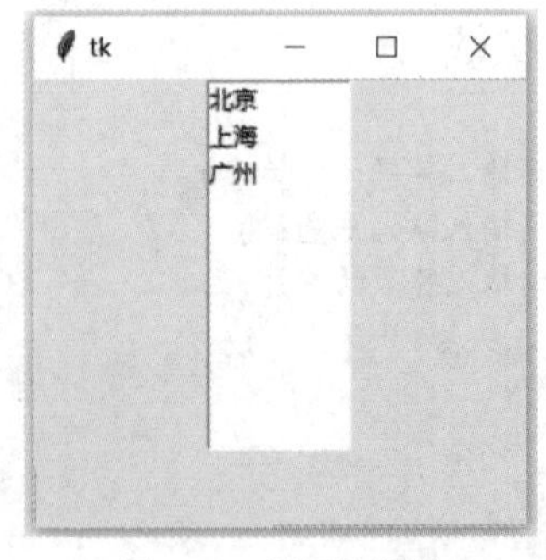

图 2-19　运行结果图

Listbox组件最常用的选项列表如表2-8所示。

表2-8 Listbox组件常用属性

属性	说明
background	列表框背景颜色
foreground	文字颜色，值为颜色或颜色代码，如red、#ff00
height	列表框的高度，单位是行的高度，而不是像素
width	组件中字符串的最大宽度。默认值为20
highlightcolor	当组件突出重点时，重点显示的颜色
selectbackground	显示选定文本的背景颜色
xscrollcommand	添加列表框内的水平滚动条
yscrollcommand	添加列表框内的垂直滚动条

便捷水果店小程序里，购物清单最后显示在列表框中，因此需要在程序主窗口中创建一个列表框。

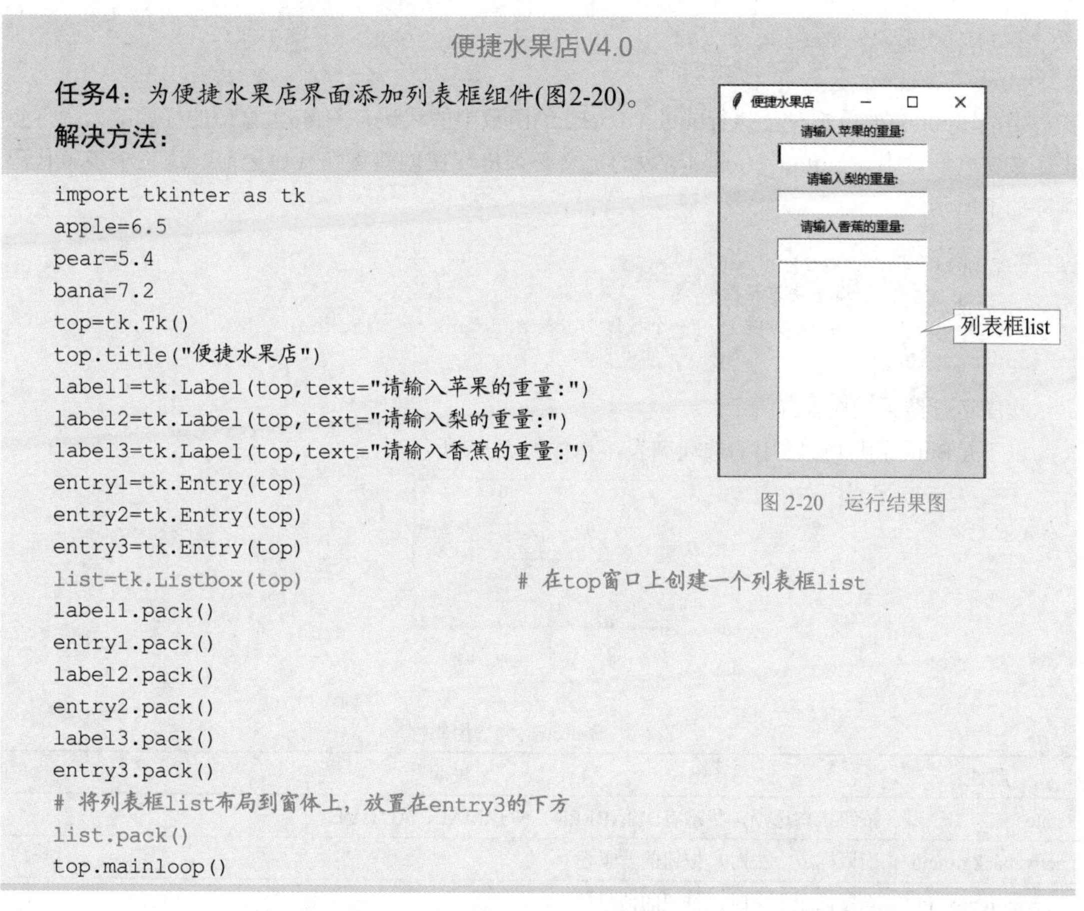

便捷水果店V4.0

任务4：为便捷水果店界面添加列表框组件(图2-20)。

解决方法：

```
import tkinter as tk
apple=6.5
pear=5.4
bana=7.2
top=tk.Tk()
top.title("便捷水果店")
label1=tk.Label(top,text="请输入苹果的重量:")
label2=tk.Label(top,text="请输入梨的重量:")
label3=tk.Label(top,text="请输入香蕉的重量:")
entry1=tk.Entry(top)
entry2=tk.Entry(top)
entry3=tk.Entry(top)
list=tk.Listbox(top)                     # 在top窗口上创建一个列表框list
label1.pack()
entry1.pack()
label2.pack()
entry2.pack()
label3.pack()
entry3.pack()
# 将列表框list布局到窗体上，放置在entry3的下方
list.pack()
top.mainloop()
```


图2-20 运行结果图

在以上程序中，只创建了列表框list，并将它布局到窗口上，但未向列表框中添加字符串。在便捷水果店程序中点击下方的“结算”按钮，购物清单才会显示在列表框中，因此还需要在窗口上添加按钮，并为按钮编写事件代码，以实现这一功能。

2.6.5 按钮(Button)

按钮(Button)的主要作用是当点击它时，可以执行相应的事件代码，为GUI增加更丰富的功能，按钮上可以显示文字或图像。创建按钮需要三个步骤：

(1) 在窗体上创建按钮对象。例如：

```
button=tk.Button(top,text="一个按钮",command=button_clicked)
```

tk库调用Button方法，在主窗口top上创建一个名为button的按钮，按钮上的文本显示“一个按钮”，command=button_clicked表示如果该按钮被单击，则执行button_clicked这个函数的代码，即当按钮被单击时执行的事件代码。

(2) 将创建的按钮对象button布局到主窗口top上。例如：

```
button.pack()
```

(3) 编写button_clicked函数代码即单击事件代码。例如：

```
def button_clicked():
    top.title("你点击了按钮")
```

当按钮button被单击时会执行button_clicked()函数中的代码，将top主窗口的标题改为“你点击了按钮”。注意，button_clicked函数的定义必须出现在创建按钮代码之前，这三个步骤代码顺序如下所示：

```
def button_clicked():
    top.title("你点击了按钮")
button=tk.Button(top,text="一个按钮",command=button_clicked)
button.pack()
```

程序运行结果如图2-21所示。

以下是Button组件最常用的选项列表，具体如表2-9所示。

图 2-21　程序运行结果图

表2-9　Button组件常用属性

属性	说明
state	按钮状态选项，状态有DISABLED、NORMAL、ACTIVE
activebackground	当鼠标放上去时，按钮的背景色
activeforeground	当鼠标放上去时，按钮的前景色
borderwidth	按钮边框的大小，默认为 2 像素
background	按钮的背景色
foreground	按钮的前景色(按钮文本的颜色)

(续表)

属性	说明
font	文本字体、文字字号、文字字形。字形有overstrike、italic、bold、underline
height	按钮的高度。如未设置此项，其大小以适应按钮的内容(文本或图片的大小)
width	按钮的宽度。如未设置此项，其大小以适应按钮的内容(文本或图片的大小)
image	按钮上要显示的图片，图片必须以变量的形式赋值给image，图片必须是gif格式
justify	显示多行文本的时候，设置不同行之间的对齐方式，可选项包括LEFT、RIGHT、CENTER
padx	按钮在x轴方向上的内边距，指按钮的内容与按钮边缘的距离
pady	按钮在y轴方向上的内边距
relief	边框样式，设置控件显示效果，可选的项有FLAT、SUNKEN、RAISED、GROOVE、RIDGE
wraplength	限制按钮每行显示的字符的数量，超出限制数量后则换行显示
underline	下画线。默认按钮上的文本都不带下画线。取值就是带下画线的字符串索引，为 0 时，第1个字符带下画线；为 1 时，第2个字符带下画线，以此类推
text	按钮的文本内容
command	按钮关联的函数，当按钮被单击时，执行该函数

下面可以完成便捷水果店最后一部分的内容，也是程序最主要的功能，给窗体添加“结算”按钮，并为其添加单击事件代码。

便捷水果店V4.0

任务5：为便捷水果店界面添加按钮组件，并编写事件代码。

解决方法：

```
import tkinter as tk
def button_clicked():
    # 从文本框entry1中获得苹果的购买重量
    count1=float(entry1.get())
    # 从文本框entry2中获得梨的购买重量
    count2=float(entry2.get())
    # 从文本框entry3中获得香蕉的购买重量
    count3=float(entry3.get())
    # 拼接出购物清单的五行字符串
    text="名称  数量  价格"
    text1="苹果  "+str(count1)+"kg  "+str(apple*count1)
    text2="梨    "+str(count2)+"kg  "+str(pear*count2)
    text3="香蕉  "+str(count3)+"kg  "+str(bana*count3)
    text4="总价  "+str(apple*count1+pear*count2+bana*count3)
    list.insert(0,text)                 # 将text添加到列表框list的第0行
    list.insert(1,text1)                # 将text1添加到列表框list的第1行
    list.insert(2,text2)                # 将text2添加到列表框list的第2行
    list.insert(3,text3)                # 将text3添加到列表框list的第3行
    list.insert(4,text4)                # 将text4添加到列表框list的第4行
```

便捷水果店程序最终执行结果如图2-22所示。

便捷水果店V4.0

(续)任务5：为便捷水果店界面添加按钮组件，并编写事件代码。

解决方法：

```
apple=6.5
pear=5.4
bana=7.2
top=tk.Tk()
top.title("便捷水果店")
label1=tk.Label(top,text="请输入苹果的重量:")
label2=tk.Label(top,text="请输入梨的重量:")
label3=tk.Label(top,text="请输入香蕉的重量:")
entry1=tk.Entry(top)
entry2=tk.Entry(top)
entry3=tk.Entry(top)
list=tk.Listbox(top)                          # 在top窗口上创建一个列表框list
label1.pack()
entry1.pack()
label2.pack()
entry2.pack()
label3.pack()
entry3.pack()
#将列表框list布局到窗体上，放置在entry3的下方
list.pack()
# 在top窗口上创建一个按钮btn
btn=tk.Button(top,text="结算", command=button_clicked)
btn.pack() # 将按钮btn布局到窗体上
top.mainloop()
```

便捷水果店V4.0的运行结果如图2-22左图所示，单击“结算”按钮，结果如图2-22右图所示。

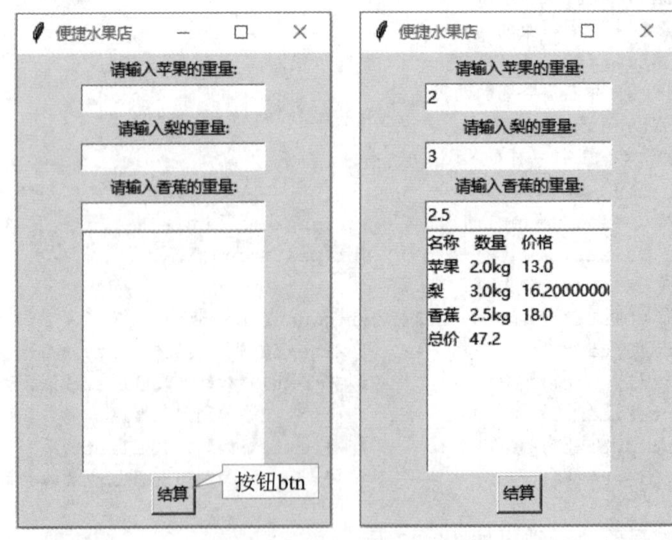

图 2-22 便捷水果店运行结果图

2.6.6　多行文本框(Text)

多行文本框(Text)主要用来输入和显示多行字符串。在Tkinter所有组件中，Text组件显得很灵活，而且功能也很强大，适用于多种任务。虽然Text组件的主要目的是显示多行文本，但它常被用来作为简单的文本编辑器和网页浏览器使用。创建多行文本框需要两个步骤：

(1) 在窗体上创建多行文本框对象。例如：

```
text=tk.Text(top,width=30,height=5,bg='yellow',highlightthickness=5,highlightback
ground='red')
```

tk库调用Text方法，在主窗口top上创建一个名为text的多行文本框，文本框的宽度width设置为30，高度height设置为5，背景颜色bg为黄色，高亮边框宽度highlightthickness为5，高亮边框颜色highlightbackground为红色。参数设置根据需要添加或减少。

(2) 将创建的多行文本框对象text布局到主窗口top上。例如：

```
text.pack()
```

程序运行结果如图2-23所示。

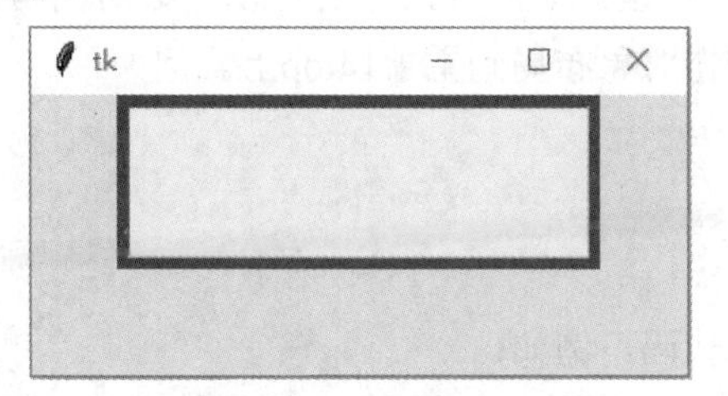

图 2-23　运行结果图

以下是Text组件最常用的选项列表，具体如表2-10所示。

表2-10　Text组件常见属性

属性	说明
background	多行文本框背景颜色
borderwidth	多行文本框边框宽度
foreground	文字颜色，值为颜色或颜色代码，如red、#ff00
highlightthickness	多行文本框高亮边框的宽度
highlightbackground	多行文本框高亮边框颜色，当多行文本框未获取焦点时显示，只有设置了highlightthickness属性，该属性才有效
highlightcolor	多行文本框高亮边框颜色，当多行文本框获取焦点时显示，只有设置了highlightthickness属性，该属性才有效
selectbackground	选中文字的背景颜色
state	指定文本框内容显示为字符，满足字符即可
width	多行文本框宽度
height	多行文本框高度
xscrollcommand	文本框内水平滚动
yscrollcomand	文本框内垂直滚动

2.6.7 单选按钮(Radiobutton)

单选按钮(Radiobutton)的作用是让用户从中选择一个选项，即单选操作。创建单选按钮需要三个步骤：

(1) 在窗体上创建多个单选按钮对象。例如：

```
radio_button_one=tk.Radiobutton(top,text="篮球",variable=var,value=1,command=sel)
radio_button_two=tk.Radiobutton(top,text="羽毛球",variable=var,value=2,command=sel)
radio_button_three=tk.Radiobutton(top,text="乒乓球",variable=var,value=3,command=sel)
```

tk库调用Radiobutton方法，在主窗口top上创建名字为radio_button_one、radio_button_two、radio_button_three的三个单选按钮。

text属性中设置显示在单选按钮旁边的文字。

variable设置被选中单选按钮的值存放在var变量中。

value属性为每个单选按钮的值，例如，当第一个单选按钮被选中，则var变量的值为1，因为第一个单选按钮value=1。

command属性设置当单选按钮被单击时执行名为sel函数的代码，即单击事件代码。

(2) 将创建的多个单选按钮对象布局到主窗口top上。例如：

```
radio_button_one.pack()
radio_button_two.pack()
radio_button_three.pack()
```

(3) 为单选按钮编写事件代码。例如：

```
def sel():
    selection="你选择了第"+str(var.get())+"项"
    label.config(text=selection)
```

如果某一个单选按钮被单击，就会执行sel函数代码，var.get()获得变量var的值即所选单选按钮的值，连接成字符串selection，将selection设置为在标签label文本中显示。完整的代码如下：

```
import tkinter as tk
top=tk.Tk()
# 创建一个整型变量var,用来存放被选中的单选按钮的值
var=tk.IntVar()
def sel():
    selection="你选择了第"+str(var.get())+"项"
    label.config(text=selection)
radio_button_one=tk.Radiobutton(top,text="篮球",variable=var,value=1,command=sel)
radio_button_two=tk.Radiobutton(top,text="羽毛球",variable=var,value=2,command=sel)
radio_button_three=tk.Radiobutton(top,text="乒乓球",variable=var,value=3,command=sel)
radio_button_one.pack()
radio_button_two.pack()
radio_button_three.pack()
label=tk.Label(top)
label.pack()
top.mainloop()
```

程序运行结果如图2-24所示。

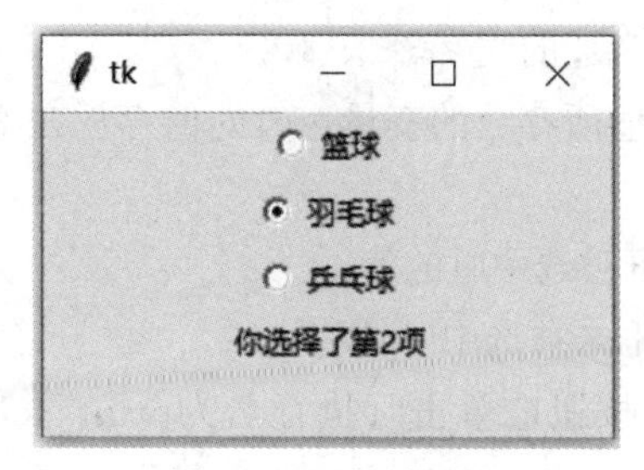

图 2-24　运行结果图

Radiobutton组件最常用的选项列表如表2-11所示。

表2-11　Radiobutton组件常见属性

属性	说明
background	按钮背景颜色
foreground	文字颜色，值为颜色或颜色代码，如red、#ff00
activebackground	当鼠标在按钮上的背景颜色
activeforeground	当鼠标在按钮上的前景颜色
borderwidth	边框的宽度，默认是2像素
command	点击该按钮时触发的动作
relief	单选框的边框样式显示，可选项包括FLAT、SUNKEN、RAISED、GROOVE、RIDGE
height	单选框的高度，需要结合单选框的边框样式才能展示出效果
width	单选框的宽度，需要结合单选框的边框样式才能展示出效果
font	单选框的文字字体、字号、字形，字形可选项包括bold、italic、underline、overstrike
image	单选框显示图片，图片必须是gif格式，并且图片需要用PhotoImage赋值给变量，然后变量赋值给image
justify	单选框文字对齐方式，可选项包括LEFT、RIGHT、CENTER
wraplength	限制每行的文字，单选框文字达到限制的字符后，自动换行
underline	下画线。取值就是带下画线的字符串索引，为 0 时，第1个字符带下画线；为1时，第2个字符带下画线，以此类推
value	指定Radiobutton所关联的值
variable	指定Radiobutton选中时设置的变量名，这个必须是全局变量，可以使用get函数获取值
.config(state=)	单选框的状态，状态可选项有DISABLED、NORMAL、ACTIVE
.set(value)	默认选中指定的单选框

2.6.8　复选框(Checkbutton)

复选框(Checkbutton)的作用是让用户从中选择多个选项，即多选操作。创建复选框需要三个步骤：

(1) 在窗体上创建多个复选框对象。例如：

```
    c1=tk.Checkbutton(top,text='Python',variable=var1,onvalue=1,offvalue=0,command=
print_selection)
    c2=tk.Checkbutton(top,text='C++',variable=var2,onvalue=1,offvalue=0,command=
print_selection)
```

tk库调用Checkbutton方法，在主窗口top上创建名为c1、c2的两个复选框。

text属性设置显示在复选框旁边的文字。

variable设置当前复选框的值所存放的变量，c1的值存放在变量var1中，c2的值存放在变量var2中。

onvalue属性设置当前复选框被选中时的值。

offvalue属性设置当前复选框未被选中时的值。

command属性设置当单选按钮被单击时执行名为print_selection函数的代码即单击事件代码。

例如，如果复选框c1被选中，则变量var1的值为1，否则为0；如果复选框c2被选中，则变量var2的值为1，否则为0。

(2) 将创建的多个复选框对象布局到主窗口top上。例如：

```
c1.pack()
c2.pack()
```

(3) 为复选框编写事件代码。例如：

```
def print_selection():
    if var1.get() == 1 and var2.get() == 0:
        label.config(text='I love only Python ')
    elif var1.get() == 0 and var2.get() == 1:
        label.config(text='I love only C++')
    elif var1.get() == 0 and var2.get() == 0:
        label.config(text='I do not love either')
    else:
        label.config(text='I love both')
```

如果某一个复选框被单击，就会执行print_selection函数代码，var1.get()可以获得复选框c1的值，var2.get()可以获得复选框c2的值，这里使用判断语句对两个复选框的值进行判断，将结果字符串设置到标签label中显示。

完整的代码如下所示：

```
import tkinter as tk
top=tk.Tk()
# 添加用来显示结果的标签label
label= tk.Label(top, bg='yellow', width=20)
label.pack()
def print_selection():
# 复选框c1被选中，c2未被选中
    if var1.get() == 1 and var2.get() == 0:
        label.config(text='I love only Python ')
    # 复选框c1未被选中，c2被选中
    elif var1.get() == 0 and var2.get() == 1:
        label.config(text='I love only C++')
    # 复选框c1未被选中，c2未被选中
    elif var1.get() == 0 and var2.get() == 0:
        label.config(text='I do not love either')
    # 复选框c1、c2均被选中
    else:
        label.config(text='I love both')
var1=tk.IntVar()                          # 定义整型变量var1,用来存放复选框c1的值
```

```
var2=tk.IntVar()                        # 定义整型变量var2,用来存放复选框c2的值
c1=tk.Checkbutton(top,text='Python',variable=var1,onvalue=1,offvalue=0,command=
    print_selection)
c2=tk.Checkbutton(top,text='C++',variable=var2,onvalue=1,offvalue=0,command=
    print_selection)
c1.pack()
c2.pack()
top.mainloop()
```

程序运行结果如图2-25所示。

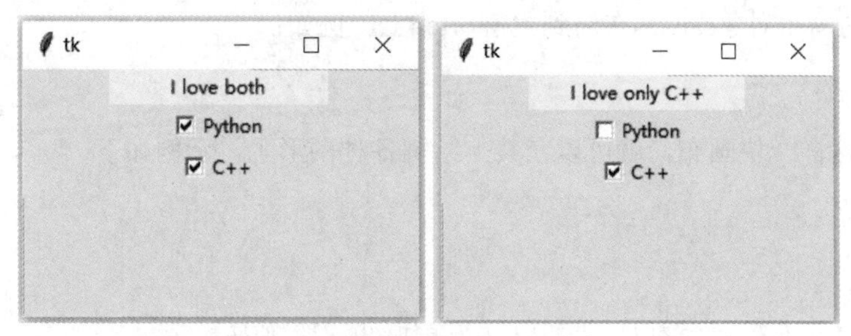

图 2-25　运行结果图

Checkbutton组件最常用的选项列表如表2-12所示。

表2-12　Checkbutton组件常见属性

属性	说明
background	复选框背景颜色
foreground	文字颜色，值为颜色或颜色代码，如red、#ff00
variable	指定Checkbutton选中时设置的变量名，这个必须是全局变量，可以使用get函数获取值
offvalue	设置 Checkbutton 控件的 variable 属性指定的变量所要存储的数值。若复选框没有被选中，则此变量的值为 offvalue
onvalue	若复选框被选中，则此变量的值为 onvalue
activebackground	鼠标指针在复选框上的背景颜色
activeforeground	鼠标指针在复选框上的前景颜色
borderwidth	边框的宽度，默认是2像素
command	点击该复选框时触发的动作
relief	复选框的边框样式显示，可选项包括FLAT、SUNKEN、RAISED、GROOVE、RIDGE
height	复选框的高度，需要结合复选框的边框样式才能展示出效果
width	复选框的宽度，需要结合复选框的边框样式才能展示出效果
font	复选框的文字字体、字号、字形，字形可选项包括bold、italic、underline、overstrike
image	单选框显示图片，图片必须是gif格式，并且图片需要用PhotoImage赋值给变量，然后变量赋值给image
justify	单选框文字对齐方式，可选项包括LEFT、RIGHT、CENTER
wraplength	限制每行的文字，单选框文字达到限制的字符后，自动换行
underline	下画线。取值就是带下画线的字符串索引，为 0 时，第1个字符带下画线；为 1 时，第2个字符带下画线，以此类推
.config(state=)	单选框的状态，状态可选项有DISABLED、NORMAL、ACTIVE
.set(value)	默认选中指定的单选框

2.6.9 画布(Canvas)

画布(Canvas)组件用于绘制各种图形，如圆、椭圆、线段、三角形、矩形、多边形等。创建画布(Canvas)组件的步骤有两个：

(1) 在窗体上创建一个画布对象。例如：

```
canvas=tk.Canvas(top)
```

tk库调用Canvas方法，在主窗口top上创建一个名为canvas的画布。

(2) 将创建的画布对象canvas布局到主窗口top上。例如：

```
canvas.pack()
```

有了canvas这样一块画布，就可以在其上绘制各种图形了，示例如下：

```
import tkinter as tk
top=tk.Tk()
canvas=tk.Canvas(top)
# 绘制矩形，放置在左上角坐标(10,130)右上角坐标(80,210)的位置
canvas.create_rectangle(10,130,80,210,tags="rect")
# 绘制圆，放置在左上角坐标(10,10)右上角坐标(80,80)的位置，填充红色
canvas.create_oval(10,10,80,80,fill="red",tags="oval")
# 绘制椭圆，放置在左上角坐标(10,90)右上角坐标(80,120)的位置，填充绿色
canvas.create_oval(10,90,80,120,fill="green",tags="oval")
# 绘制三角形，三个顶点坐标为(90,10)、(190,90)、(90,90)
canvas.create_polygon(90,10,190,90,90,90,tags="polygon")
# 绘制线段，两个端点的坐标为(90,180)和(180,100)
canvas.create_line(90,180,180,100,fill="red",tags="line")
# 绘制字符串"I love Python"
canvas.create_text(180,200,text="I love Python",font="time 10 bold
    underline",tags="string")
canvas.pack()
top.mainloop()
```

程序运行结果如图2-26所示。

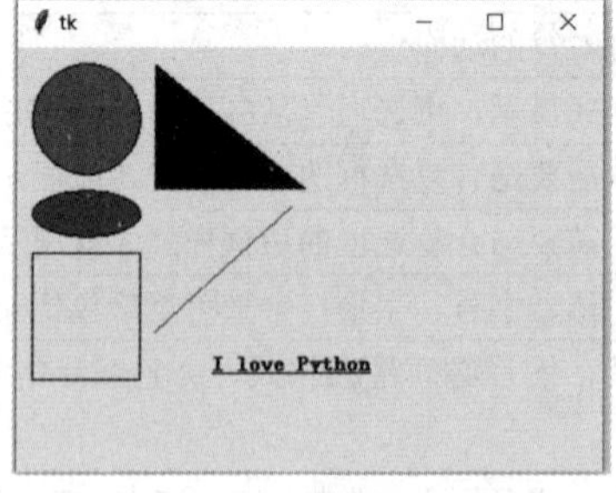

图 2-26　运行结果图

2.6.10 菜单

菜单是一个完整系统所需要的重要组件，可以帮助用户快速熟悉系统所有的功能分布，菜单可以容纳的信息量非常大，一个菜单可以有子菜单，每个子菜单又有多个选项，清晰地体现了系统功能结构。

1.主菜单

主菜单的创建分为四个步骤：

(1) 创建主菜单对象menu。

```
menu=tk.Menu(top)
```

tk库调用Menu方法生成一个主菜单对象menu。

(2) 调用add_command方法为主菜单对象添加菜单项。

```
for item in ['文件','编辑','视图','格式']:
    menu.add_command(label=item,command=callback)
```

将菜单项放在列表['文件', '编辑', '视图', '格式']中，每次循环从列表中取一个菜单项，调用add_command方法将菜单项添加到主菜单menu中，同时设置当菜单项被单击时执行callback函数代码。

(3) 编写菜单项被单击时调用的事件代码。

```
def callback():
    print("this is a menu")
```

当某一菜单项被单击时，会在终端输出this is a menu字符串。

(4) 指定创建的菜单对象menu为窗口top的menu属性值。

```
top['menu']=menu
```

将menu菜单对象设置为主窗口top的顶层菜单，完整代码如下：

```
import tkinter as tk
top=tk.Tk()
menu=tk.Menu(top)
def callback():
    print("this is a menu")
for item in ['文件','编辑','视图','格式']:
    menu.add_command(label=item,command=callback)
top['menu']=menu
top.mainloop()
```

程序运行结果如图2-27所示。

图 2-27　运行结果图

2.下拉菜单

为主菜单“文件”创建下拉菜单，分为三个步骤：

(1) 创建下拉菜单对象fmenu。

```
fmenu=tk.Menu(menu)
```

tk库调用Menu方法在主菜单menu上生成一个下拉菜单对象fmenu。

(2) 调用add_command方法为下拉菜单对象添加选项。

```
for item in ['新建','保存','另存为','关闭']:
    fmenu.add_command(label=item)
```

将下拉菜单项中的选项放在列表['新建', '保存', '另存为', '关闭']中，每次循环从列表中取一个选项，调用add_command方法将它添加到下拉菜单fmenu中。

(3) 指定下拉菜单fmenu为主菜单中"文件"的下拉菜单。

```
menu.add_cascade(label='文件',menu=fmenu)
```

补充其他下拉菜单，完整的代码如下：

```
import tkinter as tk
top=tk.Tk()
menu=tk.Menu(top)
fmenu=tk.Menu(menu)
for item in ['新建','保存','另存为','关闭']:
    fmenu.add_command(label=item)
emenu=tk.Menu(menu)
for item in ['复制','粘贴','全选','清除']:
    emenu.add_command(label=item)
vmenu=tk.Menu(menu)
for item in ['大纲','页面视图','阅读视图','工具']:
    vmenu.add_command(label=item)
gmenu=tk.Menu(menu)
for item in ['字体','段落','表规','边框和底纹']:
    gmenu.add_command(label=item)
menu.add_cascade(label='文件',menu=fmenu)
menu.add_cascade(label='编辑',menu=emenu)
menu.add_cascade(label='视图',menu=vmenu)
menu.add_cascade(label='格式',menu=gmenu)
top['menu']=menu
top.mainloop()
```

程序运行结果如图2-28所示。

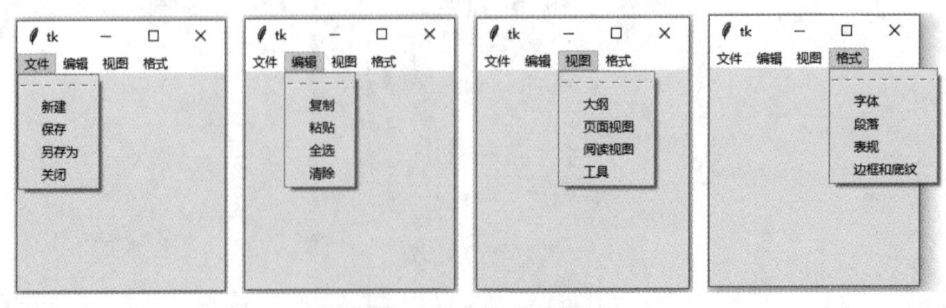

图 2-28 运行结果图

3. 弹出菜单

弹出菜单又称为"右键菜单"，它通常是右击鼠标产生的菜单。创建弹出菜单需要三个步骤：

(1) 创建弹出菜单对象menu。

```
menu=tk.Menu()
```

tk库调用Menu方法生成一个弹出菜单对象menu，它和普通菜单对象的创建方法相同。

(2) 调用add_command方法为弹出菜单对象添加选项。

```
for item in ['复制','剪切','粘贴']:
    menu.add_command(label=item)
```

将弹出菜单中的选项放在列表“复制”“剪切”“粘贴”中，每次循环从列表中取一个选项，调用add_command方法将它添加到弹出菜单menu中。

(3)为弹出菜单编写事件代码，并设置在窗口上单击鼠标右键会触发该事件代码。

```
def pop(event):
    menu.post(event.x_root,event.y_root)
top.bind('<Button-3>',pop)
```

窗口top调用bind方法将单击鼠标右键和函数pop绑定，即在top上单击右键就会执行pop函数。执行pop函数时，菜单menu调用post方法，即在鼠标单击的位置上弹出menu菜单。完整代码如下：

```
import tkinter as tk
top=tk.Tk()
menu=tk.Menu()
for item in ['复制','剪切','粘贴']:
    menu.add_command(label=item)
def pop(event):
    menu.post(event.x_root,event.y_root)
top.bind('<Button-3>',pop)
top.mainloop()
```

程序运行结果如图2-29左图所示，单击鼠标右键，弹出的右键菜单如图2-29右图所示。

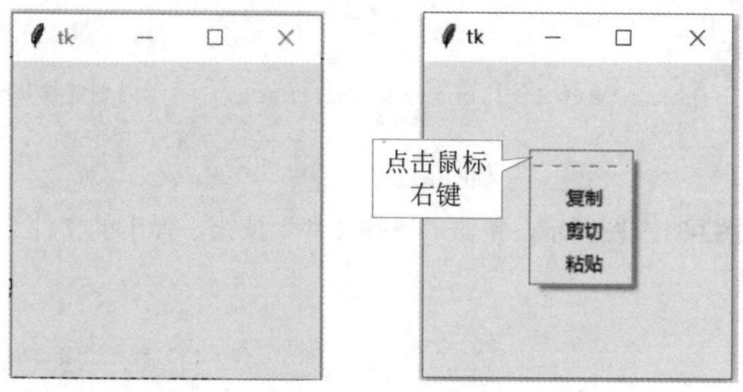

图 2-29　运行结果图

2.6.11　对话框

1. 消息对话框(messagebox)

messagebox是tkinter的一个子模块，主要用来显示信息、提供警告信息或错误信息。

messagebox包含的消息框类型有showinfo、showwarning、showerror、askquestion、askokcancel、askyesno、askretrycancel等。

弹出消息对话框的程序使用示例如下：

```
import tkinter.messagebox as mb      # 导入messagebox库，起别名mb
import tkinter as tk
top=tk.Tk()
def hello():                         # button事件代码
   mb. showinfo("消息框","Hello world")                    # 弹出消息框
button=tk.Button(top,text="say hello",command=hello)    # 创建按钮button
button.pack()
top.mainloop()
```

程序运行结果如图2-30左图所示，单击“say hello”按钮，弹出的消息对话框如图2-30右图所示。

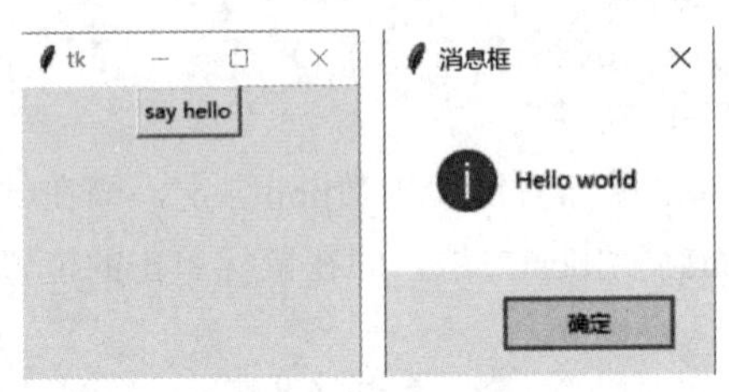

图 2-30　运行结果图

2. 文件对话框(filedialog)

filedialog是tkinter的一个子模块，它主要用来打开文件读取或写入的数据。打开文件对话框的程序示例如下：

```
import tkinter.filedialog as fd      #导入filedialog库，命名为fd
import tkinter as tk
top=tk.Tk()
def callback():                      #按钮button的事件代码
    name=fd.askopenfilename()        #弹出文件对话框
    print(name)
button=tk.Button(text='选择文件',command=callback)         #创建按钮button
button.pack()
top.mainloop()
```

程序运行结果如图2-31左图所示，单击“选择文件”按钮，弹出的文件选择对话框如图2-31右图所示。

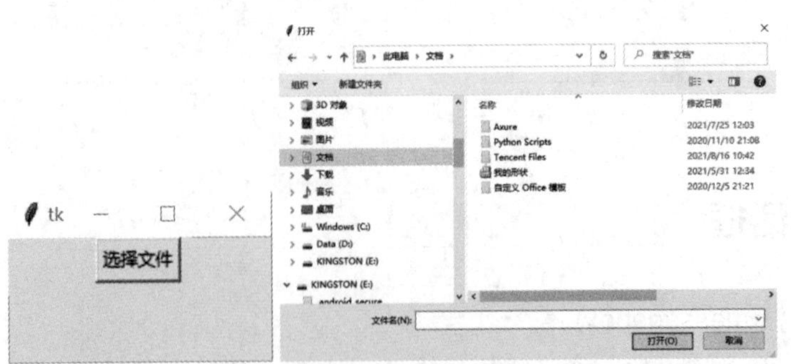

图 2-31　运行结果图

3. 颜色选择对话框(colorchooser)

colorchooser是tkinter的一个子模块，它的主要作用是实现颜色的选择。打开颜色选择对话框的程序使用示例如下：

```
import tkinter.colorchooser as ch    #导入colorchoose库，命名为ch
import tkinter as tk
top=tk.Tk()
def callback():                      #按钮button的事件代码
    result=ch.askcolor(color="#6A9662",title="颜色选择") #弹出颜色对话框
    print(result)
button=tk.Button(top,text='请选择一种颜色',command=callback)
button.pack()
top.mainloop()
```

注意，color= “#6A9662” 这个属性代表当打开颜色选择对话框时，默认框选的颜色编号。title属性表示颜色对话框的标题。

程序运行结果如图2-32左图所示，单击“请选择一种颜色”按钮，弹出的颜色选择对话框如图2-32右图所示。

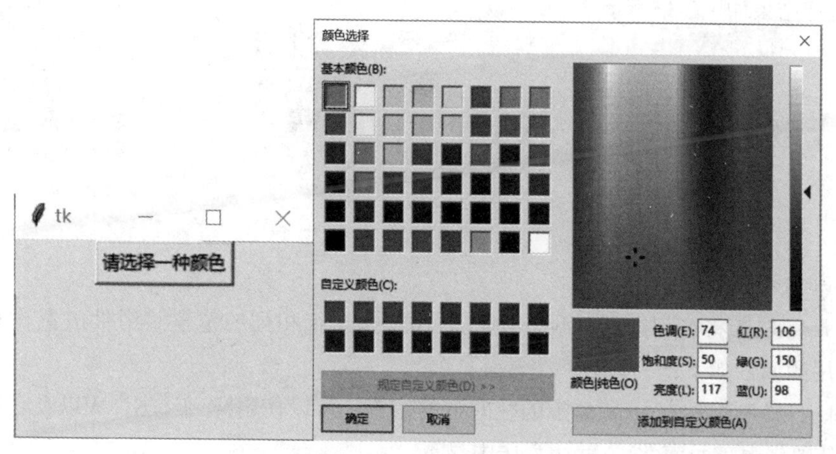

图 2-32　运行结果图

2.6.12　Tkinter几何布局管理器

前面学习了Tkinter的各种组件，但是如何把这些组件合理地布局到窗口上呢？Tkinter支持三种几何布局器，分别是pack、grid和place，它们主要决定组件在窗体上的排列位置。

pack、grid 和 place 均用于管理同在一个父组件下的所有组件的布局，其中：

- pack 是按添加顺序排列组件。
- grid 是按行/列形式排列组件。
- place 则允许程序员指定组件的大小和位置。

注意，不管是哪种几何布局管理器，在同一父窗口中，它们是不可以混用的。下面对这几种布局管理器进行介绍。

1. pack几何布局管理器

pack布局管理器是通过组件执行pack()方法来实现的，如果多个组件调用pack()方法，则按

照调用pack()的先后顺序从上到下放置窗口。pack的常用属性如下：

① expand：如果设置为True，那么组件会扩展填充。

② fill：确定组件是否填充额外空间，其值可以是none、x、y或both。

③ side：决定组件的排列方式，取值可以为TOP(默认)、BOTTOM、LEFT或RIGHT。

pack几何布局管理器使用示例如下：

```
import tkinter as tk
top=tk.Tk()
label1=tk.Label(top,text="red",bg="red",fg="white")
label2=tk.Label(top,text="green",bg="green",fg="black")
label3=tk.Label(top,text="blue",bg="blue",fg="white")
label4=tk.Label(top,text="yellow",bg="yellow",fg="black")
label1.pack(side=tk.LEFT)                    #左对齐
label2.pack(side=tk.RIGHT)                   #右对齐
label3.pack(side=tk.TOP)                     #上部对齐
label4.pack(side=tk.BOTTOM)                  #底部对齐
top.mainloop()
```

程序运行结果如图2-33所示。

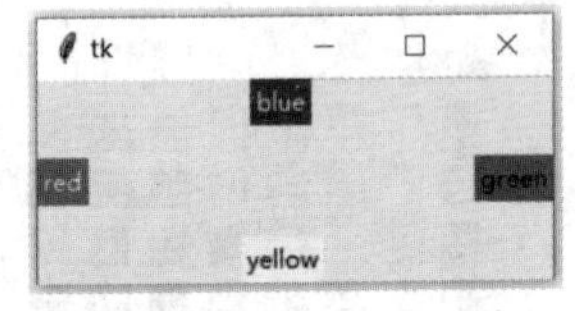

图 2-33　运行结果图

2. grid几何布局管理器

grid布局管理器将窗口看成由网格组成，通过指定行和列的位置将组件放置在对应的网格中。grid常用的属性如下：

① sticky：控制组件在 grid 分配的空间中的位置，可以使用N、E、S、W以及它们的组合来定位(ewsn分别代表东西南北)，默认为居中显示。

② rowspan：指定用多少行(跨行)显示该组件。

③ padx：指定水平方向上的外边距。

④ pady：指定垂直方向上的外边距。

grid几何布局管理器的使用示例如下：

```
import tkinter as tk
top=tk.Tk()
label1=tk.Label(top,text="用户名")
label2=tk.Label(top,text="密码")
photo = tk.PhotoImage(file="test.gif")                      #创建图片组件photo
label3=tk.Label(top,image=photo)                            #label3中显示的是图片
entry1=tk.Entry(top)
entry2=tk.Entry(top,show="*")
button=tk.Button(top,text="提交",width=10)
label1.grid(row=0,column=0,sticky=tk.W)                     #label1放置在0行0列
label2.grid(row=1,column=0,sticky=tk.W)                     #label2放置在1行0列
label3.grid(row=0,column=2,rowspan=2,padx=5,pady=5)         #label3跨两行显示
```

```
    entry1.grid(row=0,column=1)                            #entry1放置在0行1列
    entry2.grid(row=1,column=1)                            #entry2放置在1行1列
    button.grid(row=2,columnspan=3,pady=5)                 #button跨三列显示
    top.mainloop()
```

程序运行结果如图2-34所示。

图 2-34　运行结果图

3. place几何布局管理器

place几何布局管理器可以指定组件放在一个特定的位置，它分为绝对布局和相对布局，place使用的常见属性如下：

① anchor：控制组件在place分配空间中的位置，默认值为NW。

② relx、rely：相对窗口宽度和高度的位置，取值范围[0，1.0]。例如，“relx=0，rely=0”位置为左上角；“relx=0.5，rely=0.5”位置为屏幕中心。

③ relheight、relwidth：指定组件相对于父组件的高度和宽度。

④ x、y：绝对布局的坐标，单位是像素。

place几何布局管理器使用示例如下：

```
import tkinter as tk
top=tk.Tk()
label1=tk.Label(top,bg="red")
label2=tk.Label(top,bg="green")
label3=tk.Label(top,bg="yellow")
label1.place(relx=0.5,rely=0.5,relheight=0.75,relwidth=0.75,anchor=tk.CENTER)
label2.place(relx=0.5,rely=0.5,relheight=0.5,relwidth=0.5,anchor=tk.CENTER)
label3.place(relx=0.5,rely=0.5,relheight=0.25,relwidth=0.25,anchor=tk.CENTER)
top.mainloop()
```

这里设置了3个Label组件，然后用place来布局，分别把这些组件的相对高度和宽度设置为相对top窗口的3/4、1/2和1/4，因此label3在最上面，下面依次是label2和label1。利用place布局管理器可以将组件重叠放置。程序运行结果如图2-35所示。

图 2-35　运行结果图

练一练

【练一练2-9】程序填空题。实现一个用户登录界面，用户输入用户名和密码，选择“登录”按钮，弹出消息框显示“登录成功”，否则，弹出消息框显示“登录失败”；用户选择“退出”按钮，登录界面关闭。(正确的用户名和密码都是“admin”)

运行界面如图2-36所示。

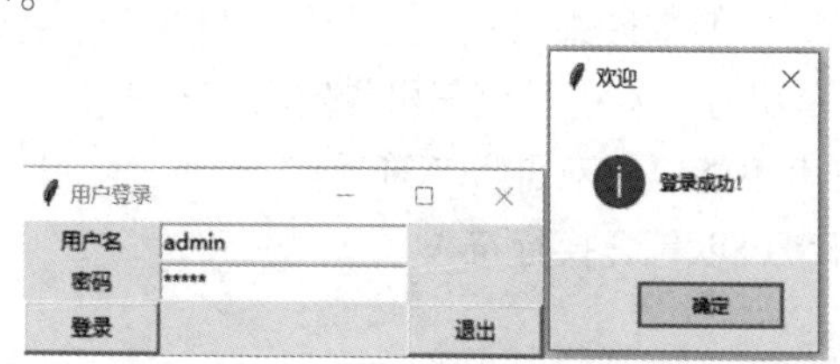

图 2-36　运行结果图

```
import tkinter.messagebox as mb
import tkinter as tk
top=tk.Tk()
top.title("用户登录")
def userlogin():
    if ________=="admin" and ____________=="admin":
        mb. showinfo("欢迎","登录成功! ")
    else:
        mb. showinfo("错误","登录失败! ")
def userexit():
    top.destroy()
label1=tk.Label(top,text="用户名")
label2=tk.Label(top,text="密码")
entry1=tk.Entry(top,width=20)
entry2=tk.Entry(top,width=20,show='*')
button1=tk.Button(top,text="登录",width=10,command=__________)
button2=tk.Button(top,text="退出",width=10,command=__________)
label1.grid(row=0,column=0)
label2.grid(row=1,column=0)
entry1.grid(row=0,column=1)
entry2.grid(row=1,column=1)
button1.grid(row=2,column=0,sticky=______)
button2.grid(row=2,column=2,sticky=tk.E)
top.mainloop()
```

本章你学到了什么

在这一章，我们主要介绍了以下内容。

- 便捷水果店V1.0：运用整型、浮点型数据求水果店消费总金额，运用变量存储水果店各种水果的单价和购买重量。
- 便捷水果店V2.0：运用字符串的连接输出水果店购物清单。
- 便捷水果店V3.0：运用输入函数input()、输出函数print()、字符串计算函数eval()、字符串格式化函数format()实现具有格式化输入和输出的便捷水果店程序。
- 便捷水果店V4.0：运用Python的内置库tkinter来实现便捷水果店图形界面的开发。

课后练习题

一、单项选择题

1.下列函数中，可以将数值类型转换为字符串的是(　　)。

A. complex()　　B. int()　　C. float()　　D. str()

2.下列关于Python字符串的说法中，错误的是(　　)。

A. 字符串是用来表示文本的数据类型

B. Python中可以使用单引号、双引号、三引号定义字符串

C. 单引号定义的字符串不能包含双引号字符

D. 三引号定义的字符串可以包含换行符

3. 下面(　　)选项代码执行会报错。

A. print("hello"+str(2020))

B. print("hello"+"world")

C. print("hello"+2020)

D. str="John"

print("hello"+str)

4. print('{0} {1} {0}'.format('hello','world'))输出正确的是(　　)。

A. hello world

B. hello world hello

C. hello

D. world

5. 为变量price输入一个浮点型数据的正确代码是(　　)。

A. price=input()

B. price=float(input())

C. price=float()

D. price=int(input())

6. 已知a=3，b=5，下列关于表达式的计算结果错误的是(　　)。

A. a+=b 的值为8　　　　B. a<b的值为True

C. a and b 的值为5　　　　D. a//b的值为0.6

7.导入tkinter库，并命名为tk，下列选项中，可以创建一个窗口top的是( )。

A. top=tk.Tk()　　　　B. top=tk.Window()

C. top=tk.Tkinter()　　　　D. top=tk.Frame()

8. 下列组件中，用于创建文本域的是(　　)。

A. Listbox　　　　B. Text　　　　C. Button　　　　D. Label

9.下列关于布局管理器说法错误的是(　　)。

A. 在同一个父窗口中可以使用多个布局管理器

B. pack布局管理器是按照调用pack()的先后顺序从上到下放置窗口

C. grid布局管理器可以将父组件分隔为一个二维表格

D. place布局管理器分为绝对布局和相对布局

10.下列选项中，用于实现弹出菜单的方法是(　　)。

A. alert()　　　　B. add_cascade()　　　　C. post()　　　　D. jump()

二、编写程序题

1. 请打印出快餐店点餐菜单，菜单形式如下：

欢迎光临***快餐店

1 汉堡 10元

2 鸡翅 10元

3 可乐 8元

4 薯条 8元

2. 用户输入1元、5元、10元钱币的张数，计算用户的钱包里有多少零钱，并输出结果。

3. 已知三角形的边长分别为x、y、z，其半周长为q，根据海伦公式计算三角形面积s。

三角形半周长和面积公式分别如下所示：

三角形半周长 $q=(x+y+z)/2$

三角形面积 $s = (q*(q-x)(q-y)(q-z))**0.5$

本实例要求编写程序，实现接收用户输入的三角形边长，计算三角形面积功能。

4. 在陆地上可以使用参照物确定两点间的距离，使用厘米、米、公里等作为计量单位，而海上缺少参照物，人们将赤道上经度的一分对应的距离记为一海里，使用海里作为海上计量单位。公里与海里可以通过以下公式换算：海里 = 公里/1.852。本实例要求编写程序，输入一个以公里为单位的数值，根据公里与海里的换算规则，输出以海里为单位时对应的数值，保留小数点后1位小数。

5. 本题要求编写程序，计算两个正整数的和、差、积、商并输出。题目保证输入和输出全部在整型范围内。

输入样例：

```
8
3
```

输出样例：

```
8 + 3 = 11
8 - 3 = 5
8 * 3 = 24
8 / 3 = 2
```

6.实现一个贷款计算器，用户输入贷款金额、贷款年数、贷款类型，单击“计算”按钮，显示出用户每月的还款金额；单击“退出”按钮，则关闭贷款计算器窗口。(假设公积金贷款年利率为3.25%，商业贷款年利率为4.9%)

运行结果如图2-37所示。

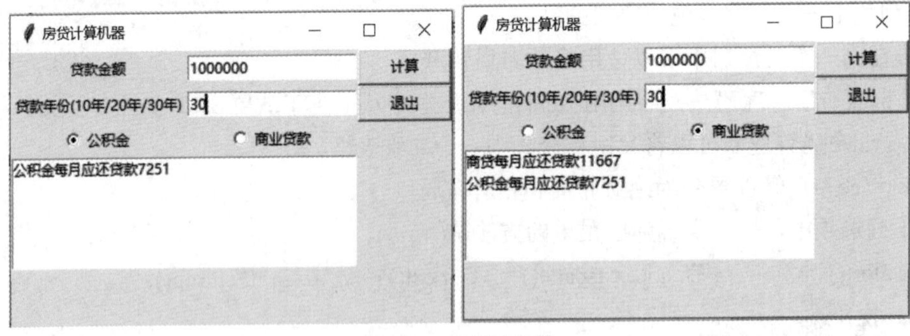

图 2-37　运行结果图

第 3 章

控制结构

案例2　健康小助手BMI：BMI(身体质量值数)是目前国际上常用的衡量人体是否健康的标准之一。用weight表示体重(kg)，height表示身高(m)，其计算公式为：

BMI=weight/height**2

健康小助手BMI的界面如图3-1所示。

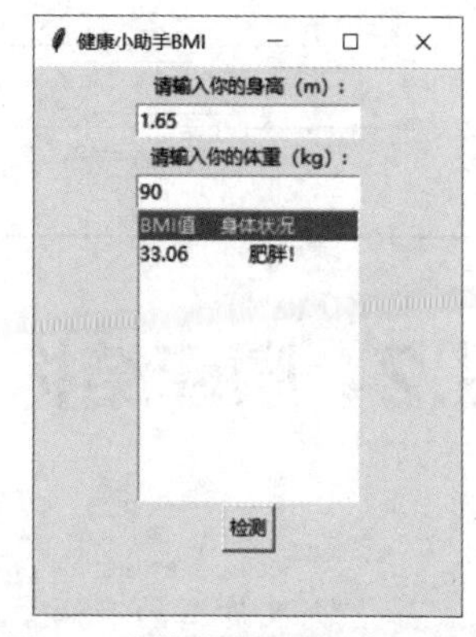

图 3-1　身体健康小助手 BMI 界面

通过输入身高、体重，就能得到BMI值，并得到对自己身体状态的初步判断，帮助我们了解自己的身体状况。在学知识的同时，还能意识到强身健体的重要性。拥有良好的身体素质，才能更好地投入到学习和工作中，进而建设祖国、报效祖国。

本案例要解决3个问题：

- 问题一：如何计算一位员工的BMI，并输出检测结果？
- 问题二：如何计算多位员工的BMI，并输出检测结果？
- 问题三：如何计算多部门多位员工的BMI，并输出检测结果？

本案例涉及的知识点范围如图3-2所示。

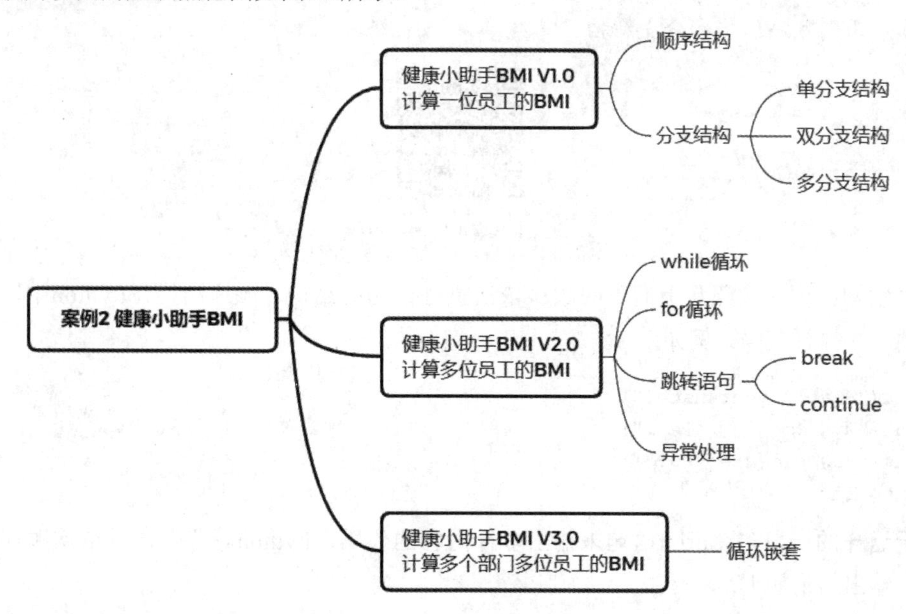

图 3-2　健康小助手 BMI 案例涉及知识点思维导图

3.1 控制结构概述

结构化的程序只有顺序结构、分支结构、循环结构这3种控制结构。程序通过控制语句实现各种复杂逻辑。通常，我们采用程序流程图来表示算法。美国国家标准化协会(American National Standard Institute，ANSI)规定了一些常用的流程图符号：圆角矩形表示程序的开始和结束，直角矩形表示执行过程，菱形表示条件判断，平行四边形表示输入或输出，带箭头的直线表示流程线。常见的程序流程图符号如表3-1所示。

表3-1 常见程序流程图符号

流程图符号	描述
圆角矩形	开始/结束框
矩形	处理框
菱形	判定框
平行四边形	输入/输出框
→ ↓	流程线

3.2 顺序结构

健康小助手BMI V1.0

如何输入员工的身高、体重，输出其BMI值？如果得到的BMI≥30，则输出“肥胖！”，该如何实现呢？

这需要用到顺序结构和分支结构。

BMI 健康小助手 V1.0

顺序结构：程序按照从上而下的顺序依次执行语句的结构。顺序结构在Python中，就是一句一句地顺序执行代码。例如：

```
print("What's your name?")
print("My name is LiLei.")
print("How old are you?")
print("I'm 18.")
```

对于这样的一段多个print语句来输出多行内容的代码，Python解释器通过依次顺序执行这些语句，输出结果如下：

```
What's your name?
```

```
My name is LiLei.
How old are you?
I'm 18.
```

这样的结构便被称为顺序结构。下面，我们使用顺序结构来解决第一个案例。

该身体健康小助手BMI的算法为：

(1) 输入用户的身高*h*和体重*w*；

(2) 计算BMI值，BMI=*w*/*h***2；

(3) 输出BMI值。

流程图表示算法如图3-3所示。

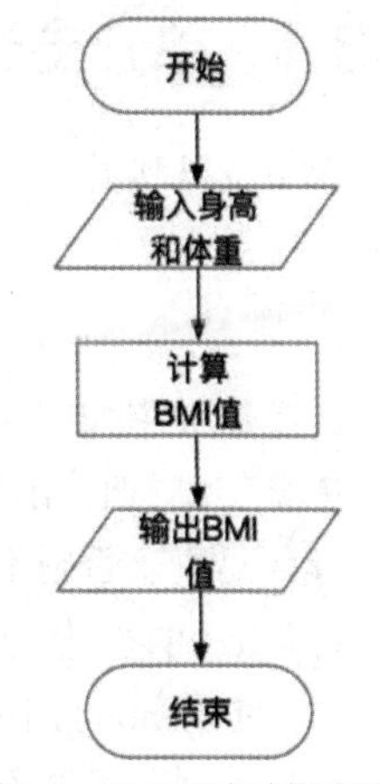

图 3-3 BMI 顺序结构流程图

通过依次输入身高、体重，根据输入数值计算BMI值，再输出计算结果，使用顺序结构完成了该过程。

健康小助手BMI V1.0

任务1：输入员工身高、体重，输出其BMI值。

解决方法：

```
h=eval(input("请输入你的身高(m): "))     #输入身高
w=eval(input("请输入你的体重(kg): "))    #输入体重
BMI=w/(h*h)                              #计算BMI
print(BMI)                               #输出BMI值
```

运行结果：

```
请输入你的身高(m): 1.70
请输入你的体重(kg): 62
21.453287197231838
```

通过顺序结构，我们可以得到BMI值。但是只有值是不够的，因为我们更想知道自己的身体状态，而不是一个数。国际上将BMI值划分了若干区间，我们可以通过判断自己的BMI值属于哪个区间，来了解自己的身体状况。想要实现区间判断，就要用到分支结构。

3.3 分支结构

在生活中，我们有很多需要用到选择的地方。例如，如果早上排队买热干面的人多，我就去买豆皮；如果在7点半之前起床，我就去吃油饼和烧麦；诸如此类，我们时刻都在根据各种实际条件做出这样或者那样的选择。

分支结构(选择结构)是常用表示选择的方式。Python支持使用单分支、双分支和多分支来表示不同的分支结构。在Python中，通过使用if语句来表示分支结构。

if语句是最简单的条件判断语句，它由三部分组成，分别是if关键字、条件表达式以及代码块。if语句根据条件表达式的判断结果选择是否执行相应的代码块。

3.3.1 单分支选择结构

单分支结构的语法格式如下：

```
if 条件表达式:
    代码块
```

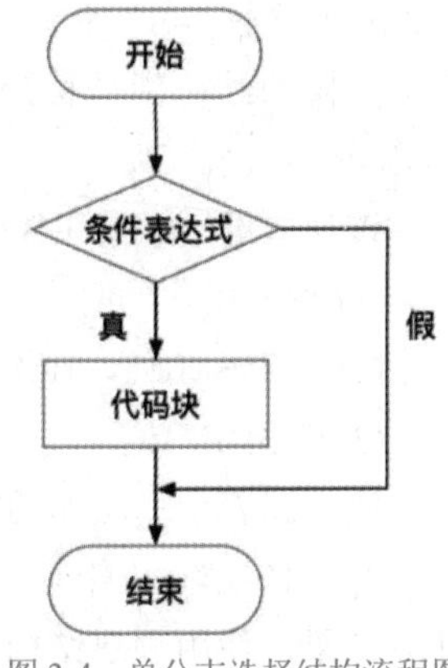

图 3-4 单分支选择结构流程图

程序流程图如图3-4所示。

单分支结构使用if语句判断条件表达式的结果，若结果为真，则执行代码块，否则不执行。

这里if后的表达式可以是任意合法的表达式，如18.5、0、4>6、m+n等。在Python当中，数值0代表假，非0代表真。

例如，判断早餐吃什么，如果排队买热干面的人多于5人，我就买豆皮。其示例如下：

```
hot_dry_noodles=7                    #设置热干面排队人数初值
if hot_dry_noodles>=5:               #判断热干面排队人数
    print("买豆皮！")                 #缩进四个空格
```

运行结果：

```
买豆皮!
```

【注意】在Python中，代码的缩进非常重要。缩进是体现代码逻辑关系的重要方式。同一个代码块必须保证相同的缩进量。统一使用4个空格进行缩进，每行代码尽量不超过80个字符(在特殊情况下可以略微超过80，但最长不得超过120)。

首先定义一个变量hot_dry_noodles，将其赋值为7，然后使用if语句进行判断，判断“hot_dry_noodles>=5”的值是否为True，如果为True，则输出“买豆皮！”，否则不做任何处理。

需要注意的是，如果需要用多个单分支结构解决问题，每个分支结构的覆盖区间不能交叠。

健康小助手BMI V1.0

任务2：输入员工身高、体重，检测BMI，如果BMI≥30，输出“肥胖！”

解决方法：

程序流程图如图3-5所示。

```
h=eval(input("请输入你的身高(m): "))
w=eval(input("请输入你的体重(kg): "))
BMI=w/(h*h)
if BMI>=30:             #判断BMI是否大于或等于30
    print("肥胖！")
```

运行结果：

```
请输入你的身高(m): 1.65
请输入你的体重(kg): 90
肥胖!
```

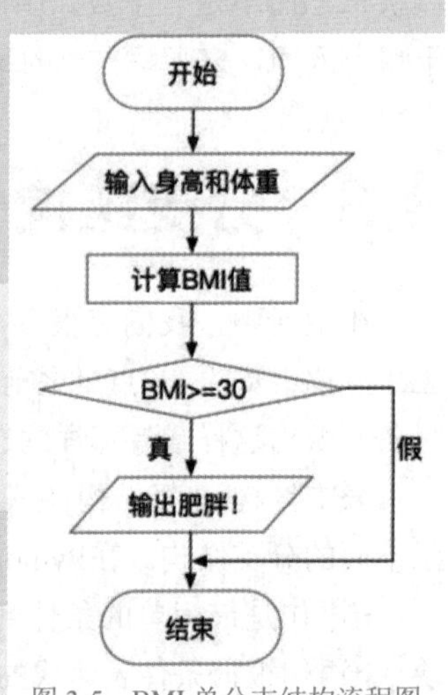

图 3-5 BMI 单分支结构流程图

在使用单分支结构解决该问题时会发现，如果BMI<30，则程序没有任何反应。这是因为当条件不成立时，程序便结束执行。如果希望程序更加完整，则需要使用双分支结构。

练一练

【练一练3-1】输入学生成绩，根据分数输出学生评级结果。

百分制学生成绩的一般评级标准为90～100分为A，80～90分为B，70～79分为C，60～69分为D，小于60分的为E。

```
score=eval(input("请输入学生的分数: "))
if score>=90:                          #90分以上
    print("A")
if______score<90:                      #80~90分
    print("B")
if 70<=score<80:
    ________("C")                      #等级为C
if 60<=score<70:
    print("D")
____  0<=score<60:                     #小于60分
    print("E")
```

【练一练3-2】输入一个数num，判断是否在0～100之间，如在该区间，则输出“num符合要求。”。

```
num=int(input("请输入一个整数: "))
if_____<=_______<=_____:               #判断数是否在0~100之间
    print("{}符合要求".format(_______))
```

3.3.2　双分支选择结构

Python使用关键字if-else实现双分支条件控制。其基本语法如下：

```
if  条件表达式:
    代码块1
else:
    代码块2
```

双分支选择结构的基本形式如图3-6所示。

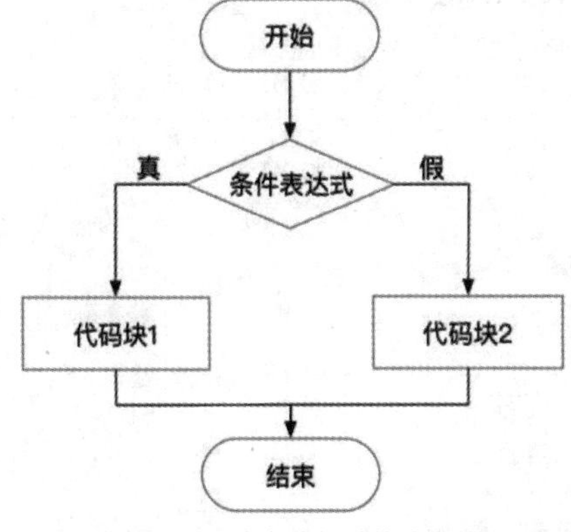

图 3-6　双分支选择结构流程图

双分支选择结构使用if语句判断条件表达式，如果判断结果为真，则执行代码块1，否则执行代码块2，这样就解决了单分支结构存在的问题。

例如，每年十一国庆的时候大家都想去北京天安门瞻仰庄严肃穆的升旗仪式，我们可以坐火车去北京，也可以乘坐其他交通工具去北京。输入交通方式，输出结果。

```
trans=input("请输入交通方式: ")
if trans=="火车":                        #判断交通方式是否是火车
    print("我十一要坐火车去北京! ")
else:
    print("我十一要坐{}去北京! ".format(trans))
```

这样，如果采用的交通工具是火车，则输出火车，如果是其他方式，就输出其他的交通工具。

健康小助手BMI V1.0

任务3：如果BMI≥30，输出“肥胖！”否则，输出“正常！”

解决方法：

程序流程图如图3-7所示。

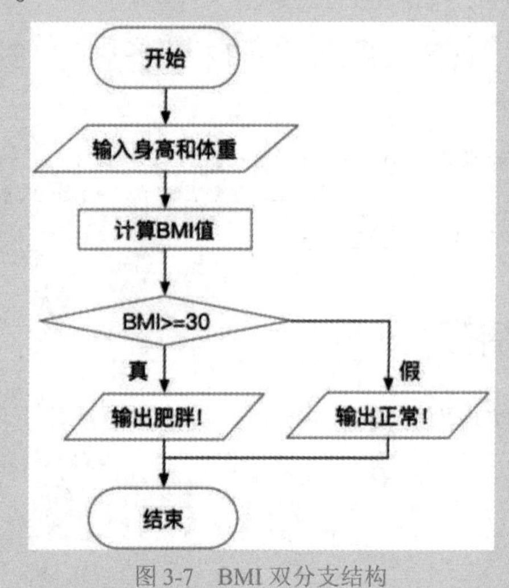

图3-7　BMI双分支结构

```
h=eval(input("请输入你的身高(m): "))
w=eval(input("请输入你的体重(kg): "))
BMI=w/(h*h)
if BMI>=30:                              #BMI>=30的情况
    print("肥胖! ")
else:                                    #BMI<30的情况
    print("正常! ")
```

运行结果：

```
请输入你的身高(m): 1.65
请输入你的体重(kg): 90
肥胖!
请输入你的身高(m): 1.65
请输入你的体重(kg): 60
正常!
```

执行任务3，输入身高、体重，根据计算的BMI结果来判断该人的身体状况，如果计算的BMI值大于等于30，就输出“肥胖！”，否则的话就输出“正常！”。

练一练

【练一练3-3】输入一个数，判断其是否是偶数。

```
num=eval(input( “请输入一个数: "))
_____________:                           #能够被2整除
    print("是偶数! ")
_____________:                           #否则的情况
    print("是奇数! ")
```

【练一练3-4】用1～7代表一周的星期数，1～5是工作日，6、7是周末。输入数字，判断结果。

```
day=eval(input("请输入周几(1~7): "))
___   1<=_________:                      #如果输入为1~5
    print("工作日! ")
else:
    print("周末! ")
```

3.3.3　多分支选择结构

在做条件判断时，一个条件使用一条if语句来进行检查，如果有多个条件需要检查并且不同的条件执行不同的代码块，就可以使用elif这个具有条件判断功能的子句，相当于else if，其基本语法如下：

```
if  条件表达式:
    代码块1
elif 条件表达式2:
    代码块2
elif 条件表达式3:
    代码块3
……
else:
    代码块n
```

多分支结构if-elif-else能够连接多个判断条件，产生多个分支，但各个分支之间存在互斥关系，最终至多有一个分支被执行。通过多分支选择结构，可以判断多个条件，并得到不同的执行结果。多分支选择结构的程序流程图如图3-8所示。

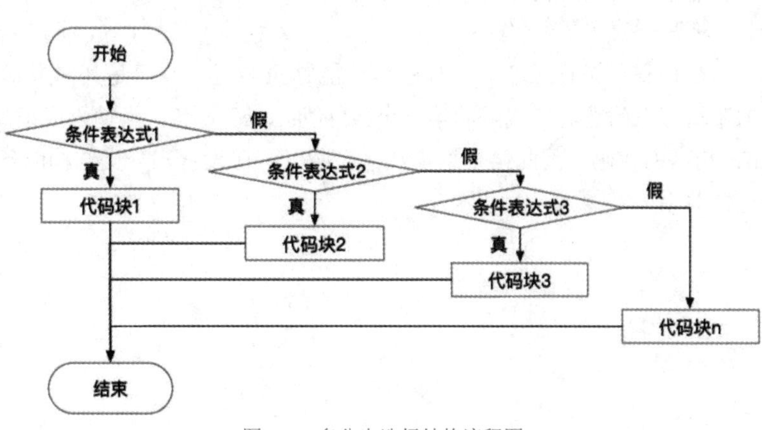

图 3-8　多分支选择结构流程图

在多分支结构中条件较多，各分支为互斥关系，每个多分支结构中，只有一段代码会被执行，但判断条件可能存在包含关系，此时需要注意判断条件的先后顺序。例如，根据输入的百分制成绩输出优秀、良好、一般、及格、不及格的五分制成绩。

```
score=eval(input("请输入百分制成绩: "))
if score>=90.0:                              #分数在90分及以上
    grade="优秀"
elif score>=80.0:                            #分数在80分及以上
    grade="良好"
elif score>=70.0:                            #分数在70分及以上
    grade="一般"
elif score>=60.0:                            #分数在60分及以上
    grade="及格"
else:                                        #分数在60分以下
    grade="不及格"
print("该生五分制成绩为: {}".format(grade))
```

以上程序依次将90.0、80.0、70.0、60.0作为成绩的分界点，对于score≥80.0来说，score应在[80.0,90.0)的区间内，因为elif表示除了上一个条件之外的情况。每个区间段以此类推。

虽然多分支表达式可以设置多个分支条件，但条件的先后顺序对程序的影响也很大。例如，将本例的条件顺序做如下的修改：

```
score=eval(input("请输入百分制成绩: "))
if score>=60.0:
    grade="及格"
elif score>=70.0:
    grade="一般"
elif score>=80.0:
    grade="良好"
elif score>=90.0:
    grade="优秀"
else:
    grade="不及格"
print("该生五分制成绩为: {}".format(grade))
```

运行结果：

```
请输入百分制成绩: 85
该生五分制成绩为: 及格
```

在调整了条件顺序后，程序虽然能够正常运行，但是其结果却不符合预期，这是因为代码的逻辑存在问题。该代码的第一个条件为score≥60.0，当输入成绩高于60.0分时，程序总是执行if语句后的代码，因此结果总是及格。所以，在设置多分支结构的条件时，需要注意条件之间的包含关系。

健康小助手BMI V1.0

任务4：如果BMI<18.5，输出“偏瘦！”

如果18.5≤BMI<25，输出“理想体重！”

如果25≤BMI<30，输出“超重！”

如果BMI≥30，输出“肥胖！”

解决方法：

程序流程图如图3-9所示。

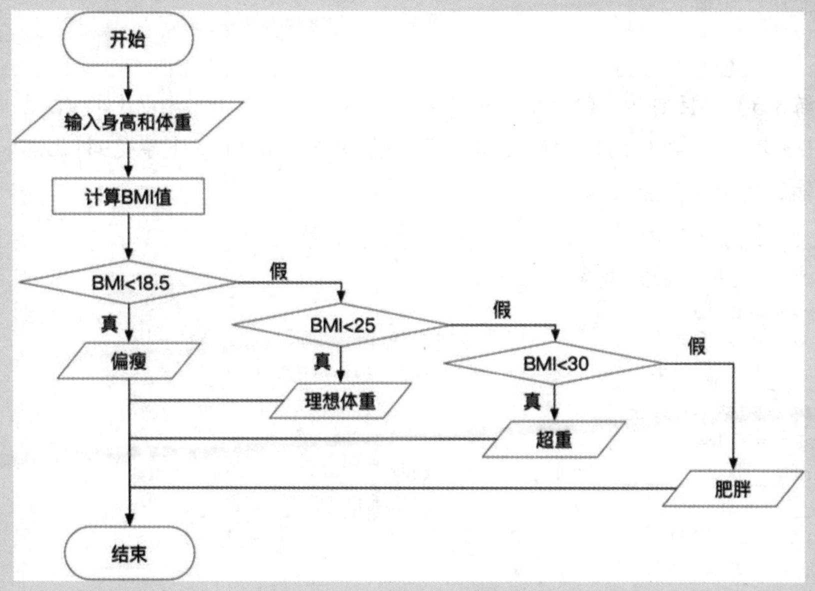

图 3-9 BMI 多分支流程图

```
h=eval(input("请输入你的身高(m): "))
w=eval(input("请输入你的体重(kg): "))
BMI=w/(h*h)
if BMI<18.5:                              #BMI<18.5的情况
   print("偏瘦! ")
elif BMI<25:                              #18.5<=BMI<25的情况
   print("理想体重! ")
elif BMI<30:                              #25<=BMI<30的情况
   print("超重! ")
else:                                     #BMI>=30的情况
   print("肥胖! ")
```

运行结果：

```
请输入你的身高(m): 1.65
请输入你的体重(kg): 50
偏瘦!
请输入你的身高(m): 1.65
请输入你的体重(kg): 60
理想体重!
请输入你的身高(m): 1.65
请输入你的体重(kg): 70
```

```
超重!
请输入你的身高(m): 1.65
请输入你的体重(kg): 90
肥胖!
```

这里执行任务4，多分支结构的区间分别为(-∞,18.5)，[18.5,25)，[25,30)，[30,∞)。输入身高、体重，计算BMI，判断BMI属于哪个区间，如果BMI<18.5，则输出“偏瘦！”；如果BMI为[18.5,25)，则输出“理想体重！”；如果BMI为[25,30)，则输出“超重！”；如果BMI为[30,∞)，则输出“肥胖！”。

练一练

【练一练3-5】“巨划算”购物中心举行周年庆活动，购物1000元以上的VIP客户享受6折优惠，500～1000元享受7折优惠，300～500元享受8折优惠，300元以下享受9折优惠。输入VIP客户的消费金额，输出实付金额。

```
#采用多分支结构
cost=eval(input("请输入消费金额: "))
if cost>=1000:
    print(cost*0.6)
elif ____________:                    #500~1000元
    print(cost*0.7)
elif cost>=300:
    print(______________*0.8)         #8折
____________:                         #300元以下
    print(cost*0.9)
```

3.3.4 if语句的嵌套

if语句嵌套指的是if语句内部包含if语句。

```
if 条件表达式1:                       #外层if
    代码块1
    if 条件表达式2:                   #内层if
            代码块2
```

先判断外层if语句中条件表达式1的结果是否为True，若结果为True，执行代码块1，再判断内层if的条件表达式2的结果是否为True，若结果为True，执行代码块2。

if语句嵌套需注意以下两点：

(1) if语句可以嵌套多层，不仅限于两层。

(2) 外层和内层的if判断都可以使用if语句、if-else语句和elif语句。

(3) 若使用if-else嵌套，则每个else与它前面对齐的if匹配。

```
if 条件表达式1:
    if 条件表达式2:
        语句块1
    else:
        语句块2
else:
        语句块3
```

这里语句块2的else和语句块1的if匹配；语句块3的else和条件表达式1的if匹配。

例如，在模拟用户登录时，需要判断用户名和密码是否正确，如果均正确，则显示登录成功；若用户名正确、密码错误，提示密码错误；若用户名错误，则提示用户名错误。

```
username=input("请输入用户名: ")            #输入用户名
password=input("请输入密码: ")              #输入密码
if username=='study':                       #判断用户名是否为study
    if password=='love_study':              #判断密码是否为love_study
        print("登录成功")                   #若用户名密码均正确，输出成功
    else:                                   #若用户名正确、密码错误
        print("密码错误")                   #提示密码错误
else:                                       #若用户名错误
    print("用户名错误")                     #提示用户名错误
```

这里，如果输入用户名为study，密码为love_study，则显示登录成功；若用户名正确、密码错误，则提示密码错误；若用户名错误，则提示用户名错误。需要注意的是，在嵌套语句中的else条件是否设置恰当，例如在最内层若是没写else语句，则用户名正确、密码错误的情况就会没有任何反应，对于该种情况，在实际使用中是非常不严谨的。

健康小助手BMI V1.0

任务5： 输入员工年龄、身高、体重。

当年龄大于18岁时，

如果BMI<18.5，偏瘦

如果18.5≤BMI<25，理想体重

如果25≤BMI<30，超重

如果BMI≥30，肥胖

否则，输出该标准不适用。

解决方法：

```
if age>=18:                                 #age>=18的情况
    if BMI<18.5:
        print("偏瘦!")
    elif BMI<25:
        print("理想体重!")
    elif BMI<30:
        print("超重!")
    else:
        print("肥胖!")
else:                                       #age<18的情况
    print("该标准不适用!")
```

运行结果：

```
请输入你的年龄: 19
请输入你的身高(m): 1.65
请输入你的体重(kg): 50
偏瘦!
请输入你的年龄: 15
该标准不适用!
```

有些情况下，我们可以使用双分支结构与逻辑表达式结合，来替代if语句嵌套。例如，在模拟用户登录时，需要判断用户名和密码是否正确，如果均正确，则显示登录成功，只要有一个条件不正确，则显示登录失败。这里用户名和密码的双分支嵌套可以使用双分支结构与逻辑表达式结合的方式进行，示例代码如下：

```
username=input("请输入用户名: ")
password=input("请输入密码: ")
if username=='study' and password=='love_study':
    print("登录成功")
else:
    print("登录失败")
```

这里使用了逻辑表达式username=='study' and password=='love_study'，and要求左右两边的式子结果均为真时，该条件才算成立，输出“登录成功”，否则用户名和密码只要有一个条件为假，该式子就不成立，输出“登录失败”。

健康小助手BMI V1.0

任务6：如果年龄>=18岁且BMI小于30输出“正常！”，否则，输出“该标准不适用！”

解决方法1：if语句嵌套

```
if age>=18:
    if BMI<30:
        print("正常!")
else:
    print("该标准不适用!")
```

解决方法2：逻辑表达式

```
if age>=18 and BMI<30:
    print("正常!")
else:
    print("该标准不适用!")
```

练一练

【练一练3-6】闰年是公历中的名词。闰年分为普通闰年和世纪闰年。公历年份是4的倍数，且不是100的倍数，为普通闰年(如2004年、2020年就是闰年)。公历年份是整百数的，必须是400的倍数才是世纪闰年(如1900年不是世纪闰年，2000年是世纪闰年)。输入一个年份，判断是否是闰年。

```
year=int(input("请输入一个年份: "))
if year%4==0:
    if year%100==0:
        if ____________:                #400的倍数
            print(year,"年是闰年! ")
        else:
            print(year,"年不是闰年! ")
    ______:
        print(year,"年是闰年! ")
else:
    print(year,"年不是闰年! ")
```

【练一练3-7】输入一个数，如果能同时被3、5、7整除，则输出这个数，否则输出“不能整除”。

```
num=int(input())
#能够同时被3、5、7整除
if num%3==0 and _______________ and _______________:
    print(num,end=' ')
else:
    print("不能整除！")
```

3.4 循环结构

健康小助手BMI V2.0：

现需要输入多名员工的身高、体重，计算BMI值，并输出检测结果。

这需要用到循环结构。

BMI 健康小助手 V2.0

循环又称重复，指某一件事要不断地重复执行。Python支持使用while循环语句、for循环语句、循环嵌套来表示不同的循环结构。当我们需要多次重复做一件事情时，就需要选择使用循环结构。

3.4.1 while循环

while循环的语法结构为：

```
while 条件表达式:
    代码块
```

在执行while循环时，先判断条件表达式，当条件表达式的判断结果为真时，就执行代码块，执行完毕后，再次判断条件表达式。一直到条件表达式的判断结果为假，不再执行代码块，循环停止。如果一开始条件表达式的判断结果就为假，就不会进入到循环结构，代码块一次都不会执行。这里，条件表达式也称为“循环条件”，代码块为“循环体”。

while循环结构的流程图如图3-10所示。

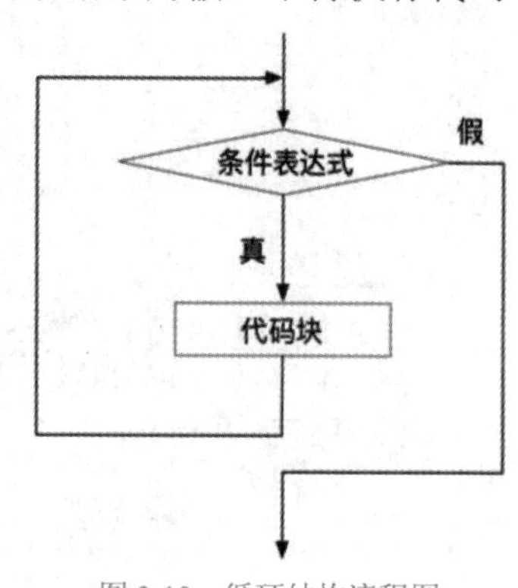

图 3-10 循环结构流程图

while循环结构设计有以下“三要素”需要注意：

(1) 初始化语句：设置循环变量初值。

(2) 循环条件：设置条件表达式，是循环能够继续执行的条件。

(3) 循环变量的改变：通过控制循环变量的改变，使得循环朝着循环结束的方向变化，让循环能够正常结束。

我们通常用循环结构来解决需要重复完成的同一事情。例如大家耳熟能详的高斯求1到100之和。聪明的小高斯用首尾相加，快速求出了1到100的和，而其他的小朋友却在苦苦计算1+2+3+4+…+100的值。当然，如果有了循环结构，我们就可以迅速地通过累加来进行计算，这也是循环结构所擅长的事情。下面利用程序实现输出1+2+3+4+…+100的值。

```
i=1                                     #循环变量赋初值
sum=0
while  i<=100:                          #循环条件
#循环体语句
    sum=sum+i
    i=i+1                               #循环变量增值
print(sum)
```

在使用while循环时，首先需要对循环变量赋初值，然后设置条件表达式，通常条件表达式与循环变量相关。这里循环变量恰好与需要计算的每一位的取值相同，因此循环体可以使用循环变量做累加。最后，为了能够保证循环有始有终，还需要修改循环变量的值。如果忘记修改循环变量的值，有可能会写成没有终止的“死循环”或“无限循环”，在这种情况下，循环会一直运行，无法结束。当然，无限循环也有它的用武之地，它经常被用于某些特定的场合，例如菜单设计。

健康小助手BMI V2.0

任务1：输入四个员工的身高、体重，计算BMI获得检测结果。

解决方法：

程序流程图如图3-11所示。

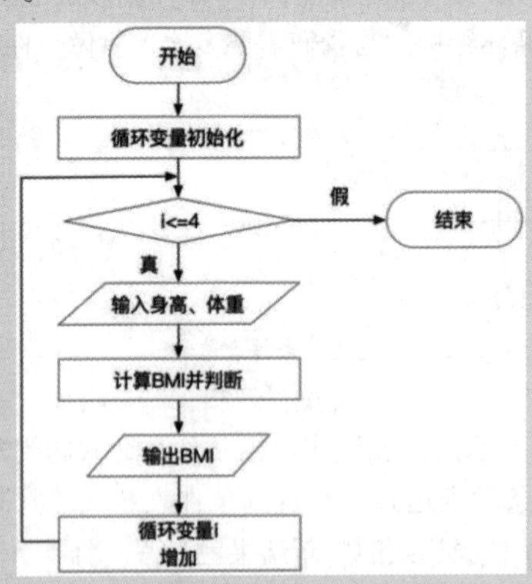

图 3-11　while 循环程序流程图

```
i=1                                     #循环变量i初始化，初值为1
while i<=4:                             #当i<=4时进入循环
    h=eval(input("请输入你的身高(m): "))
    w=eval(input("请输入你的体重(kg): "))
    BMI=w/(h*h)
    if BMI<18.5:
        print("偏瘦")
```

```
    elif  BMI<25:
        print("理想体重")
    elif BMI<30:
        print("超重")
    else:
        print("肥胖")
    i=i+1                                   #修改循环变量的值，循环变量i增1
```

运行结果：

```
请输入你的身高(m): 1.65
请输入你的体重(kg): 50
偏瘦!
请输入你的身高(m): 1.65
请输入你的体重(kg): 60
理想体重!
请输入你的身高(m): 1.65
请输入你的体重(kg): 70
超重!
请输入你的身高(m): 1.65
请输入你的体重(kg): 90
肥胖!
```

首先，将循环变量i进行初始化，初值为1，循环条件设置为i<=4；当循环条件判断结果为True时，进入循环，执行输入身高、体重，计算BMI并输出结果；然后循环变量i增加1，再一次判断循环条件，重复循环过程，直到循环条件判断结果为False时停止。

在本例中，while循环的循环次数为4，这种循环是事先已知循环的次数进行的循环，还有一种循环是事先未知循环次数所进行的循环，对于这种循环，在进行循环控制时，可以通过键盘输入不同的内容，来决定循环是否继续进行。这时，可以采用将判断条件设置为与字符相关的语句，这样循环是否继续则由输入者来决定。例如，常见到的Y表示继续，N表示不继续，则相应的判断条件语句可以写为while i=='Y'。

例如，输入学生成绩，计算学生的平均分，若不想输入，则输入一个负数截止。

```
sum=0                                       #sum初值为0，用来存储求和结果
n=0                                         #n初值为0，用来存储输入的分数的个数
score=int(input("请输入分数: "))            #输入第一个分数
while(score>=0):                            #分数大于或等于0时进入循环
    sum+=score                              #每输入一个数便求和
    n+=1                                    #计数
    score=int(input("请输入分数: "))        #输入分数
print("平均分为: {}".format(sum/n))         #输出平均分
```

这里，循环的次数是由每次的输入来决定的，当输入的值大于或等于0时，循环条件判断为真，进入循环体，累计求和以及计次；若想结束输入，则输入一个负值，循环条件判断为假，就不进入循环。

健康小助手BMI V2.0

任务2： 循环输入员工的身高、体重，计算BMI，如果输入Y则继续，否则结束循环。

解决方法：

程序流程图如图3-12所示。

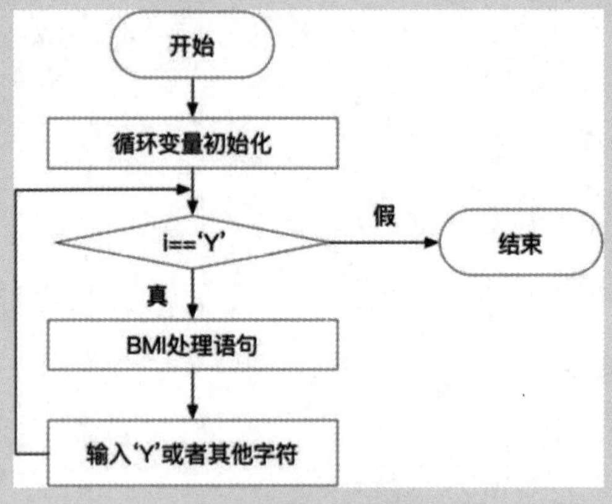

图 3-12　输入控制循环

```
i='Y'                                              #循环变量初值为'Y'
while i=='Y':                                      #当i值为'Y'时进入循环
    h=eval(input("请输入你的身高(m): "))
    w=eval(input("请输入你的体重(kg): "))
    BMI=w/(h*h)
    if BMI<22:
        print("偏瘦")
    elif BMI<25:
        print("理想体重")
    elif BMI<29.9:
        print("超重")
    else:
        print("肥胖")
    i=input("是否继续？如果继续就输入Y: ")              #输入字符
```

运行结果：

```
请输入你的身高(m): 1.65
请输入你的体重(kg): 50
偏瘦!
是否继续？如果继续就输入Y: Y
请输入你的身高(m): 1.65
请输入你的体重(kg): 60
理想体重!
是否继续？如果继续就输入Y: N
```

通过输入语句input来获取键盘的输入，根据输入的字符不同，判断是否继续进行循环。首先将循环变量i初值设为Y，判断循环条件，第一次进入循环执行输入身高、体重、计算BMI并判断输出结果，然后输入字符，若需要继续循环，则输入Y，循环条件判断结果仍为真，若想要结束循环，则输入N，循环条件判断结果为假，循环结束。通过这种方式，循环结构更加灵活多变。

练一练

【练一练3-8】输入10个数，求10个数的和，输入无提示。

```
i=1
sum=0
while i<=10:
    n=eval(__________________)
    sum=sum+n
    i=__________________
print(sum)
```

3.4.2 for循环

for循环可以对可迭代对象进行遍历。for循环的语法结构为：

```
for 临时变量 in 可迭代对象:
    执行语句1
    执行语句2
    ……
```

每执行一次循环，临时变量都会被赋值为可迭代对象的当前元素，提供给执行语句使用。

可迭代对象可以是序列、字符串、列表、元组或者是一个文件对象。例如，若可迭代对象为字符串，执行下面的代码：

```
str= "python "                          #str赋值为字符串
for c in str:                           #循环遍历字符串
    print(c)                            #输出每次遍历结果
```

运行结果：

```
p
y
t
h
o
n
```

其中，c为循环变量，遍历str字符串中的每个字符，依次输出所遍历的字符。

for循环常与range()函数搭配使用，以控制循环中代码段的执行次数。range()函数可以生成数字序列。同样是求取1到100的和，使用for循环如下：

```
#求1+2+3+4+…+100的值
for i in range(1,101):                  #循环变量i的取值从1到100，取不到101
    sum=sum+i                           #累计求和
print(sum)
```

这里，range(1,101)产生了1～100的序列，由于range函数的范围为“左开右闭”，即右边的值取不到，所以这里能够产生的最大数值为100，而不是101。执行每次循环，i顺序取其中的每个数。

range()函数包含三个参数start、end、step，其书写格式为：

```
range(start,end[,step])
```

start表示起始值，默认为0；end表示终止值，且该值取不到；step表示步长，默认为1。当step是正数时，产生的序列递增；当step是负数时，产生的序列递减。通常，我们有3种使用方式。

(1) range(start,end)的使用示例如下：

```
for i in range(1,4):                     #循环变量i取值1、2、3
    print(i)                             #输出循环变量i
```

运行结果：

```
1
2
3
```

这里，range函数的起始值为1，终点值为4，其中4取不到，因此可以取到的数值为1、2、3。

(2) range(end)的使用示例如下：

```
for i in range(4):                       #循环变量i取值0、1、2、3
    print(i)                             #输出循环变量i
```

运行结果：

```
0
1
2
3
```

这里range函数的起始值为默认值0，终点值为4，其中4取不到，因此可以取到的数值为0、1、2、3。

(3) range(start,end[,step]) 的使用示例如下：

```
for i in range(0,4,2):                   #循环变量i取值0、2
    print(i)                             #输出循环变量i
```

运行结果：

```
0
2
```

这里range函数的起始值为0，终点值为4，其中4取不到，设置的步长为2，因此可以取到的数值为0、2。

输入一个正整数*n*，计算*n*！，示例代码如下：

```
num=int(input("请输入一个正整数: "))
s=1                                      #s初值为1，用来存储累乘结果
for i in range(1,num+1):                 #循环变量i的取值为1到num
    s=s*i                                #累乘
print("{}!={}".format(num,s))            #输出阶乘结果
```

运行结果：

```
请输入一个正整数: 3
3!=6
```

输入一个正整数num，使用变量*s*来做累乘，初值应为1。使用for循环，循环从1开始，到

num结束，因此在range函数中终止为num+1，其中只能取值到num，最后使用format输出结果。

健康小助手BMI V2.0

任务3：输入四个员工的身高、体重，计算BMI获得检测结果。要求使用for循环来完成。

解决方法：

程序流程图如图3-13所示。

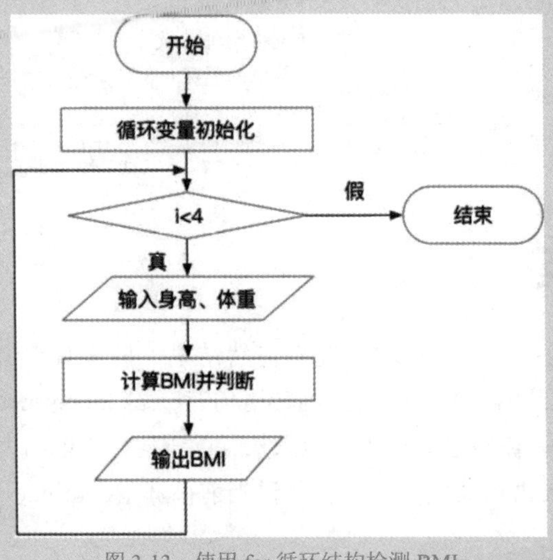

图 3-13　使用 for 循环结构检测 BMI

```
for i in range(4):                          #循环变量i依次取值0、1、2、3
    h=eval(input("请输入你的身高(m): "))
    w=eval(input("请输入你的体重(kg): "))
    BMI=w/(h*h)
    if BMI<18.5:
        print("偏瘦")
    elif BMI<25:
        print("理想体重")
    elif BMI<30:
        print("超重")
    else:
        print("肥胖")
```

相对于while循环，for循环不用设置循环变量的初始值，并且不需要书写专门的语句来修改循环变量的值。使用起来更加简洁明了。

练一练

【练一练3-9】表白祖国。键盘输入一句表白祖国的话，分别统计出其中的英文字母、空格、数字和其他字符的个数。例如，输入：I love my country，输出：字母数：14，数字数：0，空格数：3，其他：0

```
str=input("请输入对祖国的表白: ") #输入一句话
letters=0                                  #letter初值为0，用来记录字母数
number=0                                   #number初值为0，用来记录数字数
space=0                                    #space初值为0，用来记录空格数
other=0                                    #other初值为0，用来记录其他字符数
```

```
for i in str:                              #遍历输入的一句话(字符串)
    #在'a'<=i<='z'或'A'<=i<='Z'区间内则为字母
    if  'a'<=i<='z' ____________________:
        letters+=1                         #字母字符计数
    #在'0'<=i<='9'内则为数字
    elif '____________'<=i<='____________':
        number+=1                          #数字字符计数
    elif i==' ':                           #空格
        space+=1                           #空格字符计数
    else:                                  #其他的情况
        other+=____________                #其他字符计数
print("字母数: {}, 数字数: {}, 空格数: {}, 其他: {}".format(letters,number,space,other))
```

3.5 跳转语句

循环语句一般会一直执行完所有的情况再自然结束，但是有些情况下需要停止当前正在执行的循环，也就是跳出循环。通常使用的跳转语句有break和continue。break表示跳出当前循环，当break语句被执行时，将跳过循环中其他未执行的语句并提前结束该层循环。continue表示跳出本次循环，当continue语句被执行时，将跳过当前循环中continue语句后面剩余的语句，直接进入下一次循环。

break的示例如下：

```
for i in range(1,5):                       #循环变量i取值1、2、3、4
    print(i)                               #输出当前i值
    if i%3:                                #i对3取余，若结果为非0，则条件成立
        print("##")
    else:                                  #被3整除
        break                              #跳出循环
    print("*")
```

运行结果：

```
1
##
*
2
##
*
3
```

循环4次，输出循环变量*i*。条件表达式*i*%3表示*i*对3取余，这里作为判断条件，若有余数，表示条件为真，如果能被3整除，则余数为0，条件为假。如果*i*%3有余数，则输出##，否则，即可以整除，执行break结束循环。这里*i*=1时，*i*%3余1，判断条件为真，输出##，最后输出*；当*i*=2时，*i*%3余2，判断条件为真，输出##，最后输出*；当*i*=3时，*i*%3为0，判断条件为假，执行break，提前结束循环。

continue的示例如下：

```
for i in range(1,5):                       #循环变量i取值1、2、3、4
```

```
    print(i)                               #输出当前i值
    if i%3:
        print("##")
    else:
        continue                           #结束当前循环，进入下一次循环
    print("*")
```

运行结果：

```
1
##
*
2
##
*
3
4
##
*
```

循环4次，输出循环变量i。这里i=1时，i%3余1，判断条件为真，输出##，最后输出*；当i=2时，i%3余2，判断条件为真，输出##，最后输出*；当i=3时，i%3为0，判断条件为假，执行continue，结束当前循环，进入下一次循环；当i=4时，i%3余1，判断条件为真，输出##，最后输出*。

健康小助手BMI V2.0

任务4：循环输入员工身高、体重，计算BMI，如果输入'Y'则继续，否则结束循环。

解决方法：

```
for i in range(4):
    h=eval(input("请输入您的身高(m): "))
    w=eval(input("请输入您的体重(kg): "))
    BMI=w/(h*h)
    if BMI<22:
        print("偏瘦")
    elif BMI<25:
        print("理想体重")
    elif BMI<30:
        print("超重")
    else:
        print("肥胖")
answer=input("是否继续？是(Y)/否(N):") #输入值
if answer=='Y':                        #若输入为'Y'
    continue                           #结束当前循环，进入下一次循环
else:                                  #若输入其他字符
    break                              #结束循环
```

练一练

【练一练3-10】下面程序的功能是求100以内能被7整除的最大整数，请将程序填写完整。

```
#要输出100以内能被7整除的最大整数，因此从100开始依次递减除以7。
n=100                                  #n初值为100
```

```
while __________:                         #当n大于0时进入循环
    if n%7==0:                             #判断是否能被7整除
        print(n)                           #输出能够被7整除的数
        ___________                        #结束
    n=n-1
```

【练一练3-11】判断100以内的素数，并输出，请将程序填写完整。

```
for n in range(2,101):
    m=int(n**0.5)
    i=2
    while ___________:
        if n%i==0:
            ___________
        i+=1
    if i>m:
        print(n,end=' ')
```

3.6 异常处理

现实生活并不是一帆风顺的，总会遇到如图3-14所示的各种突发情况，比如，飞机延误、火车晚点、公交车堵车等。

图 3-14　现实生活中的突发情况

程序中也会遇到各种各样的问题。程序运行期间检测到的错误称为异常。若异常不被处理，默认会导致程序崩溃而终止运行。例如：

```
for i in 3:
    print(i)
```

运行结果：

```
Traceback (most recent call last):
    File "D:/Python项目/异常.py", line 7, in <module>
        for i in 3:
TypeError: 'int' object is not iterable
```

异常处理(又称为错误处理)功能提供了处理程序运行时出现的任何意外或异常情况的方法。

try-except语句用于捕获程序运行时的异常，其语法格式如下：

```
try:
    可能出错的代码块
except [异常类型]:
    错误处理代码块
```

(1) 解释器优先执行try子句中的代码。

(2) 若try子句未产生异常，则忽略except子句中的代码。

(3) 若try子句产生异常，则忽略try子句的剩余代码，转而执行except子句中的代码。

示例：

```
try:
    for i in 2:
        print(i)
except:
    print("异常")
```

运行结果：

```
异常
```

引发异常错误的原因有很多，例如除数为零、下标越界、文件不存在等。在Python中，所有的异常类都是Exception的子类。所有异常都是基类Exception的成员，它们都定义在Exceptions模块中。如果没有对这个异常对象进行处理和捕捉，程序就会用回溯(traceback，一种错误信息)终止执行，这些信息包括错误的名称(如NameError)、原因和错误发生的行号。

常见的异常类型及其描述如表3-2所示。

表3-2 常见的异常类型

类名	描述
SyntaxError	发生语法错误时引发
FileNotFoundError	未找到指定文件或目录时引发
NameError	找不到指定名称的变量时引发
ZeroDivisionError	除数为0时的异常
IndexError	当使用超出列表范围的索引时引发
KeyError	当使用映射不存在的键时引发
AttributeError	当尝试访问未知对象属性时引发
TypeError	当试图在使用a类型的场合使用b类型时引发

获程序运行中的单个异常时，需要指定具体的异常。示例：

```
try:
    for i in 2:
        print(i)
except TypeError as e:
    print("异常原因: {}".format(e))
```

运行结果：

```
异常原因: 'int' object is not iterable
```

在编写代码的过程中，经常会遇到除0异常，使用try…except捕捉这个异常，并提示错误，示例如下：

```
try:
    1/0
except ZeroDivisionError:
    print("The division cannot be zero.")
```

运行结果：

```
The division cannot be zero.
```

健康小助手BMI V2.0

任务5：优化健康小助手，对员工身高和体重的输入信息进行异常处理。

解决方法：

```
for i in range(4):
    try:                                        #异常处理
        h=eval(input("请输入您的身高(m): "))
        w=eval(input("请输入您的体重(kg): "))
    except:
        print("输入错误! ")
        break
    BMI=w/(h*h)
    if BMI<22:
        print("偏瘦")
    elif  BMI<25:
        print("理想体重")
    elif  BMI<29.9:
        print("超重")
    else:
        print("肥胖")
    answer=input("是否继续? 是(Y)/否(N)")
    if answer=='Y':
        continue
    else:
        break
```

运行结果：

```
请输入您的身高(m): 1.65
请输入您的体重(kg): 60
理想体重
是否继续? 是(Y)/否(N)Y
请输入您的身高(m): 1.65
请输入您的体重(kg): aaa
输入错误!
```

正常输入时，执行try…except结构后面的语句；异常输入时，执行except结构中的语句。

练一练

【练一练3-12】改写程序：用try…except输出异常的原因。

```
for i in range(3):
    print(c)
```

运行结果：

```
Traceback (most recent call last):
    File "D:/Python项目/异常.py", line 2, in <module>
        print(c)
```

```
NameError: name 'c' is not defined
```

用try…except输出异常的原因，并将下列程序补充完整。

```
________:
    for i in range(3):
        print(c)
_______________________:
    print("异常原因: {}".format(e))
```

3.7 循环嵌套

健康小助手BMI V3.0

某公司有三个部门，每个部门有四位员工，依次输入每位员工的身高、体重，计算BMI，获得检测结果。

这需要用到循环嵌套。

BMI 健康小助手 v3.0

while循环和for循环均可以进行循环嵌套。while循环嵌套的结构为：

```
while 条件表达式1:
    代码块1
    ……
    while 条件表达式2:
        代码块2
        ……
```

一个循环语句外面包围一层循环成为双重循环。通常，应先执行内层的循环体操作，然后是外层循环。内存循环被执行的次数为：内层次数*外层次数。

编程实现输出下面图形：

```
*
* *
* * *
* * * *
* * * * *
```

解决方法：使用while循环嵌套实现。

```
i=1
while i<=5:                              #控制行
    j=1
    while j<=i:                          #控制列
        print("*",end=' ')
        j+=1
    print(end='\n')
    i+=1
```

该图形的规律为每行的*数量恰好与行号相同。因此采用内层循环控制输出“*”，外层循环控制行数。对于第*i*行来说需要重复*i*次来输出“*”，该方式重复“行数”次，便可输出该图形。

除了可以使用while循环进行嵌套，也可以使用for循环进行嵌套。for循环嵌套的结构为：

```
for 临时变量 in 可迭代对象:
    代码块1
    for 临时变量 in 可迭代对象:
        代码块2
```

输出图形的示例如下：

```
*
* *
* * *
* * * *
* * * * *
```

解决方法：使用for循环实现嵌套。

```
for i in range(1,6):                    #控制行
    for j in range(i):                  #控制列
        print("*",end=' ')
    print()
```

这里外层循环5次，控制行数，range取值从1到5，恰好与行数相同，内层循环控制每层的“*”个数，第*i*行就循环*i*次，输出完毕后进入下一次循环，输出下一行的图形。

水仙花数是指一个*n*位正整数($n \geqslant 3$)，它的每个数位上的数字的*n*次幂之和等于它本身。例如，$1^3+5^3+3^3=153$。现请输出三位的水仙花数。

```
print("3位数中的水仙花数是: ")
for i in range(1,10):
    for j in range(0,10):
        for k in range(0,10):
            tmp=i*100+j*10+k
            if(tmp==i**3+j**3+k**3):
                print(tmp,end=' ')
```

在输出九九乘法表时，需先找出其输出规律。在九九乘法表中，第1行输出1列，第2行输出2列，第3行输出3列，以此类推，第*i*行输出*i*列。若用*i*控制行，*j*控制列，则恰好输出的每一项为*i***j*，例如2*1=2，其中的*i*恰好是第2行，1恰好是第一列。所以，我们可以使用双重for循环结构，外层循环通过变量*i*控制行数，内层循环通过变量*j*控制列数，从而实现了九九乘法表，运行结果如图3-15所示。

```
for i in range(1,10):
    for j in range(1,i+1):
        print("%d*%d=%2d "%(i,j,i*j),end=" ")
    print()
```

```
1*1= 1
2*1= 2  2*2= 4
3*1= 3  3*2= 6  3*3= 9
4*1= 4  4*2= 8  4*3=12  4*4=16
5*1= 5  5*2=10  5*3=15  5*4=20  5*5=25
6*1= 6  6*2=12  6*3=18  6*4=24  6*5=30  6*6=36
7*1= 7  7*2=14  7*3=21  7*4=28  7*5=35  7*6=42  7*7=49
8*1= 8  8*2=16  8*3=24  8*4=32  8*5=40  8*6=48  8*7=56  8*8=64
9*1= 9  9*2=18  9*3=27  9*4=36  9*5=45  9*6=54  9*7=63  9*8=72  9*9=81
```

图3-15　运行结果

健康小助手BMI V3.0

任务：某公司有三个部门，每个部门有四位员工，依次输入每位员工的身高、体重，计算BMI，获得检测结果。

解决方法：

```
for i in range(1,4):                        #控制部门
    print("当前为第{}个部门".format(i))
    for j in range(1,5):                    #控制员工
        print("当前为第{}个部门第{}位员工".format(i,j))
        h=eval(input("请输入您的身高(m): "))
        w=eval(input("请输入您的体重(kg): "))
        BMI=w/(h*h)
        if BMI<22:
            print("偏瘦")
        elif BMI<25:
            print("理想体重")
        elif BMI<29.9:
            print("超重")
        else:
            print("肥胖")
```

运行结果：

如图3-16所示。

```
当前为第1个部门
当前为第1个部门第1位员工
请输入您的身高(m)：1.65
请输入您的体重(kg)：50
偏瘦
当前为第1个部门第2位员工
请输入您的身高(m)：1.70
请输入您的体重(kg)：60
偏瘦
当前为第1个部门第3位员工
请输入您的身高(m)：1.60
请输入您的体重(kg)：50
偏瘦
当前为第1个部门第4位员工
请输入您的身高(m)：1.60
请输入您的体重(kg)：70
超重
```

```
当前为第2个部门
当前为第2个部门第1位员工
请输入您的身高(m)：1.65
请输入您的体重(kg)：55
偏瘦
当前为第2个部门第2位员工
请输入您的身高(m)：1.68
请输入您的体重(kg)：62
偏瘦
当前为第2个部门第3位员工
请输入您的身高(m)：1.65
请输入您的体重(kg)：70
超重
当前为第2个部门第4位员工
请输入您的身高(m)：1.66
请输入您的体重(kg)：66
理想体重
```

```
当前为第3个部门
当前为第3个部门第1位员工
请输入您的身高(m)：1.65
请输入您的体重(kg)：50
偏瘦
当前为第3个部门第2位员工
请输入您的身高(m)：1.65
请输入您的体重(kg)：60
理想体重
当前为第3个部门第3位员工
请输入您的身高(m)：1.65
请输入您的体重(kg)：70
超重
当前为第3个部门第4位员工
请输入您的身高(m)：1.70
请输入您的体重(kg)：90
肥胖
```

图 3-16　运行结果

外层循环表示部门1到部门3，内层循环表示员工1到员工4。这里，恰好循环变量*i*与部门计数同步，变量*j*与员工计数同步。

练一练

【练一练3-13】中国古代数学家张丘建在他的《算经》中提出了著名的“百鸡百钱”问题。一只公鸡值五文钱，一只母鸡值三文钱，三个小鸡值一文钱。现在有100文钱，要买100只鸡。

```
#  公鸡数量为i，母鸡数量为j，小鸡数量为k。由题意列算式可得:
#  i+j+k=100 即总数为100只鸡。
#  i*5+j*3+k/3=100 即所有鸡的总价值为100文钱。
#  k可以被3整除，这样才能构成三只小鸡一文钱。
for i in range(0,101):
    for j in range(0,101):
        for k in range(0,101):
            if i+j+k________ and i*5+j*3+k/3==100 and k%3________:
                print("公鸡{}只，母鸡{}只，小鸡{}只。".format(i,j,k))
```

3.8 设计实现BMI健康小助手

在逐步实现健康小助手之后，我们可以设计一个GUI界面，来完成一个真正的健康小助手。

```
#-*- coding:utf-8-*-
import tkinter as tk                                    #导入所需库
top=tk.Tk()                                             #创建窗体
top.title("健康小助手BMI")                              #设置标题
label1=tk.Label(top,text="请输入你的身高(m):")
label2=tk.Label(top,text="请输入你的体重(kg):")
entry1=tk.Entry(top)
entry2=tk.Entry(top)
list=tk.Listbox(top)
label1.pack()
entry1.pack()
label2.pack()
entry2.pack()
list.pack()
def button_clicked():                                   #定义点击按钮事件
    count1=float(entry1.get())
    count2=float(entry2.get())
    BMI=count2/(count1**2)
    if BMI<18.5:
        level="偏瘦! "
    elif BMI<25:
        level="理想体重! "
    elif BMI<30:
        level="超重! "
    else:
        level="肥胖! "
    text="BMI值    身体状况"
    text1=str(format(BMI,'.2f'))+"          "+str(level)
    list.insert(0,text)
    list.insert(1,text1)
btn=tk.Button(top,text="检测",command=button_clicked)
btn.pack()
top.mainloop()
```

通过运行以上代码，最终实现了BMI健康小助手，效果图如图3-17所示。

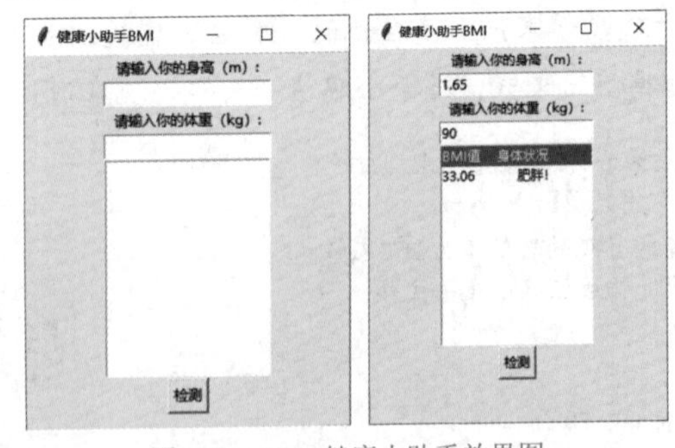

图3-17 BMI健康小助手效果图

可以输入身高、体重，检测BMI，并在列表框中显示检测结果。

本章你学到了什么

在这一章，我们主要介绍了以下内容。

- 健康小助手BMIV1.0：运用分支结构操作实现健康小助手BMI的功能，通过输入身高、体重，计算出相应的BMI值，并输出其健康情况。
- 健康小助手BMIV2.0：运用循环结构操作实现多人健康小助手BMI的功能，通过设定相应的循环条件，多次输入身高、体重，计算出相应的BMI值，并输出其健康情况。运用break和continue方法对循环语句进行控制，提前结束循环。通过try…except语句做出异常处理，针对异常的输入情况进行处理。
- 健康小助手BMIV3.0：运用循环嵌套结构，实现检测多部门多员工健康小助手BMI的功能。

课后练习题

一、单项选择题

1. 下面不是流程图的基本元素的是(　　)。

A. 矩形框　　B. 顺序结构　　C. 菱形框　　D. 圆角矩形框

2.下列程序运行后，b的值为(　　)。

```
a=5
b=0
if a==b:
   b=b+3
else:
   b=a+5
```

A. 10　　B. 5　　C. 8　　D. 3

3. 已知程序段：

```
score=eval(input("请输入成绩(0~100之间的整数)"))
if score<60:
   print("你的成绩是 %d"%score)
print("不及格")
```

若输入55，则输出结果是(　　)。

A. 你的成绩是55
不及格　　B. 你的成绩是55　　C. 不及格　　D. 无输出

4. 已知程序段：

```
n=eval(input("请输入一个整数: "))
if n%2==0:
   print("偶数")
else:
   print("奇数")
```

若输入-5，则输出结果是(　　)。

A. 无输出　　B. 奇数　　C. 偶数　　D. 程序有误

5. 已知程序段：

```
i=10
while i>=0:
   i-=1
print(i)
```

在该程序段中，循环的次数为(   )。

A. 11　　B. 10　　C. 12　　D. 1

6. 运行这段程序后，其输出结果是(   )。

```
for i in range(2):
    for j in range(1):
       print(i,j,end=' ')
```

A. 0 0 1 1　　B. 0 0 1 0　　C. 0 1 0 1　　D. 1 0 1 0

7. break语句在循环中的作用是(   )。

A. 结束本次循环继续下次循环　　B. 结束当前结构

C. 终止本次循环　　D. 结束分支结构语句

8. continue语句在循环中的作用是(   )。

A. 结束本次循环继续下次循环　　B. 终止程序

C. 终止本次循环　　D. 结束分支结构语句

9. 下列程序运行后的输出结果是(   )。

```
for i in range(4):
   if i==1:
      break
   elif i==3:
      continue
   else:
      print(i)
```

A. 0　　B. 0 2　　C. 0 1 2　　D. 0 1 2 4

10. 下列程序运行后的输出结果是(   )。

```
n=3
try:
   n=n/0
except Exception:
   print( “1” )
print(n)
```

A. 1
3　　B. 3　　C. 1　　D. 报出异常

二、编写程序题

1. 给定一个分段函数，当$x \geqslant 0$时，$y=x$；当$x<0$时，$y=0$。实现该分段函数。

2. 给定3个整数a、b、c，判断哪个数最小。

3. 水仙花数是指一个n位数($n \geqslant 3$)，它的每个数位上的数字的n次幂之和等于它本身。输出所有三位水仙花数。

4. 斐波那契数列在自然界中非常常见，它的前两项为1，从第3项开始，每项都是前面两项的和。输出100以内的斐波那契数列。

5. 把输入的整数按输入顺序的反方向输出，例如，输入数是12345，要求输出的结果是54321。

6. 在我们实际生活中，火车和地铁的出现，极大地方便了人们的出行。为保障民众的行程安全，进站乘坐火车需先接受安检。以先验票后安检的车站为例，乘客的进站流程为：

(1) 验票：检验是否买票。如果没有车票，不允许进站；如果有车票，对行李进行安检。

(2) 安检：检查是否有刀具。如果刀具超过 10 厘米，提示刀的长度，不允许上车。如果刀具不超过 10 厘米，顺利进站。

根据以上条件模拟乘客进站流程。

7. 编程实现猜数游戏，先由计算机“想”一个1～100的数让某个参与者猜，如果该参与者猜对，在屏幕上输出此人猜了多少次才猜对此数，以此来反映猜数者的“猜”数水平，然后结束游戏。否则计算机给出提示，告诉该猜数者所猜的数是太大还是太小，最多可以10次，如果10次仍未猜中，则给出失败提示，游戏结束。

8. 实现输入一个含有+、-、*、/之一的数学表达式的字符串给str，实现其运算结果的输出。如输入3+5，输出运算结果为3+5=8。

9. 每个做父母的都关心自己孩子成人后的身高。有关生理卫生知识与数理统计的分析表明，影响小孩成人后身高的因素包括遗传、饮食习惯与体育锻炼等。小孩成人后的身高与其父母的身高和自身性别密切相关。

设faHeight为父亲身高，moHeight为其母亲身高，身高预测公式为：

男性成人时身高=(faHeight+moHeight×0.54)

女性成人时身高=(faHeight×0.923+moHeight)/2

另外，如果喜欢体育运动，可增加身高2%，如果有良好的卫生饮食习惯，可增加身高1.5%。现输入父母的身高和孩子的性别，计算孩子未来的身高。

10. 实现一个“智能小钱包”，可以把整元换成1分、2分、5分的硬币，输出其可能的兑换结果。

11. 输出如下图案：

```
    *
   * * *
  * * * * *
   * * *
    *
```

第 4 章

字符串及其方法

案例3　居民身份证：居民身份证号是每位居民的唯一身份标识，18位的居民身份证号包含省、市、区、出生日期、派出所、性别和校验码等信息。身份证号的倒数第二位为性别信息，其中奇数为男性、偶数为女性。例如，某居民的身份证号为420111199808120045，各位数字对应的信息如表4-1所示。

表4-1　某居民的身份证信息

省		市		区		出生日期								派出所		性别	校验码
						年				月		日					
4	2	0	1	1	1	1	9	9	8	0	8	1	2	0	0	4	5

本案例要解决三个问题：

- 问题一：如何提取身份证号中的出生日期和性别信息？
- 问题二：如何实现对身份证号上的出生日期信息进行遮盖？
- 问题三：如何实现格式化输出多位居民的身份证号信息？

本案例涉及的知识点范围如图4-1所示。

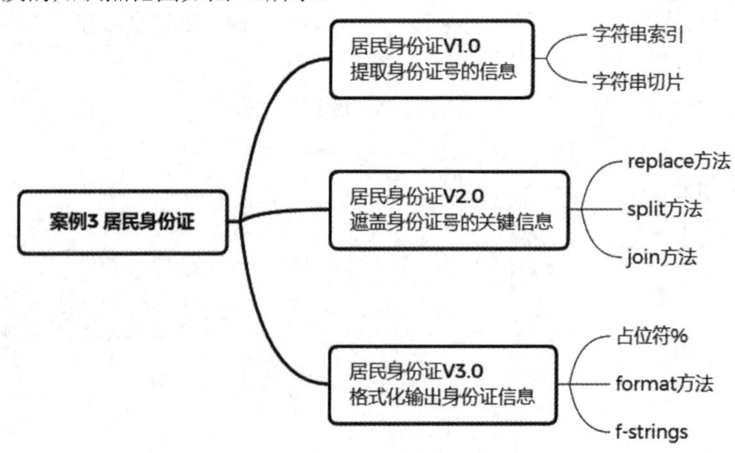

图 4-1　居民身份证案例涉及知识点思维导图

4.1　字符串

第二次世界大战促使了现代电子计算机的诞生。当初的想法很简单，就是用计算机计算导弹的弹道，因此在计算机刚刚诞生的那个年代，计算机处理的信息主要是数值，而世界上的第一台电子计算机ENIAC每秒钟能够完成约5000次浮点运算。随着时间的推移，虽然数值运算仍然是计算机日常工作中最为重要的事情之一，但是目前计算机处理的数据多是以文本信息的方式存在的，而Python表示文本信息的方式就是字符串类型。

4.1.1 字符串的定义

字符串是一种用来表示文本的数据类型，它是由符号或者数值组成的一个连续序列。Python支持使用两个单引号(' ')、两个双引号(" ")，或两个三引号(''' ''')定义字符串。单引号和双引号通常用于定义单行字符串。三引号通常用于定义多行字符串。

```
>>> str_one = 'hello'                    # 使用单引号定义字符串
>>> str_two = "hello"                    # 使用双引号定义字符串
>>> str_three =''' My name is Jack.
What's your name?'''                     # 使用三引号定义字符串
```

4.1.2 转义字符

定义字符串时单引号与双引号可以嵌套使用。使用双引号表示的字符串中允许嵌套单引号，但不允许包含双引号。例如：

```
>>> print("What's your name?")          # 双引号嵌套单引号
What's your name?
```

如果想输出带有引号的字符串，能编写如下所示的语句吗？

```
>>> print("She said,"Cici's desk is dirty"")      # 双引号包含双引号
```

答案是不行！这条语句有一个错误。Python认为第二个双引号就是这个字符串的结尾。因此，它不知道该如何处理剩下的字符。

为了解决这个问题，Python使用一种特殊的符号来表示特殊的字符，如表4-2所示。这种由反斜杠\和其后紧接着的字母或数字组合构成的特殊符号被称为转义字符。

表4-2　Python的转义字符

转义字符	含义	转义字符	含义
\(在行尾时)	续行符	\n	换行符
\'	单引号	\r	回车符
\"	双引号	\t	横向制表符
\\	反斜杠	\v	纵向制表符
\a	发出系统响铃声	\ooo	给定八进制值的字符
\b	退格符	\xhh	给定十六进制的字符

现在，可以使用下面的语句输出带引号的消息：

```
>>> print("She said,\"Cici's desk is dirty\"")
She said,"Cici's desk is dirty"
```

注意：

(1) 反斜杠\和双引号"在一起代表一个字符。

(2) 反斜杠\可以用来转义。在反斜杠\前使用r，可以让反斜杠不发生转义。例如：

```
>>> print(r"d:\\music")                    # 不发生转义
d:\\music
>>> print("d:\\music")                     # 发生转义
d:\music
```

4.1.3 不换行输出

当使用print函数时，它会自动输出一个换行符，这会导致输出提前进入下一行。如果不想在使用print函数后换行，可以使用下面的语法，即在调用print函数时传递一个特殊的参数end。

```
print(item, end = "anyendingstring")
```

例如，下面的代码：

```
print("AA",end=' ')                        # 1
print("BB",end='')                         # 2
print("CC",end='**')                       # 3
print("DD",end='@@')                       # 4
```

运行结果：

```
AA BBCC**DD@@
```

第1行输出AA和一个空字符。第2行输出BB。第3行输出CC和**。第4行输出DD和@@。注意：第2行的''表示一个空字符串，所以，''不会输出任何内容。

练一练

【练一练4-1】转义字符。在命令行依次输入下面的语句，将结果填写在横线处。

```
>>> str1 = "武昌\n首义\n学院"
>>> str2 = "武昌\
首义\
学院"
>>> print(str1)                            # 显示结果为____________________
>>> print(str2)                            # 显示结果为____________________
>>> str3 = "I'm handsome"                  # 使用双引号作为定界符，字符串中可出现单引号
>>> str4 = 'I\'m handsome'                 # 使用转义字符\'表示单引号
>>> print(str3)                            # 显示结果为____________________
>>> print(str4)                            # 显示结果为____________________
```

【练一练4-2】原始字符。在命令行依次输入下面的语句，将结果填写在横线处。

```
>>> str5 = "d:\tools"
>>> str6 = "d:\\tools"
>>> str7 = r"d:\\tools"
>>> print(str5)                            # 显示结果为____________________
>>> print(str6)                            # 显示结果为____________________
>>> print(str7)                            # 显示结果为____________________
```

4.2　字符串的索引与切片

居民身份证V1.0

已知某居民的身份证号为420111199808120045，如何提取该身份证号中的出生日期和性别信息？

这需要用到字符串的索引与切片操作。

居民身份证 V1.0

4.2.1　字符串的索引

字符串是一个由元素组成的序列，每个元素所处的位置是固定的，并且对应着一个位置编号，编号从0开始，依次递增1，这个位置编号被称为索引或者下标。图4-2中索引自0开始，从左向右依次递增，这样的索引称为正向索引。图4-3中索引自-1开始，从右向左依次递减，这样的索引则称为反向索引。

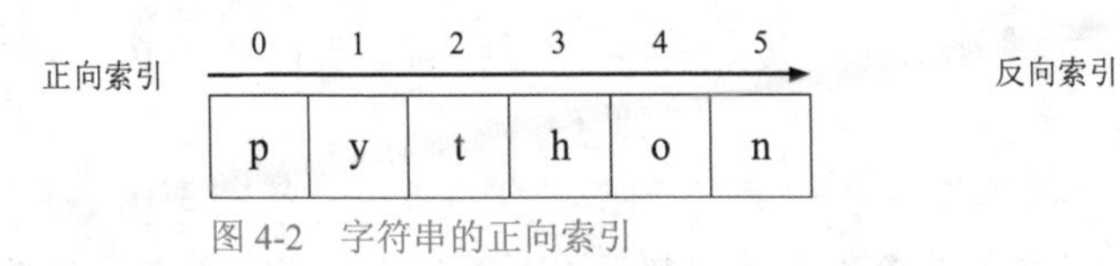

图 4-2　字符串的正向索引

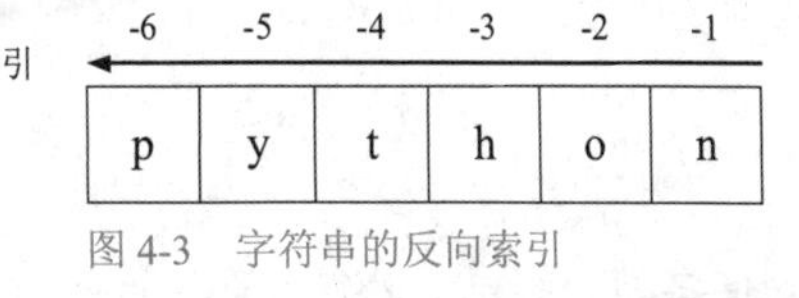

图 4-3　字符串的反向索引

通过索引可以获取指定位置的字符，语法格式如下：

```
字符串[索引]
```

在命令行依次输入下面的语句，结果如下：

```
>>> str="python"
>>> str [0]                    # 正向索引获取字符p
'p'
>>> str [-6]                   # 反向索引获取字符p
'p'
>>> str[6]                     # 该字符串的最大索引位置为5，6超出字符串的最大索引位置
Traceback (most recent call last):
  File "<pyshell#3>", line 1, in <module>
    str[6]
IndexError: string index out of range
```

值得注意的是，当通过索引访问字符串字符时，索引的范围不能越界，否则程序会报索引越界的异常。

4.2.2　字符串的切片

字符串的切片实际上可以看作是从字符串中找出要截取的目标对象，复制出来一段需要的长度，存储在另一个地方，而不会对字符串这个源文件做改动。语法格式如下：

字符串[起始:结束:步长]

切片步长默认为1。切片选取的区间属于左闭右开型，切下的子串包含起始位，但不包含结束位。在使用切片时，步长的值不仅仅可以设置为正整数，还可以设置为负整数。在命令行依次输入下面的语句，结果如下：

```
>>> str="python"
>>> str[0:4:2]                    #索引为0处开始，索引为4处(不包括4)结束，步长为2
'pt'
>>> str[4:0:-2]                   #索引为4处开始，索引为0处(不包括0)结束，步长为-2
'ot'
```

居民身份证V1.0

任务1： 已知某居民的身份证号为420111199808120045，提取该身份证号中的出生日期。

解决方法：

```
card = '420111199808120045'          # 已知身份证号字符串card
# 提取索引为6~14，但不包括14的字符串，存放到birth中
birth = card[6:14]
print("出生日期: " + birth)
```

运行结果：

```
出生日期: 19980812
```

居民身份证V1.0

任务2： 提取该身份证号中的性别信息。身份证号的倒数第二位为性别信息，奇数为男性、偶数为女性。

解决方法：

```
gender = card[-2]                    # 提取索引为-2的字符，存放到gender中
if int(gender)%2 == 0:
    genderOut = "女"
else:
    genderOut = "男"
print("性别: " + genderOut)
```

运行结果：

```
出生日期: 19980812
性别: 女
```

练一练

【练一练4-3】 字符串的切片。在命令行依次输入下面的语句，将结果填写在横线处。

```
>>> str="I love python"
>>> print(str[2::])                  # 显示结果为________________
>>> print(str[-1:-7:-1])             # 显示结果为________________
>>> print(str[-6:-1:])               # 显示结果为________________
>>> print(str[-6::])                 # 显示结果为________________
```

【练一练4-4】字符串的索引与切片。做一个文字小游戏“找出你朋友中的魔鬼”，将结果填写在横线处。

```
>>> word = "friends"
>>> findStr = word[0] + word[2:4] + word[-3:-1]
>>> print(findStr)                          # 显示结果为____________
```

4.3　字符串的方法

居民身份证V2.0

火车票上会对身份证号的关键信息用*替代，实现关键信息的遮盖。已知某居民的身份证号为420111199808120045，遮盖身份证号上的出生日期信息后为420111********0045。如何遮盖身份证号上的出生日期呢?

这需要用到字符串的方法。

居民身份证 V2.0

4.3.1　方法

Python是面向对象的编程语言，而对象拥有各种特性、功能，我们称之为方法。假定动物园的大象是“对象”，即elephant。众所周知，大象拥有很多的特性和功能，也称为方法，如图4-4所示，其中“吃”就是大象的一个重要功能，于是大象这个对象使用“吃”这个功能，在Python编程中就可以表述成elephant.eat()。同样，大象这个对象还有“玩”和“走路”的功能，也可以表述成elephant.play()和elephant.walk()。

图 4-4　大象这个对象所拥有的功能

4.3.2　字符串替换replace()

字符串的replace()方法可使用新的子串new替换目标字符串中原有的子串old，count为替换的次数，默认为全替换。该方法的语法格式如下：

```
str.replace(old, new, count=None)
```

```
>>> word="我叫小华，我喜欢Python"
>>> word.replace( '我' , '他' )       # 用'他'替换字符串word中的'我'
'他叫小华，他喜欢Python'
>>> word.replace( '我' , '他' , 1 ) # 用'他'替换字符串word中的'我'1次
'他叫小华，我喜欢Python'
```

4.3.3 字符串分割split()

字符串的split()方法可以使用分割符把字符串分割成序列。该方法的语法格式如下：

```
str.split(sep=None, maxsplit=-1)
```

在上述语法中，sep为分割符，默认为空格。maxsplit用于设定分割的次数。split()方法将字符串str分割为maxsplit个子串，并返回一个分割后的字符串序列。

```
>>> word= "1 2 3 4 5"
>>> word.split()                              # 以空格为分割符
['1', '2', '3', '4', '5']
>>> word= "a,b,c,d,e"
>>> word.split( "," )                         # 以,为分割符
['a', 'b', 'c', 'd', 'e']
>>> word.split( "," , 3 )                     # 以,为分割符，分割3次
['a', 'b', 'c', 'd,e']
```

4.3.4 去除字符串两侧字符strip()

字符串的strip()方法用于去除字符串两侧的字符，chars为要去除的字符，默认要去除的字符为空格。该方法的语法格式如下：

```
str.strip(chars=None)
```

```
>>> word= "    Python  "
>>> word.strip()                              # 去除word字符串两侧的空格
'Python'
>>> word= "***Python***"
>>> word.strip( "*" )                         # 去除word字符串两侧的*
'Python'
```

4.3.5 用指定的字符连接生成新字符串join()

字符串的join()方法用于将序列sequence中的元素以指定的字符str连接生成一个新的字符串。该方法的语法格式如下：

```
str.join(sequence)
```

```
>>> str1 = "-"
>>> str2 = ""
>>> seq = ("P", "y", "t", "h", "o", "n")
>>> str1.join(seq)                            # 用-字符连接序列seq
'P-y-t-h-o-n'
>>> str2.join(seq)                            # 用空字符连接序列seq，即连续连接seq
'Python'
```

4.3.6 查找子字符串find()

字符串的find()方法用于查找子字符串，若找到，返回从0开始的下标值；若找不到，返回

-1。该方法的语法格式如下：

```
str.find(sub,start,end)
```

在上述语法中，sub为待查找的子字符串，start为开始查找的起始位置下标值，end为结束查找的结束位置下标值。

```
>>> str = "apple,peach,banana,peach,pear"
>>> str.find( 'peach' )                  #在str中查找'peach'字符串，返回下标值6
6
>>> str.find( 'peach' , 7 )              #在str中从下标值7开始的位置查找'peach'字符串
19
>>> str.find( 'peach' , 7 , 20 )         #在str中从下标值7～20的位置查找'peach'字符串
-1
```

常用的字符串方法如表4-3所示。

表4-3　常用的字符串方法

方法	描述
str.capitalize()	将字符串的第一个字符转换为大写，并返回该字符串
str.center(width[, fillchar])	返回一个指定宽度width的居中的字符串，fillchar为填充的字符，默认为空格
str.count(sub, start= 0,end=len(string))	返回字符串里sub子字符出现的次数。可选参数为在字符串搜索的开始位置start与结束位置end
str.endswith(suffix[, start[, end]])	判断字符串是否以指定后缀suffix结尾，suffix可以是一个字符串，也可以是一个元素。可选参数start与end为检索字符串的开始位置与结束位置。如果以指定后缀结尾，返回 True，否则返回 False
str.find(sub, beg=0, end=len(string))	检测字符串中是否包含子字符sub。可选参数beg和end为检测字符串的开始位置与结束位置。如果包含子字符串，则返回子字符串在字符串中的起始位置索引值；如果不包含子字符串，则返回-1
str.index(sub, beg=0, end=len(string))	检测字符串中是否包含子字符串sub。可选参数beg和end为检测字符串的开始位置与结束位置。该方法与find()方法一样，只不过如果子字符串不在字符串中，会抛出一个异常
str.isalnum()	如果字符串中至少有一个字符并且所有字符都是字母或数字，则返回True，否则返回False
str.isalpha()	如果字符串中至少有一个字符并且所有字符都是字母或文字，则返回True，否则返回False
str.isdigit()	如果字符串中只包含数字，则返回True，否则返回False
str.islower()	如果字符串中包含至少一个区分大小写的字符，并且所有这些字符都是小写，则返True，否则返回False
str.isnumeric()	如果字符串中只包含数字字符，则返回True，否则返回False
str.isspace()	如果字符串中只包含空格，则返回True，否则返回False
str.istitle()	如果字符串中所有的单词拼写首字母为大写，且其他字母为小写，则返回True，否则返回False
str.isupper()	如果字符串中包含至少一个区分大小写的字符，并且所有这些字符都是大写，则返回True，否则返回False
str.join(sequence)	将序列sequence中的元素以指定的字符str连接生成一个新的字符串，并返回该新字符串
len(str)	返回对象(字符、列表、元组等)的长度

(续表)

方法	描述
str.ljust(width[, fillchar])	返回一个指定宽度width的左对齐的字符串，并使用fillchar填充至指定长度。fillchar为填充的字符，默认为空格
str.lower()	返回将字符串中所有大写字符转换为小写后生成的字符串
str.lstrip([chars])	返回截掉字符串左边的空格或指定字符chars后生成的新字符串
max(str)	返回字符串中最大的字母
min(str)	返回字符串中最小的字母
str.replace(old, new[, max])	返回字符串中的旧字符串old替换成新字符串new后生成的新字符串，如果指定第三个参数max，则替换不超过max次
str.rfind(sub, beg=0, end=len(string))	检测字符串中最后一次出现子字符sub的位置。可选参数beg和end为检测字符串的开始位置与结束位置。如果不包含子字符串，则返回-1。类似于find()函数，不过是从右边开始查找
str.rindex(sub, beg=0, end=len(string))	返回子字符串sub在字符串中最后出现的位置，如果没有匹配的字符串会报异常，可选参数[beg:end]设置查找的区间
str.rjust(width[, fillchar])	返回一个指定宽度width右对齐的字符串，并使用fillchar填充至指定长度。fillchar为填充的字符，默认为空格
str.rstrip([chars])	返回截掉字符串右边的空格或指定字符chars后生成的新字符串
str.split(sep="", num=string.count(str))	通过指定分割符sep对字符串进行分割，可选参数num如果有指定值，则分割为num+1个子字符串，返回分割后的字符串列表
str.startswith(sub, beg=0,end=len(string))	检查字符串是否是以指定子字符串sub开头，如果是，则返回True，否则返回False。可选参数[beg:end]设置查找的区间
str.strip([chars])	返回移除字符串头尾指定的字符(默认为空格)序列生成的新字符串，该方法不能删除中间部分的字符
str.swapcase()	将字符串中大写转换为小写，小写转换为大写，返回转换后生成新的字符串
str.title()	将字符串中每个单词的首个字母转化为大写，其余字母均为小写，返回转换后生成新字符串
str.upper()	将字符串中的小写字母转为大写字母，返回转换后的新字符串
str.zfill(width)	返回指定长度width的字符串，原字符串右对齐，前面填充0

居民身份证V2.0

任务1：已知某居民的身份证号为420111199808120045，对身份证号上的出生日期用*进行遮盖。即把420111199808120045改为420111********0045。

解决方法：

```
card = '420111199808120045'          # 已知身份证号字符串card
# 用8个*替换card字符串索引为6~14，不包括14的对应字符
card_hide = card.replace( card[6:14] , '*'*8 )
print ( card_hide )
```

运行结果：

```
420111********0045
```

居民身份证V2.0

任务2：将多个居民身份证号存放到一个字符串中，对该字符串进行分割操作，得到居民身份证号序列，并依次输出每位居民的出生日期和性别信息，如图4-5所示。

输入		输出
'420111199808120045, 420105197905230034, 420107198504140023, 42010320010726007X'	⇨	出生日期：19980812 性别：女 出生日期：19790523 性别：男 出生日期：19850414 性别：女 出生日期：20010726 性别：男

图 4-5　输出多个居民的出生日期和性别信息

解决方法：

```
cardStr = '420111199808120045,420105197905230034,
420107198504140023,42010320010726007X'
# 以,为分割符，将得到的4个身份证号存放在card_list序列中
card_list = cardStr.split( ',' )
print( card_list )
for i in range(4):
    card = card_list[i]                    # 获取每一个身份证号
    birth = card[6:14]                     # 获取出生日期
    gender = card[-2]                      # 获取性别
    print( "出生日期: " + birth )
    if int(gender)%2 == 0:
        genderOut = "女"
    else:
        genderOut = "男"
    print( "性别: " + genderOut )
```

运行结果：

```
['420111199808120045', '420105197905230034', '420107198504140023',
'42010320010726007X']
出生日期: 19980812
性别: 女
出生日期: 19790523
性别: 男
出生日期: 19850414
性别: 女
出生日期: 20010726
性别: 男
```

居民身份证V2.0

任务3：居民身份证号的出生日期信息中年月日之间用“-”间隔输出，如图4-6所示。

出生日期：19980812		出生日期：1998-08-12
性别：女		性别：女
出生日期：19790523		出生日期：1979-05-23
性别：男	⇨	性别：男
出生日期：19850414		出生日期：1985-04-14
性别：女		性别：女
出生日期：20010726		出生日期：2001-07-26
性别：男		性别：男

图4-6　多个居民的出生日期信息带有“-”间隔符

解决方法：

```
cardStr = '420111199808120045,420105197905230034,
420107198504140023,42010320010726007X'
# 以,为分割符，将得到的4个身份证号存放在card_list序列中
card_list = cardStr.split( ',' )
print( card_list )
for i in range(4):
   card = card_list[i]                  # 获取每一个身份证号
   birth = card[6:14]                   # 获取出生日期
   gender = card[-2]                    # 获取性别
   year = birth[0:4]                    # 获取年
   month = birth[4:6]                   # 获取月
   day = birth[-2:]                     # 获取日
   birthList = [year,month,day]         # 生成出生日期序列
   birthNew = '-'.join(birthList)       # 用-连接出生日期
   print( "出生日期: " + birthNew )     # 输出新的出生日期信息
   if int(gender)%2 == 0:
      genderOut = "女"
   else:
      genderOut = "男"
   print( "性别: " + genderOut )
```

练一练

【练一练4-5】字符串的方法。在命令行依次输入下面的语句，将结果填写在横线处。

```
>>> str = "Do not trouble trouble till trouble troubles you!"
>>> str.replace('trouble','TROUBLE',2)          # 显示结果为____________
>>> str.split()                                 # 显示结果为____________
>>> str.find('trouble')                         # 显示结果为____________
>>> str.find('trouble',34)                      # 显示结果为____________
```

4.4 字符串的格式化输出

居民身份证V3.0

如何将多个身份证号信息按照如下形式输出呢？

```
身份证号:420111199808120045,出生日期:1998-08-12,性别:女
身份证号:420105197905230034,出生日期:1979-05-23,性别:男
身份证号:420107198504140023,出生日期:1985-04-14,性别:女
身份证号:42010320010726007X,出生日期:2001-07-26,性别:男
```

这需要用到字符串的格式化输出。

居民身份证 V3.0

Python字符串可通过占位符%、format()方法和f-strings三种方式实现格式化输出。例如，在命令行中依次输入下面语句：

```
>>> name = 'Jack'
>>> "Hello,%s" % name                    # 占位符%格式输出
'Hello,Jack'
>>> "Hello,{}".format(name)              # format()方法格式输出
'Hello,Jack'
>>> f"Hello,{name}"                      # f-strings格式输出
'Hello,Jack'
```

4.4.1 占位符%

利用占位符%对字符串进行格式化时，Python会使用一个带有格式符的字符串作为模板，使用该格式符为真实值预留位置，并说明真实值应该呈现的格式。一个字符串中可以同时包含多个占位符。

```
>>> name = 'Mike'
>>> age = 18
>>> print( "My name is %s" % name )  # %s的位置输出name的值
My name is Mike
>>> # %s和%d的位置依次输出name和age的值
>>> print( "My name is %s , my age is %d" % ( name , age ) )
My name is Mike , my age is 18
```

需要注意的是：使用占位符%时，要注意变量的类型，若变量类型与占位符不匹配，程序会产生异常。

```
>>> name = 'Mike'
>>> age = '18'
>>> print( "My name is %s , my age is %d" % ( name , age ) )
Traceback (most recent call last):
```

```
  File "<pyshell#13>", line 1, in <module>
    print( "My name is %s , my age is %d" % ( name , age ) )
TypeError: %d format: a number is required, not str
```

上述代码中，age是字符串，与占位符%d的格式不匹配，于是产生TypeError异常。

4.4.2 format()方法

format()方法也可以将字符串进行格式化输出，与占位符%不同的是，使用该方法无需再关注变量的类型。

```
>>> name = 'Mike'
>>> age = 18
>>> print( "My name is {}, my age is {}" .format ( name , age ) )
My name is Mike, my age is 18
>>> print( "My name is {1}, my age is {0}" .format ( age , name ) )
My name is Mike, my age is 18
```

上述代码中，若字符串中包含多个没有指定序号(默认从0开始)的{}，则按{}出现的顺序分别用format()方法中的参数依次进行替换。如果字符串的{}中明确指定了序号，那么按照序号对应的format()方法的参数进行替换。

4.4.3 f-strings

f-strings是从Python 4.6版本开始加入Python标准库的内容，它提供了一种更为简洁的格式化字符串方法。f-strings在格式上以f或F引领字符串，字符串中使用{}标明被格式化的变量。使用f-strings不需要关注变量的类型，只需要关注变量传入的位置。

```
>>> name = 'Mike'
>>> print(f"My name is {name}")      # name的位置直接输出对应变量的值
My name is Mike
```

使用f-strings还可以进行多个变量的格式化输出。

```
>>> name = 'Mike'
>>> age = 18
>>> print( f"My name is {name}, my age is {age}" )
My name is Mike, my age is 18
```

上述代码中name和age的位置依次输出对应变量的值。

居民身份证V3.0

任务1：将一个居民的身份证信息按照如下格式输出。

```
身份证号:420111199808120045,出生日期:1998-08-12，性别:女
```

解决方法：

```
card = '420111199808120045'
birthNew = '1998-08-12'
genderOut = '女'
print( '身份证号:%s,出生日期:%s,性别:%s' % ( card,birthNew,genderOut))
```

运行结果：

```
身份证号:420111199808120045,出生日期:1998-08-12,性别:女
```

居民身份证V3.0

任务2：将多个居民的身份证信息按照如下格式输出。

```
身份证号:420111199808120045，出生日期:1998-08-12，性别:女
身份证号:420105197905230034，出生日期:1979-05-23，性别:男
身份证号:420107198504140023，出生日期:1985-04-14，性别:女
身份证号:42010320010726007X，出生日期:2001-07-26，性别:男
```

解决方法：

```
cardStr = '420111199808120045,420105197905230034,
420107198504140023,42010320010726007X'
# 用,分割字符串cardStr，生成身份证号序列存入card_list中
card_list = cardStr.split( ',' )
for i in range(4):
    card = card_list[i]                       # 获取每一个身份证号
    birth = card[6:14]                        # 获取出生日期
    gender = card[-2]                         # 获取性别
    year = birth[0:4]                         # 获取年
    month = birth[4:6]                        # 获取月
    day = birth[-2:]                          # 获取日
    birthList = [year,month,day]              # 生成出生日期序列
    birthNew = '-'.join(birthList)            # 用"-"连接出生日期
    if int(gender)%2 == 0:
        genderOut = "女"
    else:
        genderOut = "男"
    print( '身份证号:%s,出生日期:%s,性别:%s' %( card,birthNew,genderOut ) )
```

注意：最后一条语句还可以改写成如下两种形式：

```
print('身份证号:{0},出生日期:{1},性别:{2}'.format( card,birthNew,genderOut ) )
print(f'身份证号:{card},出生日期:{birthNew},性别:{genderOut}')
```

练一练

【练一练4-6】 字符串的格式化输出。在命令行依次输入下面的语句，将结果填写在横线处。

```
>>> print("{:.0f}".format(2.78))        # 显示结果为____________________
>>> s = 'python'
>>> print("{:*>10}".format(s))          # 显示结果为____________________
>>> print("{:.1%}".format(0.25))        # 显示结果为____________________
>>> print("我是{0},左手拿{2},右手拿{1}".format("张无忌","倚天剑","屠龙刀"))
                                        # 显示结果为____________________
```

本章你学到了什么

在这一章，我们主要介绍了以下内容。

- 居民身份证V1.0：运用字符串的索引与切片操作实现居民身份证号中出生日期和性别信息的提取。
- 居民身份证V2.0：运用字符串的replace()方法实现居民身份证号中出生日期信息的遮盖。运用字符串的split()方法对多个居民身份证信息进行分割；运用字符串的join()方法实现用字符“-”对出生日期的年月日信息进行连接。
- 居民身份证V3.0：运用占位符%和format()方法对多个居民身份证号信息按照格式化形式输出。

课后练习题

一、单项选择题

1. 在Python中关于单引号与双引号的说法，正确的是(　　)。

   A. Python中字符串初始化只能使用单引号

   B. 单引号用于短字符串，双引号用于长字符串

   C. 单、双引号在使用上没有区别

   D. 单引号针对变量，双引号针对常量

2. 字符串是一个连续的字符序列，用(　　)方式可以输出换行的字符串。

   A. 使用转义字符\\　B. 使用\n　C. 使用空格符　D. 使用“\换行”

3. 对于字符串s = 'Lemon'，使用(　　)可访问字符串s中从右向左第2个字符。

   A. s[2]　B. s[-1]　C. s[0:2]　D. s[-2]

4. 执行以下代码的结果是(　　)。

```
url = 'http://www.wsyu.edu.cn'
url[-6:-3] =  'com'
```

   A. 'http://www.wsyu.com.cn'　B. 'http://www.wsyu.edu.cn'

   C. 'com'　D. 异常

5. s = "Python is easy"，可以输出“python”的语句是(　　)。

   A. print(s[0:6].lower())　B. print(s[0:6].title())

   C. print(s[0:6])　D. print(s[-14:-8])

6. 代码s = "perrier"，print(s[::-1])的输出结果是(　　)。

   A. PERRIER　B. reirrep　C. REIRREP　D. perrie

7. 字符串方法strip的作用是(　　)。

   A. 按照指定的字符分割字符串为序列

   B. 连接两个字符串

   C. 去掉字符串两侧的空格符或指定字符

   D. 替换字符串中的特定字符

8. 下面代码输出的结果是(　　)。

```
s1 = "The python language is a scripting language."
```

```
s1.replace( 'scripting' ,' general' )
print(s1)
```

A. The python language is a general language.

B. The python language is a scripting language.

C. ('The','python','is','a','scripting','language.')

D. ('The','python','is','a','general','languagc.')

9.下面代码输出的结果是(　　)。

```
s = 'Java,Python,C,PHP,Swift'
print(s.split(','))
```

A. 'Java,Python,C,PHP,Swift'

B. ('Java', 'Python', 'C', 'PHP', 'Swift')

C. ['Java', 'Python', 'C', 'PHP', 'Swift']

D. 'Java Python C PHP Swift'

10.下面代码输出的结果是(　　)。

```
num = 5
print("{0},{1},{2}".format("The",num,'apples.'))
```

A. The,num,apples.　　　　B. The num apples.

C. The 5 apples.　　　　D. The,5,apples.

二、编写程序题

1. 在实际项目中，字符串的切片功能十分常用。下面几个网址(网址经过处理，实际打不开)是使用Python编写爬虫后，从网页中解析出来的部分图片链接，现在总共有500余张附有这样链接的图片要进行下载，即需要给这500余张不同格式的图片(.png、.jpg、.gif)以一个统一的方式进行命名。通过观察规律，决定以链接尾部倒数10个字符对每张图片进行命名。

```
'http://www.site.cn/14d2e8ejw1exjogbxdxhj20ci0kuwex.jpg'
'http://www.site.cn/85cc87jw1ex23yhwws5j20jg0szmzk.png'
'http://www.site.cn/185cc87jw1ex23ynr1naj20jg0t60wv.jpg'
'http://www.site.cn/185cc87jw1ex23yyvq29j20jg0t6gp4.gif'
```

请依次输出这四个链接中图片的命名。

2. 如果一个字符串向后读取与向前读取都得到相同的内容，这样的字符串称为回文。编程实现：输入一个字符串，判断其是否为回文。

3. 敏感词是指带有敏感政治倾向、暴力倾向、不健康色彩的词或不文明的词语，大部分网站、论坛、社交软件都会使用敏感词过滤系统。编程实现替换语句中敏感词的功能。首先设定一个字符串为敏感词库，当用户输入的语句中有敏感词库中的任一词语时，便替换敏感词。

4. 已知有三个电话号码

```
num_a = '1386-168-0006'
num_b = '1681-234-0165'
num_c = '1899-777-1685'
```

编程模拟手机通讯录中的电话号码联想功能，搜索168字符串在电话号码中所在的位置，得到如下输出结果：

```
168 is at 6 to 8 of num_a
168 is at 1 to 3 of num_b
168 is at 10 to 12 of num_c
```

5. 在屏幕上显示如图4-7所示的跑马灯文字。

武昌首义学院欢迎你…………
昌首义学院欢迎你…………武
首义学院欢迎你…………武昌
义学院欢迎你…………武昌首
学院欢迎你…………武昌首义
院欢迎你…………武昌首义学
欢迎你…………武昌首义学院
迎你…………武昌首义学院欢
你…………武昌首义学院欢迎
…………武昌首义学院欢迎你
………武昌首义学院欢迎你…
……武昌首义学院欢迎你……
…武昌首义学院欢迎你………

图 4-7　跑马灯文字

6.进度条以动态方式实时显示计算机处理任务时的进度，它一般由已完成任务量与未完成任务量的大小组成。编程实现如图4-8所示的进度条实时动态显示的效果。

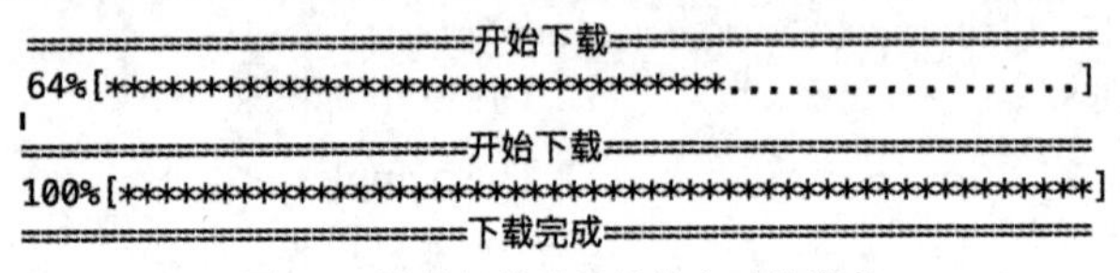

图 4-8　计算机处理任务的实时进度条

第5章 函　　数

案例4　通讯录：要求输出出企业全部员工的通讯录，每个员工通讯录包含三项信息：名字、电话、家庭住址，信息如图5-1所示。

```
周洪斌
13862345099
武汉市扬子街33号
王琦
18997543321
北京市宣武门西大街21号
```

图 5-1　企业通讯录运行结果图

本案例要解决三个问题：

- 问题一：如何调用无参函数输出员工通讯录？
- 问题二：如何调用有参函数输出员工通讯录？
- 问题三：如何运用文件的读写功能将员工的通讯录写入文件？

本案例涉及的知识点范围如图5-2所示。

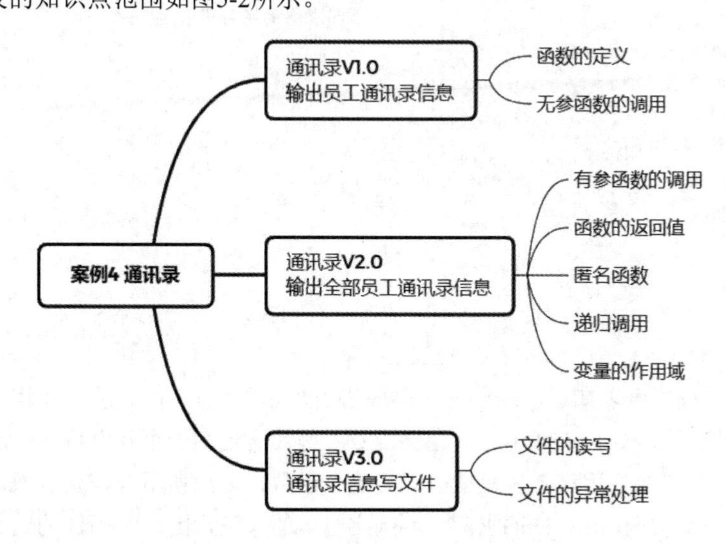

图 5-2　通讯录案例涉及知识点思维导图

5.1　为什么需要函数

函数就是一段封装好的，可以重复使用的代码，它使得我们的程序更加模块化，不必再编写大量重复的代码。函数可以提前保存，并分别命名。只要知道函数的名字，就能使用这段代码。函数还可以接收数据，并根据不同数据做出不同的操作，最后再把处理结果反馈给用户。

为什么需要使用函数呢？主要有两个原因：一是有利于代码重用；二是有利于模块化开发。

1. 有利于代码重用

举个例子，要想获取一个字符串的长度，该如何实现呢？

```
n=0
for c in "http://c.biancheng.net/python/":
    n = n + 1
print(n)
```

运行结果：

```
30
```

获取一个字符串的长度是常用的功能，一个程序中就可能用到很多次，如果每次都写这样一段重复的代码，不但费时费力、容易出错，而且交给别人时也很麻烦。

所以Python提供了一个功能，即允许我们将常用的代码以固定的格式封装(包装)成一个独立的模块。只要知道这个模块的名字就可以重复使用它，这个模块就叫做函数(Function)。

下面程序演示了如何实现自定义的my_len() 函数的封装：

```
def my_len(str):                          # 自定义 my_len() 函数，功能是求字符串长度
    length = 0
    for c in str:
        length = length + 1
    return length                         # 返回求得的字符串长度
# 调用自定义的my_len()函数
length = my_len("http://c.biancheng.net/python/")
print(length)
# 再次调用my_len()函数
length = my_len("http://c.biancheng.net/shell/")
print(length)
```

运行结果：

```
30
29
```

通过观察以上程序可以知道，my_len()函数的功能是求字符串的长度。在程序中如果想求字符串的长度，直接调用my_len()就可以。定义函数就好比是定制一个具有特殊功能的工具，工具(函数)定制好了，如果要使用这个工具就去调用这个函数，多次使用只需要多次调用就可以了。例如在上述程序中两次调用my_len()求两个不同字符串的长度，因此对函数的定义，有利于代码重用。

2. 有利于模块化开发

函数是具有特定功能的程序模块。一个较大的程序，通常需要合理划分程序中的功能模块。比如要开发一个学生信息管理系统，如图5-3所示，这个系统需要实现学生登录、查询、修改、添加、删除学生信息

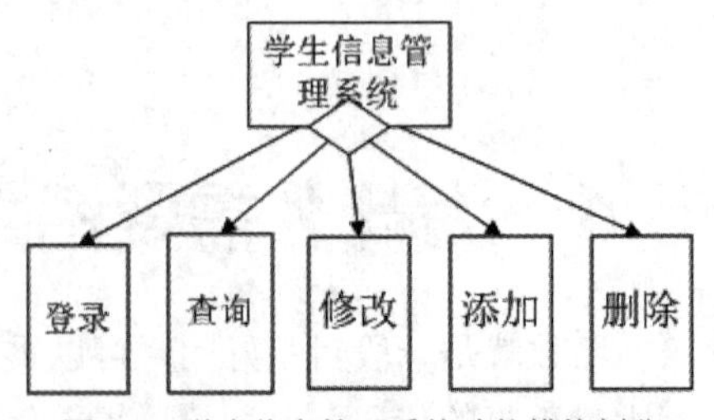

图 5-3　学生信息管理系统功能模块划分

等功能。

将一个系统分解成很多小的功能，每个功能由一个函数实现，我们可以分别定义五个函数来实现上面的五个功能，比如login()函数实现登录功能，find()函数、update()函数、insert()函数、del()函数分别实现查询、修改、添加和删除学生信息的功能，将这些函数按使用顺序“拼”在一起，就完成了整个系统的开发，这就是程序的模块化开发，函数就是模块。

5.2 函数的定义

通讯录V1.0

如何实现企业员工通讯录信息的多次输出？

这需要用到函数的定义和无参函数的调用。

通讯录 V1.0

Python 中函数的应用非常广泛，前面章节中我们已经接触过多个函数，比如 input()、print()、range()、len() 函数等，这些都是 Python 的内置函数，可以直接使用。

除了可以直接使用的内置函数外，Python 还支持自定义函数，即将一段有规律的、可重复使用的代码定义成函数，从而达到一次编写、多次调用的目的。

定义函数，也就是创建一个函数，可以理解为创建一个具有某些用途的工具。定义函数需要用 def 关键字实现，具体的语法格式如下：

```
def 函数名(形参列表):
    # 实现特定功能的多行代码
    [return [返回值]]
```

其中，用 [] 括起来的为可选择部分，既可以使用，也可以省略。此格式中，各部分参数的含义如下：

(1) 函数名：其实就是一个符合 Python 语法的标识符，但不建议读者使用 a、b、c 这类简单的标识符作为函数名，函数名最好能够体现出该函数的功能(如上面的 my_len，即表示我们自定义的求长度的函数)。

(2) 形参列表：设置该函数可以接收多少个参数，多个参数之间用逗号(,)分隔。

(3) [return [返回值]]：整体作为函数的可选参数，用于设置该函数的返回值。也就是说，一个函数，可以有返回值，也可以没有返回值，是否需要根据实际情况而定。

注意，在创建函数时，即使函数不需要参数，也必须保留一对空的“()”，否则 Python 解释器将提示“invaild syntax”错误。另外，如果想定义一个没有任何功能的空函数，可以使用 pass 语句作为占位符。

5.2.1 无参函数的定义与调用

无参函数指的是形参列表为空的函数，即当这个函数被调用的时候不接收传递过来的数据，仅执行函数功能。无参函数可以有返回值，也可以没有返回值。

1. 定义无参函数

例如：

```
def sayhello():                        # 无参函数，被调用时不接收任何数据
    print("Hello!")                    # 函数内部代码，前面空四格
```

定义一个名为sayhello的函数，sayhello函数名的后面参数列表()是空的，因此它是无参函数。函数内部只有一句代码，也就是输出“Hello！”，因此该函数的功能就是输出“Hello！”。这个具有特定功能的函数就像工具箱里的工具，写好后保存好，它自己是不会执行的，当程序需要这个功能时，就可以采用调用函数的方法来执行它。

2. 调用无参函数，执行相应功能

例如：

```
sayhello()
```

当要执行输出“Hello！”这个功能时，可以直接调用功能函数sayhello来完成，用“函数名()”的方式就可以调用该函数，因为sayhello是无参函数，因此调用它的时候sayhello()后面这个括号里不需要传递任何参数的值。

调用sayhello()函数的运行结果为：

```
Hello!
```

通讯录V1.0

任务：运用无参函数的多次调用，输出员工通讯录。

解决方法：

```
def printMyAddress( ):                 # 定义无参函数printMyAddress
    print("周洪斌")                     # 函数内的代码前面空四格
    print("13862345099")
    print("武汉市扬子街33号")
    print
printMyAddress()                       # 第一次调用函数printMyAddress
printMyAddress()                       # 第二次调用函数printMyAddress
```

运行结果：

```
周洪斌
13862345099
武汉市扬子街33号
周洪斌
13862345099
武汉市扬子街33号
```

在上面的程序中，两次调用printMyAddress()函数输出的都是同一个人的通讯录，因为

printMyAddress()是无参函数，每次调用时它执行的代码都是固定的，那如何让函数每次输出的是不同员工的通讯录呢？需要向函数传递参数才可以做到，即定义与调用有参函数。

5.2.2 有参函数的定义与调用

通讯录V2.0

如何实现多名企业员工通讯录信息的输出？

这需要用到有参函数的定义和调用。

通讯录 V2.0

有参函数指的是有一个或多个形参的函数，即当这个函数被调用时，形参可以接收传递过来的数据，然后再执行程序功能。有参函数可以有返回值，也可以没有返回值。

1. 定义有参函数

例如：

```
def sayhello(name):                     # 有参函数，有一个形参name
    print("Hello!",name)
```

定义一个名为sayhello的函数，sayhello函数名的后面参数列表()里有一个形参name，该函数为有参函数。当sayhello函数被调用时，形参name可以接收传递过来的数据，传递过来的数据是什么类型，name变量就是什么类型，执行函数内部语句时，print语句输出name的值。

2. 调用有参函数，执行相应功能

例如：

```
sayhello("Johnny")
```

调用有参函数时，有几个形参就要传递几个实参。sayhello函数有一个形参即name，调用该函数时，需要传递一个实参给name，因此调用sayhello时，将Johnny作为实参传递给形参name。

因此，调用sayhello函数执行的结果为：

```
Hello! Johnny
```

通讯录V2.0

任务1：运用有参函数的调用输出员工通讯录。

解决方法：

```
def printMyAddress(myName):             #定义有参函数printMyAddress
    print(myName)
    print("13862345099")
    print("武汉市扬子街33号")
    print
```

```
printMyAddress("周洪斌")                      #第一次调用
printMyAddress("王琦")                        #第二次调用
```

运行结果：

```
周洪斌
13862345099
武汉市扬子街33号
王琦
13862345099
武汉市扬子街33号
```

解决方法中，在printMyAddress函数定义中添加了形参myName，第一次调用printMyAddress函数时，“周洪斌”作为实参传递给了形参myName，因此函数printMyAddress执行后输出的姓名就是周洪斌，同理调用第二次，输出的就是王琦。传递一个参数只能改变通讯录中职员的名字，其他的信息未改变。因此需要调用时传递更多的参数，参见解决方法2。

通讯录V2.0

任务2：运用有参函数的调用输出员工通讯录。

解决方法：

```
def printMyAddress(myName,phone,address):        #定义了三个形参
    print(myName)
    print(phone)
    print(address)
    print
printMyAddress("周洪斌","13862345099","武汉市扬子街33号")
printMyAddress("王琦","18997543321","北京市宣武门西大街21号")
```

运行结果：

```
周洪斌
13862345099
武汉市扬子街33号
王琦
18997543321
北京市宣武门西大街21号
```

解决方法中，函数printMyAddress中定义了3个形参myName、phone、address，第一次调用printMyAddress时，“周洪斌”“13862345099”“武汉市扬子街33号”作为实参传给了对应的形参myName、phone、address，因此printMyAddress就可以输出员工的三项信息，同理第二次调用该函数，输出另一个员工的三项信息。通过函数调用多个参数的传递时，我们实现了不同员工通讯录的输出，完成了任务。

练一练

【练一练5-1】程序填空题。要求编写程序，实现计算器的四则运算功能。定义一个包含两个参数的函数，第 1 个参数接收用户输入的第 1 个数，第 2 个参数接收用户输入的第 2 个数，该函数主要实现的是加、减、乘、除 4 项功能，执行哪种功能需用户输入相应的运算符，再根据该运算符计算结果。

```
def oper(parm_one, parm_two):          #定义计算器函数
    operator = input('请选择要执行的运算符: +、-、*、/' + '\n')
    if operator == "+":
        print("计算结果为: ", +parm_one + parm_two)
    elif operator == '-':
        print("计算结果为: ", parm_one - parm_two)
    elif operator == '*':
        print("计算结果为: ", parm_one * parm_two)
    elif operator == '/':
        if ______________:             #除数不为零判断
            print('除数不能为0')
        else:
            print("计算结果为: ", parm_one / parm_two)
num_one = int(input('请输入第一个数:'))
num_two = int(input('请输入第二个数:'))
__________(__________, __________)  #调用oper函数完成两个数的计算
```

【练一练5-2】程序填空题。编写函数，其功能为：将给定字符串每个单词首字母转换为大写，并切割存放在列表中，然后返回。

```
def acronym(phrase):
    phrase = phrase.title()  # 将字符串中每个单词首字母转为大写
    # 以空格作为分隔符生成列表lst，注意空格分隔时无需带参数
    lst = phrase._______
    return ______            # 返回列表
#输入字符串，调用该函数输出全部切割后的单词
str=input()
for i in acronym(_____) :
    print(_____)
```

输入：

```
how are you
```

输出：

```
How
Are
You
```

5.3 函数的参数传递

函数的参数传递是指将实际参数传递给形式参数的过程。根据不同的传递形式，函数的参数可分为位置参数、关键字参数、默认值参数、不定长参数。

5.3.1 位置参数

调用函数时，编译器会将函数的实际参数按照位置顺序依次传递给形式参数，即将第1个实际参数传递给第1个形式参数，将第2个实际参数传递给第2个形式参数，依次类推。在前面有参函数的调用中，就是用位置参数来进行参数传递。

定义一个计算两数之商的函数division()，具体代码如下：

```
def division(num_one, num_two):
    print(num_one/num_two)
```

使用以下代码调用division()函数：

```
division(6, 2)                              # 位置参数传递
```

上述代码调用division()函数时传入实际参数6和2，根据实际参数和形式参数的位置关系，6被传递给形式参数num_one，2被传递给形式参数num_two。

运行结果：

```
3.0
```

5.3.2 关键字参数

关键字参数通过“形式参数=实际参数”的格式将实际参数与形式参数相关联，根据形式参数的名称进行参数传递。

假设当前有一个函数info()，该函数有3个形式参数，具体代码如下：

```
def info(name, age, address):
    print(f'姓名:{name}')
    print(f'年龄:{age}')
    print(f'地址:{address}')
```

当调用info()函数时，通过关键字为不同的形式参数传值，具体代码如下：

```
info(name="李婷婷", age=23, address="山东")
```

运行结果：

```
姓名: 李婷婷
年龄: 23
地址: 山东
```

5.3.3 默认参数

定义函数时可以指定形式参数的默认值。如果形式参数有默认值，那么调用函数时，可分以下两种情况：形式参数没有值传入，则使用形式参数的默认值；若形式参数有值传入，使用传入的实际参数的值。

定义一个包含参数ip与port的函数connect()，为形式参数port指定默认值3306，代码如下：

```
def connect(ip, port=3306):
    print(f"连接地址为: {ip}")
    print(f"连接端口号为: {port}")
    print("连接成功")
```

通过以下两种方式调用connect()函数：

```
connect('127.0.0.1')                    #第一种，形式参数使用默认值
connect(ip='127.0.0.1', port=8080)      #第二种，形式参数使用传入值
```

运行结果：

```
连接地址为：127.0.0.1
连接端口号为：3306
连接成功
连接地址为：127.0.0.1
连接端口号为：8080
连接成功
```

分析以上输出结果可知，使用第一种方式调用connect()函数时，因为没有给形式参数port传递值，port使用默认值3306；使用第二种方式调用connect()函数时，给参数port传递了值8080，因此port使用实际参数的值8080。

注意：若函数中包含默认参数，调用该函数时默认参数应在其他实际参数之后。

5.3.4 不定长参数

若要传入函数中的参数个数不确定，可以使用不定长参数。不定长参数也称可变参数，此种参数接收参数的数量可以任意改变。包含可变参数的函数，语法格式如下：

```
def 函数名([formal_args,] *args, **kwargs):
    "函数_文档字符串"
    函数体
    [return语句]
```

以上语法格式中的参数*args和**kwargs都是不定长参数，它们可搭配使用，亦可单独使用。下面分别介绍这两个不定长参数的用法。

1. *args

不定长参数*args用于接收不定数量的位置参数，调用函数时传入的所有参数被*args接收后以元组形式保存。定义一个包含参数*args的函数，代码如下：

```
def test(*args):
    print(args)
```

调用以上函数，传入任意个参数，具体代码如下：

```
test(1, 2, 3, 'a', 'b', 'c')
```

运行结果：

```
(1, 2, 3, 'a', 'b', 'c')
```

2. **kwargs

kwargs用于接收不定数量的关键字参数，调用函数时传入的所有参数被kwargs接收后以字典形式保存。定义一个包含参数**kwargs的函数，代码如下：

```
def test(**kwargs):
    print(kwargs)
```

调用以上函数，传入任意个关键字参数，具体代码如下：

```
test(a=1, b=2, c=3, d=4)
```

运行结果：

```
{'c': 3, 'd': 4, 'a': 1, 'b': 2}
```

5.4 函数的返回值

到目前为止，我们创建的函数都只是对传入的数据进行处理，处理完了就结束。但实际上，在某些场景中，我们还需要让函数将处理的结果反馈回来，就好像主管向下级员工下达命令，让其去打印文件，员工打印好文件后并没有完成任务，还需要将文件交给主管。

Python中，用 def 语句创建函数时，可以用 return 语句指定应该返回的值，该返回值可以是任意类型。需要注意的是，return 语句在同一函数中可以出现多次，但只要有一个得到执行，就会直接结束函数的执行。

函数中，使用 return 语句的语法格式如下：

```
return [返回值]
```

其中，返回值参数可以指定，也可以省略不写(将返回空值 None)。

定义带返回值的函数umax()，它的功能是比较两个数的大小，将其中的较大值作为函数返回值。代码如下：

```
def umax(x,y):
    if x>y:
        return  x
    else:
        return  y
a,b=map(float,input("请输入要比较的两个数: ").split())
print(umax(a,b))                                    #调用umax函数，并输出函数返回值
```

运行结果：

```
请输入要比较的两个数: 12 9
12.0
```

本例中，umax() 函数比较两个数的大小，它会返回较大的数的值。如何调用有返回值的函数呢？用户为a、b变量输入12、9，a的值为12.0，b的值为9.0，调用umax函数时，将a、b的值作为实际参数传递给形式参数x、y，x的值为12.0，y的值为9.0，比较x、y的大小，返回较大值x的值12.0，12.0作为函数返回值被带回，即umax(a,b)的值为12.0，print(umax(a,b))将返回值显示出来，因此结果是12.0。

练一练

【练一练5-3】程序填空题。定义两个函数area()和volume()分别求圆柱体的表面积和体积。

```
def area(r,h):
    ____________ 3.14*r*r*2+2*3.14*r*h
def volume(r,h):
    ____________ 3.14*r*r*____________
r=eval(input("请输入圆柱体半径:"))
h=eval(input("请输入圆柱体高: "))
```

```
print(“圆柱体表面积为：”,__________)
print(“圆柱体体积为：”,_____________)
```

5.5 函数的特殊形式

除前面介绍的函数外，Python还支持两种特殊形式的函数，即匿名函数和递归函数。本节将对匿名函数和递归函数进行讲解。

5.5.1 匿名函数

匿名函数是无需函数名标识的函数，它的函数体只能是单个表达式。Python中使用关键字lambda定义匿名函数，匿名函数的语法格式如下：

```
lambda [参数列表]:表达式
```

匿名函数的特点如下：

(1) 没有函数名。

(2) 参数可有可无。

(3) 表达式仅能是一条语句，只能表达有限的逻辑，执行结果作为该匿名函数的返回值。

匿名函数的使用示例如下：

```
s=lambda : "Python".upper()              #无参匿名函数
f=lambda x:x*10                          #带参匿名函数
area=lambda a,h : (a*h)*0.5              #带参匿名函数
print(s())
print(f(7.5))
print(area(3,4))
```

运行结果：

```
PYTHON
75.0
6.0
```

5.5.2 递归函数

递归是一个函数过程在定义中直接或间接调用自身的一种方法，它通常把一个大型的复杂问题层层转化为一个与原问题相似，但规模较小的问题进行求解。如果一个函数调用了函数本身，这个函数就是递归函数。递归函数只需少量代码就可描述出解题过程中所需要的多次重复计算，大幅减少了程序的代码量。

函数在递归调用时，需要确定两点：一是递归公式；二是边界条件。递归公式是递归求解过中的归纳项，用于处理原问题以及与原问题规律相同的子问题；边界条件即终止条件，用于终递归。

阶乘是可利用递归方式求解的经典问题，定义一个求阶乘的递归函数，代码如下：

```
def factorial(num):
    if num == 1:
```

```
        return 1
    else:
        return num * factorial(num - 1)
```

利用以上函数求5！，函数的执行过程如图5-4所示。

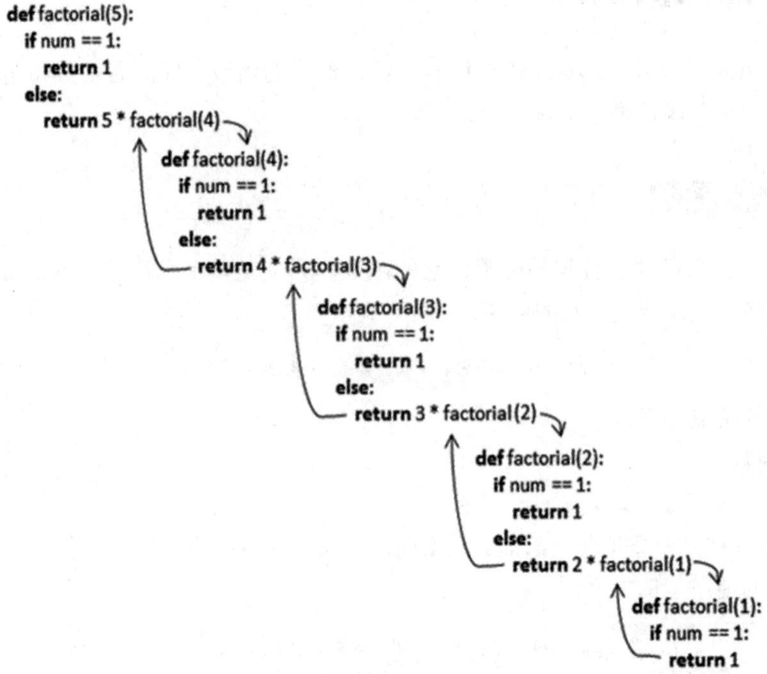

```
def factorial(5):
  if num == 1:
    return 1
  else:
    return 5 * factorial(4)
            def factorial(4):
              if num == 1:
                return 1
              else:
                return 4 * factorial(3)
                        def factorial(3):
                          if num == 1:
                            return 1
                          else:
                            return 3 * factorial(2)
                                    def factorial(2):
                                      if num == 1:
                                        return 1
                                      else:
                                        return 2 * factorial(1)
                                                def factorial(1):
                                                  if num == 1:
                                                    return 1
```

图 5-4　阶乘递归过程

由图5-4可知，当求5的阶乘时，将此问题分解为求计算5乘以4的阶乘：求4的阶乘问题又分解为求4乘以3的阶乘，依次类推，直至问题分解到求1的阶乘，所得的结果为1，之后便开始将结果1向上一层问题传递，直至解决最初的问题，计算出5的阶乘。

练一练

【练一练5-4】程序填空题。斐波那契数列，因数学家昂纳多•斐波那契以兔子繁殖为例子引入，又称为兔子数列，这个数列中的数据满足以下公式：

```
F(1)=1, F(2)=1, F(n)= F(n-1) + F(n-2) (n>=3, n∈N*)
```

本实例要求编写程序，现根据用户输入的数字编出斐波那契数列。

分析：根据实例描述中的公式，可以定义一个递归函数fibonacci (n)，该函数中*n*表示斐波那契数，边界条件为n=1或n=2，递归公式为：

```
fibonacci(n-1)+ fibonacci(n-2)
```

```
# 递归调用返回第n个斐波那契数的值
def fibonacci(n):
    if n==1 or n==2:
        return ________
    else:
        return  fibonacci(n-1)+______________
#输入要输出多少个斐波那契数,存放在num中
num=int(input())
```

```
for i in range(1,________):                #循环输出num个斐波那契数
    # 调用fibonacci函数每次输出一个斐波那契数，以空格结尾
    print(_______,end=' ')
```

输入：

```
5
```

输出：

```
1 1 2 3 5
```

5.6 变量的作用域

变量的作用域是指变量的作用范围。根据作用范围，Python中的变量分为局部变量与全局变量。本节将对局部变量与全局变量进行讲解。

5.6.1 局部变量

在函数内定义的变量叫局部变量，其作用域仅限于该函数内，即只能在函数内使用。局部函数使用示例如下：

```
def calculate(c1,c2,c3):
    apple=6.5                              # apple在函数内定义，只能在calculate函数内使用
    pear=5
    bana=7.2
    return apple*c1+pear*c2+bana*c3
print(calculate(3,5,2))
print(apple)                               # 在函数外使用apple变量，报错
```

运行结果：

```
58.9
Traceback (most recent call last):
    File "D:\local.py", line 15, in <module>
        print(apple)
NameError: name 'apple' is not defined
```

从上面的程序中可以看到，apple、pear、bana变量是在calculate函数内定义的，因此它们都是局部变量，即只能在calculate函数内使用，如果在calculate函数外使用这些变量，程序就会报错。

5.6.2 全局变量

在函数外定义的变量叫全局变量，其作用域在整个程序中都有效。全局变量的使用示例如下：

```
apple=6.5                                  # 全局变量
pear=5                                     # 全局变量
bana=7.5                                   # 全局变量
```

```
def calculate(c1,c2,c3):
    return apple*c1+pear*c2+bana*c3
def plist(c1,c2,c3):
    print("苹果",c1*apple)
    print("梨",c2*pear)
    print("香蕉",c3*bana)
plist(3,5,2)
print("总价",calculate(3,5,2))
```

运行结果：

```
苹果 19.5
梨 25
香蕉 15.0
总价 59.5
```

从上面的程序可以看出，apple、pear、bana变量是在函数外定义的变量，因此它们都是全局变量，可以在程序中的任何位置访问，比如calculate函数中可以使用它们，plist函数中也可以使用它们。

函数只能访问全局变量，但不能修改全局变量的值。若要在函数内部修改全局变量的值，需先在函数内使用关键字global进行声明。

例如，在user_var()函数中修改全局变量count，代码如下：

```
count=10
def use_var():
    global count
    count+=10
    print(count)
use_var()
```

运行结果：

```
20
```

从上面的程序可以看出，全局变量count在函数use_var()中使用global对其进行声明后，就可以修改count变量的值了。

练一练

【练一练5-5】局部变量和全局变量的使用。请阅读程序，将程序运行结果补充完整。

```
global_grade="三等奖"
def printRank1():
      local_grade="一等奖"
      print("蓝桥杯软件大赛湖北赛区",local_grade)
      print("蓝桥杯软件大赛全国总决赛",global_grade)
def printRank2():
      local_grade="一等奖"
      global global_grade
      global_grade="优秀奖"
      print("蓝桥杯软件大赛湖北赛区",local_grade)
      print("蓝桥杯软件大赛全国总决赛",global_grade)
printRank1()
printRank2()
```

运行结果：

```
蓝桥杯软件大赛湖北赛区 ____________
蓝桥杯软件大赛全国总决赛 ____________
蓝桥杯软件大赛湖北赛区 ____________
蓝桥杯软件大赛全国总决赛 ____________
```

5.7 文件的操作

程序中使用变量保存运行时产生的临时数据，但当程序结束后，所产生的数据也会随之消失。有没有什么方法能持久保存数据？答案是肯定的。计算机中的文件，能够持久保存程序运行时产生的数据。

通讯录V3.0

不仅输出员工的通讯录信息，还需要将员工的通讯录信息写入到文件中保存。

需要用到文件的读写操作。

通讯录 V3.0

5.7.1 文件的路径

一个文件需要有唯一确定的文件标识，保证用户可根据标识找到唯一确定的文件。文件标识包含三个部分，分别为文件路径、文件名主干、文件扩展名。例如：

```
C:/Windows/regedit.exe
    路径       文件名  文件扩展名
```

每个文件都要存储在某个地方，位于其他文件夹中的文件夹称为子文件夹，这称为路径，路径描述了文件在文件夹结构中的位置。

5.7.2 文件的分类

计算机中的文件分为两类，一类为文本文件，另一类为二进制文件。

文本文件又称为ASCII文件，该文件中一个字符占用一个字节，存储单元中存放单个字符对应的ASCII码。假设当前需要存储一个整数数据123，则该数据在磁盘上的存放形式如图5-5所示。

'1'(49)	'2'(50)	'3'(51)
00110001	00110010	00110011

图 5-5 文本文件的存放形式

由图5-5可知，文本文件中的每个字符都要占用一个字节的存储空间，并且在存储时需要进行二进制和ASCII码之间的转换，因此使用这种方式有利于存放字符型数据，而存放数值型的数据既消耗空间又浪费时间。

数据在内存中是以二进制形式存储的，如果不加转换地输出到外存，则输出文件就是一个二进制文件。二进制文件就是存储在内存的数据的映像，也称为映像文件。若使用二进制文件存储整数123，则该数据首先被转换为二进制的整数，转换后的二进制形式的整数为0000000001111011，此时该数据在磁盘上的存放形式如图5-6所示。

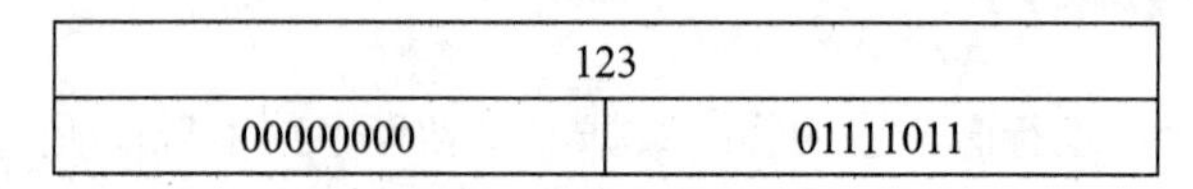

图5-6　二进制文件存放形式

对比图5-5和图5-6可以发现，使用二进制文件存放数值型数据时，需要的存储空间更少，并且不需要进行转换，如此既节省空间，又节省时间。当然这种存放方法不够直观，需要经过转换才能看到存放的信息。

5.7.3　文件的写入

将程序中的数据写入文件中，需要三个步骤。

1. 以“写”的方式打开文件

在操作文件前，必须先打开文件，才能对文件进行读写操作。Python内置的open()函数用于打开指定文件。如果该文件无法被打开，会抛出 OSError。函数的格式如下：

```
open(file,mode='w',encoding=None)
```

在上述语法中，file为待打开文件的文件名。encoding表示文件的编码格式，一般使用utf-8。mode设置文件的打开模式，w代表当前的打开方式为只写，而r默认是只读模式。使用示例如下：

```
wfile = open("D:/animal.txt", mode="w",encoding="utf-8")
```

open()函数打开文件时有三个参数，第一个是文件的打开路径，第二个是文件的打开模式，第三个是文件的编码格式。w代表以只写的模式打开文件，如果该文件不存在。则会创建新文件。第三个参数设置文件的编码格式为utf-8。open()函数将打开的文件流赋给了文件对象wfile，下一步写入数据到文件对象wfile中就可以了。

常用的文件打开模式如表5-1所示。

表5-1　文件打开模式

模式	描述
r	以只读方式打开文件。文件的指针会放在文件的开头。这是默认模式
rb	以二进制格式打开一个文件，用于只读。文件指针会放在文件的开头。这是默认模式。一般用于非文本文件如图片等
r+	打开一个文件用于读写。文件指针会放在文件的开头
rb+	以二进制格式打开一个文件，用于读写。文件指针将会放在文件的开头。一般用于非文本文件如图片等

(续表)

模式	描述
w	打开一个文件只用于写入。如果该文件已存在则打开文件，并从开头开始编辑，即原有内容会被删除。如果该文件不存在，将创建新文件
wb	以二进制格式打开一个文件只用于写入。如果该文件已存在则打开文件，并从开头开始编辑，即原有内容会被删除。如果该文件不存在，将创建新文件。一般用于非文本文件如图片等
w+	打开一个文件用于读写。如果该文件已存在则打开文件，并从开头开始编辑，即原有内容会被删除。如果该文件不存在，将创建新文件
wb+	以二进制格式打开一个文件用于读写。如果该文件已存在则打开文件，并从开头开始编辑，即原有内容会被删除。如果该文件不存在，将创建新文件。一般用于非文本文件如图片等
a	打开一个文件用于追加。如果该文件已存在，文件指针会放在文件的结尾。也就是说，新的内容会被写入到已有内容之后。如果该文件不存在，将创建新文件进行写入
ab	以二进制格式打开一个文件用于追加。如果该文件已存在，文件指针会放在文件的结尾。也就是说，新的内容会被写入到已有内容之后。如果该文件不存在，将创建新文件进行写入
a+	打开一个文件用于读写。如果该文件已存在，文件指针会放在文件的结尾。文件打开时会是追加模式。如果该文件不存在，将创建新文件用于读写
ab+	以二进制格式打开一个文件用于追加。如果该文件已存在，文件指针会放在文件的结尾。如果该文件不存在，将创建新文件用于读写

2. 写入文件

Python提供了write()方法和writelines()方法向文件写入数据。

1) write()方法

使用write()方法向文件中写入单行字符串，write()方法的语法格式为：

```
fileObject.write(str)
```

str为要写入文件的字符串，write()方法并不会在str后加上一个换行符(\n)，该方法返回的是写入的字符长度。使用示例如下：

```
wfile.write("Tiger\n")                    #在文件中写入一行字符串Tiger\n
wfile.write("Dog\n")                      #在文件中写入一行字符串Dog\n
wfile.write("Cat\n")                      #在文件中写入一行字符串Cat\n
```

上面示例中，调用write()方法向wfile文件对象中分别写入了三行字符串。

2) writelines()方法

使用writelines()方法向文件写入字符串序列，writelines()方法的语法格式为：

```
fileObject.writelines(sequence)
```

writelines()方法是将sequence的内容全部写到文件中，并且不会在字符串的结尾添加换行符(\n)，其中sequence为一个列表对象。使用示例如下：

```
wfile.writelines(["\nWelcome to ","欢乐动物园"])
```

上面示例中，writelines()方法向wfile文件对象中写入了由两个字符串组成的字符串列表[“\nWelcome to”,“欢乐动物园”]。

3. 关闭文件

使用open()方法打开文件后，返回一个文件对象fileObject，文件使用完成后，一定要保证关闭。Python内置的close()方法用于关闭文件，该方法没有参数，直接调用即可。关闭文件的语法格式是：

```
fileObject.close()
```

使用示例如下：

```
wfile.close()
```

计算机中可打开的文件数量是有限的，每打开一个文件，就会占用一个“名额”，当名额耗尽后，系统将无法再打开新的文件。因此文件使用完毕后，及时使用close()方法关闭文件是有必要的。

wfile调用close()方法关闭文件释放资源，文件关闭后将无法再对文件进行操作。

程序运行后，在D:/animal.txt路径下找到animal.txt文件，打开该文件的结果如图5-7所示。

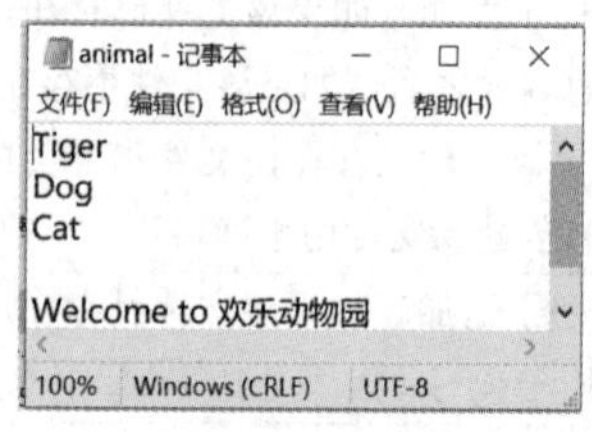

图 5-7 运行结果图

通讯录V3.0

任务1：定义函数printMyAddress不仅输出员工的通讯录信息，同时将员工通讯录信息写入到文件中保存。

解决方法：

```
def printMyAddress(myName,phone,address):
    print(myName)
    print(phone)
    print(address)
    print
    wfile.write(myName+'\n')
    wfile.write(phone+'\n')
    wfile.write(address+'\n')
wfile = open("D:/tongxunlu.txt", 'w')
printMyAddress("周洪斌","13862345099","武汉市扬子街33号")
printMyAddress("王琦","18997543321","北京市宣武门西大街21号")
wfile.close()
```

运行程序，D盘下tongxunlu文件内容如图5-8所示。

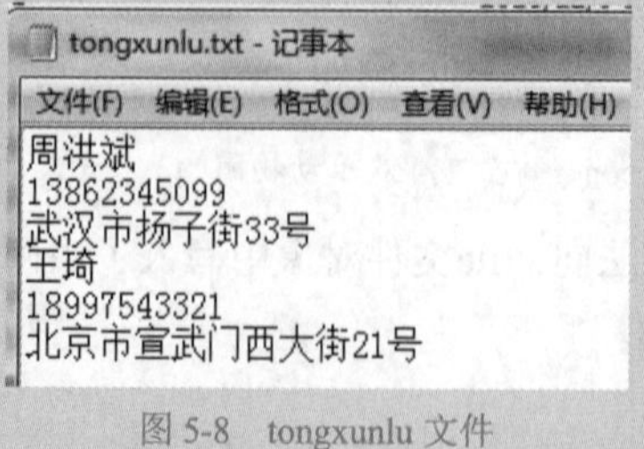

图 5-8 tongxunlu 文件

5.7.4 文件的读取

从文件中读取数据到程序中，需要三个步骤。

1. 以“读”的方式打开文件

在对文件进行读取操作前，必须先以“读”的方式打开文件，才能对文件进行读操作。open()函数用于打开文件，该函数调用成功会返回一个文件对象。使用示例如下：

```
rfile=open("D:/animal.txt", mode='r',encoding='utf-8')
```

open()函数打开文件时有三个参数，第一个参数是文件的打开路径D:/animal.txt，文件内容如图5-7所示。第二个参数是文件的打开模式，r代表以只读的模式打开文件，如果该文件不存在，则打开失败。第三个参数设置文件的编码格式为utf-8。open()函数将打开的文件流赋给了文件对象rfile，下一步可以从文件对象rfile中读取数据。

2. 文件的读取

Python读取文件时可以一次性全部读入，也可以逐行读入，或读取指定位置的内容。Python中与文件读取相关的方法有3种：read()、readline()、readlines()，下面对这三种方法进行逐一介绍。

1) read()方法

read()方法从文件中读取指定字节数的数据，再以字符串形式读入到变量中，read()方法语法格式为：

```
fileObject.read([size])
```

从文件对象fileObject读取指定size大小的字节数，如果未给定或为负，则读取所有文件内容。使用示例如下：

```
text=rfile.read(5)                    #从文件对象rfile中读取五个字节的数据到text
print(text)
```

程序执行结果：

```
Tiger
```

注意，如果read()方法中不指定字节数，则会将文件全部内容以字符串形式读取到对应的变量中。

2) readline()方法

read()方法可读取整个文件，将文件内容放到一个字符串变量中，包括换行符。如果文件非常大，则不适合用read()方法。readline()方法可以从指定文件中读取一行数据，再以字符串形式存到变量中，readline()方法语法格式为：

```
fileObject.readline()
```

从文件对象fileObject读取一行内容，包括'\n'字符。使用示例如下：

```
line1=rfile.readline()                #从文件对象rfile读取一行到line1变量中
line2=rfile.readline()                #从文件对象rfile读取下一行到line2变量中
print(line1)
print(line2)
```

运行结果：

```
Tiger

Dog
```

注意，readline()方法在读取每一行时，不仅读取这一行的字符，还包括这一行最后的换行符。

3) readlines()方法

readlines()方法可以一次读取文件中所有行的数据，在读取数据后会返回一个列表，文件中的每一行对应列表中的一个元素，readlines()方法语法格式为：

```
fileObject.readlines()
```

使用示例如下：

```
lines=rfile.readlines()
print(lines)
```

运行结果：

```
['Tiger\n', 'Dog\n', 'Cat\n', '\n', 'Welcome to 欢乐动物园']
```

以上介绍的三个方法通常用于遍历文件，read()(参数缺省时)和readlines()方法都可一次读取文件中的全部数据，但这两种操作都不够安全。因为计算机的内存有限，若文件较大，read()和readlines()的一次读取便会耗尽系统内存。为保证读取安全，通常多次调用read()方法，每次读取size字节的数据。

3. 关闭文件

文件读取结束后，需要调用close()方法关闭文件。使用示例如下：

```
rfile.close()
```

因为文件在打开和读取过程中容易出现异常，将文件操作放到异常处理中，是非常有必要的，如果发生异常，会提示无法找到文件，方便程序员定位错误。

通讯录V3.0

任务2： 读取通讯录文件中的员工通讯录信息，并逐条输出。

解决方法：

```
try:
    rfile=open("E:/tongxunlu.txt", 'r')
    lines=rfile.readlines()
    rfile.close()
    for line in lines:
        line=line.replace('\n','')
        print(line)
except:
      print("File not found")
```

运行结果：

```
周洪斌
13862345099
武汉市扬子街33号
王琦
18997543321
北京市宣武门西大街21号
```

5.7.5 文件的定位读取

在文件的一次打开与关闭之间进行的读/写操作都是连续的，程序总是从上次读/写的位置继续向下进行读/写操作。

Python提供获取文件读/写位置的方法为tell()，设置文件读/写位置的方法为seek()，下面对这两种方法进行介绍。

1) tell()方法

tell()方法用于获取当前文件读/写的位置，其语法格式如下：

```
text_data.tell()
```

使用示例如下：

```
rfile=open("D:/animal.txt", mode='r',encoding='utf-8')
print(rfile.tell())
print(rfile.read(4))
print(rfile.tell())
rfile.close()
```

运行结果：

```
0
Tige
4
```

从程序运行结果可以看出，刚打开一个文件时，文件读/写位置为0，读取了4个字节数据后，文件的读/取位置为4，如果继续读取文件数据，位置从第4个字节后面开始。

2) seek()方法

seek()方法用于设置当前文件读/写位置，其语法格式如下：

```
fileObject.seek(offset [,from])
```

上述语法中，offset参数表示要移动的字节数。from参数指定开始移动字节的参考位置。该参数取值有0、1、2，它们代表的含义分别如下：

(1) 0，将文件的开头作为移动字节的参考位置。

(2) 1，使用当前的位置作为移动字节的参考位置。

(3) 2，该文件的末尾作为移动字节的参考位置。

以读取D:/animal.txt的内容为例，使用seek()方法设置文件读/写位置，使用示例如下：

```
rfile.seek(15,0)                    #将文件读/取位置设置为从0开始的第15个字节后
```

```
print(rfile.read())
rfile.close()
```

程序运行结果为：

```
Welcome to 欢乐动物园
```

5.7.6 文件的重命名和删除

Python的os模块提供了执行文件处理操作的方法，比如重命名和删除文件。要使用这个模块，必须先导入它，然后才可以调用相关的各种功能。

1) 重命名方法rename()

Python提供了用于更改文件名的函数rename()，该函数存在于os模块中，其语法格式如下：

```
os.rename(原文件名，新文件名)
```

使用rename方法为“D:/animal.txt”文件重命名为new_animal.txt，使用示例如下：

```
import os
os.rename("D:/animal.txt","D:/new_animal.txt")
```

经以上操作后，D盘下的animal.txt文件重命名为new_animal.txt。

注意，待重命名的文件必须存在，否则解释器会报错。rename()除了可以重命名文件，也可以重命名文件夹。

2) 删除文件方法remove()

可以用remove()方法删除文件，需要提供要删除的文件名作为参数。其语法格式如下：

```
os.remove(删除文件名)
```

使用示例如下：

```
import os
os.remove("D:/animal.txt")              #删除文件
```

该文件必须存在，否则系统会有如下报错：

```
FileNotFoundError: [WinError 2] 系统找不到指定的文件。: 'D:/animal.txt'
```

5.7.7 目录操作

尽管所有文件都包含在各个不同的目录下，但Python依然能轻松处理。os模块有许多方法能帮助创建、删除和更改目录。

1) 创建文件夹

可以使用os模块的mkdir()方法在当前目录下创建新的目录。其语法格式如下：

```
os.mkdir(path,mode)
```

上述格式中，参数path表示要创建的目录，参数mode表示目录的数字权限，该参数在Windows系统下可忽略。使用示例如下：

```
import os
```

```
os.mkdir("dir")
```

经过以上操作后，解释器会在默认路径下创建文件夹dir。但是创建的文件夹不能与已有文件夹重名，否则将会创建失败。

2) 删除文件夹

使用Python内置os模块中的rmdir()方法可以删除文件夹，其语法格式如下：

```
os.rmdir(删除的文件夹名)
```

使用示例如下：

```
import os
os.rmdir("dir")
```

经过以上操作后，默认路径下的文件夹dir将被删除。若待删除的文件夹不存在将会报错。

3) 获取当前目录

当前目录即Python当前的工作路径。os模块中的getcwd()方法用于获取当前目录，其语法格式如下：

```
os.getcwd()
```

使用示例如下：

```
import os
os.getcwd()
```

经过以上操作以后，当前目录C:\\Users\\admin\\AppData\\Local\\Programs\\Python\\Python37被输出到终端。

4) 更改当前目录

os模块中的chdir()方法用来更改默认目录。若在对文件或文件夹进行操作时，传入的是文件名而非路径名，Python解释器会从默认目录中查找指定文件，或将新建的文件放在默认目录下。其语法格式如下：

```
os.chdir(更改的默认目录)
```

若将默认目录更改为“D:\\Pythonfile”，那么新建的文件将会被放置到更新后的默认目录中。使用示例如下：

```
import os
os.chdir("D:\\Pythonfile ")              #更改默认目录
os.getcwd()                              #获取当前默认目录
```

运行结果：

```
'D:\\Pythonfile'
```

经过以上操作后，默认目录已经更改为D:\\Pythonfile，若该路径不存在则会报错。

5) 获取目录列表

在实际应用中，经常会先获取指定目录下的所有文件，再对目标文件进行相应操作。Python的os模块提供了listdir()方法，使用该方法可方便快捷地获取一个存储指定目录下所有文件名的列表。其语法格式如下：

```
os.listdir(指定目录)
```

使用示例如下：

```
import os
lis=os.listdir("./")                    #将当前目录下所有文件名放入lis列表中
print(lis)
```

运行结果：

```
['circle.py', 'DLLs', 'Doc', 'file.py', 'guess.py', 'hello.py', 'if结构.py', 'include',
'Lib', 'libs', 'LICENSE.txt', 'login.py', 'NEWS.txt', 'phone.py', 'python.exe',
'python3.dll', 'python37.dll', 'pythonw.exe', 'Scripts', 'tcl', 'test.py', 'Tools',
'vcruntime140.dll']
```

经过以上操作，当前目录下的所有文件名都被存储到列表lis中，用户可以通过遍历列表获取目录中的文件。

5.7.8 文件路径操作

项目除了程序文件，还可能包含一些资源文件，程序文件与资源文件相互协调，方可实现完整程序。但若程序中使用了错误的资源路径，项目可能无法正常运行，甚至可能崩溃，所以文件路径是开发程序时需要关注的问题。下面将对Python中与路径相关的知识进行讲解。

1) 相对路径与绝对路径

文件相对路径指某文件(或文件夹)所在的路径与其他文件(或文件夹)的路径关系，绝对路径指盘符开始到当前位置的路径。os.path模块提供了用于检测目标路径是否是绝对路径的isabs()函数和将相对路径规范化为绝对路径的abspath()函数，下面分别讲解这两个函数。

- isabs()函数

当目标路径为绝对路径时，isabs()函数会返回True，否则返回False。下面使用isabs()函数判断提供的路径是否为绝对路径。使用示例如下：

```
import os
print(os.path.isabs("new_file.txt"))
print(os.path.isabs("D:\Python项目\new_file.txt"))
```

运行结果：

```
False
True
```

- abspath()函数

当目标路径为相对路径时，使用abspath()函数可以将目标路径规范化为绝对路径，使用示例如下：

```
import os
print(os.path.abspath("new_file.txt"))
```

运行结果：

```
D:\Python项目\new_file.txt
```

2) 检查路径是否存在

os.path模块中的exists()函数用于判断路径是否存在，如果当前路径存在，exists()函数返回True，否则返回False。使用示例如下：

```
import os
current_path="D:\Python项目\new_file.txt"
print(os.path.exists(current_path))
```

上述代码中，路径存放在current_path变量中，因为该路径是存在的，因此程序的运行结果为：

```
True
```

3) 路径拼接

os.path模块中的join()函数用于拼接路径，其语法格式如下：

```
os.path.join(path1[,path2[,…]])
```

上述格式中，参数path1、path2表示要拼接的路径。使用示例如下：

```
import os
path_one="D:\Python项目"
path_two="new_file"
splicing_path=os.path.join(path_one,path_two)     #连接两个路径
print(splicing_path)
```

运行结果：

```
D:\Python项目\new_file
```

join()函数默认使用“\”分隔符连接两个路径。

本章你学到了什么

在这一章，我们主要介绍了以下内容。

- 通讯录V1.0：运用函数的定义和无参函数的调用操作，实现多名企业员工通讯录信息的输出。
- 通讯录V2.0：运用有参函数的定义和调用操作，实现多名企业员工通讯录信息的输出。
- 通讯录V3.0：运用文件的读写操作，实现将员工通讯录信息写入到文件中保存。

课后练习题

一、单项选择题

1. 一个完整的函数不包括(　　)部分。

A. 函数名　　B. 函数返回值　　C. 参数　　D. 函数体

2. 下面选项不正确的是(　　)。

A. 函数代码块以 def 关键词开头，后接圆括号()

B. 函数内容以冒号起始，并且缩进

C. return [表达式] 表示函数的结束

D. 圆括号之间可以传入参数

3. 下列关于函数参数的说法中，错误的是(　　)。

A. 若无法确定需要传入函数的参数个数，可以为函数设置不定长参数

B. 当使用关键字参数传递实际参数时，需要为实际参数关联形式参数

C. 定义函数时可以为参数设置默认值

D. 不定长参数*args可传递不定数量的关联形式参数名的实际参数

4. 下列关于Python函数的说法中，错误的是(　　)。

A. 递归函数就是在函数体中调用了自身的函数

B. 匿名函数没有函数名

C. 匿名函数与使用关键字def定义的函数没有区别

D. 匿名函数中可以使用if语句

5. 如函数定义为def greet(username):，则下面对该函数的调用不合法的是(　　)。

A. greet("Jucy")　　　　B. greet('Jucy')

C. greet()　　　　D. greet(username= 'Jucy')

6. 阅读下面程序：

```
a=1
def fun(a):
   a=2+a
   print(a)
fun(a)
print(a)
```

运行代码，输出结果是(　　)。

A. 3 1	B. 3 3	C. 1 3	D. 程序编译出错

7. 阅读下面程序：

```
num_one = 12
def sum(num_two) :
   global num_one
   num_one = 90
   return num_one + num_two
print(sum(10))
```

运行代码，输出结果是(　　)。

A. 102　　B. 100　　C. 22　　D. 12

8. 阅读下面程序：

```
def many_param(num_one,num_two,*args) :
    print(args)
many_param(11,22,33,44,55)
```

运行代码，输出结果是(　)。

A. (11,22,33)　　B. (22,33,44)　　C. (33,44,55)　　D. (11,22)

9. 阅读下面程序：

```
def fact(num):
    if num==1:
```

```
        return 1
    else:
        return num+fact(num-1)
print(fact(5))
```

运行代码，输出结果是(　　)。

A. 21　　B. 15　　C. 3　　D. 1

10. 打开文件用(　　)方法。

A. open()　　B. read()　　C. close()　　D. readline()

二、编写程序题

1. 定义函数输出餐厅菜单。定义函数menu()，输出菜品的编号、名字、价格以及口味信息。

该函数调用形式：

```
menu(1,"鱼香肉丝",25.0,"甜酸辣")
```

输出样例：

```
1
鱼香肉丝
25.0
甜酸辣
2
番茄鸡蛋
17.0
酸甜
```

2. 函数定义计算存款利息。编写lixi(money,year,rate)函数计算存款利息，money代表存款金额，year代表存款年限，rate代表年利率。

已知银行存款利息计算公式：

总金额=存款金额*(1+年利率)**存款年限

注意：lixi函数仅完成利息的计算，不完成数据的输入和输出。

输入样例：

```
10000
2
0.025
```

输出样例：

```
10000.00元存款2年后，您可以获得506.25元利息
```

3. 递归函数输出斐波那契数列。斐波那契数列因数学家昂纳多•斐波那契以兔子繁殖为例子引入，又称为兔子数列，这个数列满足以下公式：

```
F(1)=1, F(2)=1, F(n)= F(n-1) + F(n-2) (n>=3, n∈N*)
```

本实例要求编写程序，并根据用户输入的数显示斐波那契数列功能。

分析：

根据实例描述中的公式，可以定义一个递归函数fibonacci(n)，该函数中 n表示斐波那契数，

边界条件为 n=1或 n=2，递归公式为 fibonacci(n-1)+ fibonacci(n-2) 。

输入样例：

```
5
```

输出样例：

```
1 1 2 3 5
```

4. 缩写词由一个短语中每个单词的第一个字母组成且均为大写。例如，CPU是短语central processing unit的缩写。

输入样例：

```
central  processing  unit
```

输出样例：

```
CPU
```

5. 结账时，营业员要给顾客找零。营业员手里有10元、5元、1元(假设1元为最小单位)几种面额的钞票，其希望以尽可能少(张数)的钞票将钱换给顾客。比如，需要找给顾客17元，那么其需要给顾客1张10元，1张5元，2张1元。而不是给顾客17张1元或者3张5元与2张1元。

输入样例：

```
5
109
17
10
3
0
```

输出样例：

```
109 = 10×10 + 1×5 + 4×1
17 = 1×10 + 1×5 + 2×1
10 = 1×10 + 0×5 + 0×1
3 = 0×10 + 0×5 + 3×1
0 = 0×10 + 0×5 + 0×1
```

第 6 章

组合数据类型

案例5 词频统计：读者在当当网或京东网选购书时，一般都会参考书的评价。书的评价一般按好评、中评和差评进行分类。书评如果是纯文字形式，则不够直观，若能增加书评词的图形化展示，将更利于读者选购。如何将“京东”网某本字典的书评信息，根据词出现频率不同，生成词云图(图6-1)呢？

bookComments - 记事本

文件(F) 编辑(E) 格式(O) 查看(V) 帮助(H)

这本英语字典非常适合小学低年级的同学，有插图，小朋友喜欢。
可以，经济实惠！
对孩子学习有用对孩子学习有用对孩子学习有用对孩子学习有用对孩子学习有用。
推荐推荐推荐推荐推荐推荐，你值得拥有，质量好，质地厚，彩图好。
不错的书，包装很好……
好好好好好好好，以前我都没有写评论，浪费了很多积分。
不错的工具书，方便孩子使用。
可以可以可以可以可以可以可以可以可以可以可以可以。
很喜欢这样的工具书，里面的插图也很漂亮，希望孩子能越来越喜欢英。
好好好好好好好好好好好，质量内容都非常好。

图 6-1　根据词频生成词云图

本案例要解决四个问题：

- 问题一：获取书评。读取书评文件、删除特殊符号、计算书评条数。
- 问题二：过滤书评。删除无效书评。
- 问题三：统计词频。统计词及其出现的次数。
- 问题四：生成词云。将词频的统计结果用词云图展示。

本案例涉及的知识点范围如图6-2所示。

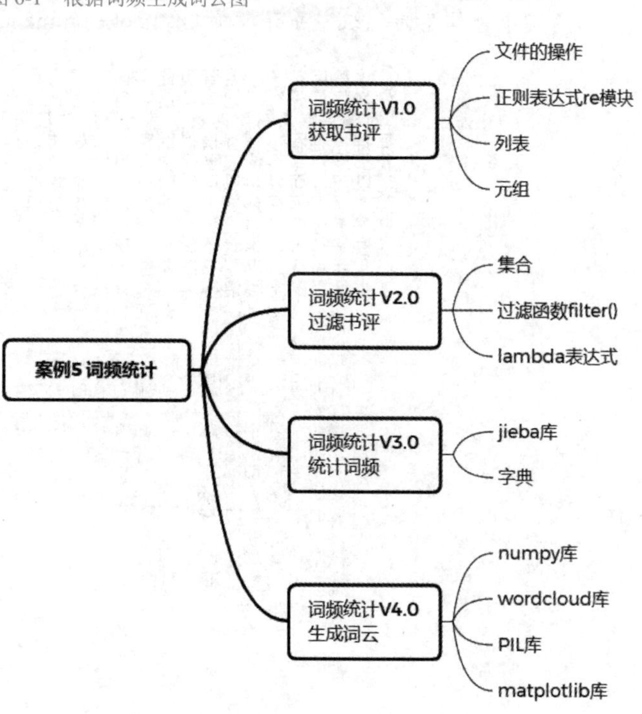

图 6-2　词频统计案例涉及知识点思维导图

词频统计V1.0

获取书评的步骤为：读取书评文件、删除特殊字符、统计书评条数和存储书评信息。

(1) 读取书评文件bookComments.txt，如图6-3所示。

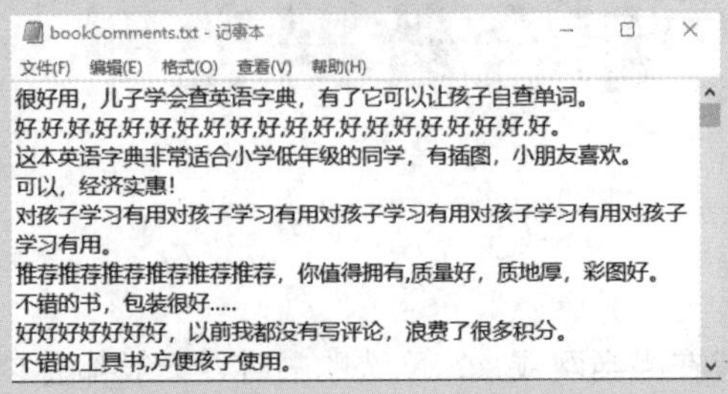

图 6-3 书评文件 bookComments.txt

(2) 删除特殊符号，存放到新字符串Comments_data中，如图6-4所示。

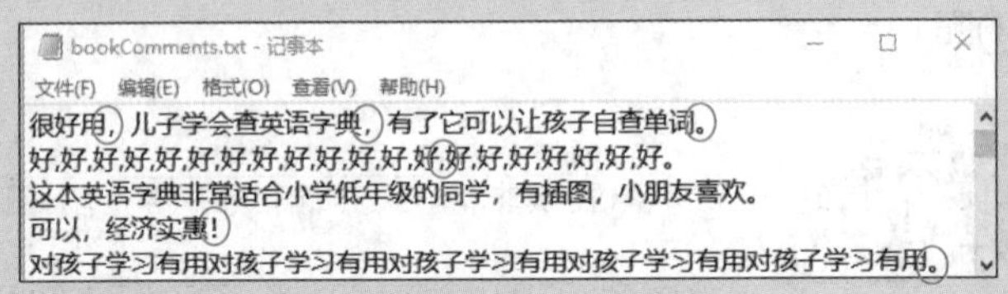

字符串 Comments_data

很好用儿子学会查英语字典有了它可以让孩子自查单词
好好好好好好好好好好好好好好好好好好好好
这本英语字典非常适合小学低年级的同学有插图小朋友喜欢
可以经济实惠
对孩子学习有用对孩子学习有用对孩子学习有用对孩子学习有用对孩子学习有用

图 6-4 删除特殊符号，存放到新字符串 Comments_data 中

(3) 统计书评条数，一共有1561条书评。

(4) 存储书评信息为元组，并存入新文件bookCommentsNew.txt，如图6-5所示。

('很好用儿子学会查英语字典有了它可以让孩子自查单
好好好好好', '这本英语字典非常适合小学低年级的同
'对孩子学习有用对孩子学习有用对孩子学习有用对孩子
荐推荐推荐推荐你值得拥有质量好质地厚彩图好', '不
我都没有写评论浪费了很多积分', '不错的工具书方便
可以可以可以可以可以可以', '很喜欢这样的工具书里
英', '好好好好好好好好好好质量内容都非常好',
书好书好书举力推荐', '很使用的字典还带有插图非常
懂看不懂看不懂还不适合学前小朋友', '收到很不错很
己在当当买的书了书的质量不是很好内容还不错', '字
学生适用的全英语字典', '买给孩子用很实用的字典')

元组

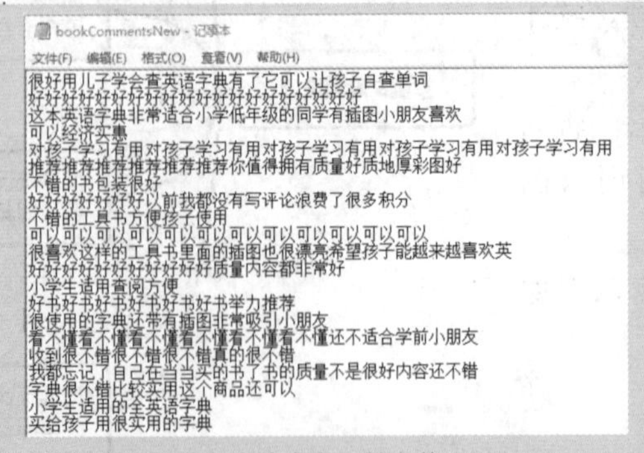

图 6-5 将转为元组的书评信息存入新文件 bookCommentsNew.txt

这需要用到文件的操作、正则表达式、列表和元组等知识。

词频统计 V1.0

6.1 文件的操作

本书5.7节详细介绍了文件的操作，这里用案例的形式来巩固学习文件操作的相关内容。

6.1.1 文件对象的常用方法

1. read()方法

利用read()方法可读取整个文件。例如，创建一个“登鹳雀楼.txt”文本文件，如图6-6所示。打开并读取文件的代码如下。

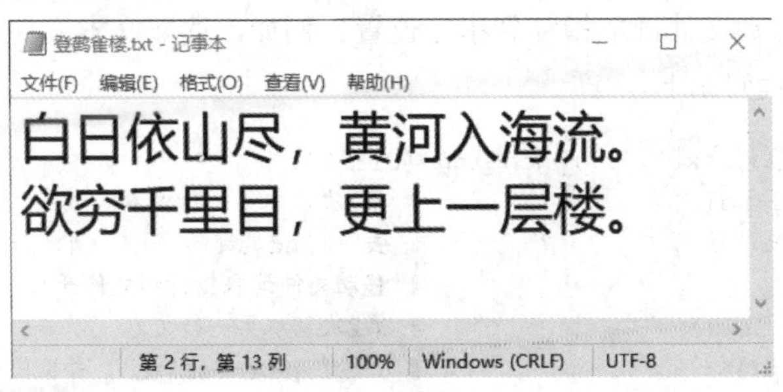

图 6-6 “登鹳雀楼 .txt”文本文件

```
# 以"UTF-8"编码方式打开文件
fp = open("登鹳雀楼.txt",'r',encoding='UTF-8')
text = fp.read()                              # 读取文件
print(text)
fp.close()                                    # 关闭文件
```

运行结果：

```
白日依山尽，黄河入海流。
欲穷千里目，更上一层楼。
```

2. readline()方法

readline()方法默认每次从指定文件中读取一行内容。例如，读取文本文件“登鹳雀楼.txt”的第一行，代码如下。

```
fp = open("登鹳雀楼.txt",'r',encoding='UTF-8')
line  = fp.readline()                         # 读取一行文本
print(line.strip())                           # 去除line尾部的'\n'，并输出
fp.close()                                    # 关闭文件
```

运行结果：

```
白日依山尽，黄河入海流。
```

3. readlines()方法

readlines()方法可以一次性将文本文件的所有行读取到列表。例如，利用readlines()方法读取文本文件“登鹳雀楼.txt”，代码如下。

```
fp = open("登鹳雀楼.txt",'r',encoding='UTF-8')
lines = fp.readlines()                    # 读取所有行存放到列表lines中
print(lines)                              # 输出列表
for line in lines:                        # 循环遍历列表中的每一个元素
    print(line.strip())
fp.close()                                # 关闭文件
```

运行结果：

```
['白日依山尽，黄河入海流。\n', '欲穷千里目，更上一层楼。']
白日依山尽，黄河入海流。
欲穷千里目，更上一层楼。
```

4. seek()方法

seek()方法用于移动文件读取指针到指定位置。例如，读取文本文件“登鹳雀楼.txt”的第一行两次，并输出，代码如下。

```
fp = open("登鹳雀楼.txt",'r',encoding='UTF-8')
line  = fp.readline()                     # 第1次读取第一行文本
print(line.strip())                       # 去除line尾部的'\n'，并输出
fp.seek(0)                                # 移动文件读取指针到文件开头
line  = fp.readline()                     # 第2次读取第一行文本
print(line.strip())                       # 去除line尾部的'\n'，并输出
fp.close()                                # 关闭文件
```

运行结果：

```
白日依山尽，黄河入海流。
白日依山尽，黄河入海流。
```

5. write()方法

write()方法用于向文件中写入指定字符串。例如，将两个字符串“故人西辞黄鹤楼，烟花三月下扬州。”和“孤帆远影碧空尽，唯见长江天际流。”写入一个名为“黄鹤楼送孟浩然之广陵.txt”的文本文件中。代码如下：

```
# 以写模式'w'打开文本文件
fp = open("黄鹤楼送孟浩然之广陵.txt",'w',encoding='UTF-8')
poem1 = '故人西辞黄鹤楼，烟花三月下扬州。'
poem2 = '孤帆远影碧空尽，唯见长江天际流。'
fp.write(poem1)                           # 将字符串poem1写入文件
fp.write('\n')                            # 将'\n'写入文件
fp.write(poem2)                           # 将字符串poem2写入文件
fp.close()                                # 关闭文件
```

运行程序后，打开"黄鹤楼送孟浩然之广陵.txt"的文本文件，文件内容如图6-7所示。

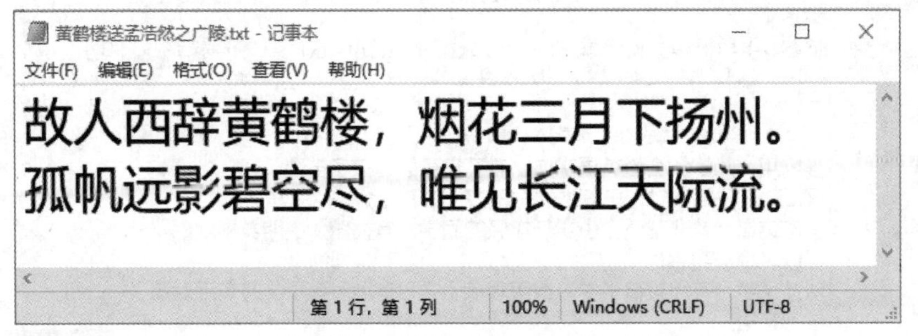

图 6-7 "黄鹤楼送孟浩然之广陵 .txt"的文本文件内容

6. writelines()方法

writelines()方法是将列表对象的内容全部写到文件中。例如，将poem列表对象中的内容全部写入"黄鹤楼送孟浩然之广陵.txt"文件中。

```
fp = open("黄鹤楼送孟浩然之广陵.txt",'w',encoding='UTF-8')
poem = ['故人西辞黄鹤楼，烟花三月下扬州。\n',
'孤帆远影碧空尽，唯见长江天际流。\n']        # poem诗词列表
fp.writelines(poem)                          # 将poem列表内容写入文件
fp.close()                                   # 关闭文件
```

运行程序后，打开"黄鹤楼送孟浩然之广陵.txt"的文本文件，文件内容也如图6-7所示。

6.1.2　上下文管理语句with

文件内容操作完后，一定要关闭文件。然而，即使写了关闭文件的代码，也无法保证文件一定能够正常关闭。例如，如果在打开文件之后、关闭文件之前，代码发生了错误导致程序崩溃，那么文件就无法正常关闭。在管理文件对象时推荐使用with关键字，以避免这个问题。在实际开发中，读写文件应优先考虑使用上下文管理语句with。关键字with可以自动管理资源，不论什么原因跳出with块，总能保证文件被正确关闭。with语句的语法格式如下：

```
with open(file,mode,encoding) as fp:
```

现使用with关键字实现"登鹳雀楼.txt"文本文件内容的读取。

```
# 使用with关键字打开文件
with open("登鹳雀楼.txt",'r',encoding='UTF-8') as fp:
    text = fp.read()
print(text)
```

运行的结果为：

```
白日依山尽，黄河入海流。
欲穷千里目，更上一层楼。
```

词频统计V1.0

任务1：已知如图6-8所示的书评文件“bookComments.txt”，读取该文件。

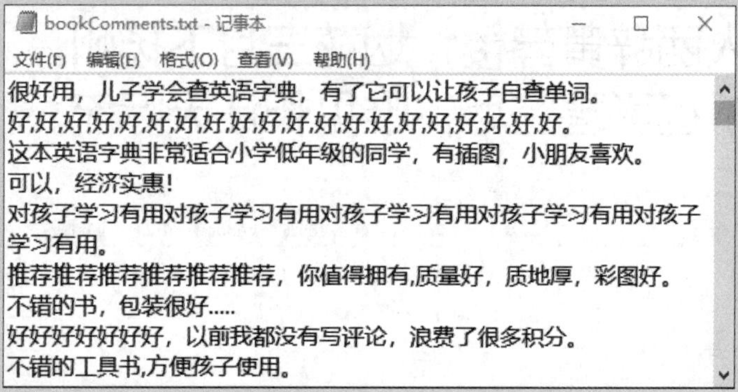

很好用，儿子学会查英语字典，有了它可以让孩子自查单词。
好,好,好,好,好,好,好,好,好,好,好,好,好,好,好,好,好,好,好,好。
这本英语字典非常适合小学低年级的同学，有插图，小朋友喜欢。
可以，经济实惠！
对孩子学习有用对孩子学习有用对孩子学习有用对孩子学习有用对孩子学习有用。
推荐推荐推荐推荐推荐推荐，你值得拥有,质量好，质地厚，彩图好。
不错的书，包装很好.....
好好好好好好好，以前我都没有写评论，浪费了很多积分。
不错的工具书,方便孩子使用。

图 6-8　书评文件“bookComments.txt”

解决方法：

```
fp = open('bookComments.txt', 'r')    # 打开文件
bookComments = fp.read()              # 读取文件
fp.close()                            # 关闭文件
```

词频统计V1.0

任务2：已知书评文件“bookComments.txt”，换另外一种方法“使用with关键字”读取该文件。既可省去使用close()方法关闭文件的操作，又能够保证文件在任何情况下都能够安全退出。

解决方法：

```
with open('bookComments.txt', 'r') as fp:        # 打开文件
    bookComments = fp.read()                     # 读取文件
```

练一练

【练一练6-1】新建一个文本文件“游子吟.txt”，文件内容如下：

```
慈母手中线，游子身上衣。
临行密密缝，意恐迟迟归。
谁言寸草心，报得三春晖。
```

编写程序。要求一次性读入整个文件内容和逐行读取文件内容两种方式，将代码在横线处补充完整。程序输出的结果为：

```
慈母手中线，游子身上衣。
临行密密缝，意恐迟迟归。
谁言寸草心，报得三春晖。
慈母手中线，游子身上衣。
临行密密缝，意恐迟迟归。
谁言寸草心，报得三春晖。
```

```
fp = open("________________",'r',encoding='UTF-8')
text = fp.________________              # 一次性读取整个文件内容
print(text)
fp.________________                     # 移动文件指针到文件开头
lines = fp.readlines()                  # 读取所有行存放到列表lines中
for line in lines:                      # 逐行读取整个文件内容
    print(________________)
fp.________________                     # 关闭文件
```

【练一练6-2】新建一个文本文件“游子吟带标题.txt”，编写程序将如下两行内容写入该文件中：

```
游子吟
唐代：孟郊
```

接着读取上一题中的文件内容，追加到文件“游子吟带标题.txt”的末尾，最后文件内容应该如图6-9所示。

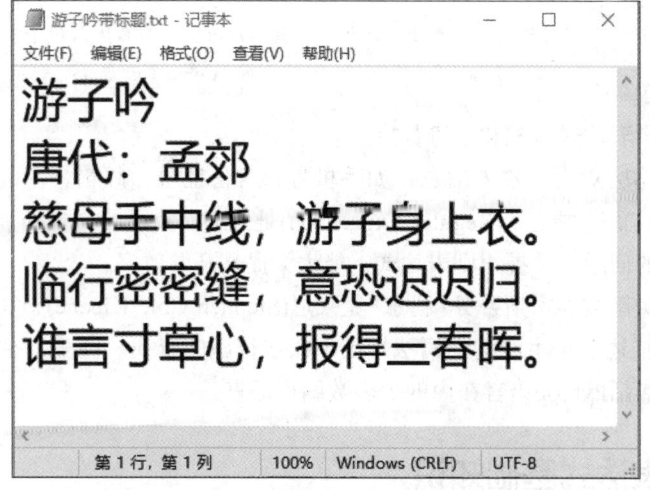

图 6-9 “游子吟带标题 .txt”的文本文件内容

程序代码如下，将代码在横线处补充完整。

```
fpW = open("游子吟带标题.txt",'_____',encoding='UTF-8')
with open("游子吟.txt",'r',encoding='UTF-8') as___________:
    # 读取"游子吟.txt"文件全部内容
    poem = fpR.____________()
poem1 = '游子吟\n'
poem2 = '________________'
________.write(poem1)                   # 将poem1内容写入文件
fpW.write(poem2)
fpW.___________(poem)                   # 将poem内容写入文件
___________.close()                     # 关闭文件
```

6.2 正则表达式re模块

读取书评文件“bookComments.txt”后，发现标点等特殊符号对词云图展示没有意义。那该如何删除这些特殊符号，得到如图6-10所示的没有特殊符号的书评字符串“Comments_data”呢？

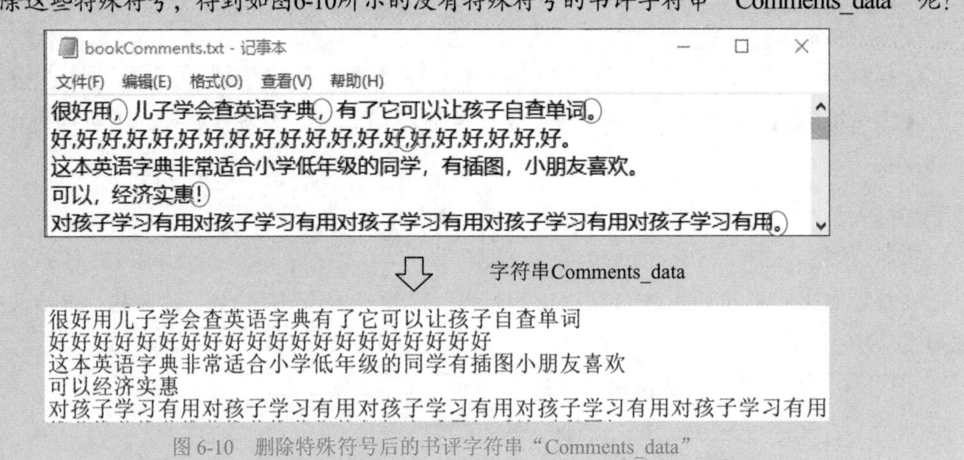

图 6-10 删除特殊符号后的书评字符串“Comments_data”

这需要用到正则表达式匹配和字符替换。

开发过程中经常会对用户输入信息，如手机号、身份证号、邮箱、密码、域名、IP地址、URL等信息做校验。正则表达式(Regular Expression)是强大而灵活的文本处理工具，能很好地解决这类字符串校验的问题。掌握正则表达式，能大大提高开发效率。

正则表达式由美国数学家斯蒂芬•科尔•克莱尼(Stephen Cole Kleene)于20世纪50年代提出。正则表达式是一种描述字符串结构的语法规则，在字符串的查找、匹配、替换等方面具有很强的能力，并且支持包括Python语言在内的大多数编程语言。

6.2.1 正则表达式基础知识

正则表达式是一个特殊的字符序列，它能方便地检查一个字符串是否与某种模式匹配。元字符和预定义字符集是学习正则表达式的基础知识，本节将对正则表达式中的元字符和预定义字符集进行介绍。

1. 元字符

元字符指在正则表达式中具有特殊含义的专用字符。元字符一般由特殊字符和符号组成。常见的元字符如表6-1所示。

表6-1 常用的元字符及其功能

元字符	功能
.	点字符，匹配任何一个字符，换行符除外
^	脱字符，匹配行的开始
$	美元符，匹配行的结束
|	连接符，连接多个可选元素，匹配表达式中出现的任意子项
[]	字符组，匹配其中出现的任意一个字符
-	连字符，表示范围

(续表)

元字符	功能
?	匹配符，匹配其前导元素0次或1次
*	重复模式，匹配其前导元素0次或多次
+	重复模式，匹配其前导元素1次或多次
{n}/{m,n}	重复模式，匹配其前导元素n次/匹配其前导元素m～n次
()	子组，在模式中划分出子模式，并保存子模式的匹配结果

详细的元字符使用实例如表6-2所示。

表6-2　元字符使用实例

实例	描述
J.m	匹配以字母J开头，字母m结尾，中间为任意一个字符的字符串，匹配结果可以是Jam、J0m、J@m等
^cat	匹配行首出现cat的字符串，匹配结果可以是category
cat$	匹配行尾出现cat的字符串，匹配结果可以是concat
cat|dog	类似逻辑运算符中的“或”运算符，匹配结果为cat或dog
[cC]hina	匹配以字符c或C开头，以hina结尾的字符串，匹配结果为china或China
[#%!a?&]	匹配#、%、!、a、?、&中的任意一个字符
[0-9]	匹配0～9之间的一位数字
Tomy?	匹配元字符?前的字符y 0次或1次，匹配结果为Tom、Tomy
ha*ha	匹配元字符*前的字符a 0次或多次，匹配结果为hha、haha、haaha
ha+ha	匹配元字符+前的字符a 1次或多次，匹配结果为haha、haaha，但不能是hha
ha{2}ha	匹配字符a 2次，匹配结果为haaha
ha{1,3}ha	匹配字符a 1～3次，匹配可以为haha、haaha、haaaha
Apr(il)?	匹配子组il 0次或1次，匹配结果为Apr、April

2. 预定义字符集

正则表达式中预定义了一些字符集，字符集能以简洁的方式表示一些由元字符和普通字符定义的匹配规则。常见的预定义字符集功能如表6-3所示。

表6-3　预定义字符集功能

预定义字符	功能
\d	匹配任意数字，等价于[0-9]
\D	与\d相反，匹配任意非数字的字符
\s	匹配任意空白字符，包括空格、制表符、换页符等，等价于 [<空格>\f\n\r\t\v]
\S	与\s相反，匹配任意非空白字符
\w	匹配包括下画线“_”的任意字母或数字，等价于[_A-Za-z0-9]
\W	与\w相反，匹配非下画线、字母和数字的特殊字符
\b	匹配单词的边界
\B	与\b相反，匹配不出现在单词边界的元素
\A	匹配字符串开头，等价于^
\Z	匹配字符串结尾，等价于$

3. RegexOne的闯关游戏

学习正则表达式的基础知识会遇到这样的困惑，每一个知识点都不是很难，但如果要写程序来解决问题，却感觉无从下手。如果能像玩游戏一样，一步一步地动手逐步提高解决问题的能力，对巩固所学知识就会大有帮助。

RegexOne网站通过简单的交互式练习来帮助读者学习正则表达式，网址是https://regexone.com/。练习分为两类，即15个基本练习和8个实用问题练习，后者有一定的难度。RegexOne网站的界面如图6-11所示。

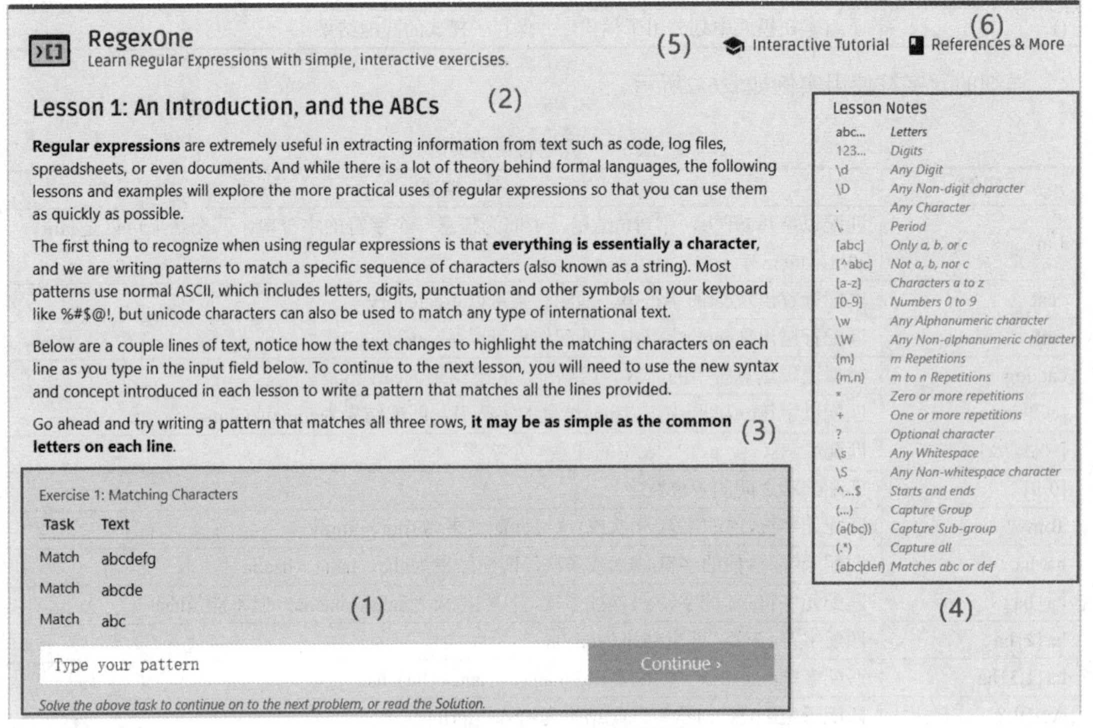

图 6-11　RegexOne 网站的界面

网站的各个版块的功能如下：

(1) 最重要的部分，填入正则表达式，能自动判断是否正确。

(2) 完成练习所需的知识。

(3) 练习的具体要求。

(4) 正则表达式的速查表。

(5) 提供练习列表，可以从中选取某个练习直接开始，不必每次都从头做起。

(6) 提供C#、JavaScript、Java、PHP和Python编程语言的正则表达式使用指南。

下面以第3个练习(匹配特定字符)为例来介绍具体的使用方法。第3个练习的界面如图6-12所示。

练习要求填写正则模式来匹配前3个字符串，排除后3个字符串。图6-12右图显示的速查表会动态变化，当前练习需要用到的内容会高亮现实。如果填入的正则表达式符合要求，按钮Continue会被激活，单击该按钮就可以进入下一个练习。如果不知道怎么填，可以单击下方的Solution链接查看参考答案。

正则表达式非常灵活，往往有多种用法。RegexOne通过程序来判断提供的答案是否符合要求，所以能全面评估各种答案。Solution提供的答案相对常见，但并不唯一。

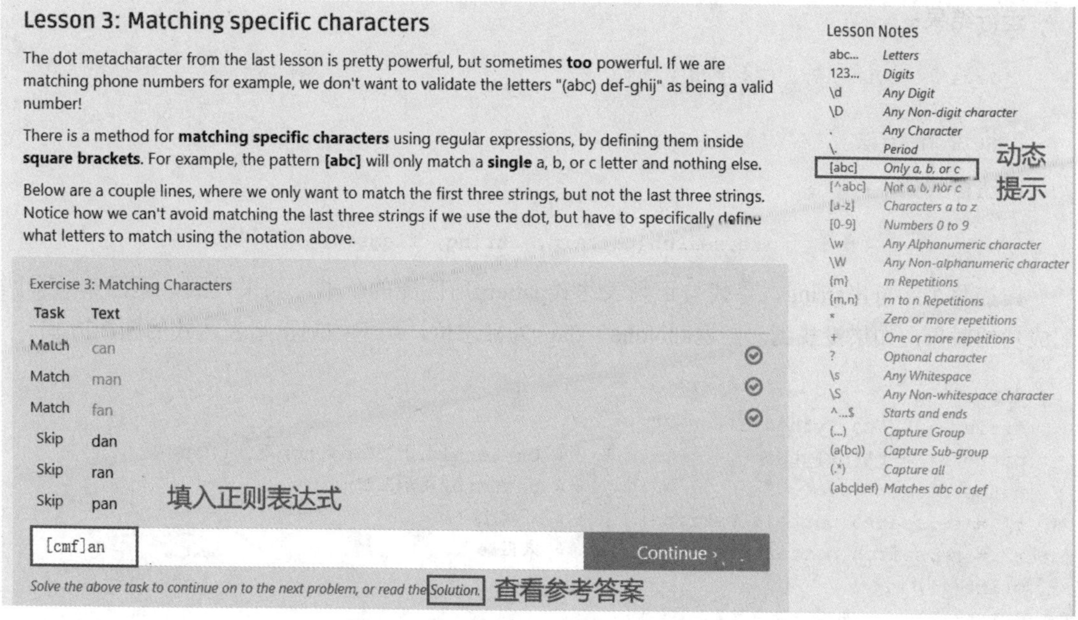

Lesson 3: Matching specific characters

The dot metacharacter from the last lesson is pretty powerful, but sometimes **too** powerful. If we are matching phone numbers for example, we don't want to validate the letters "(abc) def-ghij" as being a valid number!

There is a method for **matching specific characters** using regular expressions, by defining them inside **square brackets**. For example, the pattern **[abc]** will only match a **single** a, b, or c letter and nothing else.

Below are a couple lines, where we only want to match the first three strings, but not the last three strings. Notice how we can't avoid matching the last three strings if we use the dot, but have to specifically define what letters to match using the notation above.

Exercise 3: Matching Characters

Task	Text
Match	can
Match	man
Match	fan
Skip	dan
Skip	ran
Skip	pan

填入正则表达式

[cmf]an　Continue ›

Solve the above task to continue on to the next problem, or read the Solution. 查看参考答案

Lesson Notes

abc…	Letters
123…	Digits
\d	Any Digit
\D	Any Non-digit character
.	Any Character
\.	Period
[abc]	Only a, b, or c
[^abc]	Not a, b, nor c
[a-z]	Characters a to z
[0-9]	Numbers 0 to 9
\w	Any Alphanumeric character
\W	Any Non-alphanumeric character
{m}	m Repetitions
{m,n}	m to n Repetitions
*	Zero or more repetitions
+	One or more repetitions
?	Optional character
\s	Any Whitespace
\S	Any Non-whitespace character
^…$	Starts and ends
(…)	Capture Group
(a(bc))	Capture Sub-group
(.*)	Capture all
(abc|def)	Matches abc or def

动态提示

图 6-12　第 3 个练习 (匹配特定字符) 界面

参考答案：

```
[cmf]an
[^drp]an
```

这里提供两种方式。

(1) 可以使用表达式[cmf]an，匹配can、man和fan，而不匹配任何其他行。

(2) 还可以使用逆表达式[^drp]an匹配任何以an结尾且不以d、r或p开头的三个字母的单词。

6.2.2　re模块

Python中引入re模块来使用正则表达式，该模块提供了文本匹配查找、文本替换和文本分割等功能。

1. findall()方法

语法格式如下：

```
re.findall(pattern, string, flags=0)
```

在字符串string中找到正则表达式pattern所匹配的所有子串，并返回一个列表，如果没找到，则返回空列表。flags为标志位，用于控制正则表达式的匹配方式。

```
import re
string = "Java Python C++ PHP"
# \w表示匹配字母、数字或下画线，+表示至少出现一次
pattern = r'\w+'
# 在字符串string中找正则表达式pattern所匹配的所有子串
r = re.findall(pattern,string)        # 结果存放到列表r中
print(r)
```

运行结果：

```
['Java', 'Python', 'C', 'PHP']
```

2. search()方法

语法格式如下：

```
re.search(pattern, string, flags=0)
```

扫描整个字符串string，寻找与正则表达式pattern所匹配的子串，如果找到，返回第一个匹配成功的对象，如果没找到，则返回None。flags为标志位，用于控制正则表达式的匹配方式。

```
import re
string = "Java Python C++ PHP"
pattern1 = r'[pP]ython'                # pattern1表示匹配python或Python
pattern2 = r'java'                     # pattern2表示匹配java
r1 = re.search(pattern1,string)        # 匹配上
r2 = re.search(pattern2,string)        # 未匹配上
print(r1)
print(r2)
```

运行结果：

```
<_sre.SRE_Match object; span=(5, 11), match='Python'>
None
```

3. sub()方法

语法格式如下：

```
re.sub(pattern, repl, string, count=0, flags=0)
```

sub()方法用于替换字符串string中的匹配项。pattern为需要传入的正则表达式，repl为用于替换的字符串，string为待匹配的目标字符串，count为替换的次数，默认值0表示替换所有的匹配项，flags为使用的匹配模式。

```
import re
string = "Java Python C++ PHP"
# r'\s'为传入的正则表达式，表示匹配任意的空白字符
pattern = r'\s+'
new = ','
r = re.sub(pattern,new,string)         # 用,替换字符串中的空白字符
print(r)
```

运行结果：

```
Java,Python,C++,PHP
```

4. split()方法

语法格式如下：

```
re.split(pattern, string[, maxsplit=0, flags=0])
```

split()方法按照能够匹配的子串，将字符串分割后返回列表。pattern为匹配的正则表达式，string为待匹配的目标字符串，maxsplit为分割的次数，默认值为 0，表示对整个字符串进行分割，flags为标志位，用于控制正则表达式的匹配方式。split()方法返回分割后的列表。

```
import re
string = "Java Python C++ PHP"
# r'\s'为传入的正则表达式，表示匹配任意的空白字符
pattern = r'\s+'
r = re.split(pattern,string)            # 用空白字符来切分字符串
print(r)
```

运行结果：

```
['Java', 'Python', 'C++', 'PHP']
```

更多re模块的方法如表6-4所示。

表6-4　re模块的方法

方法	功能
compile()	对正则表达式进行预编译，返回一个pattern对象
findall()	在目标对象中从左至右查找与正则对象匹配的所有非重叠子串，将这些子串组成一个列表并返回
finditem()	功能与findall()相同，但返回的是迭代器对象iterator
group()	返回全部匹配对象
groups()	返回一个包含全部匹配的子组的元组，若匹配失败，则返回空元组
match()	从头匹配，匹配成功返回匹配对象，失败返回None
search()	从任意位置开始匹配，匹配成功返回匹配对象，否则返回None
split()	将目标对象使用正则对象分割，成功则返回匹配对象的列表，可指定最大分割次数
sub()	搜索目标对象中与正则对象匹配的子串，使用指定字符串替换，并返回替换后的对象
subn()	搜索目标对象中与正则对象匹配的子串，使用指定字符串替换，并返回替换后的对象和替换次数

词频统计V1.0

任务3： 删除书评文件bookComments.txt中的特殊符号，存放到新字符串Comments_data中。

解决方法：

```
import re
with open('bookComments.txt', 'r') as fp:         # 打开文件
   bookComments = fp.read()                       # 读取文件
# r为正则表达式，匹配书评中的各种特殊符号
r = '[。，,! .?&!;? *; 、  ()（ ）《》]+'
# ''为用于替换的字符串
# bookComments为待替换的目标文本
# 替换后存放到新字符串Comments_data中
Comments_data = re.sub(r , '' , bookComments)
```

练一练

【练一练6-3】闯关通配符。编写正则表达式，匹配三个字符串，排除最后一个。

```
Match  cat.
Match  896.
Match  ?=+.
Skip   abc1
正则表达式为__________________
```

【练一练6-4】闯关重复次数。编写正则表达式，匹配前两个字符串，排除最后一个。

```
Match  wazzzzzup
Match  wazzzup
Skip   wazup
正则表达式为__________________
```

【练一练6-5】查找出字符串string中的所有Python，注意大小写必须完全一致。将代码在空白处补充完整。

```
import re
string = "Java Python C++ PHP Python SQL python"
pattern = r'________________'
r = re.findall(pattern,______________)
print(r)
```

运行结果：

```
['Python', 'Python']
```

【练一练6-6】在字符串string中查找第一次出现的日期。将代码在空白处补充完整。

```
import re
string = "order date:15-08-2021 delivery date:30-08-2021"
pattern = r'________________'
r = re.____________(pattern,string)
print(r)
```

运行结果：

```
<_sre.SRE_Match object; span=(11, 21), match='15-08-2021'>
```

【练一练6-7】删除字符串string中描述颜色的词语。将代码在空白处补充完整。

```
import re
string = "red hat and white shoes"
pattern = r'________________'
r = re.sub(______________,'',string)
print(r)
```

运行结果：

```
hat and shoes
```

6.3　列表

删除书评中的特殊符号后，bookCommentsNew.txt文件如图6-13所示，如果希望统计一共有多少条书评信息，该如何做呢？

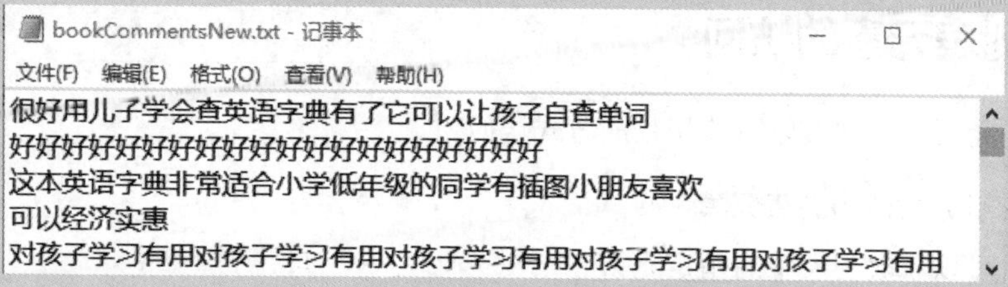

bookCommentsNew.txt - 记事本
文件(F)　编辑(E)　格式(O)　查看(V)　帮助(H)
很好用儿子学会查英语字典有了它可以让孩子自查单词
好好好好好好好好好好好好好好好好好好好好
这本英语字典非常适合小学低年级的同学有插图小朋友喜欢
可以经济实惠
对孩子学习有用对孩子学习有用对孩子学习有用对孩子学习有用对孩子学习有用

图 6-13　删除书评中的特殊符号后的 bookCommentsNew.txt 文件

每条书评末尾都有换行符\n，可以用换行符\n对去掉特殊符号的新字符串Comments_data进行切分，存储于列表后再进行统计。

这需要用到列表及其方法。

列表是Python中最基本的数据结构，也是最常用的Python数据类型。列表的数据项不需要具有相同的类型。为列表中的每个元素分配一个数字，表示它的位置或索引。第一个索引为0，第二个索引为1，以此类推。

列表的特点是通过一个变量存储多个数据值，且数据类型可以不同。另外，可以对列表元素进行添加、删除和修改等操作。

6.3.1　列表的创建

Python创建列表的方式有两种，既可以使用中括号[]创建，也可以使用内置的list()函数快速创建。

1. 使用中括号[]创建列表

只需要在[]中使用逗号分隔每个元素即可。

```
>>> list_one = []                                  #  空列表
>>> list_one
[]
>>> list_two = ['p', 'y', 't', 'h', 'o', 'n']     # 列表中元素类型相同
>>> list_two
['p', 'y', 't', 'h', 'o', 'n']
>>> list_three = [1, 'cat', 2.3]                   # 列表中元素类型不同
>>> list_three
[1, 'cat', 2.3]
```

2. 使用list()函数创建列表

使用list()函数创建列表时，需要给该函数传入一个可迭代类型的数据。可迭代对象是指可直接使用for循环的对象，例如字符串、列表等。

```
>>> list_one = list('python')          # 字符串类型是可迭代类型
```

```
>>> list_one
['p', 'y', 't', 'h', 'o', 'n']
>>> list_two = list([1, 'python']) # 列表类型是可迭代类型
>>> list_two
[1, 'python']
```

6.3.2 列表元素的访问

列表中的元素可以通过索引或切片的方式访问。

1. 使用索引方式访问列表元素

使用索引可以获取列表中的指定元素。

```
>>> list_one = ["Java", "C#", "Python", "PHP"]
>>> list_one[2]                           # 访问列表中索引为2的元素
'Python'
>>> list_one[-1]                          # 访问列表中索引为-1的元素
'PHP'
```

2. 使用切片方式访问列表元素

使用切片可以截取列表中的部分元素，得到一个新的列表。

```
>>> list_two = ['p', 'y', 't', 'h', 'o', 'n']
>>> list_two[2:]                          # 获取列表中索引为2至末尾的元素
['t', 'h', 'o', 'n']
>>> list_two[:3]                          # 获取列表中索引为0~2的元素
['p', 'y', 't']
>>> list_two[1:4:2] # 获取列表中索引为1~3且步长为2的元素
['y', 'h']
```

6.3.3 列表的遍历

创建列表后，逐一输出列表的元素称为列表的遍历。由于列表中可以存放很多元素，因此遍历列表通常需要用到循环结构。可以用下述4种方法来遍历列表元素。

1. 使用in操作符遍历

```
mylist = ['001','orange',6.5,'2021-8']
for item in mylist:                       # 使用in操作符遍历
    print(item,end=' ')
```

运行结果：

```
001 orange 6.5 2021-8
```

2. 使用range()函数遍历

```
mylist = ['001','orange',6.5,'2021-8']
listLen = len(mylist)                     # 获取列表的长度
for i in range(listLen):                  # 使用range()函数遍历
    print(mylist[i],end=' ')
```

运行结果：

```
001 orange 6.5 2021-8
```

3.使用iter()函数遍历

iter()是一个迭代器函数。

```
mylist = ['001','orange',6.5,'2021-8']
for item in iter(mylist): # 使用iter()函数遍历
    print(item,end=' ')
```

运行结果：

```
001 orange 6.5 2021-8
```

4.使用enumerate()函数遍历

enumerate()函数用于遍历序列中的元素及其下标。

```
mylist = ['001','orange',6.5,'2021-8']
for item in enumerate(mylist):
    print(item,end=' ')
```

运行结果：

```
(0, '001') (1, 'orange') (2, 6.5) (3, '2021-8')
```

6.3.4 列表的排序

列表的排序是将元素按照某种规定进行排列。列表中常用的排序方法有sort()、sorted()、reverse()。

1. sort()方法

sort()方法能够对列表元素排序，该方法的语法格式如下：

```
sort(key=None, reverse=False)
```

上述格式中，参数key表示指定的排序规则。参数reverse表示列表元素的排序方式，默认值为False，False表示升序排序，True表示降序排序。使用sort()方法对列表进行排序后，排序后的列表会覆盖原来的列表。

```
li_one=[6,2,5,3]
li_two=[7,3,5,4]
li_one.sort()                          # 升序排序，原列表被覆盖
li_two.sort(reverse=True)              # 降序排序，原列表被覆盖
print(li_one)
print(li_two)
```

运行结果：

```
[2, 3, 5, 6]
[7, 5, 4, 3]
```

2. sorted()方法

sorted()方法用于将列表元素升序排列，该方法的返回值是升序排列后的新列表。

```
li_one=[6,2,5,3]
li_two=sorted(li_one)
print(li_one)                              # 原列表
print(li_two)                              # 排序后的列表
```

运行结果：

```
[6, 2, 5, 3]
[2, 3, 5, 6]
```

3. reverse()方法

reverse()方法用于将列表中的元素倒序排列，即把原列表中的元素从右至左依次排列存放。

```
li_one=[6,2,5,3]
li_one.reverse()                           # 倒序排列，原列表被覆盖
print(li_one)
```

运行结果：

```
[3, 5, 2, 6]
```

6.3.5 列表的基本操作

1. 添加列表元素

向列表中添加元素的常用方法有append()、extend()和insert()。

1) append()方法

append()方法用于在列表末尾添加新的元素，语法格式如下：

```
list.append(obj)
```

上述语法中obj为添加到列表末尾的对象。

```
list_one = [1, 2, 3, 4]
list_one.append(5)
print(list_one)
```

运行结果：

```
[1, 2, 3, 4, 5]
```

2) extend()方法

extend()方法用于在列表末尾一次性添加另一个列表中的所有元素，即使用新列表扩展原来的列表，语法格式如下：

```
list.extend(seq)
```

上述语法中seq表示列表，可以是列表、元组、集合、字典，若为字典，则仅会将键作为元素依次添加到原列表的末尾。

```
list_one = ['a', 'b', 'c']
list_two = [1, 2, 3]
# 将列表list_two添加到列表list_one末尾
list_one.extend(list_two)
print(list_one)
```

运行结果：

```
['a', 'b', 'c', 1, 2, 3]
```

3) insert()方法

insert()方法用于将元素插入列表的指定位置，语法格式如下：

```
list.insert(index, obj)
```

第一个参数index为对象obj需要插入的索引位置，第二个参数obj为要插入列表的对象。

```
fruit=['apple','banana']
fruit.insert(1,'orange')                    # 在列表序号为1的位置插入orange
print(fruit)
```

运行结果：

```
['apple', 'orange', 'banana']
```

若指定的位置不存在，则为越界，那么这时新插入的元素就在列表最后。

```
fruit=['apple','banana']
fruit.insert(5,'orange')                    # 序号越界，将orange插入到列表最后
print(fruit)
```

运行结果：

```
['apple', 'banana', 'orange']
```

2. 删除列表元素

删除列表元素的常用方法有del语句、remove()方法和pop()方法。

1) del语句

del语句用于删除列表中指定位置的元素。

```
fruit=['apple','banana']
del fruit[0]                                # 删除列表序号为0的元素
print(fruit)
```

运行结果：

```
['banana']
```

2) remove()方法

remove()方法用于移除列表中的某个元素，语法格式如下：

```
list.remove(obj)
```

上述语法中，obj为列表中要移除的对象，若列表中有多个匹配的元素，只会移除匹配到的第一个元素。

```
fruit=['banana','apple','banana']
fruit.remove('banana')                  # 移除列表中的第一个banana元素
print(fruit)
```

运行结果：

```
['apple', 'banana']
```

3) pop()方法

pop()方法用于移除列表中的某个元素，语法格式如下：

```
list.pop([index=-1])
```

上述语法中，index为可选参数，为要移除列表元素的索引值，默认index=-1，删除最后一个列表值。即如果不指定index的值，则移除列表中的最后一个元素。

```
fruit=['apple','banana','orange']
fruit.pop()                             # 移除列表中的最后一个元素
print(fruit)
fruit.pop(1)                            # 移除列表中序号为1的元素
print(fruit)
```

运行结果：

```
['apple', 'banana']
['apple']
```

3. 修改列表元素

修改列表中的元素就是通过索引获取元素并对该元素重新赋值。

```
fruit=['apple','banana','orange']
fruit[0]='grape'                        # 修改列表中序号为0的元素
print(fruit)
```

运行结果：

```
['grape', 'banana', 'orange']
```

4. 获取列表长度

len()方法用于获取列表的长度，语法格式如下：

```
len(list)
```

上述语法中，list为要计算元素个数的列表。

```
fruit=['apple','banana','orange']
print(len(fruit))
```

运行结果：

```
3
```

6.3.6 嵌套列表

Python支持嵌套列表，即列表中的元素也是列表，称为多维列表。Python中对于嵌套列表的层次数目没有限制，但是最好不要超过3层，否则会增加处理的复杂度。

对于两层嵌套列表而言，在嵌套列表中，一级索引的含义与普通列表相同。例如，对于列表t=[[t00,t01],[t10,t11]]，t[0]表示第1个元素[t00,t01]。对于列表中的每个元素，即子列表中的所有元素，需要使用二级索引来表示。例如：t[0][1]表示第1个子列表中的第2个元素。

嵌套列表的遍历需要使用多重循环。

```
mylist = [['001','orange',6.5,'2021-8'],
          ['002','apple',5.5,'2021-7'],
          ['003','banana',4.5,'2021-9']]
for each in mylist:
    for item in each:
        print(item,end=' ')
    print()
```

运行结果：

```
001 orange 6.5 2021-8
002 apple 5.5 2021-7
003 banana 4.5 2021-9
```

6.3.7 综合案例：随机扑克牌

编写一个从52张扑克牌中随机抽取4张牌的程序。

问题解析：所有的牌可以用一个名为deck的列表表示，列表填充的初始值为0～51，如下所示：

```
deck = list(range(52))
```

牌的数值0～12、13～25、26～38、39～51分别表示13个黑桃、13个红桃、13个方块、13个梅花，如图6-14所示。cardNumber//13决定这张牌属于哪个花色，而cardNumber%13决定这张牌的大小，如图6-15所示。在洗牌后，从牌堆中选出前4张牌，并由程序显示这4张牌。

```
import random
# 创建一副存放52张牌的列表
deck = list(range(52))
# 创建花色列表
suits = ["Spades","Hearts","Diamonds","Clubs"]
# 创建牌面列表
ranks = ["Ace","2","3","4","5","6","7","8","9","10","Jack","Queen","King"]
# 随机洗牌
random.shuffle(deck)
# 显示前四张牌
for i in range(4):
    suit = suits[deck[i]//13]            # 取每张牌的花色
    rank = ranks[deck[i]%13]             # 取每张牌的牌面
print("Card number",deck[i],"is the",rank,"of",suit)
```

运行结果：

```
Card number 6 is the 7 of Spades
Card number 48 is the 10 of Clubs
Card number 11 is the Queen of Spades
Card number 24 is the Queen of Hearts
```

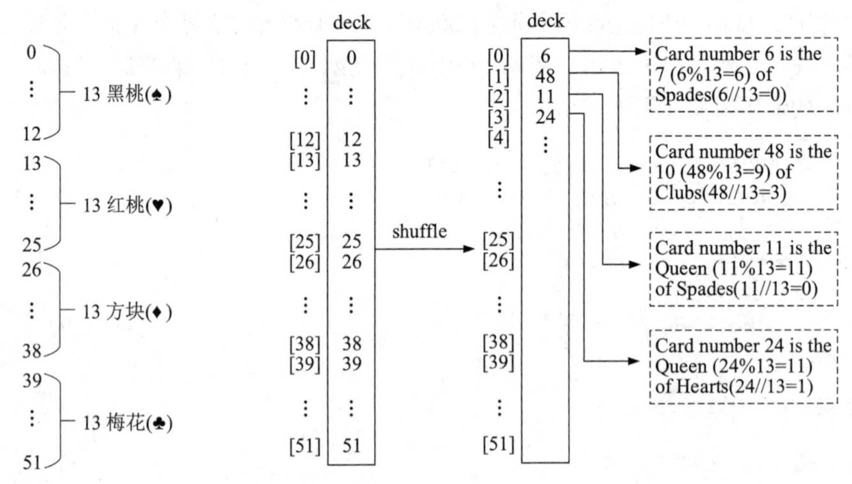

图 6-14　存储 52 张牌的 deck 列表

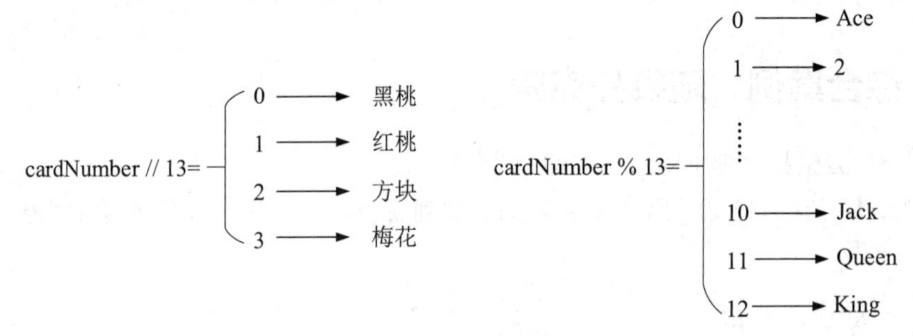

图 6-15　牌面信息确定方式

上述程序中，deck为存放一副52张牌的列表，suits列表为存放4种花色的列表，ranks列表对应一种花色的13张牌，即牌面信息。suits和ranks中的元素类型都是字符串。

deck被初始化为从0到51的值。牌值0表示黑桃A，1表示黑桃2，13表示红桃A，14表示红桃2。

random.shuffle(deck)表示对这副牌进行随机洗牌。在洗牌后，deck[i]//13的值为0、1、2或3，它决定了每张牌的花色；deck[i]%13为0～12之间的值，它决定了每张牌的牌值。

词频统计V1.0

任务4： 统计删除特殊符号后的新字符串Comments_data中一共有多少条书评信息。

解决方法：

```
import re
with open('bookComments.txt', 'r') as fp:          # 打开文件
    bookComments = fp.read()                        # 读取文件
# r为传入的正则表达式，匹配书评中的各种特殊符号
```

```
r = '[。，,! .?&!;? *; 、  ()( ) 《》]+'
#  ''为用于替换的字符串
# bookComments为待替换的目标文本
# 替换后存放到新字符串Comments_data中
Comments_data = re.sub(r , '' , bookComments)
# 对新字符串Comments_data进行切分，存储于列表Comments中
Comments =Comments_data.split('\n')
# 调用"获取列表长度"方法len()，获取列表Comments中书评条数
print("一共有{}条书评".format(len(Comments)))
```

运行结果：

```
一共有1561条书评
```

练一练

【练一练6-8】列表元素的访问。在命令行依次输入下面的语句，将结果填写在横线处。

```
>>> myStr = '123456789'
>>> myList = list(myStr)
>>> myList
['1', '2', '3', '4', '5', '6', '7', '8', '9']
>>> myList[3]                          # 显示结果为______________
>>> myList[-3]                         # 显示结果为______________
>>> myList[2:5]                        # 显示结果为______________
>>> myList[2:8:2]                      # 显示结果为______________
>>> myList[:-4]                        # 显示结果为______________
>>> myList[::-1]                       # 显示结果为______________
```

【练一练6-9】列表的基本操作。在命令行依次输入下面的语句，将结果填写在横线处。

```
>>> list_one=list(range(5))
>>> list_one                           # 显示结果为______________
>>> list_two=[[5,6],"武汉",[7,8,'99']]
>>> list_two[2][1]                     # 显示结果为______________
>>> list_three=["北京","上海","深圳"]
>>> list_three
['北京', '上海', '深圳']
>>> list_three.append("杭州")
>>> list_three                         # 显示结果为______________
>>> list_three.remove('深圳')
>>> list_three                         # 显示结果为______________
>>> list_three.pop(1)
>>> list_three                         # 显示结果为______________
>>> list_three[0]="成都"
>>> list_three                         # 显示结果为______________
```

6.4 元组

列表的元素可变，因此使用列表存放书评可能会被意外修改。如果使用元组存放书评则不允许被修改。那如何实现如图6-16所示的将列表转变为元组呢？

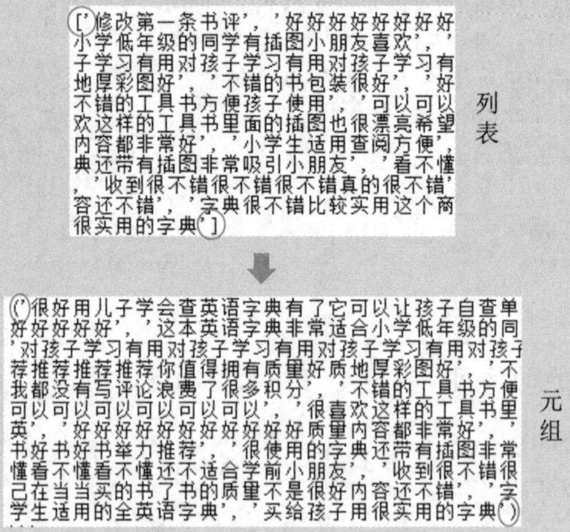

图 6-16 将列表转为元组

元组也是Python中的有序序列，它可以存储任意类型的元素，支持索引、切片和遍历等操作。元组与列表非常类似，但是元组中的元素是固定的，也就是说，一旦一个元组被创建，就无法对元组中的元素进行添加、删除、更新或重新排序。

6.4.1 元组的创建

元组的创建方式与列表的创建方式类似，可以通过圆括号“()”创建，也可以使用内置的tuple()函数快速创建。

1. 使用圆括号“()”创建元组

使用圆括号“()”创建元组，将元组中的元素用逗号进行分隔。

```
>>> tuple_one = ()                        # 空元组
>>> tuple_one
()
>>> tuple_two = ('t', 'u', 'p', 'l', 'e')         # 元组中元素类型相同
>>> tuple_two
('t', 'u', 'p', 'l', 'e')
>>> tuple_three = (0.3, 1, 'python', '&')        # 元组中元素类型不同
>>> tuple_three
(0.3, 1, 'python', '&')
```

2. 使用tuple()函数创建元组

当通过tuple()函数创建元组时，如果不传入任何数据，就会创建一个空元组；如果要创建包含元素的元组，就必须传入可迭代类型的数据。

```
>>> tuple_null = tuple()                  # 空元组
```

```
>>> tuple_null
()
>>> tuple_one = tuple('abc')          # 传入可迭代类型字符串
>>> tuple_one
('a', 'b', 'c')
>>> tuple_two = tuple([1,2,3])        # 传入可迭代类型列表
>>> tuple_two
(1, 2, 3)
```

6.4.2　元组元素的访问

元组中的元素可以通过索引或切片的方式访问。

1. 使用索引方式访问元组元素

```
>>> tuple_one = (100, 'Python')
>>> tuple_one[0]
100
>>> tuple_one[1]
'Python'
>>> tuple_one[1] = 'python'           # 修改元组的元素，报错
Traceback (most recent call last):
  File "<pyshell#19>", line 1, in <module>
    tuple_one[1] = 'python'
TypeError: 'tuple' object does not support item assignment
```

2. 使用切片方式访问元组元素

```
>>> tuple_two = ('p', 'y', 't', 'h', 'o', 'n')
>>> tuple_two[2:5]                    # 访问序号为2～4的元组元素
('t', 'h', 'o')
```

6.4.3　元组的修改

元组中的元素值不允许被修改，但是可以对元组进行连接组合操作。例如：

```
tup1 = ('计算机科学与技术','软件工程')
tup2 = ('数据科学与大数据技术','人工智能')
# 以下修改元组元素的操作是非法的
# tup1[0] = '计算机应用'
# 创建一个新的元组
tup3 = tup1 + tup2
print(tup3)
```

运行结果：

```
('计算机科学与技术', '软件工程', '数据科学与大数据技术', '人工智能')
```

6.4.4 元组的删除

元组中的元素值不允许被删除，但是可以使用del语句来删除整个元组。例如：

```
tup = ('奔驰','宝马','奥迪')
print(tup)
del tup
print(tup)
```

运行结果：

```
('奔驰', '宝马', '奥迪')
Traceback (most recent call last):
  File "D:/removeTup.py", line 4, in <module>
    print(tup)
NameError: name 'tup' is not defined
```

以上实例元组被删除后，输出变量会有NameError的异常，因为整个元组tup被删除了，所以输出元组tup时，就会出现找不到元组的错误提示信息。

词频统计V1.0

任务5：将由列表Comments存放的书评信息，改为由元组CommentsTuple存放，从而防止数据被修改，保证数据的安全性。

解决方法：

```
import re
with open('bookComments.txt', 'r') as fp:          # 打开文件
    bookComments = fp.read()                        # 读取文件
# r为传入的正则表达式，匹配书评中的各种特殊符号
r = '[。，,! .?&!;? *; 、  ()( ) 《》]+'
#  ''为用于替换的字符串
# bookComments为待替换的目标文本
# 替换后存放到新字符串Comments_data中
Comments_data = re.sub(r , '' , bookComments)
# 对新字符串Comments_data进行切分，存储于列表Comments中
Comments = Comments_data.split('\n')
# 调用"获取列表长度"方法len()，获取列表Comments中的书评条数
print("一共有{}条书评".format(len(Comments)))
# 将列表Comments存放书评信息，转为由元组CommentsTuple存放
CommentsTuple=tuple(Comments)
# 若修改元组CommentsTuple内容，会报错
CommentsTuple[0]='修改第一条书评'
```

运行结果：

```
TypeError:'tuple' object does not support item assignment
```

词频统计V1.0

任务6：将用元组CommentsTuple存放的书评信息写入新的文件bookCommentsNew.txt中保存，如图6-17所示。

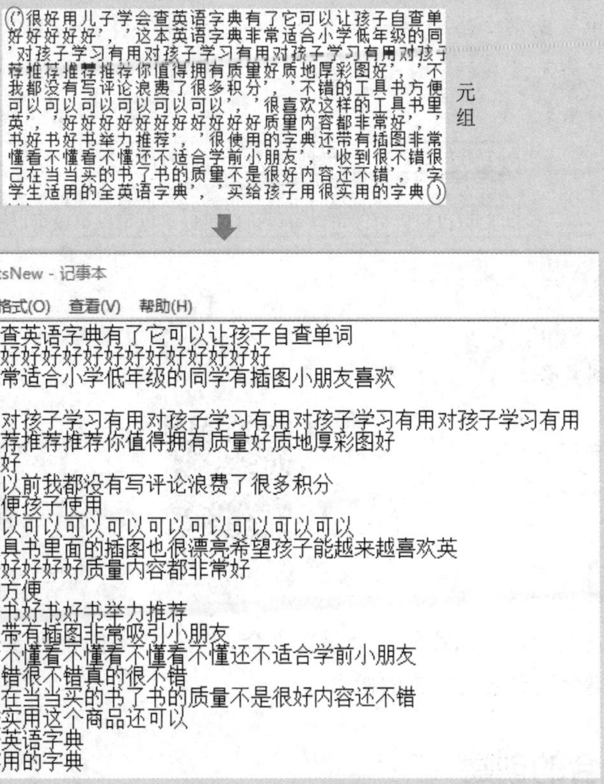

('很好用儿子学会查英语字典有了它可以让孩子自查单
好好好好好', '这本英语字典非常适合小学低年级的同
'对孩子学习有用对孩子学习有用对孩子学习有用对孩子
荐推荐推荐推荐你值得拥有质量好质地厚彩图好', '不
我都没有写评论浪费了很多积分', '不错的工具书方便
可以可以可以可以可以可以', '很喜欢这样的工具书里
英', '好好好好好好好好好好质量内容都非常好', '
书好书好书举力推荐', '很使用的字典还带有插图非常
懂看不懂看不懂还不适合学前小朋友', '收到很不错很
己在当当买的书了书的质量不是很好内容还不错', '字
学生适用的全英语字典', '买给孩子用很实用的字典')

元组

bookCommentsNew - 记事本

文件(F)　编辑(E)　格式(O)　查看(V)　帮助(H)

很好用儿子学会查英语字典有了它可以让孩子自查单词
好好好好好好好好好好好好好好好好好好好好
这本英语字典非常适合小学低年级的同学有插图小朋友喜欢
可以经济实惠
对孩子学习有用对孩子学习有用对孩子学习有用对孩子学习有用对孩子学习有用
推荐推荐推荐推荐推荐推荐你值得拥有质量好质地厚彩图好
不错的书包装很好
好好好好好好以前我都没有写评论浪费了很多积分
不错的工具书方便孩子使用
可以可以可以可以可以可以可以可以可以可以可以可以
很喜欢这样的工具书里面的插图也很漂亮希望孩子能越来越喜欢英
好好好好好好好好好好质量内容都非常好
小学生适用查阅方便
好书好书好书好书好书好书举力推荐
很使用的字典还带有插图非常吸引小朋友
看不懂看不懂看不懂看不懂看不懂看不懂还不适合学前小朋友
收到很不错很不错很不错真的很不错
我都忘记了自己在当当买的书了书的质量不是很好内容还不错
字典很不错比较实用这个商品还可以
小学生适用的全英语字典
买给孩子用很实用的字典

图 6-17　将元组 CommentsTuple 存放的书评信息写入新文件

解决方法：

```
# 以写模式'w'打开"bookCommentsNew.txt"文本文件
with open('bookCommentsNew.txt', 'w') as fp:
    for item in CommentsTuple:          # 遍历书评元组CommentsTuple
        # 将每一条书评item后面加上换行符'\n'，写入文件
        fp.write(item+'\n')
```

练一练

【练一练6-10】元组元素的访问。在命令行依次输入下面的语句，将结果填写在横线处。

```
>>> t1=tuple("湖北省武汉市")
>>> t1[2]                              # 显示结果为________________
>>> t1[3:5]                            # 显示结果为________________
>>> t2=([1,2],[3,4])
>>> t2[1]                              # 显示结果为________________
>>> t2[1][0]                           # 显示结果为________________
```

6.5 集合

词频统计V2.0

实际生活中，购书者给的书评往往存在一些重复字样，如图6-18所示。当重复字样超出一定比例，则界定为无效书评。该如何过滤无效书评呢？

多个“好”

好好好好好好好好好好好好好好好好好好好好好
对孩子学习有用对孩子学习有用对孩子学习有用对孩子学习
推荐推荐推荐推荐推荐推荐你值得拥有质量好质地厚彩图好
可以可以可以可以可以可以可以可以可以可以可以可以可以

多个“可以”

图 6-18　有重复字样的书评信息

这需要用到集合。

词频统计 V2.0

集合与列表类似，可以存储一个元素集合。但是，不同于列表，集合中的元素是不重复且无序的，因此集合没有索引位置的概念。

6.5.1 集合的创建

集合可以通过花括号“{}”创建，也可以使用内置的set()函数快速创建。

1. 使用花括号“{}”创建集合

```
>>> set_one = {1, 2, 3}
>>> set_one
{1, 2, 3}
```

2. 使用set()函数创建集合

set()函数如果没有参数，会创建空集；如果有参数，那么参数必须是可迭代的对象。

```
>>> set_one = set()                    # 空集合
>>> set_one
set()
>>> set_two = set([1, 2, 3])           # 传入一个列表
>>> set_two
{1, 2, 3}
>>> set_three = set((1, 2, 3))         # 传入一个元组
>>> set_three
{1, 2, 3}
>>> set_four = set([1,1,2,2,3,3])      # 传入带重复元素的列表
>>> set_four
{1, 2, 3}
```

说明：上面程序中，向集合set_four中传入重复元素时，重复元素在集合中会被自动过滤掉。

6.5.2 集合元素的添加

add()方法或update()方法都可以向集合中添加元素。

1. add()方法

add()方法可以向集合中添加元素，语法格式如下：

```
s.add(x)
```

上述语法表示将元素x添加到集合s中，如果元素已存在，则不进行任何操作。

2. update()方法

update()方法也可以向集合中添加元素，语法格式如下：

```
s.update(x)
```

上述语法中x可以有多个，用逗号分开。

add()方法和update()方法的区别是：add()方法只能添加一个元素，而update()方法可以添加多个元素。

```
>>> set_one = set()
>>> set_one.add('py')                  # 传入一个元素
>>> set_one
{'py'}
>>> set_one.update("thon")             # 传入多个元素
>>> set_one
{'o', 'h', 't', 'py', 'n'}
```

说明：上面程序中，add()方法将py作为一个整体添加到集合set_one中，而update()方法将thon拆分成多个元素添加到集合set_one中。另外，虽然py是最先添加到集合set_one中的，但由于集合是无序的，所以第二次向集合set_one中添加元素后，py并不一定出现在第一个位置。

6.5.3 集合元素的删除

remove()方法、discard()方法和pop()方法都可以删除集合中的元素。

1. remove()方法

remove()方法用于删除集合中的指定元素。语法格式如下：

```
s.remove(x)
```

上述语法表示将元素x从集合s中移除，如果指定元素不在集合中，则会出现KeyError错误。

```
>>> set_one = {'apple', 'banana'}
>>> set_one.remove('apple')            # 删除指定元素'apple'
>>> set_one
{'banana'}
>>> set_one.remove('orange')           # 删除的指定元素不存在，报错
Traceback (most recent call last):
  File "<pyshell#53>", line 1, in <module>
```

```
    set_one.remove('orange')
KeyError: 'orange'
```

2. discard()方法

discard()方法可以删除指定的元素，语法格式如下：

```
s.discard(x)
```

若指定的元素不存在，该方法不执行任何操作。

```
>>> set_one = {'apple', 'banana'}
>>> set_one.discard('banana')          #删除指定元素'banana'
>>> set_one
{'apple'}
>>> set_one.discard('pear')            # 删除的指定元素不存在，不执行任何操作
>>> set_one
{'apple'}
```

3. pop()方法

pop()方法用于随机删除集合中的一个元素。语法格式如下：

```
s.pop()
```

```
>>> set_one = {'apple', 'banana'}
>>> set_one.pop()                      # 随机删除
'banana'
>>> set_one
{'apple'}
```

6.5.4 集合类型的操作符

Python支持通过操作符|、&、-、^对集合进行联合、交集、差补和对称差分操作。已知有两个集合set_a和set_b：

```
set_a={'a', 'c'}
set_b={'b', 'c'}
```

使用阴影部分表示对这两个集合执行联合、交集、差补和对称差分操作的结果，如图6-19所示。

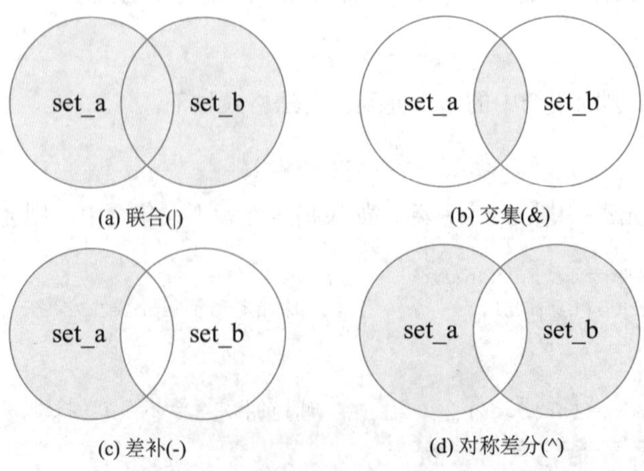

图 6-19　两个集合的相互操作

❍ 联合操作符(|)

联合操作是将集合set_a与集合set_b合并成一个新的集合。联合使用“|”符号实现。

❍ 交集操作符(&)

交集操作是将集合set_a与集合set_b中相同的元素提取为一个新集合。交集使用“&”符号实现。

❍ 差补操作符(-)

差补操作是将只属于集合set_a或者只属于集合set_b中的元素作为一个新的集合。差补使用“-”符号实现。

❍ 对称差分操作符(^)

对称差分操作是将只属于集合set_a与只属于集合set_b中的元素组成一个新集合。对称差分使用“^”符号实现。

```
>>> set_a={'a', 'c'}
>>> set_b={'b', 'c'}
>>> set_a | set_b                          # 使用|操作符，合并两个集合
{'a', 'c', 'b'}
>>> set_a & set_b                          # 使用&操作符，取两个集合中共同的元素
{'c'}
>>> set_a - set_b                          # 使用-操作符，获取只属于set_a的元素
{'a'}
>>> set_a ^ set_b                          # 使用^操作符，获取只属于set_a和set_b的元素
{'a', 'b'}
```

词频统计V2.0

任务1： 实现无效书评的过滤。将书评元组CommentsTuple中的每一条书评item转为集合，从而达到去重效果。

解决方法：

```
import re
with open('bookComments.txt', 'r') as fp:          # 打开文件
    bookComments = fp.read()                        # 读取文件
# r为传入的正则表达式，匹配书评中的各种特殊符号
r = '[。，,! .?&!;? *; 、  ()（）《》]+'
# 去除特殊符号后的书评新字符串Comments_data
Comments_data = re.sub(r , '' , bookComments)
# 对新字符串Comments_data进行切分，存储于列表Comments中
Comments=Comments_data.split('\n')
# 获取列表Comments中的书评条数
print("一共有{}条书评".format(len(Comments)))
# 将列表Comments存放书评信息，转为由元组CommentsTuple存放
CommentsTuple=tuple(Comments)
# 将元组CommentsTuple中的每一条书评item转为集合，实现去重
for item in CommentsTuple:
    aset=set(item)                             # 集合aset中存放去重后的书评信息
```

词频统计V2.0

任务2：要过滤无效书评，需要先判断什么是无效书评。如果集合aset的长度与每一条书评item的长度比大于0.6，则说明重复字样小于4成，是有效书评，则将本条书评留下。

解决方法：

```
import re
with open('bookComments.txt', 'r') as fp:                # 打开文件
    bookComments = fp.read()                             # 读取文件
# r为传入的正则表达式，匹配书评中的各种特殊符号
r = '[。，,! .?&!;? *; 、  ()( )《》]+'
# 去除特殊符号后的书评新字符串Comments_data
Comments_data = re.sub(r , '' , bookComments)
# 对新字符串Comments_data进行切分，存储于列表Comments中
Comments=Comments_data.split('\n')
# 获取列表Comments中的书评条数
print("一共有{}条书评".format(len(Comments)))
# 将列表Comments存放书评信息，转为由元组CommentsTuple存放
CommentsTuple=tuple(Comments)
# 将元组CommentsTuple中的每一条书评item转为集合，实现去重
for item in CommentsTuple:
    aset=set(item)                                       # 集合aset中存放去重后的书评信息
        if(len(aset)/len(item)>0.6):                     # 为有效书评
            # 本条书评留下
```

下面进一步介绍程序中是如何实现判断有效书评和无效书评，并保留有效书评的。以“bookComments.txt”文件中的前两条书评为例，书评内容如图6-20所示。

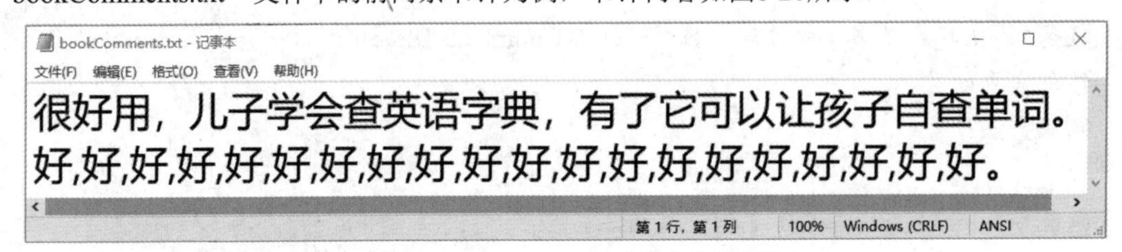

图 6-20　bookComments.txt 文件中的前两条书评

将上面任务2中的倒数5行代码改写为如下形式：

```
# 将元组CommentsTuple中的每一条书评item转为集合，实现去重
for item in CommentsTuple:
    aset=set(item)                          # 集合aset中存放去重后的书评信息
    print('去重前的书评信息：',item)
    print('去重前的书评长度：',len(item))
    print('去重后的书评信息：',aset)
    print('去重后的书评长度：',len(aset))
    if(len(aset)/len(item)>0.6): # 有效书评
        print('保留下来的有效书评：',item,'\n')
```

运行结果：

```
去重前的书评信息： 很好用儿子学会查英语字典有了它可以让孩子自查单词
去重前的书评长度： 24
```

```
去重后的书评信息:  {'英', '典', '词', '儿', '孩', '语', '查', '学', '自', '用', '子',
'了', '单', '它', '让', '字', '很', '可', '好', '会', '有', '以'}
去重后的书评长度:  22
保留下来的有效书评:  很好用儿子学会查英语字典有了它可以让孩子自查单词

去重前的书评信息:  好好好好好好好好好好好好好好好好好好好好
去重前的书评长度:  20
去重后的书评信息:  {'好'}
去重后的书评长度:  1
```

由上面的运行结果可以发现，第一条书评len(aset)/len(item)的结果>0.6，所以为有效书评，保留并输出。第二条书评len(aset)/len(item)的结果<0.6，所以为无效书评，不保留。

6.5.5 过滤函数filter()

词频统计V2.0中的任务2实现了无效书评的过滤，即将重复字样小于4成的书评保留，代码如下：

```
# 将元组CommentsTuple中的每一条书评item转为集合，实现去重
for item in CommentsTuple:
    aset=set(item)                      # 集合aset中存放去重后的书评信息
        if(len(aset)/len(item)>0.6):    # 为有效书评
        # 本条书评留下
```

上述代码通过循环实现书评元组元素的遍历，操作较繁琐。有没有更简洁的解决办法呢？这需要用到过滤函数filter()。

filter()函数用于过滤序列，过滤掉不符合条件的元素，返回由符合条件元素组成的新列表。filter()函数的语法格式为：

```
filter(function, iterable)
```

函数的第一个参数function为函数，第二个参数iterable为序列，是一个可迭代对象。序列iterable的每个元素作为参数传递给函数function进行判断，然后返回True或False，最后将返回True的元素放到新列表中。

```
is_odd = lambda x:x%2                   # 定义求奇数的匿名函数is_odd
# 对列表中的每个元素进行奇数的判断
# 奇数元素存放到新的列表newlist中
newlist =filter(is_odd, [1, 2, 3, 4, 5, 6, 7, 8, 9, 10])
for item in newlist:
    print(item)
```

运行结果：

```
[1, 3, 5, 7, 9]
```

上述代码中，filter()函数的功能是：对列表[1, 2, 3, 4, 5, 6, 7, 8, 9, 10]中的每一个元素进行is_odd判断，即判断是否为奇数。将所有为奇数的元素存放到新的列表newlist中。

词频统计V2.0

任务3：用另一种更简洁的方式过滤无效书评。

用lambda表达式写出过滤规则rule，再通过filter函数将此规则rule作用在每一条书评上，返回过滤后的结果result。

解决方法：

```
import re
with open('bookComments.txt', 'r') as fp:          # 打开文件
    bookComments = fp.read()                        # 读取文件
# r为传入的正则表达式，匹配书评中的各种特殊符号
r = '[。，,! .?&!;? *; 、  ()（ ）《》 ]+'
# 去除特殊符号后的书评新字符串Comments_data
Comments_data = re.sub(r , '' , bookComments)
# 对新字符串Comments_data进行切分，存储于列表Comments中
Comments=Comments_data.split('\n')
# 获取列表Comments中的书评条数
print("一共有{}条书评".format(len(Comments)))
# 将列表Comments存放书评信息，转为由元组CommentsTuple存放
CommentsTuple=tuple(Comments)
# 用另一种更简洁的方式过滤无效书评
rule = lambda x:len(set(x))/len(x)>0.6             # 设置过滤规则rule
# 将过滤规则rule作用在每一条书评上，过滤无效书评
# 过滤无效书评后的结果存放到result中
result = filter(rule,CommentsTuple)
```

词频统计V2.0

任务4：将过滤了无效书评后的结果result，即有效书评result，写入新的文件bookCommentsNew1.txt中。

解决方法：

```
# 用另一种更简洁的方式过滤无效书评
rule = lambda x:len(set(x))/len(x)>0.6             # 设置过滤规则rule
# 将过滤规则rule作用在每一条书评上，过滤无效书评
# 过滤无效书评后的结果存放到result中
result = filter(rule,CommentsTuple)
with open('bookCommentsNew1.txt','w') as fp:
    for item in result:                      # 遍历result中的每一条有效书评item
        # 将有效书评item字符串末尾加上'\n'写入文件中
        fp.write(item+'\n')
```

练一练

【练一练6-11】集合的操作。在命令行依次输入下面的语句，将结果填写在横线处。因集合具有无序性，本题结果只要集合元素填写正确即可，顺序可不考虑。

```
>>> set1={1,2,3,4,5}
>>> set2={2,3,5,6}
>>> set1|set2                         # 显示结果为________________
>>> set1&set2                         # 显示结果为________________
```

```
>>> set1-set2                          # 显示结果为____________
>>> set1^set2                          # 显示结果为____________
>>> set3={2,3}
>>> set3.add(5)
>>> set3                               # 显示结果为____________
>>> set3.remove(3)
>>> set3                               # 显示结果为____________
```

6.6 字典

词频统计V3.0

为了让有效书评更直观地展示，可将词频生成词云图。词频是指对提供的一系列文本词，统计每一个词出现的频率。那么如何统计如图6-21所示的有效书评出现的频率呢？

bookCommentsNew1.txt - 记事本

文件(F)　编辑(E)　格式(O)　查看(V)　帮助(H)

很好用儿子学会查英语字典有了它可以让孩子自查单词这本英语字典非常适合小学低年级的同学有插图小朋友喜欢可以经济实惠不错的书包装很好好好好好好好以前我都没有写评论浪费了很多积分不错的工具书方便孩子使用很喜欢这样的工具书里面的插图也很漂亮希望孩子能越来越喜欢英小学生适用查阅方便很使用的字典还带有插图非常吸引小朋友我都忘记了自己在当当买的书了书的质量不是很好内容还不错字典

```
{'很': 815, '好': 615, '用': 196, '儿子': 57, '学会': 6, '查': 23, '英语': 41, '
字典': 143, '有': 179, '了': 441, '它': 6, '可以': 117, '让': 21, '孩子': 368, '
自查': 4, '单词': 30, '\n': 1440, '这本': 16, '非常适合': 6, '小学': 31, '低年
级': 9, '的': 1223, '同学': 10, '插图': 38, '小朋友': 58, '喜欢': 332, '经济':
4, '实惠': 60, '不错': 517, '书': 108, '包装': 79, '好好': 14, '以前': 10, '我':
76, '都': 173, '没有': 59, '写': 4, '评论': 6, '浪费': 6, '很多': 44, '积分': 4, '
工具书': 61, '方便': 74, '使用': 29, '这样': 8, '里面': 44, '也': 235, '很漂亮':
8, '希望': 123, '能': 62, '越来越': 10, '英': 4, '小学生': 171, '适用': 8, '查阅
': 6, '还': 178, '带有': 4, '非常': 264, '吸引': 12, '忘记': 4, '自己': 37, '在':
75, '当当': 4, '买': 354, '质量': 232, '不是': 10, '内容': 123, '比较': 61, '实
```

图 6-21　统计有效书评出现的频率

这需要用到字典和第三方模块jieba库。

词频统计 V3.0

字典是一种无序的映射集合，键-值(Key-Value)对存储具有极快的查找速度。键必须是唯一的，但值不必唯一。键必须是不可变类型，如字符串、数字或元组，值可以是任何数据类型。

为什么字典查找速度那么快？因为字典查找的实现原理与查字典是一样的。假设字典包含了10万个汉字，要查某个字，先在字典的索引表(如拼音表或部首表)中查这个字对应的页码，然后直接翻到该页，找到这个字。这种方法的查找速度非常快，不会随着字典的增大而变慢。

而在列表中查找元素的方法是从前往后翻，直到找到目标元素，列表越大，查找越慢。在搜索Python中的字典时，首先查找字典的键，当查找到键后就可以直接获取该键对应的值，效率很高。

6.6.1 字典的创建

Python可以使用花括号“{}”包含多个键值对的形式创建字典，也可以使用内置的dict()函数快速创建字典。

1. 使用花括号“{}”创建字典

使用花括号“{}”创建字典时，字典的键(Key)和值(Value)之间使用冒号“:”连接，每个键值对之间使用逗号“,”分隔。语法格式如下：

```
{ 键1:值1 , 键2:值2 , ……}
```

```
>>> dict_one = { }                              # 空字典
>>> dict_one
{}
>>> dict_fruit = {'apple':10 , 'banana':20 , 'orange':30}
>>> dict_fruit
{'apple': 10, 'banana': 20, 'orange': 30}
>>> dict_fruit = {'apple':10 , 'banana':20 , 'orange':30 , 'orange':40}
>>> dict_fruit
{'apple': 10, 'banana': 20, 'orange': 40}
```

说明：字典的键是唯一的。如果使用花括号“{}”创建字典，相同键对应的值会被覆盖。上述程序中，键orange出现了两次，后一次的值40会覆盖前一次的值30。

2. 使用dict()函数创建字典

使用dict()函数创建字典时，键和值使用“=”进行连接。语法格式如下：

```
dict( 键1=值1 , 键2=值2 , ……)
```

```
>>> dict_fruit = dict(apple=10 , banana=20 , orange=30)
>>> dict_fruit
{'apple': 10, 'banana': 20, 'orange': 30}
>>> dict_fruit = dict(apple=10 , banana=20 , orange=30 , orange=40)
SyntaxError: keyword argument repeated
```

说明：字典的键是唯一的。如果使用dict()函数创建字典，会提示语法错误。上述程序中，键orange出现了两次，分别被赋值为30和40，提示“键重复”的SyntaxError语法错误。

6.6.2 字典元素的访问

因为字典中的键是唯一的，所以可以通过键获取对应的值。

```
>>> dict_fruit = {'apple':10 , 'banana':20 , 'orange':30}
>>> dict_fruit['banana']                   # 通过键'banana'获取字典的值
20
>>> dict_fruit['pear']                     # 访问字典中不存在的键，报错
```

```
Traceback (most recent call last):
  File "<pyshell#29>", line 1, in <module>
    dict_fruit['pear']
KeyError: 'pear'
```

上述代码中，引用字典dict_fruit中不存在的键pear，引发KeyError的异常。为避免上述异常，在访问字典元素时，可以先使用Python中的成员运算符in与not in检测某个键是否存在，再根据检测结果执行不同的代码。

```
dict_fruit = {'apple':10 , 'banana':20 , 'orange':30}
# 避免keyError异常的解决方法
if 'pear' in dict_fruit:
    print(dict_fruit['pear'])
else:
    print('键不存在')
```

运行结果：

```
键不存在
```

6.6.3 字典的基本操作

字典的基本操作包括字典元素的添加、修改、删除和查询等。

1. 字典元素的添加

字典可通过update()方法或指定的键添加元素，语法格式如下：

```
dict.update(dict2)
```

上述语法表示把字典dict2的键-值对添加到dict里。

```
>>> dict_fruit = {'apple':10 , 'banana':20}
>>> dict_fruit.update(orange=30) # 通过update()方法添加元素
>>> dict_fruit
{'apple': 10, 'banana': 20, 'orange': 30}
>>> dict_fruit['pear']=40              # 通过指定的键添加元素
>>> dict_fruit
{'apple': 10, 'banana': 20, 'orange': 30, 'pear': 40}
```

上述代码通过update()方法添加了元素'orange': 30，通过指定键值添加了元素'pear': 40。

2. 字典元素的修改

字典也可通过update()方法或指定的键修改元素，语法格式如下：

```
dict.update(dict2)
```

上述语法表示把字典dict2的键-值对更新到dict里，修改字典元素的本质是通过已存在的键获取元素，再重新对元素赋值。

```
>>> dict_fruit = {'apple':10 , 'banana':20 , 'orange': 30 ,
'pear': 40}
>>> dict_fruit.update(orange=35) # 通过update()方法修改元素
>>> dict_fruit
```

```
{'apple': 10, 'banana': 20, 'orange': 35, 'pear': 40}
>>> dict_fruit['pear']=45              # 通过指定的键修改元素
>>> dict_fruit
{'apple': 10, 'banana': 20, 'orange': 35, 'pear': 45}
```

上述代码中，通过update()方法将orange的值修改为35。通过指定键值将pear的值修改为45。

3. 字典元素的删除

Python支持通过pop()、popitem()和clear()方法删除字典中的元素。

1) pop()方法

pop()方法可以根据指定的键删除字典中的指定元素，语法格式如下：

```
dict.pop(key[,default])
```

第一个参数key为要删除的键，第二个参数default表示如果没有key，返回default值，如果存在要删除的键，则返回待删除键对应的值。

```
>>> dict_fruit = {'apple':10 , 'banana':20 , 'orange': 30 , 'pear': 40}
>>> dict_fruit.pop('orange')           # 删除键为orange的指定元素
30
>>> dict_fruit
{'apple': 10, 'banana': 20, 'pear': 40}
```

2) popitem()方法

使用popitem()方法可以随机删除字典中的元素，语法格式如下：

```
dict.popitem()
```

若删除成功则返回目标元素。

```
>>> dict_fruit = {'apple':10 , 'banana':20 , 'orange': 30 , 'pear': 40}
>>> dict_fruit.popitem()               # 随机删除字典的元素
('pear', 40)
>>> dict_fruit
{'apple': 10, 'banana': 20, 'orange': 30}
```

3) clear()方法

clear()方法用于清空字典中的元素，语法格式如下：

```
dict.clear()
```

```
>>> dict_fruit = {'apple':10 , 'banana':20 , 'orange': 30 , 'pear': 40}
>>> dict_fruit.clear()                 # 清空字典元素
>>> dict_fruit
{}
```

4. 字典元素的查询

1) 查看字典的所有元素

使用items()方法可以查看字典的所有元素，语法格式如下：

```
dict.items()
```

该方法会返回一个dict_items对象。

```
>>> dict_fruit = {'apple':10 , 'banana':20 , 'orange': 30 , 'pear': 40}
```

```
>>> dict_fruit.items()                    # 查看字典的所有元素
dict_items([('apple', 10), ('banana', 20), ('orange', 30), ('pear', 40)])
```

dict_items对象支持迭代操作，结合for循环可遍历其中的数据，并将遍历后的数据以键值对(key, value)的形式显示。

```
dict_fruit = {'apple':10 , 'banana':20 , 'orange': 30 , 'pear': 40}
for i in dict_fruit.items():              # 遍历字典中的所有元素
    print(i)
```

运行结果：

```
('apple', 10)
('banana', 20)
('orange', 30)
('pear', 40)
```

2) 查看字典的所有键

通过keys()方法可以查看字典中的所有键，语法格式如下：

```
dict.keys()
```

该方法会返回一个dict_keys对象。

```
>>> dict_fruit = {'apple':10 , 'banana':20 , 'orange': 30 , 'pear': 40}
>>> dict_fruit.keys()                     # 查看字典的所有键
dict_keys(['apple', 'banana', 'orange', 'pear'])
```

dict_keys对象支持迭代操作，通过for循环遍历输出字典中的所有键。

```
dict_fruit = {'apple':10 , 'banana':20 , 'orange': 30 , 'pear': 40}
for i in dict_fruit.keys():               # 遍历字典中的所有键
    print(i)
```

运行结果：

```
apple
banana
orange
pear
```

3) 查看字典的所有值

使用values()方法可以查看字典的所有值，语法格式如下：

```
dict.values()
```

该方法会返回一个dict_values对象。

```
>>> dict_fruit = {'apple':10 , 'banana':20 , 'orange': 30 , 'pear': 40}
>>> dict_fruit.values()
dict_values([10, 20, 30, 40])
```

dict_values对象支持迭代操作，可以使用for循环遍历输出字典中的所有值。

```
dict_fruit = {'apple':10 , 'banana':20 , 'orange': 30 , 'pear': 40}
for i in dict_fruit.values():             # 遍历字典中的所有值
    print(i)
```

运行结果：

```
10
20
30
40
```

4) 查看键对应的值

get()方法返回键(Key)对应的值(Value)。语法格式如下：

```
dict.get(key, default=None)
```

第一个参数key表示字典中要查找的键。第二个参数default表示设定值。如果字典中待查找的键key存在，则返回相应的值；如果待查找的键key不存在，则返回设定值default，default的缺省值为空值None。

```
>>> dict_fruit = {'apple':10 , 'banana':20 , 'orange': 30}
>>> dict_fruit.get('banana')          # 键'banana'存在，返回对应值
20
>>> dict_fruit.get('pear')            # 如果键key不存在，返回空值
>>> dict_fruit.get('pear',40)         # 如果键key不存在，返回设定值
40
```

5. 字典应用举例

有一段英文文本如下：

```
There are twenty-four hours in a day.
There are thirty days in a month.
There are twelve months in a year.
There are three months in a season.
There are four seasons in a year.
```

将文本中的字母全部转为小写，然后去除标点符号，接着去除are、a、in等无意义词语，最后统计出现频率最高的5个单词。

```
text='''There are twenty-four hours in a day.
There are thirty days in a month.
There are twelve months in a year.
There are three months in a season.
There are four seasons in a year.'''
text=text.lower()                     # 将文本中字母全变小写
# 去除标点符号
for ch in ".":
    text=text.replace(ch," ")         # 将文本中的标点符号替换为空格
# 将文本分词
words=text.split()
counts={}
# 若该单词在字典中已经存在，则在原计数上加1
# 若该单词还未统计，则计数为1
for word in words:
    counts[word]=counts.get(word,0)+1
# 定义集合存放需要去除的无意义的单词
excludes={'are','a','in'}
```

```
# 在字典中删除无意义的单词
for word in excludes:
    del(counts[word])
# 将字典转换为列表，以方便排序
items=list(counts.items())
# 按照单词频率计数的逆序排序
items.sort(key=lambda x:x[1],reverse=True)
# 输出统计频率最高的5个单词
print(items[:5])
```

运行结果：

```
[('there', 5), ('months', 2), ('year', 2), ('twenty-four', 1), ('hours', 1)]
```

6.6.4　字典的高级应用

1. 字典的嵌套

列表、元组和字典都支持多种数据类型。就字典而言，很常见的情景是字典(键值对)中值的类型是字典，这称为字典的嵌套。

```
cities={
    '北京':{
        '朝阳':['国贸','奥运村','亚运村'],
        '海淀':['圆明园','中关村','北京大学'],
        '昌平':['沙河','小汤山']
        },
    '江苏':{
        '南京':['鼓楼区','雨花台区','玄武区'],
        '苏州':['姑苏区','吴江区']
        }
    }
for i in cities['北京']:
    print(i,end=' ')
print()
for i in cities['北京']['海淀']:
    print(i,end=' ')
```

运行结果：

```
朝阳 海淀 昌平
圆明园 中关村 北京大学
```

上述代码中，cities['北京']表示一个包含三个键值对的字典。cities['北京']['海淀']表示一个包含三个元素的列表['圆明园', '中关村', '北京大学']。

2. 字典和JSON

字典除了在程序中创建外，还可以通过文件加载，常见的字典文件格式是JSON(JavaScript Object Notation)。JSON是一种轻量级的数据交换格式，易于阅读和编写，同时也易于计算机解析和生成。JSON自2001年开始推广使用，2005—2006年逐步成为主流的数据格式之一。另外一种用于存储和交换文本信息的格式是XML，但JSON比XML的文件更小、传输速度更快、更易解析。

使用Python编码和解码JSON对象非常简单，对象可以是数值、字符串、列表以及字典，最常用的对象是字典，嵌套字典的表达能力更强。编码将内存中的Python对象保存在字符串或文件中，解码把JSON格式字符串或文件转换为Python对象，JSON对象的编码和解码如图6-22所示。

Python对象
编码 json.dumps() json.dump()
解码 json.loads() json.load()
字符串或文件

图 6-22　JSON 对象的编码和解码

JSON的常用方法如表6-5所示。

表6-5　JSON的常用方法

方法	功能
json.dumps()	将Python对象编码成JSON字符串
json.loads()	将已编码的JSON字符串解码为Python对象
json.dump()	将Python内置类型序列化为JSON对象后写入文件
json.load()	读取文件中JSON格式的字符串并转换为Python对象

```
import json
d = {'no' : 1,'name' : 'Jack','height' : 175,'weight' : 70}
json_str = json.dumps(d)                  # 将字典类型转换为JSON格式字符串
print(type(json_str))                     # 输出json_str的类型
print ("JSON格式字符串: ",json_str)
d = json.loads(json_str)                  # 将JSON格式字符串转换为字典类型
print(type(d))                            # 输出d的类型
print ("name:", d['name'])                # 通过键'name'获取字典d的值
```

运行结果：

```
<class 'str'>
JSON格式字符串: {"no": 1, "name": "Jack", "height": 175, "weight": 70}
<class 'dict'>
name: Jack
```

```
import json
d = {'no' : 1,'name' : 'Jack','height' : 175,'weight' : 70}
# 写入JSON数据
with open('data.json', 'w') as f:
    json.dump(d, f)                       # 将字典d写入文件f
# 读取 JSON 数据
with open('data.json', 'r') as f:
    d = json.load(f)                      # 读取文件f，存放到字典d中
print(type(d))
print(d)
```

运行结果：

```
<class 'dict'>
{'no': 1, 'name': 'Jack',
'height': 175, 'weight': 70}
```

上述代码中，打开的data.json文件如图6-23所示。

data.json - 记事本
文件(F) 编辑(E) 格式(O) 查看(V) 帮助(H)
{"no": 1, "name": "Jack", "height": 175, "weight": 70}

图 6-23　data.json 文件

练一练

【练一练6-12】字典的操作。在命令行依次输入下面的语句，将结果填写在横线处。

```
>>> myDict={"汉堡":16,"鸡翅":12,"薯条":7}
>>> myDict
{'汉堡': 16, '鸡翅': 12, '薯条': 7}
>>> myDict["鸡翅"]                         # 显示结果为____________
>>> myDict["汉堡"]=16.5
>>> myDict                                 # 显示结果为____________
>>> myDict.pop("薯条")                     # 显示结果为____________
>>> myDict.get("鸡翅")                     # 显示结果为____________
>>> myDict.get("薯条","无此商品")          # 显示结果为____________
```

【练一练6-13】字典的应用。将程序运行结果填写在横线处。

```
myDict={"color":["red","green","blue"],"shape":["circle","square","triangle"]}
for i in myDict.keys():
    print(i,end=' ')                       # 显示结果为____________
print()
for i in myDict.values():
    print(i,end=' ')                       # 显示结果为____________
print()
print(myDict["shape"])                     # 显示结果为____________
print(myDict["color"][1:])                 # 显示结果为____________
```

6.7 第三方模块的安装和使用

词频统计V3.0

要完成词频统计，除了字典，还需要用到分词，如图6-24所示。分词可借助第三方模块jieba库来实现。

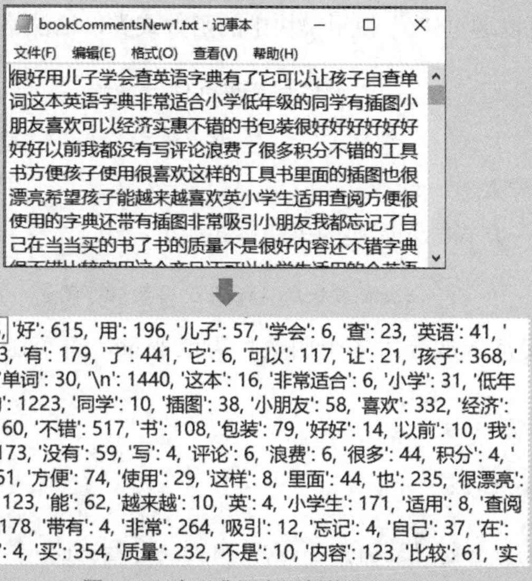

bookCommentsNew1.txt - 记事本

文件(F) 编辑(E) 格式(O) 查看(V) 帮助(H)

很好用儿子学会查英语字典有了它可以让孩子自查单词这本英语字典非常适合小学低年级的同学有插图小朋友喜欢可以经济实惠不错的书包装很好好好好好好好好以前我都没有写评论浪费了很多积分不错的工具书方便孩子使用很喜欢这样的工具书里面的插图也很漂亮希望孩子能越来越喜欢英小学生适用查阅方便很使用的字典还带有插图非常吸引小朋友我都忘记了自己在当当买的书了书的质量不是很好内容还不错字典

{'很': 815, '好': 615, '用': 196, '儿子': 57, '学会': 6, '查': 23, '英语': 41, '字典': 143, '有': 179, '了': 441, '它': 6, '可以': 117, '让': 21, '孩子': 368, '自查': 4, '单词': 30, '\n': 1440, '这本': 16, '非常适合': 6, '小学': 31, '低年级': 9, '的': 1223, '同学': 10, '插图': 38, '小朋友': 58, '喜欢': 332, '经济': 4, '实惠': 60, '不错': 517, '书': 108, '包装': 79, '好好': 14, '以前': 10, '我': 76, '都': 173, '没有': 59, '写': 4, '评论': 6, '浪费': 6, '很多': 44, '积分': 4, '工具书': 61, '方便': 74, '使用': 29, '这样': 8, '里面': 44, '也': 235, '很漂亮': 8, '希望': 123, '能': 62, '越来越': 10, '英': 4, '小学生': 171, '适用': 8, '查阅': 6, '还': 178, '带有': 4, '非常': 264, '吸引': 12, '忘记': 4, '自己': 37, '在': 75, '当当': 4, '买': 354, '质量': 232, '不是': 10, '内容': 123, '比较': 61, '实

图6-24 实现分词和词频统计

如何安装Python的第三方模块？如何使用jieba库进行分词并完成词频统计？

6.7.1 模块

1. 初识模块

在Python程序中，每个.py文件都可以视为一个模块，在当前.py文件中导入其他.py文件，可以使用被导入文件中定义的内容，如类、变量和函数等。Python中的模块可分为三类：内置模块、第三方模块和自定义模块。

(1) 内置模块：内置模块是Python的官方模块，可直接导入程序供开发人员使用。

(2) 第三方模块：第三方模块是由非官方制作发布的、供大众使用的Python模块，在使用前需要开发人员先自行安装。

(3) 自定义模块：自定义模块是开发人员在程序编写过程中自行编写的、存放功能性代码的.py文件。

2. 模块的导入方式

Python模块的导入方式分为import导入和from…import…导入两种方式。

1) import导入

import支持依次导入多个模块，每个模块之间使用逗号分割。使用import导入模块的语法格式如下：

```
import 模块1, 模块2, …
```

```
import tkinter                        # 导入一个模块
import turtle, random                 # 导入多个模块
```

如果在开发过程中需要导入一些名称较长的模块，可使用as为这些模块起别名，语法格式如下：

```
import 模块名 as 别名
```

```
import tkinter as tk                  # tk为模块tkinter的别名
```

模块导入之后便可以通过“.”使用模块中的函数或类，语法格式如下：

```
模块名.函数名()/类名
```

```
tkinter.Tk()                          # 使用模块tkinter中的函数Tk()
```

2) from…import…导入

使用from…import…方式导入模块的语法格式如下：

```
from 模块名 import 函数/类/变量
```

from…import…支持依次导入多个函数、类或变量，每个函数、类或变量之间使用逗号分割。

```
# 导入一个函数
from tkinter import Tk
# 导入多个函数
from tkinter import Tk, Label, Entry, Listbox, Button
```

使用“from…import…”方式导入模块之后，无需添加前缀，可以像使用当前程序中的内容一样使用模块中的内容。

```
Tk()                                    # 使用模块tkinter中的函数Tk()
```

另外，也可以借助通配符“*”，使用from…import…导入模块中的全部内容，语法格式如下：

```
from 模块名 import *
```

```
from tkinter import *
Tk()
```

from…import…也支持为模块或模块中的函数起别名，语法格式如下：

```
from 模块名 import 函数名 as 别名
```

3. 常见的标准模块

Python内置了许多标准模块，例如random、time、os等，下面介绍几个常用的标准模块。

1) random模块

random模块为随机数模块，该模块定义了多个可产生各种随机数的函数。random模块中的常用函数如表6-6所示。

表6-6　random模块的常用函数

函数	功能
random.random()	随机返回(0,1]之间的浮点数
random.uniform(a,b)	随机返回[a,b]内的浮点数
random.randint(a,b)	随机返回[a,b]之间的整数
random.randrange(start,stop[, step=1])	随机返回指定范围的整数，步长step默认为1
random.choice(seq)	随机返回序列内的元素
random.sample(seq,k)	随机返回序列内的任意*k*个元素的组合
random.shuffle(seq)	打乱序列内元素的次序

下面是random模块中randint()函数、choice()函数的用法举例。

```
>>> import random
>>> random.randint(1,10)                # 随机生成一个1～10之间的整数
9
>>> nameList=["王羽","赵飞","田华","刘强"]
>>> random.choice(nameList)             # 随机取出nameList中的一个元素
'刘强'
```

利用random模块来解决一个实际应用中的问题：生成随机验证码。很多网站的注册登录业务都加入了验证码技术，以区分用户是人还是计算机，有效地防止刷票、论坛灌水、恶意注册等行为。目前验证码的种类层出不穷，其生成方式也越来越复杂，常见的是由数字(0～9)、大写字母(A～Z)、小写字母(a～z)组成的6位验证码。接下来演示编程实现随机生成6位验证码的功能。

```
import random
code = ''
```

```
codeList=[]
for i in range(6):
    num=random.randint(0,9)                # 随机整数
    alf_big=chr(random.randint(65,90))              # 随机大写的A~Z
    alf_small=chr(random.randint(97,122))           # 随机小写的a~z
    # 随机得到列表中的一个元素
    add=random.choice([num,alf_big,alf_small])
    # 将元素添加到codeList列表中
    codeList.append(str(add))
    # 将codeList列表中的元素连成一个字符串
    code=''.join(codeList)
print(code)
```

某次运行结果：

```
DgXT55
```

2) time模块

time模块提供了一系列处理时间的函数。time模块中的常用函数如表6-7所示。

表6-7　time模块的常用函数

函数	功能
time.time()	获取当前时间，结果为实数，单位为秒
time.sleep(secs)	进入休眠状态，时长由参数secs指定，单位为秒
time.strptime(string[,format])	将一个时间格式(如2021-08-18)的字符串解析为时间元组
time.localtime([secs])	以struct_time类型输出本地时间
time.asctime([tuple])	获取时间字符串，或将时间元组转换为字符串
time.mktime(tuple)	将时间元组转换为秒数
strftime(format[,tuple])	返回字符串表示的当前时间，格式由format决定

下面是time模块中sleep()函数的用法举例。

```
import random,time
nameList=["王羽","赵飞","田华","刘强"]
showList=[]
for i in range(len(nameList)):          # 设置循环次数
    people=random.choice(nameList)      # 随机选择一个元素
    nameList.remove(people)             # 移除已选择的元素
    showList.append(people)             # 添加到showList列表中
    time.sleep(2)                       # 每隔2s执行一次
    print(f"此时的成员有{showList}")
```

运行结果：

```
此时的成员有['赵飞']
此时的成员有['赵飞', '刘强']
此时的成员有['赵飞', '刘强', '王羽']
此时的成员有['赵飞', '刘强', '王羽', '田华']
```

3) os模块

os模块提供了访问操作系统服务的功能，该模块中常用的函数如表6-8所示。

表6-8　os模块的常用函数

函数	功能
os.getcwd()	获取当前工作路径，即当前Python脚本所在的路径
os.chdir()	改变当前脚本的工作路径
os.remove()	删除指定文件
os._exit()	终止Python程序
os.path.abspath(path)	返回path规范化的绝对路径
os.path.split(path)	将path分隔为形如(目录，文件名)的二元组并返回

下面是os模块中getcwd()、chdir()函数的用法举例。

```
>>> import os
>>> current_path=os.getcwd()            # 获取当前工作路径
>>> current_path
'E:\\代码'
>>> new_path=r"D:\代码"                 # 新的工作路径
>>> os.chdir(new_path)                  # 更改到新的工作路径
>>> current_path=os.getcwd()            # 获取当前工作路径
>>> current_path
'D:\\代码'
```

4. 自定义模块

一般在进行程序开发时，不会将所有代码都放在一个文件中，而是将耦合度较低的多个功能写入不同的文件中，制作成自定义模块，并在其他文件中以导入模块的方式使用该内容。

Python中每个文件都可以作为一个模块存在，文件名即为模块名。假设现有一个名为module_one的Python文件module_one.py，该文件中的内容如下：

```
age = 13
def introduce():
    print(f"my name is Jack,I'm {age} years old this year.")
```

使用import语句导入module_one模块，并使用该模块中的introduce()函数。

```
import module_one
module_one.introduce()
print(module_one.age)
```

运行结果：

```
my name is Jack,I'm 13 years old this year.
13
```

若只使用module_one模块中的introduce()函数，也可使用from…import…语句导入该函数。

```
from module_one import introduce
introduce()
```

运行结果：

```
my name is Jack,I'm 13 years old this year.
```

6.7.2 第三方模块的下载与安装

Python语言的开放社区和规模庞大的第三模块，构成了Python的计算生态。在使用第三方模块之前，可以使用安装包管理工具pip下载和安装第三方模块。pip是最简单、快捷的Python第三方模块的在线安装工具，它可以安装95%以上的第三方模块。pip需要在Windows系统的命令提示符窗口执行，操作步骤如下。

(1) 打开cmd命令提示符窗口，如图6-25所示。

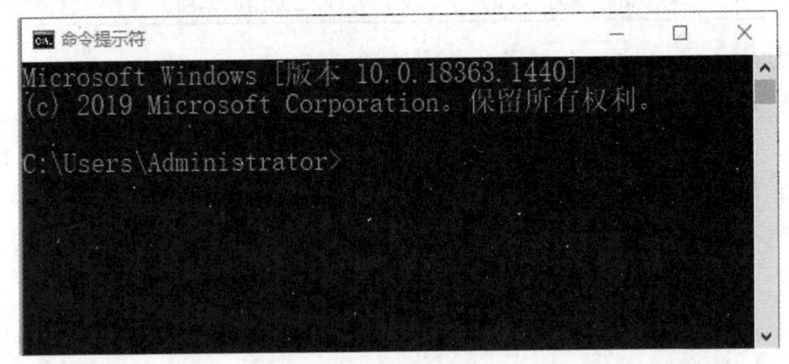

图 6-25 命令提示符窗口

(2) 假设Python的安装路径为D:\Python，在命令行先键入“D:”，再执行“cd Python\Scripts”，则进入到D:\Python\Scripts，如图6-26所示。如果安装Python的时候选择的是默认路径，则应该进入到相应的路径C:\Users\Administrator\AppData\Local\Programs\Python\Python37\Scripts中。

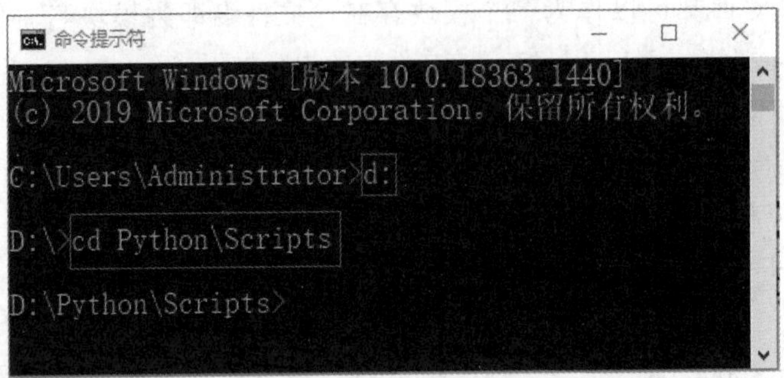

图 6-26 进入 Python 安装目录的 Scripts 目录夹下

(3) 在当前的命令提示符窗口中，执行“pip install jieba”，安装jieba库，如图6-27所示。

图 6-27 pip install jieba 安装 jieba 库

如果在安装jieba库的过程中抛出了异常，提示操作没有成功，则可以尝试另一种方法。

(4) 另一种方法是在当前命令提示符窗口指定可用的镜像资源安装，可选择豆瓣镜像或清华镜像安装，图6-28采用豆瓣镜像安装，并显示安装成功。

① 豆瓣镜像安装链接为pip install jieba -i https://pypi.douban.com/simple/。

② 清华镜像安装链接为pip install jieba -i https://pypi.tuna.tsinghua.edu.cn/simple/。

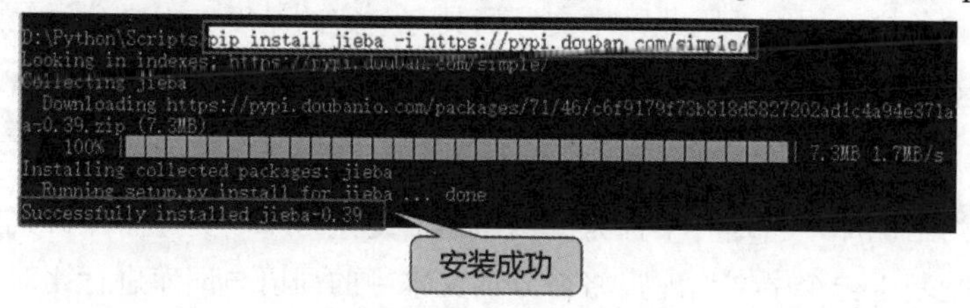

图 6-28　豆瓣镜像安装 jieba 库

(5) 还有一种下载与安装第三方模块的方法(以词云库wordcloud为例)：

首先，进入Python第三方模块文件(通常是whl为扩展名的文件)的下载地址：

https://www.lfD.uci.edu/~gohlke/pythonlibs/#lxml

之后，将wordcloud库的whl文件下载到本地，如图6-29所示。

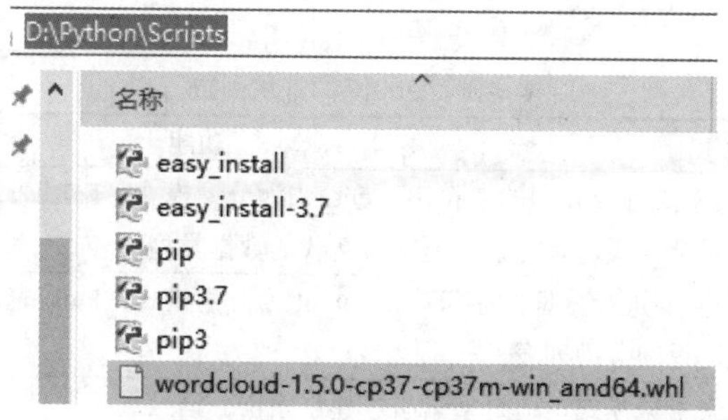

图 6-29　wordcloud 库的 whl 文件下载到本地

最后，从命令提示符窗口进入到D:\Python\Scripts\，如图6-30所示，执行命令pip install wordcloud-1.5.0-cp37-cp37m-win_amd64.whl。

```
D:\Python\Scripts>pip install wordcloud-1.5.0-cp37-cp37m-win_amd64.whl
Requirement already satisfied: wordcloud==1.5.0 from file:///D:/Python/S
in d:\python\lib\site-packages (1.5.0)
Requirement already satisfied: numpy>=1.6.1 in d:\python\lib\site-packa
Requirement already satisfied: pillow in d:\python\lib\site-packages (f
```

图 6-30　安装 wordcloud 库的 whl 文件

(6) 测试jieba库是否安装成功。如图6-31所示，在命令提示符窗口键入“python”，出现“>>>”。键入“import jieba”，没有报错，出现“>>>”，说明jieba库安装成功。

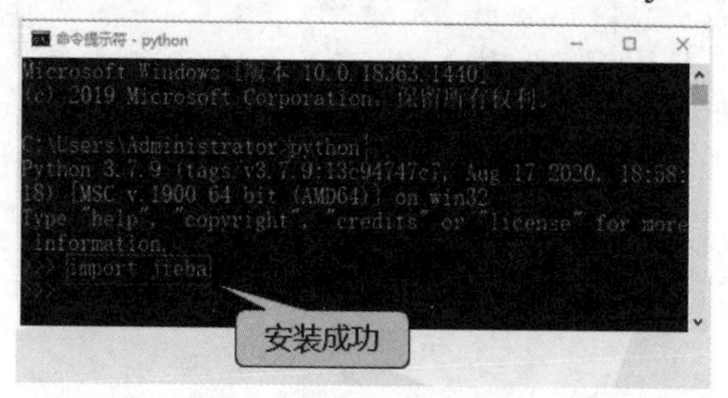

图 6-31　测试 jieba 库是否安装成功

6.7.3 jieba库

在自然语言处理过程中，为了能更好地处理句子，往往需要把句子拆分成一个一个的词语，以便更好地分析句子的特性，这个过程就称为分词。中文句子不像英文那样天然自带分隔，并且存在各种各样的词组，因此，中文分词具有一定的难度。中文分词是通过关键字识别奇数，抽取句子中最关键的部分，从而达到理解句子的目的。

1. jieba库的常用函数

jieba库也称为结巴库，它是一个优秀的Python中文分词库，支持简体、繁体中文。jieba库分词的基本原理是基于一个中文词库，将待分词文本中的词语与词库进行比对，根据词语概率进行分词。jieba库支持三种分词模式：精确模式、全模式和搜索引擎模式。

(1) 精确模式：将句子精确地按顺序切分为词语，适合文本分析。

(2) 全模式：把句子中所有可以成词的词语都切分出来，但是不能解决歧义。

(3) 搜索引擎模式：在精确模式的基础上，对长词再次切分，提高召回率，适合用于搜索引擎分词。

jieba库的常用函数如表6-9所示。

表6-9　jieba库的常用函数

函数	功能
cut(s,cut_all)	s为需要进行分词的字符串。cut_all为分词模式，False表示精确模式，无冗余，True表示全模式，有冗余，返回可迭代的数据类型
lcut(s,cut_all=True)	s为需要进行分词的字符串。cut_all为分词模式，False表示精确模式，True表示全模式，返回分词列表
cut_for_search(s)	搜索引擎模式，适合搜索引擎建立索引分词结果
lcut_for_search(s)	搜索引擎模式，返回分词列表

下面是分别用精确模式、全模式和搜索引擎模式三种模式进行分词的例子。

```
>>> import jieba
>>> str = '我因自己是ACM爱好者协会的一份子而感到骄傲'
>>> result = jieba.cut(str,cut_all=False)          # 精确模式分词
>>> print(','.join(result))
我,因,自己,是,ACM,爱好者,协会,的,一份,子,而,感到,骄傲
>>> result = jieba.cut(str,cut_all=True)           # 全模式分词
>>> print(','.join(result))
我,因,自己,是,ACM,爱好,爱好者,好者,协会,的,一份,份子,而,感到,骄傲
>>> result = jieba.cut_for_search(str)             # 搜索引擎模式分词
>>> print(','.join(result))
我,因,自己,是,ACM,爱好,好者,爱好者,协会,的,一份,子,而,感到,骄傲
>>> result = jieba.cut(str)                        # 返回generator对象
>>> type(result)                                   # 查看result的类型
<class 'generator'>
>>> for i in result:                               # 遍历generator对象
      print(i , end=',')
我,因,自己,是,ACM,爱好者,协会,的,一份,子,而,感到,骄傲,
>>> result = jieba.lcut(str)                       # 返回列表
>>> type(result)                                   # 查看result的类型
<class 'list'>
```

```
>>> result
['我','因','自己','是','ACM','爱好者','协会','的','一份','子','而','感到','骄傲']
```

2. jieba库应用举例

中文文本词频统计。有一段中文文本：

乌鸦喝水告诫人们，遇到困难的时候，要善于思考，动脑筋，再困难的事情也会迎刃而解。这世界上的一切事物都值得我们去留心探索、发现，需要用智慧的眼睛去发现问题的本质，千万不要为事物表面所迷惑。

对中文文本进行分词，然后去除中文文本中的标点符号，同时去除“的”“也”“去”等无意义词语，最后统计出现频率最高的5个单词。

```
import jieba
s="乌鸦喝水告诫人们，遇到困难的时候，要善于思考，动脑筋，再困难的事情也会迎刃而解。这世界上的一切事物都值得我们去留心探索、发现，需要用智慧的眼睛去发现问题的本质，千万不要为事物表面所迷惑。"
lst=jieba.lcut(s)                       # 对s中的文本进行分词
# 设置停用词列表，包括标点符号和无意义的词
stopwords=['，','、','。','的','也','去']
dic={}
for x in lst:
    if x not in stopwords:              # 判断是否为停用词
        dic[x]=dic.get(x,0)+1           # 统计词频
# 按照词频降序排列
lst_freq=sorted(dic.items(),key=lambda item:item[1],reverse=True)
# 输出排名前五的单词和词频
print(lst_freq[:5])
```

运行结果：

```
[('事物', 2), ('发现', 2), ('乌鸦', 1), ('喝水', 1), ('告诫', 1)]
```

词频统计V3.0

前面词频统计V2.0中将过滤了无效书评后的结果result，写入了新的文件bookCommentsNew1.txt中。

任务：

(1) 读取去除了无效书评的新文件bookCommentsNew1.txt，存放到字符串bookComments中。

(2) 使用第三方模块jieba库对字符串bookComments按照精确模式进行分词，存放到generator对象Comments_list_exact中，迭代generator对象，完成词频统计。

解决方法：

```
import jieba
with open('bookCommentsNew1.txt', 'r') as fp:
    bookComments = fp.read()
# 精确模式分词，返回generator对象Comments_list_exact
Comments_list_exact = jieba.cut(bookComments,cut_all =False)
d=dict()                                # 创建空字典
# 字典的"键"存放"词"，字典的"值"存放"词出现的次数"
for key in Comments_list_exact:         # 迭代generator对象
    d[key] = d.get(key, 0) + 1
print(d)
```

运行结果如图6-32所示。

{'很': 815, '好': 615, '用': 196, '儿子': 57, '学会': 6, '查': 23, '英语': 41, '字典': 143, '有': 179, '了': 441, '它': 6, '可以': 117, '让': 21, '孩子': 368, '自查': 4, '单词': 30, '\n': 1440, '这本': 16, '非常适合': 6, '小学': 31, '低年级': 9, '的': 1223, '同学': 10, '插图': 38, '小朋友': 58, '喜欢': 332, '经济': 4, '实惠': 60, '不错': 517, '书': 108, '包装': 79, '好好': 14, '以前': 10, '我': 76, '都': 173, '没有': 59, '写': 4, '评论': 6, '浪费': 6, '很多': 44, '积分': 4, '工具书': 61, '方便': 74, '使用': 29, '这样': 8, '里面': 44, '也': 235, '很漂亮': 8, '希望': 123, '能': 62, '越来越': 10, '英': 4, '小学生': 171, '适用': 8, '查阅': 6, '还': 178, '带有': 4, '非常': 264, '吸引': 12, '忘记': 4, '自己': 37, '在': 75, '当当': 4, '买': 354, '质量': 232, '不是': 10, '内容': 123, '比较': 61, '实

图 6-32 运行结果截图

上面程序中，字典d的“键”存放“词”，字典d的“值”存放“词出现的次数”。通过for循环，遍历精确模式分词后的generator对象Comments_list_exact。对于语句：

```
d[key] = d.get(key, 0) + 1
```

如果键key在字典d中存在，通过d.get(key, 0)得到该键key对应的值，将该值加1后赋值给d[key]，即统计词出现的次数在原来值的基础上加1。如果键key在字典d中不存在，通过d.get(key, 0)得到该键key对应的值0，然后加1赋值给d[key]，即统计词出现的次数为1。

词频统计V4.0

用字典存放词频统计，发现显示还不够直观，若能图形化展示分词出现的频率，则更加方便选书。如何将词频统计结果用如图6-33所示的词云图来展示呢？

{'很': 815, '好': 615, '用': 196, '儿子': 57, '学会': 6, '查': 23, '英语': 41, '字典': 143, '有': 179, '了': 441, '它': 6, '可以': 117, '让': 21, '孩子': 368, '自查': 4, '单词': 30, '\n': 1440, '这本': 16, '非常适合': 6, '小学': 31, '低年级': 9, '的': 1223, '同学': 10, '插图': 38, '小朋友': 58, '喜欢': 332, '经济': 4, '实惠': 60, '不错': 517, '书': 108, '包装': 79, '好好': 14, '以前': 10, '我': 76, '都': 173, '没有': 59, '写': 4, '评论': 6, '浪费': 6, '很多': 44, '积分': 4, '工具书': 61, '方便': 74, '使用': 29, '这样': 8, '里面': 44, '也': 235, '很漂亮': 8, '希望': 123, '能': 62, '越来越': 10, '英': 4, '小学生': 171, '适用': 8, '查阅': 6, '还': 178, '带有': 4, '非常': 264, '吸引': 12, '忘记': 4, '自己': 37, '在': 75, '当当': 4, '买': 354, '质量': 232, '不是': 10, '内容': 123, '比较': 61, '实

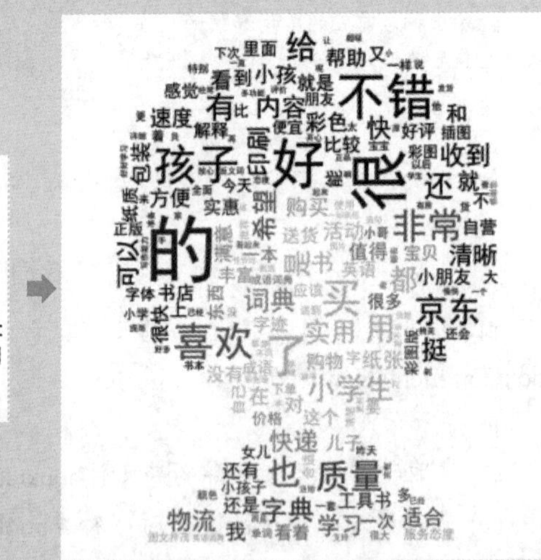

图 6-33 将词频结果用词云图展示

这需要用到wordcloud库和matplotlib库。

词频统计 V4.0

6.7.4　wordcloud库

wordcloud库是Python语言中非常优秀的词云展示第三方库。词云以词语为基本单位，是对文本中出现频率较高的“关键词”予以可视化的展示，它根据词语在文本中出现的频率设置词语在词云中的大小、颜色和显示层次，使得用户一眼扫过词云图就可领略文本的主旨。例如，《2021年政府工作报告》词云图如图6-34所示。

图 6-34　《2021 年政府工作报告》词云图

1. 创建WordCloud对象

wordcloud库的核心是WordCloud类，该类封装了wordcloud库的所有功能。通常先调用WordCloud()函数创建一个WordCloud对象，然后再进一步生成词云。使用WordCloud()函数创建一个名为wc的WordCloud对象的语法格式为：

```
wc = wordcloud.WordCloud(<参数>)
```

其主要参数功能如表6-10所示。

表6-10　WordCloud函数的主要参数功能

参数	功能
font_path	指定文体文件的路径，默认为None，需要展现什么字体就把该字体路径+后缀写上
width	指定词云对象生成图片的宽度，默认为400像素
height	指定词云对象生成图片的高度，默认为200像素
mask	指定用于绘制词云图形状的掩码，默认为None。掩码为Numpy库章的ndarray对象
scale	按照比例放大画布
max_words	指定词云显示的最大单词数量，默认为200
min_font_size	指定词云中字体的最小字号，默认为4号
max_font_size	指定词云中字体的最大字号，根据高度自动调节
font_step	指定词云中字体字号的步进间隔，默认为1
stop_words	指定词云的排除词列表，即不显示的单词列表
background_color	指定词云图片的背景颜色，默认为黑色
random_state	为每个单词返回一个PIL颜色
prefer_horizontal	指定词语水平方向排版出现的频率
color_func	生成新颜色的函数

2. 生成词云

使用WordCloud对象wc生成词云的常用函数如表6-11所示。

表6-11　生成词云的常用函数

函数	功能
wc.generate(text)	根据文本生成词云
wc.generate_from_frequencies(frequencies[,…])	根据词频生成词云
wc.generate_from_text(text)	根据文本生成词云
wc.to_file(filename)	将词云写入图像文件

3. 应用举例

1) 生成英文词云

英文文本可以直接调用generate()函数来生成词云。

```
>>> text="Life is short,you need python."
>>> wc=wordcloud.WordCloud(background_color="white")
>>> wc.generate(text)                    # 将文本text生成词云
<wordcloud.wordcloud.WordCloud object at 0x0000022BFC98B8D0>
>>> wc.to_file("pycloud.png")            # 将词云写入图像pycloud.png
<wordcloud.wordcloud.WordCloud object at 0x0000022BFC98B8D0>
```

打开词云图像pycloud.png文件，如图6-35所示。

图6-35　英文词云图

2) 生成中文词云

中文文本应先分词(如使用jieba库)，然后使用空格或逗号将它们连接成字符串，再调用generate()函数来生成词云。

```
>>> import jieba
>>> import wordcloud
>>> str="我因自己是ACM爱好者协会的一份子而感到骄傲"
>>> result = jieba.lcut(str)            # 返回列表
>>> text=' '.join(result)               # 用空格连接列表result中的元素
>>> wc=wordcloud.WordCloud(font_path='C:/Windows/Fonts/SIMYOU.TTF',
    width=700,height=500,background_color='white')
>>> wc.generate(text)                   # 将文本text生成词云
<wordcloud.wordcloud.WordCloud object at 0x000001F8AF86E888>
>>> wc.to_file('chinese_cloud.jpg')  # 将词云写入图像
<wordcloud.wordcloud.WordCloud object at 0x000001F8AF86E888>
```

打开词云图像chinese_cloud.jpg文件，如图6-36所示。

图 6-36　中文词云图

6.7.5　matplotlib库

matplotlib库是一个非常有用的Python二维绘图库，有丰富的可视化绘图类。matplotlib库提供了便捷的绘图子模块pyplot，该模块提供了一套和MATLAB类似的绘图方法，这些方法把复杂的内部结构隐藏起来，通过简洁的绘图函数来实现不同的绘图功能。一般采用如下方式引入matplotlib库中的pyplot子模块：

```
import matplotlib.pyplot as plt
```

matplotlib.pyplot子模块中常用函数如表6-12所示。

表6-12　matplotlib.pyplot子模块中的常用函数

函数	功能
plt.imshow()	显示词云
plt.axis()	设置坐标轴属性，若参数为off，表示坐标轴不可见
plt.show()	显示图像

将上例程序中的词云写入图像，改为用matplotlib.pyplot子模块展示图像。

```
>>> import jieba
>>> import wordcloud
>>> str="我因自己是ACM爱好者协会的一份子而感到骄傲"
>>> result = jieba.lcut(str)          # 返回列表
>>> text=' '.join(result)             # 用空格连接列表result中的元素
>>> wc=wordcloud.WordCloud(font_path='C:/Windows/Fonts/SIMYOU.TTF',
    width=700,height=500,background_color='white')
>>> wc.generate(text)                 # 将文本text生成词云
<wordcloud.wordcloud.WordCloud object at 0x000001F8B116FF48>
>>> import matplotlib.pyplot as plt
>>> plt.imshow(wc)                    # 显示词云
<matplotlib.image.AxesImage object at 0x000001F8B0EE4B48>
>>> plt.show()                        # 显示图像
```

运行，得到如图6-37所示的图像。

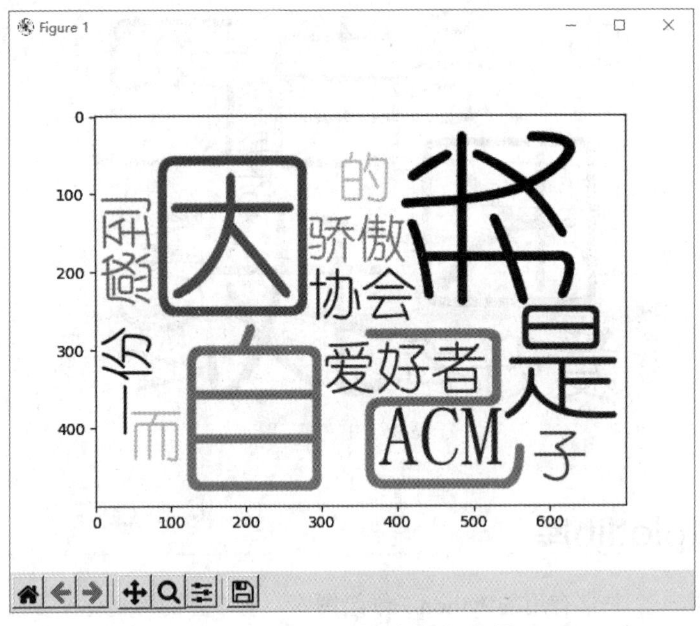

图 6-37　用 matplotlib 库显示词云图

图6-37展示的词云图中显示了坐标轴，如果希望展示的词云图不显示坐标轴，可以使用axis函数来关闭坐标轴。

```
>>> import matplotlib.pyplot as plt
>>> plt.imshow(wc)                          # 显示词云
<matplotlib.image.AxesImage object at 0x000001F8B15FB688>
>>> plt.axis('off')                         # 关闭坐标轴
(-0.5, 699.5, 499.5, -0.5)
>>> plt.show()                              # 显示图像
```

运行，得到如图6-38所示的关闭坐标轴后的词云图。

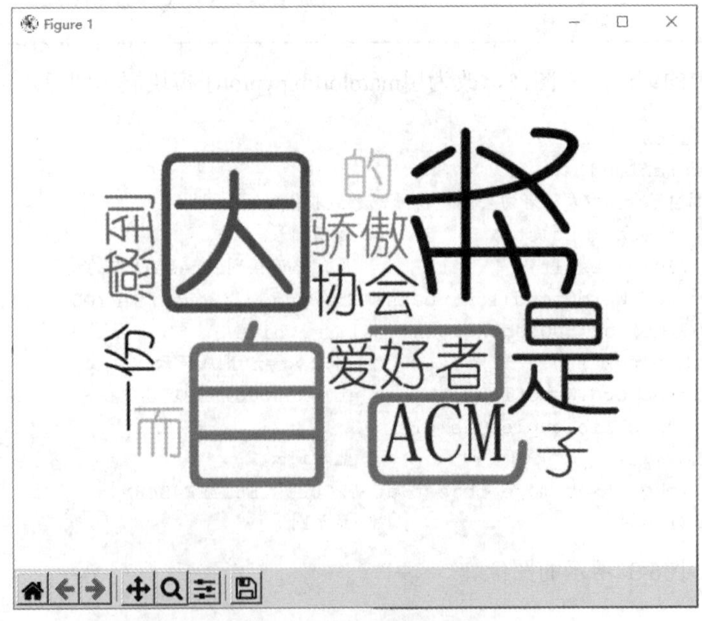

图 6-38　关闭坐标轴后的词云图

词频统计V4.0

任务1：安装并检查绘制词云图所需要的第三方库：numpy、PIL(pillow)、wordcloud和matplotlib是否安装成功，如图6-39所示。需要注意的是：wordcloud库需要pillow库和numpy库的支持，如果未安装这两个库，安装程序可自动安装。

检查方法：

```
命令提示符 - python
20, 18:58:18) [MSC v.1900 64 bit (AMD64)] on wi
n32
Type "help", "copyright", "credits" or "license
" for more information.
>>> import numpy
>>> import PIL
>>> import wordcloud
>>> import matplotlib
>>>
```

在命令行执行导入库，成功。

图 6-39　检查第三方库是否安装成功

词频统计V4.0

任务2：导入库。确定词云形状，准备词云图形状的参考图片。将如图6-40所示的beijing.png图片与案例的.py文件放在同一个目录夹下。

解决方法：

```
# 导入库
import numpy as np
import wordcloud
from PIL import Image
import matplotlib.pyplot  as plt
```

图 6-40　beijing.png 图片

词频统计V4.0

任务3：确定词云图样式，创建词云对象wc。

解决方法：

```
# 导入库
import numpy as np
import wordcloud
from PIL import Image
import matplotlib.pyplot  as plt
mask =np.array(Image.open('beijing.png'))              # 定义词频背景
wc = wordcloud.WordCloud(                                # 创建词云对象
    font_path='C:/Windows/Fonts/simhei.ttf',             # 设置字体格式
    width=500, height=400,                               # 设置词云尺寸
    mask=mask,                                           # 设置词频背景图
    max_words=200,                                       # 设置最多显示词数
    max_font_size=100,                                   # 设置字体最大值
    background_color='white',                            # 设置背景颜色为白色
    font_step=3,                                         # 设置不同的字体大小，以3为步长
    random_state=False,                                  # 词云图形状不随机变化
    prefer_horizontal=0.9)                               # 90%的词显示在水平方向
```

词频统计V4.0

任务4：

(1) 根据已经统计的字典d(包括词和词频)的内容生成词云。

(2) 渲染词云。从背景图中取色，来设置词云颜色。

(3) 显示词云图像。

解决方法：

```
# (1)根据字典d生成词云
wc.generate_from_frequencies(d)
# (2)从背景图建立颜色方案
image_colors = wordcloud.ImageColorGenerator(mask)
# 将词云颜色设置为背景图方案
wc.recolor(color_func=image_colors)
# (3)显示词云
plt.imshow(wc)
# 关闭坐标轴，若不关闭会显示x-y轴及其标签
plt.axis('off')
# 显示图像
plt.show()
```

运行结果如图6-41所示。

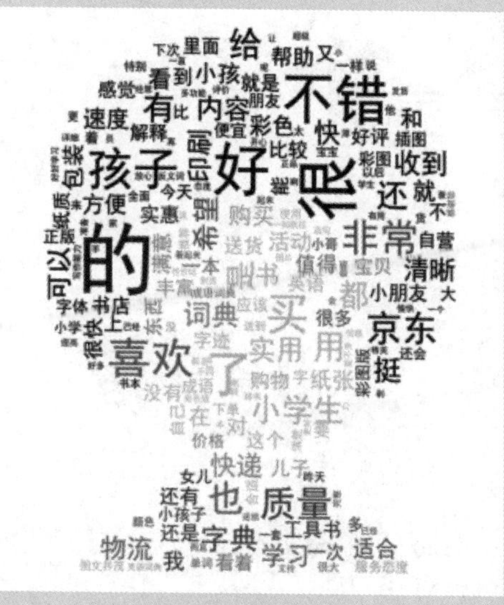

图6-41 词频统计词云图

练一练

【练一练6-14】字典和jieba库的应用。阅读并补全程序。

```
import jieba
s="扁担长，板凳宽，板凳没有扁担长，扁担没有板凳宽。扁担要绑在板凳上，板凳不让扁担绑在板凳上，
扁担偏要绑在板凳上。"
lst=jieba.________________          # 对s中的文本进行分词并放入列表
stopwords=['，', '_____']           # 设置停用词列表，包括标点符号
dic={}
for x in lst:
    if x not in__________:          # 判断是否为停用词
        dic[x]= dic._____(x,0)+_____ # 统计词频
# 按照词频降序排列
lst_freq=sorted(_____.items(),key=lambda item:item[1],reverse=True)
# 输出排名前五的单词和词频
print(lst_freq[:5])
```

6.8 组合数据类型的高级特性

本节补充一些组合数据类型的高级特性。

6.8.1 迭代

对于一个字符串、列表、元组、集合或字典，均可以通过for循环来遍历，这个遍历称为迭代(Iteration)。

1. 字符串的迭代

```
for ch in 'python':
    print(ch,end=' ')
```

运行结果：

```
p y t h o n
```

2. 集合的迭代

```
s=set([1,2,3,4])
for x in s:
    print(x,end=' ')
```

运行结果：

```
1 2 3 4
```

3. 字典的迭代

```
d={'apple':10 , 'banana':20 , 'orange': 30}
for key , value in d.items():
    print(key , value)
```

运行结果：

```
apple 10
banana 20
orange 30
```

4. Iterable类型判断是否为一个可迭代对象

对于一个对象，通常通过collections模块的Iterable类型判断该对象是否是一个可迭代对象。

```
from collections import Iterable
print(isinstance('python',Iterable))              # str是否可迭代
print(isinstance([1,2,3],Iterable))               # list是否可迭代
print(isinstance(123,Iterable))                   # 整数是否可迭代
```

运行结果：

```
True
True
False
```

5. 列表实现下标循环

Python的内置函数enumerate函数可以把一个list变成索引—元素对，实现在for循环中同时迭代索引和元素本身。

```
for i,value in enumerate(['apple','banana','orange']):
    print(i,value)
```

运行结果：

```
0 apple
1 banana
2 orange
```

6. for循环中同时引用多个变量

```
for x,y in [(1,1),(2,4),(3,9)]:
    print(x,y)
```

运行结果：

```
1 1
2 4
3 9
```

6.8.2　推导式

之前，我们这样生成列表。

```
lst=[]
for i in range(10):
    lst.append(i)
print(lst)
```

运行结果：

```
[0, 1, 2, 3, 4, 5, 6, 7, 8, 9]
```

但这明显有点麻烦，现在学习一种简单便捷的方法，使用一行代码解决问题。

```
print([i for i in range(10)])
```

运行结果：

```
[0, 1, 2, 3, 4, 5, 6, 7, 8, 9]
```

1. 列表推导式

如上例所示，这种创建列表的方式称为列表推导式，也称为列表解析式。格式是中括号内用for语句创建列表，后面也可跟语句作判断，满足条件的元素传到for语句前面以构建这个列表。列表推导式的语法格式为：

```
variable = [expr for value in collection if condition]
   变量      表达式                收集器          条件
```

```
>>> [i for i in range(10) if i%2==0]                # 0~9中的偶数
[0, 2, 4, 6, 8]
>>> [i**2 for i in range(10) if i%2==0]             # 对0~9中的偶数求平方
[0, 4, 16, 36, 64]
```

创建嵌套的列表，如下例所示，创建一个5行3列的嵌套列表，共有rows个子元素，每个子元素(嵌套内的列表)是col。

```
>>> [[col for col in range(3)] for rows in range(5)]
[[0, 1, 2], [0, 1, 2], [0, 1, 2], [0, 1, 2], [0, 1, 2]]
```

除此以外，还有两层循环形式的列表推导式。

```
>>> [x+y for x in 'abc' for y in 'XYZ']
['aX', 'aY', 'aZ', 'bX', 'bY', 'bZ', 'cX', 'cY', 'cZ']
```

另外，还可以使用两个变量来生成列表。

```
>>> d={'apple':10 , 'banana':20 , 'orange': 30}
>>> lst=[key+'='+str(value) for key,value in d.items()]
>>> lst
['apple=10', 'banana=20', 'orange=30']
```

2. 集合推导式

同样地，集合也有推导式，用法与列表类似，只要将中括号换为花括号即可。

```
variable = {expr for value in collection if condition}
   变量      表达式               收集器           条件
```

```
>>> {i for i in range(5)}            # 0~4的整数
{0, 1, 2, 3, 4}
>>> {i for i in range(10) if i%2==0} # 0~9中的偶数
{0, 2, 4, 6, 8}
```

3. 字典推导式

同为花括号的字典，也有自己的推导式。

```
>>> d={'a':1,'b':2,'c':3}
>>> {k:v for k,v in d.items()}
{'a': 1, 'b': 2, 'c': 3}
```

6.8.3 zip()、map()和filter()

zip()、map()和filter()函数生成的可迭代对象均包含迭代器，可使用for循环执行迭代操作。

1. zip()

zip()函数用于将可迭代的对象作为参数，将对象中对应的元素打包成一个个元组，然后返回由这些元组组成的列表。zip函数的语法格式为：

```
zip([iterable, ……])
```

其中iterable为一个或多个迭代器。

```
a = [1,2,3]
b = [4,5,6]
zipped = zip(a,b)                    # 打包为元组的列表
for x in zipped:
    print(x)
```

运行结果：

```
(1, 4)
(2, 5)
(3, 6)
```

2. map()

map()函数会根据提供的函数对指定的序列做映射。map函数的语法格式为：

```
map(function, iterable, ……)
```

其中，function为函数，iterable为一个或多个序列。

```
def square(x) :                          # 计算平方数函数
    return x ** 2
# 对列表[1,2,3,4,5]中的每个元素执行square函数，即求平方
map(square, [1,2,3,4,5])
# 使用list()转换为列表
list_one=list(map(square, [1,2,3,4,5]))
print(list_one)
# 使用lambda匿名函数
list_two=list(map(lambda x: x ** 2, [1, 2, 3, 4, 5]))
print(list_two)
```

运行结果：

```
[1, 4, 9, 16, 25]
[1, 4, 9, 16, 25]
```

3. filter()

filter()函数与map()函数类似，filter()函数用于过滤序列，过滤掉不符合条件的元素，返回由符合条件元素组成的新列表。filter函数的语法格式为：

```
filter(function, iterable)
```

其中function为用于过滤判断的函数，iterable为可迭代对象。

```
def is_odd(n):                           # 判断奇数的函数
    return n % 2 == 1
# 对列表[1, 2, 3, 4, 5, 6, 7, 8, 9, 10]中的每个元素执行is_odd函数
# 将得到的所有奇数均放入新列表newlist中
newlist = filter(is_odd, [1, 2, 3, 4, 5, 6, 7, 8, 9, 10])
for x in newlist:
    print(x,end=' ')
```

运行结果：

```
1 3 5 7 9
```

练一练

【练一练6-15】 列表推导式。在命令行依次输入下面的语句，将结果填写在横线处。

```
>>> [x+10 for x in range(10) if x%2==0]
# 显示结果为______________________________
>>> [x+y for x in (10,20) for y in (1,2,3)]
# 显示结果为______________________________
>>> [x+y for x in (10,20) if x>10 for y in (1,2,3) if y%2==1]
# 显示结果为______________________________
>>> tuple(x*2 for x in range(5))
# 显示结果为______________________________
>>> {x for x in range(10) if x%2==1}
# 显示结果为______________________________
>>> {x:ord(x) for x in 'abcd' if ord(x)%2==0}
# 显示结果为______________________________
```

本章你学到了什么

在这一章，我们主要介绍了以下内容。

- 词频统计V1.0：运用open方法操作实现书评文件的读取；运用正则表达式实现特殊字符的删除；运用列表实现书评条数的统计；为避免修改，运用元组实现书评的存储。
- 词频统计V2.0：运用集合、过滤函数filter()、lambda表达式实现无效书评的过滤。
- 词频统计V3.0：运用第三方模块jieba实现中文分词；运用字典存储分词后的词和词频。
- 词频统计V4.0 ：运用numpy、PIL、wordcloud和matplotlib库实现词云对象的创建、词云的生成、词云的渲染和词云的显示。

课后练习题

一、单项选择题

1.下列操作中会创建文件对象的是(　　)。

A. 打开文件　　B. 关闭文件　　C. 写文件　　D. 读文件

2.下列选项中不能从文件读取数据的是(　　)。

A. seek()　　B. read()　　C. readline()　　D. readlines()

3. 正则表达式中的“^”符号，用在一对方括号中则表示要匹配(　　)。

A. 字符串的开始　　B. 字符串的结束

C. 除方括号内字符的其他字符　　D. 仅方括号内含有的字符

4. Python中用于查找所有匹配模式的函数是(　　)。

A. re.search()　　B. re.split()　　C. re.findall()　　D. re.sub()

5. 执行以下代码的结果是(　　)。

```
numbers=[1,2,3,4]
numbers.append([5,6,7,8])
print(len(numbers))
```

A. 4　　B. 2　　C. 8　　D. 5

6. 执行以下代码的结果是(　　)。

```
numbers=[1,2,3,4]
numbers.extend([5,6,7,8])
print(len(numbers))
```

A. 4　　B. 2　　C. 8　　D. 5

7. 执行以下代码的结果是(　　)。

```
my_tuple=(1,2,3,4)
my_tuple.append((5,6,7))
print(len(my_tuple))
```

A. 2　　B. 抛出异常　　C. 8　　D. 5

8. 执行以下代码的结果是(　　)。

```
file=open('temp.txt','w+')
data=['123','abc','456']
file.writelines(data)
```

```
file.seek(0)
for row in file:
    print(row)
file.close()
```

A. 123
abc
456　　B. "123"
"abc"
"456"　　C. "123abc456"　　D. 123abc456

9. 执行以下代码的结果是(　　)。

```
foo={1,2,2,3}
print(type(foo))
```

A. <class 'list'>　　B. <class 'dict'>

C. <class 'set'>　　D. <class 'tuple'>

10. 执行以下代码的结果是(　　)。

```
d1={'1':1,'2':2,'3':3,'4':4,'5':5}
d2={'1':10,'3':30}
d1.update(d2)
print(d1)
```

A. {'1': 10, '2': 2, '3': 30, '4': 4, '5': 5}

B. {'1': 1, '2': 2, '3': 30, '4': 4, '5': 5}

C. {'1': 10, '2': 2, '3': 3, '4': 4, '5': 5}

D. {'1': 1, '2': 2, '3': 3, '4': 4, '5': 5, '1': 10, '3': 30}

11. 以下Python数据类型中不支持索引访问的是(　　)。

A. 字符串　　B. 集合　　C. 列表　　D. 元组

12. 下列关于Python中模块的说法，正确的是(　　)。

A. 程序中只能使用Python内置的标准模块

B. 只有标准模块才支持import导入

C. 只有导入模块后，才可以使用模块中的变量、函数和类

D. 使用import语句只能导入一个模块

13. 下面导入模块的方式中，错误的是(　　)。

A. import random　　B. from random

C. from random import random　　D. from random import*

14. 下面关于jieba库的描述，错误的是(　　)。

A. 一个中文分词Python库

B. 基于词库分词

C. 支持繁体中文分词

D. 提供精确模式、全模式、模糊模式和搜索引擎模式分词

15. 下面关于wordcloud库的说法，错误的是(　　)。

A. 词语在词云中的位置是随机的，不能控制词云形状

B. 英文字符串可以生成词云

C. 中文字符串需要先分词，再用分隔符连接成字符串才能使用生成词云

D. 可将词云存为图像文件

二、编写程序题

1.【知识点：文件】文件website.txt存放的是网站名称，内容如下：

```
Python官网
Python第三方库
清华大学开源软件镜像站
Anaconda
PyCharm
```

另一个文件url.txt存放的是网站的网址，内容如下：

```
www.python.org
pypi.org
mirrors.tuna.tsinghua.edu.cn
www.anaconda.com
www.jetbrains.com/pycharm
```

编写程序将这两个文件内容合并后保存至一个新的文件website-url.txt内。要求合并后的内容如下：

```
Python官网，www.python.org
Python第三方库，pypi.org
清华大学开源软件镜像站，mirrors.tuna.tsinghua.edu.cn
Anaconda，www.anaconda.com
PyCharm，www.jetbrains.com/pycharm
```

2.【知识点：列表】假设现在有一张刮刮乐，该卡片上面共有8个刮奖区，每个刮奖区对应的兑奖信息分别为“谢谢惠顾”“一等奖”“三等奖”“谢谢惠顾”“谢谢惠顾”“三等奖”“二等奖”“谢谢惠顾”，只能刮开其中任意一个区域。编写程序，实现模拟刮刮乐刮奖的过程。

3.【知识点：元组】当使用阿拉伯数字计数时，可以将某些数字不漏痕迹地修改为其他数字，比如将“3”修改为“8”，为了避免这种问题，可以使用中文大写汉字(如壹、贰等)替换阿拉伯数字。编程实现如图6-42所示的将输入的阿拉伯数字转为中文大写汉字的功能。

零	壹	贰	叁	肆	伍	陆	柒	捌	玖
0	1	2	3	4	5	6	7	8	9

图 6-42 阿拉伯数字与中文大写数字之间的对应图

4.【知识点：列表、元组】某餐厅推出了优惠下午茶套餐活动。顾客可以以优惠的价格从给定的糕点和给定的饮料中各选一款组成套餐。已知，指定的糕点包括松饼、提拉米苏、芝士蛋糕和三明治；指定的饮料包括红茶、咖啡和橙汁。请问，一共可以搭配多少种套餐供客户选择？请输出各种套餐详情。

5.【知识点：集合】IEEE和TIOBE是两大热门编程语言排行榜。截至2021年8月，IEEE排行榜排名前五的编程语言是Python、C++、C、Java和C#；TIOBE排行榜排名前五的编程语言是C、Python、Java、C++和VB.NET。请编写程序求出：

(1) 上榜的所有语言。

(2) 在两个榜单中同时排名前五的语言。

(3) 只在IEEE榜排名前五的语言。

(4) 只在一个榜单排名前五的语言。

6. 【知识点：字典】单词识别。周一到周日的英文依次为：Monday、Tuesday、Wednesday、Thursday、Friday、Saturday和Sunday。在这7个单词的范围之内，通过第一或前两个字母即可判断对应的是哪个单词。编程实现根据第一或前两个字母输出完整单词的功能。

7. 【知识点：字典】统计英文句子“Life is short, we need Python.”中各字符出现的次数。

8. 【知识点：列表、random】假设有3个列表：list_who=[‘小马’，‘小羊’，‘小鹿’]，list_where=[‘草地上’，‘电影院’，‘家里’]，list_what=[‘看电影’，‘听故事’，‘吃晚饭’]。编写程序，随机生成3个0～2范围内的整数，将其索引分别访问3个列表中的对应元素，然后造句。例如，随机生成3个整数分别为1、0、2，则输出句子“小羊在草地上吃晚饭”。

9. 选择自己感兴趣的一段中文文本，统计词频，并制作词频词云图。

10.《哈姆雷特》是莎士比亚的一部经典悲剧作品。该作品对应的hamlet.txt文件可直接从网络下载，请编写程序统计hamlet.txt中出现频率最高的前10个单词，并将结果用文件名“hamlet_词频统计.txt”保存，最后用词云图展示。编写程序的参考步骤如下：

(1) 读取hamlet.txt。

(2) 对文本进行预处理，将文本中的字母全变为小写，然后去除标点符号等特殊符号，例如：“,.;?-:\'”等。

(3) 将文本分词，统计单词出现的频率。

(4) 排除掉大多数冠词、代词、连接词等词语。例如，the、and、to、of、a、be等。

(5) 按照单词出现频率的降序排列，输出前10个单词及其出现的频率，将结果写入文件hamlet_词频统计.txt中。

(6) 用词云图展示词频，如图6-43所示。

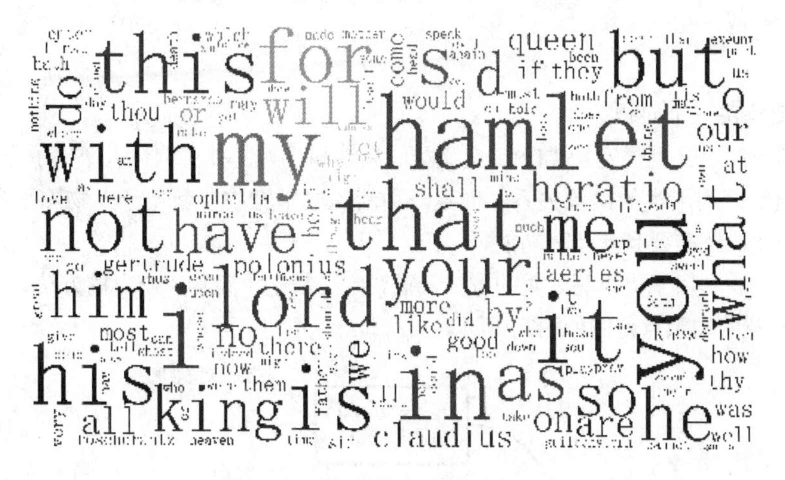

图6-43 《哈姆雷特》词频统计词云图

第 7 章

面向对象程序设计

案例6　电子宠物：设计多只电子宠物，它们具有名字、性别、能量、体重等属性，可以完成吃饭、运动、显示状态的动作。电子宠物图标如图7-1所示。

图 7-1　电子宠物图标

本案例要解决三个问题：

- 问题一：定义电子宠物类Pet，定义类的属性和行为，并实例化多个电子宠物对象。
- 问题二：利用类的继承关系，创建一种新的电子宠物。新电子宠物除了具有原来宠物的功能，还需要具有运算功能。
- 问题三：利用子类重写父类的方法，重新定义新电子宠物"吃"的方法。

本案例涉及的知识点范围如图7-2所示。

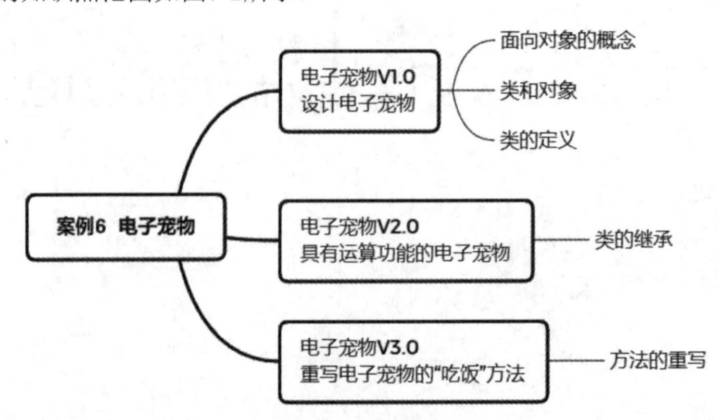

图 7-2　电子宠物案例涉及知识点思维导图

面向对象(Object Oriented)是程序开发领域中的重要思想，这种思想模拟了人类认识客观世界的逻辑，是当前计算机软件工程学的主流方法。类是面向对象的实现手段。Python在设计之初就已经是一门面向对象语言，了解面向对象编程思想对学习Python开发至关重要。本章将针对类与面向对象等知识进行详细介绍。

7.1　面向对象概述

提到面向对象，我们自然会想到面向过程。面向过程编程的基本思想是：分析解决问题的步骤，使用函数实现每步相应的功能，按照步骤的先后顺序依次调用函数。面向过程只考虑如何解决当前问题，它着眼于问题本身。

面向对象编程着眼于角色以及角色之间的联系。使用面向对象编程思想解决问题时，开发人员首先会从问题之中提炼出问题涉及的角色，将不同角色各自的特征和关系进行封装，以角色为主体，为不同角色定义不同的属性和方法，以描述角色各自的属性与行为。

下面以五子棋游戏为例说明面向过程编程和面向对象编程的区别。

1. 基于面向过程编程的问题分析

基于面向过程编程思想分析五子棋游戏，游戏开始后黑子一方先落棋，棋子落在棋盘后，棋盘产生变化，棋盘更新并判断输赢。若本轮落棋的一方胜利，则输出结果并结束游戏，否则白子一方落棋、棋盘更新、判断输赢，如此往复，直至分出胜负。

2. 基于面向对象编程的问题模拟

基于面向对象编程思想，考虑问题时需首先分析问题中存在的角色。五子棋游戏中的角色分为两个：玩家和棋盘。不同的角色负责不同的功能，例如：

(1) 玩家角色负责控制棋子落下的位置。

(2) 棋盘角色负责保存棋盘状况、绘制画面、判断输赢。

角色之间互相独立，但相互协作，游戏的流程不再由单一的功能函数实现，而是通过调用与角色相关的方法来完成。

面向对象保证了功能的统一性，基于面向对象实现的代码更容易维护，例如，现在要加入悔棋的功能，如果使用面向过程开发，改动会涉及游戏的整个流程，输入、判断、显示这一系列步骤都需要修改，这显然非常麻烦；但若使用面向对象开发，由于棋盘状况由棋盘角色保存，只需要为棋盘角色添加回溯功能即可。相比较而言，在面向对象程序中扩充功能时改动波及的范围更小。

7.2　面向对象的基本概念

在介绍如何实现面向对象之前，先普及一些面向对象涉及的概念。

1. 对象(Object)

从一般意义上讲，对象是现实世界中可描述的事物，它可以是有形的也可以是无形的，从一本书到一家图书馆，从单个整数到繁杂的序列等都可以称为对象。对象是构成世界的一个独立单位，它由数据(描述事物的属性)和作用于数据的操作(体现事物的行为)构成一个独立整体。从程序设计者的角度看，对象是一个程序模块，从用户来看，对象为他们提供所希望的行为。对象既可以是具体的物理、实体的事物，也可以是人为的概念，如一名员工、一家公司、一辆汽车、一个故事等。

2. 类(Class)

俗话说“物以类聚”，从具体的事物中把共同的特征抽取出来，形成一般的概念称为“归类”。忽略事物的非本质特征，关注与目标有关的本质特征，找出事物间的共性，以抽象的手法构造一个概念模型，就是定义一个类。

在面向对象的方法中，类是具有相同属性和行为的一组对象的集合，它提供一个抽象的描述，其内部包括属性和方法两个主要部分。类就像一个模具，可以用来铸造一个个具体的铸件对象。

3. 抽象(Abstract)

抽象是抽取特定实例的共同特征，形成概念的过程，例如苹果、香蕉、梨、葡萄等，抽取出它们的共同特性就得出“水果”这一类，那么得出水果概念的过程，就是一个抽象的过程。抽象主要是为了使复杂度降低，它强调主要特征，忽略次要特征，以得到较简单的概念，从而让人们能控制其过程或以综合的角度来了解许多特定的事态。

4. 封装(Encapsulation)

封装是面向对象程序设计最重要的特征之一。封装就是隐藏，它将数据和数据处理过程封装成一个整体，以实现独立性很强的模块，避免了外界直接访问对象属性，而造成耦合度过高及过度依赖，同时也阻止了外界对对象内部数据的修改而可能引发的不可预知错误。

封装是面向对象的核心思想，将对象的属性和行为封装起来，不需要让外界知道具体实现细节。例如，对计算机进行封装，用户只需要知道通过鼠标和键盘可以使用计算机，但无须知道计算机内部如何工作。

5. 继承(Inheritance)

继承描述的是类与类之间的关系。通过继承，新生类可以在无须重写原有类的情况下，对原有类的功能进行扩展。例如，已有一个汽车类，该类描述了汽车的普通特性和功能，现要定义一个拥有汽车类普通特性，但还具有其他特性和功能的轿车类，可以直接先让轿车类继承汽车类，再为轿车类单独添加轿车的特性。

继承不仅增强了代码复用性，提高了开发效率，也为程序的扩充提供了便利。在软件开发中，类的继承性使所建立的软件具有开放性、可扩充性，这是数据组织和分类行之有效的方法，它降低了创建对象、类的工作量。

6. 多态(Polymorphism)

多态指同一个属性或行为在父类及其各派生类中具有不同的语义。面向对象的多态特性使得开发更科学、更符合人类的思维习惯，能有效地提高软件开发效率，缩短开发周期，提高软件可靠性。

以交通规则为例：某个十字路口安装了一盏交通信号灯，汽车和行人接收到同一个信号时会有不同的行为，例如红灯亮起时，汽车停车等候，行人穿越马路；绿灯亮起时，汽车直行，行人等候，这就是多态的一种体现。

7.3　类与对象

7.3.1　类与对象的关系

面向对象编程思想力求在程序中对事物的描述与该事物在现实中的形态保持一致。为此，面向对象的思想中提出了两个概念：类和对象。

类是对多个对象共同特征的抽象描述，是对象的模板。

对象用于描述现实中的个体，是类的实例。

下面通过日常生活中的常见场景来解释类和对象的关系。汽车是人类出行所使用的交通工具之一，厂商在生产汽车之前会先分析用户需求，设计汽车模型，制作设计图样。设计图样描述了汽车的各种属性与功能，例如，汽车应该有方向盘、发动机、加速器等部件，也应能执行制动、加速、倒车等操作。设计图通过之后，工厂再依照图纸批量生产汽车。汽车的设计图纸和产品之间的关系如图7-3所示。

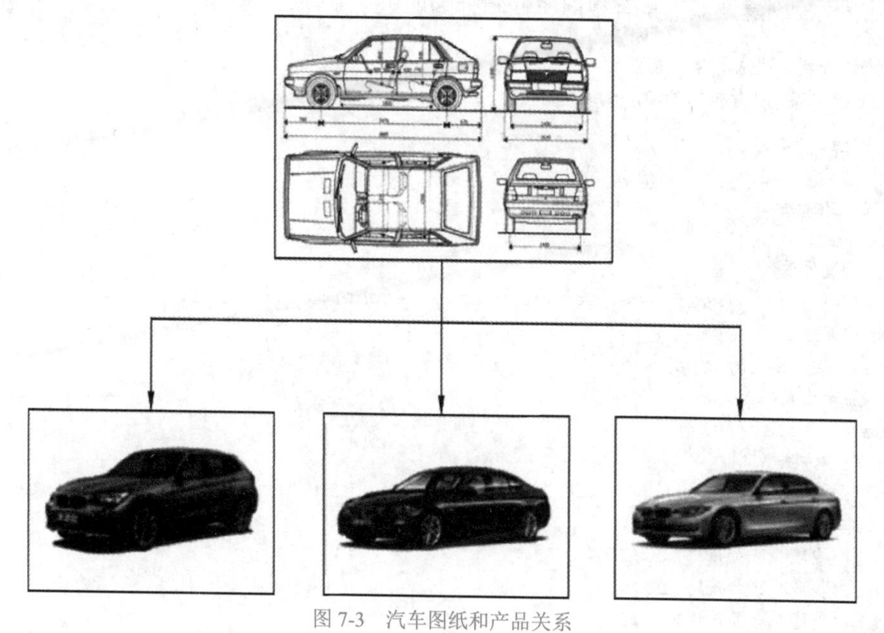

图 7-3　汽车图纸和产品关系

图7-3中的汽车设计图纸可以视为一个类，批量生产的汽车可以视为对象，由于按照同一图纸生产，这些汽车对象具有许多共性。

电子宠物V1.0

设计多只电子宠物，它们具有名字、性别、能量、体重等属性，可以完成吃饭、运动、显示状态的动作。

电子宠物 V1.0

这需要用到类和对象。

解决思路：

将电子宠物共同的属性和动作归纳为一个名为Pet的类，类图如图7-4所示。

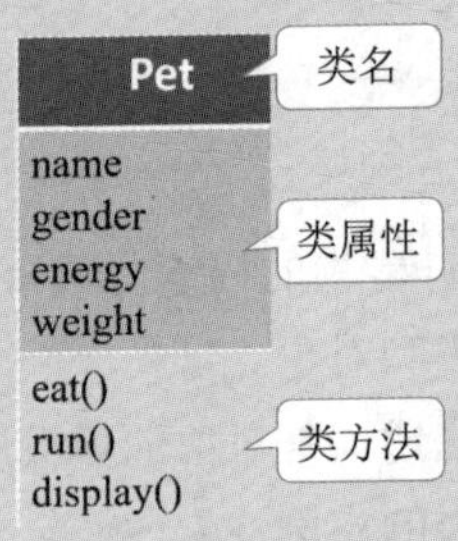

图 7-4　Pet 类类图

如何创建电子宠物：

(1) 创建电子宠物模板。

```
(定义Pet类)
```

(2) 利用模板创建许多个具有相同属性和行为的电子宠物。

```
(实例化Pet类，生成具体对象)
p1=Pet('安琪','女孩',100,50)
```

代码框架如下：

```
# 1.定义Pet类
class Pet:
    # 构造方法
    def __init__(self,name,gender,energy,weight):
    # 吃饭方法
    def eat(self,food):
    # 显示当前状态方法
    def display(self):
    # 跑步方法
    def run(self,time):
# 2. 创建多个电子宠物(对象):
p1=Pet('安琪','女孩',100,50)
p2=Pet('多多','女孩',100,50)
p3=Pet('贝塔','男孩',100,50)
```

通过类(模板)可以生产多个具有相同属性和方法(行为)的对象，对象是类的实例化。

7.3.2　创建和使用类

使用类几乎可以模仿任何东西。下面编写一个表示小狗的简单类Dog，对于大多数的宠物狗，它们都有名字name和年龄age这两项信息，大多数小狗还会有蹲下sit()和打滚roll_over()的行为。因此可以把宠物狗具有的共同属性和行为归纳为一个Dog类，Dog类的类图如图7-5所示。

Dog
name age
sit() roll_over()

图 7-5　Dog 类类图

编写这个Dog类后，将使用它创建表示特定小狗的对象实例。

1. 创建Dog类

创建Dog类代码如下：

```
class Dog():                            # 定义名为Dog的类
    def __init__(self,name,age):        # init方法前后都是双下画线
        self.name=name                  # 初始化属性name
        self.age=age                    # 初始化属性age
    def sit(self):                      # 定义蹲下方法
        print(self.name+"正在蹲下")
    def roll_over(self):                # 定义打滚方法
        print(self.name+"正在打滚")
```

首先定义一个名为Dog的类，根据约定，在Python中，类名的首字母大写。

类中的函数称为方法，前面学到有关函数的一切内容都适用于方法，唯一重要的差别是方法的方式有所不同。

1) __init__()方法

__init__()是一个特殊的方法，每当根据Dog类创建新实例时，Python都会自动运行它。在这个方法的名称中，开头和末尾各有两个下画线，这是一种约定，旨在避免Python默认方法与普通方法发生名称冲突。

我们将方法__init__()定义成包含3个形参：self、name和age。在这个方法的定义中，形参self必不可少，还必须位于其他形式参数的前面。为何必须在方法定义中包含形式参数self？因为Python调用这个__init__()方法创建Dog实例时，将自动传入实参self。每个与类相关联的方法调用都自动传递实参self，它是一个指向实例本身的引用，让实例能够访问类中的属性和方法。

创建Dog实例时，Python将调用Dog类的方法__init__()。我们将通过实参向Dog()传递名字和年龄；self会自动传递，因此我们不需要传递。根据Dog类创建实例时，都只需给最后两个形式参数(name和age)提供值。

__init__()方法中定义的两个变量都有前缀self。以self为前缀的变量都可供类中的所有方法使用，我们还可以通过类的任何实例来访问这些变量。self.name = name获取存储在形式参数name中的值，并将其存储到变量name中，然后该变量被关联到当前创建的实例。self.age = age的作用与此类似。像这样可通过实例访问的变量称为属性。

2) sit()方法和roll-over()方法

Dog类还定义了另外两个方法：sit()和roll_over()。由于这些方法不需要额外的信息，如名字或年龄，因此它们只有一个形式参数self。我们后面将创建的实例能够访问这些方法，换句话说，它们都会蹲下和打滚。当前，sit()和roll_over()所做的有限，它们只是输出一条消息，指出

小狗正蹲下或打滚。但可以扩展这些方法以模拟实际情况：如果这个类包含在一个计算机游戏中，这些方法将包含创建小狗蹲下和打滚动画效果的代码。如果这个类是用于控制机器狗的，这些方法将引导机器狗做出蹲下和打滚的动作。

2. 根据类创建实例对象

可将类视为如何创建实例对象的说明。Dog类是一系列说明，Python知道如何创建表示特定小狗的实例对象。

下面来创建一个表示特定小狗的实例对象，代码如下：

```
my_dog=Dog("卡尔",6)                              # 用Dog类创建实例对象my_dog
print("我的狗的名字是"+my_dog.name+"。")           # 输出对象的属性name
print("我的狗"+str(my_dog.age)+"岁了。")           # 输出对象的属性age
my_dog.sit()                                      # 对象my_dog执行sit()方法
my_dog.roll_over()                                # 对象my_dog执行roll_over()方法
```

运行结果：

```
我的狗的名字是卡尔。
我的狗6岁了。
卡尔正在蹲下
卡尔正在打滚
```

1) 用Dog类实例化对象

这里使用的是前一个示例中编写的Dog类。在程序中，我们让Python创建一条名字为卡尔、年龄为6的小狗。遇到这行代码时，Python使用实参“卡尔”和“6”调用Dog类中的方法__init__()。方法__init__()创建一个表示特定小狗的实例对象，并使用我们提供的值来设置属性name和age。方法__init__()并未显式地包含return语句，但Python会自动返回一个表示这条小狗的实例对象。我们将这个实例对象存储在变量my_dog中。在这里，命名约定很有用：我们通常可以认为首字母大写的名称(如Dog)指的是类，而小写的名称(如my_dog)指的是根据类创建的实例对象。

2) 访问属性

要访问实例对象的属性，可使用句点表示法。我们编写了如下代码来访问my_dog的name属性值：

```
my_dog.name                              # 访问my_dog对象的name属性值
```

句点表示法在Python中很常用，这种语法演示先找到实例my_dog，再查找与这个实例相关联的属性name。在Dog类中引用这个属性时，使用的是self.name，my_dog.age获取属性age的值。由于my_dog.age是整型，因此在输出连接字符串的时候，用str(my_dog.age)将其转换成字符串类型。

3) 调用方法

根据Dog类创建实例后，就可以使用句点表示法来调用Dog类中定义的方法：

```
my_dog.sit()                             # 对象my_dog执行sit()方法
my_dog.roll_over()                       # 对象my_dog执行roll_over()方法
```

要调用方法，可指定实例对象的名称(这里是my_dog)和要调用的方法，并用句点分隔它们。遇到代码my_dog.sit()时，Python在类Dog中查找方法sit()并运行其代码。Python以同样的方式解读代码my_dog.roll_over()。

4) 创建多个实例

可按需求根据类创建任意数量的实例对象。下面再创建一个名为your_dog的实例对象：

```
my_dog=Dog("卡尔",6)
print("我的狗的名字是"+my_dog.name+"。")
print("我的狗"+str(my_dog.age)+"岁了。")
my_dog.sit()
my_dog.roll_over()
your_dog=Dog("马可",3)                    # 使用Dog类创建另一个实例对象your_dog
print("你的狗的名字是"+your_dog.name+"。")
print("你的狗"+str(your_dog.age)+"岁了。")
your_dog.sit()
your_dog.roll_over()
```

运行结果：

```
我的狗的名字是卡尔。
我的狗6岁了。
卡尔正在蹲下
卡尔正在打滚
你的狗的名字是马可。
你的狗3岁了。
马可正在蹲下
马可正在打滚
```

在上面程序中，我们创建了两条小狗，它们分别名为“卡尔”和“马可”。每条小狗都是一个独立的实例，有自己的一组属性，能够执行相同的操作。

就算我们为第二条狗指定同样的名字和年龄，Python依然会根据Dog类创建另一个实例。程序员可以按需求根据一个类，创建任意数量的实例对象，条件是每个实例都存储在不同的变量中，或占用列表或字典的不同位置。

电子宠物V1.0

任务1：创建电子宠物实例。

解决方法：

```
class Pet:
    def __init__(self,name,gender,energy,weight):
        self.name=name
        self.gender=gender
        self.energy=energy
        self.weight=weight
        print('你好！我的名字是{0},我是{1},很高兴成为你的小伙伴'.
                             format(self.name,self.gender))
p1=Pet('安琪','女孩',100,50)
```

运行结果：

```
你好！我的名字是安琪,我是女孩,很高兴成为你的小伙伴
```

电子宠物V1.0

任务2：让电子宠物吃东西。

解决方法：

```
(接任务1中Pet类代码)
    def eat(self,food):
        if(food=='hamberger'):
            self.energy=self.energy+10
            self.weight=self.weight+5
            print("汉堡包真好吃,但是别给我吃太多!")
        else:
            self.weight=self.weight+2
            print("好美味呀! 我又充满能量了")
p1=Pet('安琪','女孩',100,50)
p1.eat('pea')
p1.eat('hamberger')
p1.eat('hamberger')
```

运行结果：

```
你好! 我的名字是安琪,我是女孩,很高兴成为你的小伙伴
好美味呀! 我又充满能量了
汉堡包真好吃,但是别给我吃太多!
汉堡包真好吃,但是别给我吃太多!
```

电子宠物V1.0

任务3：显示宠物当前状态。

解决方法：

```
(接任务2中Pet类代码)
    def display(self):
        print("我当前的能量值为{0}".format(self.energy))
        print("我当前的体重为{0}".format(self.weight))
        if  self.energy<70:
            print("我累了，快为我补充能量吧！ ")
        elif  self.weight>60:
            print("我有点超重了，让我做做运动吧！ ")
        else:
            print("我很健康，谢谢主人！ ")
p1=Pet('安琪','女孩',100,50)
p1.eat('pea')
p1.eat('hamberger')
p1.eat('hamberger')
p1.display()
```

运行结果：

```
你好! 我的名字是安琪,我是女孩,很高兴成为你的小伙伴
好美味呀! 我又充满能量了
汉堡包真好吃,但是别给我吃太多!
```

```
汉堡包真好吃,但是别给我吃太多!
我当前的能量值为100
我当前的体重为50
我有点超重了，让我做做运动吧!
```

电子宠物V1.0

任务4：让宠物跑步。

解决方法：

```
(接任务3中Pet类代码)
    def run(self,time):
        if time>5:
            self.energy=self.energy-20
            self.weight=self.weight-10
            print("我运动了{0}分钟".format(time))
        elif time>3:
            self.energy=self.energy-10
            self.weight=self.weight-5
            print("我运动了{0}分钟".format(time))
        else:
            self.energy=self.energy-5
            self.weight=self.weight-2
            print("我运动了{0}分钟".format(time))
p1=Pet('安琪','女孩',100,50)
p1.eat('pea')
p1.eat('hamberger')
p1.eat('hamberger')
p1.run(10)
p1.display()
```

运行结果：

```
你好! 我的名字是安琪,我是女孩,很高兴成为你的小伙伴
好美味呀! 我又充满能量了
汉堡包真好吃,但是别给我吃太多!
汉堡包真好吃,但是别给我吃太多!
我运动了10分钟
我当前的能量值为100
我当前的体重为50
我很健康，谢谢主人!
```

练一练

【练一练7-1】程序填空题。定义一个球员类(Player)，属性有身高、体重、姓名，实例化两个球员对象p1和p2，分别是身高2.2、体重200的姚明和身高2.25、体重225的科比。

```
class Player():
  def __init__(self,high,weight,name):
    self.high = high
    self.weight = weight
```

```
        self.name = name
    def show(self): # 该方法要打印当前对象的身高，体重，名字
        print(________,________,self.name)
p1 = ____________(2.2,200," ____________")
p2 = ____________(2.25,225," ____________")
p1.show()
p2.show()
```

输出：

```
2.2 200 姚明
2.25 225 科比
```

7.4 类的属性访问

1. 定义汽车类Car类

定义一个汽车类Car类，该类具有make(品牌)、model(型号)、year(生产年份)三个属性，以及构造方法__init__()和获取汽车信息get_descript()方法。代码如下：

```
class Car:
    def __init__(self,make,model,year):
        self.make=make
        self.model=model
        self.year=year
    def get_descript(self):
        long_name=str(self.year)+" "+self.make+" "+self.model
        return long_name
my_new_car=Car('Audi','a4',2016)      # 实例化对象my_new_car
print(my_new_car.get_descript())      # 输出汽车基本信息
```

运行结果：

```
2016 Audi a4
```

2. 设置默认属性

现在为Car类增加一个里程数属性meter_reading，并设置该属性的初始值为0，同时添加一个方法read_meter()输出该汽车已经行驶的里程数。代码如下：

```
class Car:
    def __init__(self,make,model,year):
        self.make=make
        self.model=model
        self.year=year
        self.meter_reading=0              # 设置属性默认值
    def get_descript(self):
        long_name=str(self.year)+" "+self.make+" "+self.model
        return long_name
    def read_meter(self):                 # 输出汽车里程数方法
        print("这辆车已行驶了"+str(self.meter_reading)+"公里。")
my_new_car=Car('Audi','a4',2016)
```

```
print(my_new_car.get_descript())
# 调用read_meter()方法输出汽车里程数
my_new_car.read_meter()
```

运行结果：

```
这辆车已行驶了0公里。
```

3. 直接修改属性值

实例化对象后，用对象直接访问meter_reading属性，将当前对象里程数修改为23，再调用read_meter()方法输出当前对象里程数，代码如下：

```
my_new_car=Car('Audi','a4',2016)
print(my_new_car.get_descript())
my_new_car.meter_reading=23              # 直接修改属性值
# 调用read_meter()方法输出汽车里程数
my_new_car.read_meter()
```

运行结果：

```
这辆车已行驶了23公里。
```

4. 通过方法修改属性值

增加一个修改汽车里程数的方法update_meter(self,mileage)，让形式参数mileage接收一个里程数值，将这个值赋值给当前对象的里程数属性即self.meter_reading=mileage，实现对meter_reading属性的修改，代码如下：

```
class Car:
    def __init__(self,make,model,year):
        self.make=make
        self.model=model
        self.year=year
        self.meter_reading=0
    def get_descript(self):
        long_name=str(self.year)+" "+self.make+" "+self.model
        return long_name
    def read_meter(self):
        print("这辆车已行驶了"+str(self.meter_reading)+"公里。")
    def update_meter(self,mileage):
        self.meter_reading=mileage        # 修改里程数属性值
my_new_car=Car('Audi','a4',2016)
# 调用update_meter()方法修改里程数为44
my_new_car.update_meter(44)
my_new_car.read_meter()                  # 输出当前对象里程数
```

运行结果：

```
这辆车已行驶了44公里。
```

下面对update_meter()方法进行扩展，使其在修改里程表读数时做些额外的工作，添加逻辑判断，禁止任何人将里程表读数往回调。代码如下：

```
    def update_meter(self,mileage):
        if mileage>=self.meter_reading:
            self.meter_reading=mileage
        else:
            print("禁止将里程表回调! ")
```

现在update_meter()方法在修改属性前需要检查指定的里程数是否合理。如果新指定的里程数(mileage)大于或等于原来的里程数(self.meter_reading)，就将里程表读数改为新指定的里程数；否则就发出警告，指出禁止将里程表回调。

5. 通过方法对属性值进行递增

有时候需要将属性值递增特定的量，而不是将其设置为全新的值。假设我们购买一辆二手车，且从购买到登记期间增加了100英里的里程数，下面的方法让我们能够传递这个增量，并相应地增加里程表读数。新增的方法increase_meter()可以将形式参数mileage接收的数值增加到属性self.meter_reading中。代码如下：

```
    def increase_meter(self,mileage):
        self.meter_reading+=mileage
my_used_car=Car('Subaru','outback',2013)
print(my_new_car.get_descript())
my_used_car.update_meter(23500)   # 设置二手汽车里程数为23500
my_used_car.read_meter()          # 输出当前汽车里程数
my_used_car.increase_meter(100)   # 给二手汽车里程数增加100
my_used_car.read_meter()          # 输出当前汽车里程数
```

运行结果：

```
2013 Subaru outback
这辆车已行驶了23500公里。
这辆车已行驶了23600公里。
```

在以上程序中，我们创建了一辆二手汽车my_used_car，首先调用update_meter(23500)将二手汽车的里程表读数设置为23500，再调用increase_meter(100)将二手汽车的里程表读数增加100，因此最后汽车里程表的读数为23600公里。

7.5 封装机制及实现方法

7.5.1 封装的机制

类为什么要进行封装，这样做有什么好处呢？

首先，封装机制保证了类内部数据结构的完整性，因为使用类的用户无法直接看到类中的数据结构，只能使用类允许公开的数据，很好地避免了外部对内部数据的影响，提高了程序的可维护性。

就好比使用电脑，我们只需要学会如何使用键盘和鼠标，不用关心内部是怎么实现的，因为那是生产和设计人员关心的。封装不是将类中所有的方法都隐藏起来，而是会留一些像键盘、鼠标这样可供外界使用的类方法。

除此之外，对一个类实现良好的封装之后，用户只能借助暴露出来的类方法来访问数据。此时，我们只需要在这些暴露的方法中加入适当的控制逻辑，即可轻松避免用户对类中属性或方法的不合理操作。

并且，对类进行良好的封装，还可以提高代码的复用性。

7.5.2　封装的实现

和其他面向对象的编程语言(如 C++、Java)不同，Python 类中的变量和函数，不是公有的(类似 public 属性)，就是私有的(类似 private)，这两种属性的区别如下：

public：公有的类属性和类方法，在类外部、类内部以及子类中，都可以正常访问。

private：私有的类属性和类方法，只能在本类内部使用，类的外部以及子类都无法使用。

但是，Python 并没有提供 public、private 这些修饰符。为了实现类的封装，Python 采取了下面的方法：

默认情况下，Python 类中的属性和方法都是公有(public)的，它们的名称前都没有下画线(_)；如果类中的属性和方法，其名称以双下画线“__”开头，则该属性(方法)为私有属性(私有方法)，其访问权限等同于 private。

1. 类外部无法直接访问私有成员

将Car类中的__meter_reading属性和__get_descript()方法修改为私有访问，因此该属性和方法只能在Car类的内部使用，在Car类的外部进行实例化的对象将无法直接访问私有属性和私有方法。代码如下：

```
class Car:
    def __init__(self,make,model,year):
        self.make=make
        self.model=model
        self.year=year
        self.__meter_reading=0          # 私有属性
    def __get_descript(self):           # 私有方法
        long_name=str(self.year)+" "+self.make+" "+self.model
        return long_name
    def read_meter(self):
        print("这辆车已行驶了"+str(self.__meter_reading)+"公里。")
    def update_meter(self,mileage):
        if mileage>=self.__meter_reading:
            self.__meter_reading+=mileage
        else:
            print("禁止将里程表回调！")
my_new_car=Car('Audi','a4',2016)
my_new_car.__meter_reading=23           # 对象直接修改私有属性的值
my_new_car.read_meter()                 # 读取汽车里程
print(self.__get_descript())            # 输出私有方法的返回值
```

运行结果：

```
这辆车已行驶了0公里。
Traceback (most recent call last):
  File "D:\面向对象.py", line 50, in <module>
```

```
    print(my_new_car.__get_descript())
AttributeError: 'Car' object has no attribute '__get_descript'
```

通过以上程序的运行结果可以观察到，直接用对象my_new_car修改__meter_reading属性值为23，虽然没有报错，但是调用read_meter()方法读取当前__meter_reading属性值，发现该值还是0，并未被修改，说明私有属性值是受到保护的，外部对象是无法直接修改其值的。另外，在类外部直接输出self__get_descript()这个私有方法的返回值，系统直接报错，说明类的外部对象不能直接访问私有方法。那如何访问私有属性和方法呢？可以通过Car类内部的方法来实现访问。

2. 通过类中方法访问私有成员

如果要修改私有属性__meter_reading的值，可以通过调用update_meter()方法类进行修改，因为update_meter()是Car类的内部方法，它可以访问类中的私有属性。同样通过类中的read_meter()也可以访问私有方法__get_descript()，代码如下：

```
class Car:
    def __init__(self,make,model,year):
        self.make=make
        self.model=model
        self.year=year
        self.__meter_reading=0
    def __get_descript(self):
        long_name=str(self.year)+" "+self.make+" "+self.model
        return long_name
    def read_meter(self):
        print("这辆车已行驶了"+str(self.__meter_reading)+"公里。")
        print(self.__get_descript())  # 访问私有方法
    def update_meter(self,mileage):
        if mileage>=self.__meter_reading:
            self.__meter_reading+=mileage            #修改私有属性值
        else:
            print("禁止将里程表回调！")
my_new_car=Car('Audi','a4',2016)
my_new_car.update_meter(12)
my_new_car.read_meter()
```

运行结果：

```
这辆车已行驶了12公里。
2016 Audi a4
```

从以上程序的运行结果可以看到，通过对象my_new_car可以调用update_meter(12)将对象私有属性__meter_reading的值修改为12，因此内部方法可以访问私有属性的值。对象my_new_car通过read_meter()方法也输出了私有方法__get_descript()的值，实现了私有方法的访问。

除此之外，还可以定义以单下画线“_”开头的类属性或者类方法(例如 _name、_display(self))，这种类属性和类方法通常被视为私有属性和私有方法，虽然它们也能通过类对象正常访问，但这是一种约定俗称的用法，初学者一定要遵守。

注意，Python 类中还有以双下画线开头和结尾的类方法(例如类的构造函数__init__(self))，这些都是 Python 内部定义的，用于 Python 内部调用。我们自己定义类属性或者类方法时，不要使用这种格式。

7.6　类属性和实例属性

类属性其实就是在类体中定义的变量，类方法是在类体中定义的函数。在类体中，根据变量定义的位置不同，以及定义的方式不同，类属性又可细分为以下 三种类型：

(1) 类属性/类变量：在类体中、所有函数之外定义的变量。

(2) 实例属性/实例变量：在类体中，所有函数内部以“self.变量名”的方式定义的变量。

(3) 局部变量：在类体中，所有函数内部以“变量名=变量值”的方式定义的变量。

那么，类变量、实例变量以及局部变量之间有哪些不同呢？接下来就围绕此问题做详细的讲解。

1. 类变量(类属性)

类变量指的是在类体中，但在各个类方法外定义的变量。使用示例如下：

```
class CLanguage :
    # 下面定义了2个类变量
    name = "C语言程序设计"
    add = "电子工业出版社"
    # 下面定义了一个say实例方法
    def say(self, content):
        print(content)
```

上面程序中，name 和 add 就属于类变量。类变量的特点是，所有类的实例化对象都同时共享类变量，也就是说，类变量在所有实例化对象中是作为公用资源存在的。

类方法的调用方式有两种，既可以使用类名直接调用，也可以使用类的实例化对象调用。

1) 用类名直接调用

在 CLanguage 类的外部，添加如下代码：

```
# 使用类名直接调用
print(CLanguage.name)
print(CLanguage.add)
# 修改类变量的值
CLanguage.name = "Python教程"
CLanguage.add = "清华大学出版社"
print(CLanguage.name)
print(CLanguage.add)
```

运行结果：

```
C语言程序设计
电子工业出版社
Python教程
清华大学出版社
```

2) 用类对象调用

例如，在 CLanguage 类的外部，添加如下代码：

```
clang = CLanguage()
print(clang.name)
print(clang.add)
```

运行结果：

```
C语言程序设计
电子工业出版社
```

两种方式的区别：因为类变量为所有实例化对象共有，通过类名修改类变量的值，会影响所有的实例化对象。例如，在 CLanguage 类体外部，添加如下代码：

```
print("修改前，各类对象中类变量的值：")
clang1 = CLanguage()
print(clang1.name)
print(clang1.add)
clang2 = CLanguage()
print(clang2.name)
print(clang2.add)
print("修改后，各类对象中类变量的值：")
CLanguage.name = "Python教程"
CLanguage.add = "清华大学出版社"
print(clang1.name)
print(clang1.add)
print(clang2.name)
print(clang2.add)
```

运行结果：

```
修改前，各类对象中类变量的值:
C语言程序设计
电子工业出版社
C语言程序设计
电子工业出版社
修改后，各类对象中类变量的值:
Python教程
清华大学出版社
Python教程
清华大学出版社
```

而通过类对象是无法修改类变量的。通过类对象对类变量赋值，其本质将不再是修改类变量的值，而是在给该对象定义新的实例变量。

值得一提的是，除了可以通过类名访问类变量之外，还可以动态地为类和对象添加类变量。例如，在 CLanguage 类的基础上，添加以下代码：

```
clang = CLanguage()
CLanguage.catalog = 13
print(clang.catalog)
```

运行结果：

```
13
```

2. 实例变量(实例属性)

实例变量指的是在任意类方法内部，以“self.变量名”的方式定义的变量，其特点是只作用于调用方法的对象。另外，实例变量只能通过对象名访问，无法通过类名访问。使用示例如下：

```
class CLanguage :
    def __init__(self):
        self.name = "C语言程序设计"
        self.add = "电子工业出版社"
    def say(self):                      # 定义了一个say实例方法
        self.catalog = 13
```

此 CLanguage 类中，name、add 以及 catalog 都是实例变量。其中，由于 __init__() 函数在创建类对象时会自动调用，而 say() 方法需要类对象手动调用。因此，CLanguage 类的类对象都会包含 name 和 add 实例变量，而只有调用了 say() 方法的类对象，才包含 catalog 实例变量。

例如，在上面代码的基础上，添加如下语句：

```
clang = CLanguage()
print(clang.name)
print(clang.add)
print(clang.catalog)                    # 报错
```

由于 clang 对象未调用 say() 方法，因此其没有 catalog 变量，下面这行代码会报错，应该修改为：

```
clang2 = CLanguage()
print(clang2.name)
print(clang2.add)
# 只有调用say()，才会拥有catalog实例变量
clang2.say()
print(clang2.catalog)
```

运行结果：

```
C语言程序设计
电子工业出版社
13
```

3. 局部变量

除了实例变量，类方法中还可以定义局部变量。和前者不同，局部变量直接以“变量名=值”的方式进行定义，使用示例如下：

```
class CLanguage :
    def count(self,money):              # 定义了一个count实例方法
        sale = 0.8*money                # sale为局部变量
        print("优惠后的价格为：",sale)
clang = CLanguage()
clang.count(100)
```

运行结果：

```
优惠后的价格为： 80
```

通常情况下，定义局部变量是为了所在类方法功能的实现。需要注意的是，局部变量只能用于其所在函数中，函数执行完成后，局部变量也会被销毁。

7.7 类方法、静态方法和实例方法

和类属性一样，类方法也可以进行更细致的划分，具体可分为类方法、静态方法和实例方法。

和类属性的分类不同，对于初学者来说，区分这 3 种类方法非常简单，即采用@classmethod修饰的方法为类方法；采用 @staticmethod 修饰的方法为静态方法；不用任何修改的方法为实例方法。

接下来详细介绍这 3 种类方法。

1. 实例方法

通常情况下，在类中定义的方法默认都是实例方法。前面章节中，我们已经定义了不只一个实例方法。不仅如此，类的构造方法理论上也属于实例方法，只不过它比较特殊。实例方法使用示例如下：

```
class CLanguage:
    # 类构造方法，也属于实例方法
    def __init__(self):
        self.name = "C语言程序设计"
        self.add = "电子工业出版社"
    # 下面定义了一个say实例方法
    def say(self):
        print("正在调用say()实例方法")
```

实例方法最大的特点就是，它最少也要包含一个 self 参数，用于绑定调用此方法的实例对象(Python 会自动完成绑定)。实例方法通常会用类对象直接调用，例如：

```
clang = CLanguage()
clang.say()
```

运行结果：

```
正在调用say()实例方法
```

当然，Python 也支持使用类名调用实例方法，但此方式需要手动给 self 参数传值。例如：

```
#类名调用实例方法，需手动给self参数传值
clang = CLanguage()
CLanguage.say(clang)
```

运行结果：

```
正在调用say()实例方法
```

2. 类方法

Python 类方法和实例方法相似，它最少也要包含一个参数，只不过类方法中通常将其命名为 cls，Python会自动将类本身绑定给 cls 参数(注意，绑定的不是类对象)。也就是说，我们在调用类方法时，无需显式为 cls 参数传参。

和 self 一样，cls 参数的命名也不是规定的(可以随意命名)，只是 Python 程序员约定俗称的习惯而已。

和实例方法最大的不同在于，类方法需要使用@classmethod修饰符进行修饰，类方法使用示例如下：

```
class CLanguage:
    # 类构造方法，也属于实例方法
    def __init__(self):
        self.name = "C语言程序设计"
        self.add = "电子工业出版社"
    # 下面定义了一个类方法
    @classmethod
    def info(cls):
        print("正在调用类方法",cls)
```

注意，如果没有 @classmethod，Python 解释器会将info()方法认定为实例方法，而不是类方法。

类方法推荐使用类名直接调用，当然也可以使用实例对象来调用(不推荐)。例如，在上面CLanguage 类的基础上，在该类外部添加如下代码：

```
# 使用类名直接调用类方法
CLanguage.info()
# 使用类对象调用类方法
clang = CLanguage()
clang.info()
```

运行结果：

```
正在调用类方法 <class '__main__.CLanguage'>
正在调用类方法 <class '__main__.CLanguage'>
```

3. 静态方法

静态方法，其实就是我们学过的函数，和函数唯一的区别是，静态方法定义在类这个空间(类命名空间)中，而函数则定义在程序所在的空间(全局命名空间)中。

静态方法没有类似 self、cls 这样的特殊参数，因此 Python 解释器不会对它包含的参数做任何类或对象的绑定。也正因为如此，类的静态方法无法调用任何类属性和类方法。静态方法需要使用@staticmethod修饰，使用示例如下：

```
class CLanguage:
    @staticmethod
    def info(name,add):
        print(name,add)
```

静态方法的调用，既可以使用类名，也可以使用类对象，例如：

```
# 使用类名直接调用静态方法
CLanguage.info("C语言程序设计","电子工业出版社")
# 使用类对象调用静态方法
clang = CLanguage()
clang.info("Python教程","清华大学出版社")
```

运行结果：

```
C语言程序设计  电子工业出版社
Python教程 清华大学出版社
```

练一练

【练一练7-2】程序填空题。定义一个汽车类Car，其方法__init__()设置3个属性brand(汽车品牌)、gas(油量)、cost(百公里耗油量)。创建一个名为run()的方法和一个名为fillgas()的方法。其中前者根据汽车运行的公里数消耗油量，后者为汽车加油。

```
class Car:
    # 参数brand为汽车品牌，gas为油量，cost为百公里耗油量
    def __init__(self,brand,gas,cost):
        self.brand=brand
        self.gas=gas
        self.cost=cost
        print("汽车品牌:{0}油量:{1}百公里耗油量:{2}".\
        format(________,__________,________))
    def run(self,mile):
    # 根据汽车百公里耗油量计算跑mile公里后剩余的油量
        self.gas= self.gas-(mile/100)*self.cost
        print("汽车跑了{}公里,现在油量为{}".format(mile,self.gas))
        if self.gas<10:
            print("请为汽车加油！")
    def fillgas(self,add):
        if __________+add >=45:
            print("油箱已满")
            self.gas=45
        else:
            self.gas+=_________
        print("汽车当前油量为{}".format(self.gas))
my_car=Car("Audi",45,9)
my_car.run(300)
my_car.fillgas(15)
```

7.8 继承

电子宠物V2.0

现在软件公司决定开发一款新的宠物，这款宠物不仅可以吃饭、运动、显示状态，还具有运算的能力。

解决思路1：

直接在Pet类定义中增加calculate方法？

可是修改了Pet类后，就无法再生产普通(即无计算功能的)宠物了。

解决思路2：

重新再写一个新类NewPet，在其中写入init、eat、display、run、calculate方法定义？

可是需要编写的代码量较大。

这两种解决方案都不是最优选择，可以利用类的继承机制来完成这项任务。

电子宠物 V2.0

继承是面向对象方法学中的核心概念，它是指一个类的定义中可以派生出另一个类的定义，派生出的类(子类)可以自动拥有父类的全部属性和服务。

继承简化了人们对现实世界的认识和描述，在定义子类时不必重复定义已在父类中定义的属性和服务，只要说明它是某个父类的子类，并定义自己特有的属性和服务。汽车类和货车类、客车类之间的继承关系如图7-6所示。

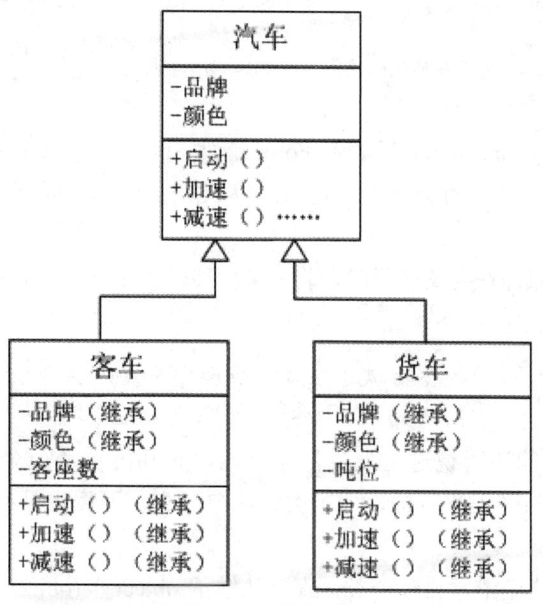

图 7-6　继承关系图

如图7-6所示，汽车类是父类，客车类和货车类是它的子类，子类可以继承父类汽车类的品牌、颜色属性和启动、加速、减速的方法，也就是在子类中不需要再对从父类中继承的属性和方法进行定义，只需要定义自己独有的属性和方法，比如客车类的客座数和货车类的吨位属性。

7.8.1　单继承

例如，假设现有一个 Shape 类，该类的 draw() 方法可以在屏幕上画出指定的形状，现在需要创建一个 Form 类，要求此类不但可以在屏幕上画出指定的形状，还可以计算出所画形状的面积。要创建这样的类，工作量较大的方法是将 draw() 方法直接复制到新类中，并添加计算面积的方法。实现代码如下所示：

```
class Shape:
    def draw(self,content):
        print("画",content)
class Form:
    def draw(self,content):
        print("画",content)
    def area(self):
        # 此处添加计算图形面积的代码
        print("此图形的面积为……")
```

更高效的方法是使用类的继承机制。实现方法为：让 Form 类继承 Shape 类，这样当 Form 类对象调用 draw() 方法时，Python 解释器会先去 Form 中找以 draw 命名的方法，如果找不到，它还会自动去父类 Shape 类中找。如此，只需在 Form 类中添加计算面积的方法即可，示例代码如下：

```
class Shape:
    def draw(self,content):
        print("画",content)
class Form(Shape):                          # 指定Form类是Shape类的子类
    def area(self):
        # 此处添加计算图形面积的代码
        print("此图形的面积为……")
```

上面代码中，class Form(Shape) 就表示 Form 继承 Shape。Python 中，实现继承的类称为子类，被继承的类称为父类(也可称为基类、超类)。因此在上面这个样例中，Form 是子类，Shape 是父类。

子类继承父类时，只需在定义子类时，将父类(可以是多个)放在子类之后的圆括号里即可。语法格式如下：

```
class 类名(父类1, 父类2, ……):
    # 类定义部分
```

注意，有的读者可能还听说过“派生”这个词，它和继承是一个意思，只是观察角度不同。换句话，继承是相对子类来说的，即子类继承自父类；而派生是相对父类来说的，即父类派生出子类。

如果该类没有显式指定继承自哪个类，则默认继承 object 类(object 类是 Python 中所有类的父类，即要么是直接父类，要么是间接父类)。

7.8.2 多继承

Python 的继承是多继承机制，即一个子类可以同时拥有多个直接父类。了解了继承机制的含义和语法之后，多继承的使用示例如下：

```
class People:
    def say(self):
        print("我是一个人，名字是：",self.name)
class Animal:
    def display(self):
        print("人也是高级动物")
# 同时继承 People 和 Animal 类
# 同时拥有 name 属性、say() 和 display() 方法
class Person(People, Animal):
    pass
zhangsan = Person()
zhangsan.name = "张三"
zhangsan.say()
zhangsan.display()
```

运行结果：

```
我是一个人，名字是：张三
人也是高级动物
```

可以看到，虽然 Person 类为空类，但由于其继承自 People 和 Animal 这两个类，因此实际上 Person 并不空，它同时拥有这两个类的所有属性和方法。

使用多继承经常面临的问题是，多个父类中包含同名的类方法。对于这种情况，Python 的处置措施是：根据子类继承多个父类时这些父类的前后顺序决定，即排在前面父类中的类方法会覆盖排在后面父类中的同名类方法。举个例子：

```
class People:
    def __init__(self):
        self.name = People
    def say(self):
        print("People类",self.name)
class Animal:
    def __init__(self):
        self.name = Animal
    def say(self):
        print("Animal类",self.name)
# People中的 name 属性和 say()方法会屏蔽 Animal 类中的
class Person(People, Animal):
    pass
zhangsan = Person()
zhangsan.name = "张三"
zhangsan.say()
```

运行结果：

```
People类 张三
```

可以看到，当 Person 同时继承 People 类和 Animal 类时，People 类在前，因此如果 People 和 Animal 拥有同名的类方法，实际调用的是 People 类中的。

电子宠物V2.0

任务1： 定义新型宠物NewPet类，让其具有运算功能，同时继承父类Pet类的所有属性和方法。

解决方法：

```
class NewPet(Pet):
    def calculate(self):
        a=eval(input("请给我出题:"))
        print("={0}".format(a))
p2=NewPet('瓦力','男孩',100,50)
p2.calculate()
p2.eat('hamberger')
p2.display()
p2.run(15)
p2.display()
```

运行结果：

```
你好！我的名字是瓦力，我是男孩，很高兴成为你的小伙伴
请给我出题:67*3+234.8+67/23
=438.7130434782609
```

```
汉堡包真好吃,但是别给我吃太多!
我当前的能量值为110
我当前的体重为55
我很健康，谢谢主人!
我运动了15分钟
我当前的能量值为90
我当前的体重为45
我很健康，谢谢主人!
```

7.8.3 方法的重写

电子宠物3.0

软件公司决定改变新型的宠物的食物，新型宠物的食物为金豆子，每吃1个金豆子，新型宠物能量值增加1。

这需要用到继承中方法的重写。

子类继承了父类，子类就拥有了父类所有的类属性和类方法。通常情况下，子类会在此基础上，扩展一些新的类属性和类方法。

但凡事都有例外，我们可能会遇到这样一种情况，即子类从父类继承得来的类方法中，大部分是适合子类使用的，但父类的方法不能满足个别子类的要求，这种情况下，子类就需要重新定义父类的方法。

例如，鸟通常是有翅膀的，也会飞，因此我们可以定义一个和鸟相关的类，如下所示。

```
class Bird:
    # 鸟有翅膀
    def isWing(self):
        print("鸟有翅膀")
    # 鸟会飞
    def fly(self):
        print("鸟会飞")
```

但是，对于鸵鸟来说，它虽然也属于鸟类，也有翅膀，但是它只会奔跑，并不会飞。针对这种情况，可以这样定义鸵鸟类：

```
class Ostrich(Bird):
    # 重写Bird类的fly()方法
    def fly(self):
        print("鸵鸟不会飞")
```

可以看到，因为 Ostrich 继承自 Bird，因此 Ostrich 类拥有 Bird 类的 isWing() 和 fly() 方法。其中，isWing() 方法同样适合 Ostrich，但 fly() 明显不适合，因此我们在 Ostrich 类中对 fly() 方法进行重写。

重写，有时又称覆盖，指的是对类中已有方法的内部实现进行修改。

在上面两段代码的基础上，添加如下代码并运行：

```
ostrich = Ostrich()                    # 创建Ostrich对象
ostrich.fly()                          # 调用Ostrich类中重写的fly()类方法
```

运行结果：

```
鸵鸟不会飞
```

显然，ostrich 调用的是重写之后的 fly() 类方法。

7.8.4　调用父类的方法

事实上，如果在子类中重写了从父类继承来的类方法，那么当在类的外部通过子类对象调用该方法时，Python 总是会执行子类中重写的方法。这就产生一个新的问题，即如果想调用父类中被重写的这个方法，该怎么办呢？

在子类的构造方法中，调用父类构造方法的方式有两种，分别是：

1. 未绑定方式

类可以看做是一个独立空间，在类的外部调用其中的实例方法，可以像调用普通函数那样，只不过需要额外备注类名。使用示例如下：

```
class Bird:
    def isWing(self):
        print("鸟有翅膀")
    def fly(self):
        print("鸟会飞")
class Ostrich(Bird):
    def fly(self):
        print("鸵鸟不会飞")
ostrich = Ostrich()
Bird.fly(ostrich)                          # 调用Bird类中的fly()方法
```

运行结果：

```
鸟会飞
```

此程序中，需要注意的是，使用类名调用其类方法时，Python 不会为该方法的第一个self 参数自动绑定值，因此采用这种调用方法，需要手动为 self 参数赋值。

2. 使用 super() 函数

使用示例如下：

```
class Bird:
    def isWing(self):
        print("鸟有翅膀")
    def fly(self):
        print("鸟会飞")
class Ostrich(Bird):
    def fly(self):
        print("鸵鸟不会飞")
        super().fly()                      # 调用父类的fly()方法
ostrich = Ostrich()
ostrich.fly()
```

运行结果：

```
鸵鸟不会飞
鸟会飞
```

在子类Ostrich的fly()方法里，利用super()函数调用父类的方法fly()。

注意，如果涉及多继承，该函数只能调用第一个直接父类的构造方法。

电子宠物V3.0

软件公司决定改变新型宠物的食物，新型宠物的食物为金豆子，每吃1个金豆子，新型宠物能量值增加1。

解决方法：

```
class NewPet(Pet):
    def calculate(self):
        a=eval(input("请给我出题:"))
        print("={0}".format(a))
    # 重写NewPet类的eat()方法
    def eat(self,num):
        self.energy=self.energy+num
        if num<=5:
            self.weight=self.weight+5
            print("我吃了{}个金豆子,太美味了".format(num))
        else:
            self.weight=self.weight+10
            print("我吃了{}个金豆子,吃得太多了，我会长胖的".format(num))
p2=NewPet('瓦力','男孩',100,50)
p2.eat(4)
p2.display()
```

运行结果：

```
你好！我的名字是瓦力,我是男孩,很高兴成为你的小伙伴
我吃了4个金豆子,太美味了
我当前的能量值为104
我当前的体重为55
我很健康，谢谢主人！
```

练一练

【练一练7-3】请将下面代码的输出结果补充完整。

```
class Parent(object):
    x = 1
class Child1(Parent):
    pass
class Child2(Parent):
    pass
print(Parent.x, Child1.x, Child2.x)
Child1.x = 2
print(Parent.x, Child1.x, Child2.x)
Parent.x = 3
print(Parent.x, Child1.x, Child2.x)
```

输出结果：

```
___ ___ ___
___ ___ ___
___ ___ ___
```

【练一练7-4】 定义一个宠物类Pet和继承自Pet类的子类Cat，分别使用Pet类和Cat类创建实例对象并调用它的实例方法，请将程序的运行结果在注释处补充完整。

```
class Pet():
    def __init__(self,owner="李明"):
        self.owner = owner
    def show_pet_owner(self):
        print("这个宠物的主人是%s"%(self.owner))
class Cat(Pet):
    def show_pet_owner(self):
        print("这只猫的主人是%s"%(self.owner))
pet1 = Pet()
pet1.show_pet_owner()                    # 这个__________的主人是__________
pet2 = Pet("张欢")
pet2.show_pet_owner()                    # 这个__________的主人是__________
cat1 = Cat()
cat1.show_pet_owner()                    # 这个__________的主人是__________
cat2 = Cat("刘敏")
cat2.show_pet_owner()                    # 这个__________的主人是__________
```

7.9 多态

在Python中，多态指在不考虑对象类型的情况下使用对象。相比于强类型，Python更推崇“鸭子类型”。“鸭子类型”是这样推断的：如果一只生物走起路来像鸭子，游起泳来像鸭子，叫起来也像鸭子，那么它就可以被当做鸭子。也就是说，“鸭子类型”不关注对象的类型，而是关注对象的行为。

Python的多态指同一操作作用于不同的对象，可以有不同的实现方式，产生不同的执行结果。使用示例如下：

```
class Animal(object):                    # 定义父类Animal
    def move(self):
        pass
class Rabbit(Animal):                    # 定义子类Rabbit
    def move(self):
        print("兔子蹦蹦跳跳")
class Snail(Animal):                     # 定义子类Snail
    def move(self):
        print("蜗牛缓慢爬行")
# 在函数test()中调用对象obj的move()方法
def test(obj):
    obj.move()
```

函数test()可以接收一个对象obj，并让对象调用move()方法，move()就是一个接口(操作)，Rabbit类实现move()这个操作时，输出的是“兔子蹦蹦跳跳”，而Snail类在实现move()这个操作的时候，输出的是“蜗牛缓慢爬行”，因此一个接口有多种实现。不同的类对象调用move()会产生不一样的结果。

接下来，分别创建Rabbit类和Snail类的对象，将这两个对象作为参数传入test()函数中，代码如下：

```
rabbit=Rabbit()
test(rabbit)                              # 接收Rabbit类的对象
snail=Snail()
test(snail)                               # 接收Snail类的对象
```

运行结果：

```
兔子蹦蹦跳跳
蜗牛缓慢爬行
```

从以上程序可以看出，同一个操作对不同的对象有不同的实现方式，从而产生的结果不一样。多态性的作用在于它允许我们开发灵活的系统，只需要指定什么应该发生，而不是它应该怎样发生，即可获得一个易修改、易变更的系统。

练一练

【练一练7-5】请将下面代码的输出结果补充完整。

```
class CLanguage:
    def say(self):
        print("调用的是 Clanguage 类的say方法")
class CPython(CLanguage):
    def say(self):
        print("调用的是 CPython 类的say方法")
class CLinux(CLanguage):
    def say(self):
        print("调用的是 CLinux 类的say方法")
a = CLanguage()
a.say()
a = CPython()
a.say()
a = CLinux()
a.say()
```

输出结果：

```
调用的是 ________________ 类的say方法
调用的是 ________________ 类的say方法
调用的是 ________________ 类的say方法
```

【练一练7-6】定义一个狗类Dog。未受训练的狗类UntrainedDog，继承自Dog类，不重写父类的方法。缉毒犬类DrugDog，继承自Dog类，重写work()方法，工作内容是“搜索毒品”。战斗犬类ArmyDog，继承自Dog类，重写work()方法，工作内容是“追击敌人”。人类Person有一个方法work_with_dog()，根据与其合作的狗的种类不同，完成不同的工作任务。请将程序运行结果在注释处补充完整。

```
class Dog():
    def work(self):
        print("正在受训")
class UntrainedDog(Dog):
    pass
class ArmyDog(Dog):
    def work(self):
        print("追击敌人")
class DrugDog(Dog):
    def work(self):
        print("搜索毒品")
class Person(object):
    def work_with_dog(self,dog):
        dog.work()
p=Person()
p.work_with_dog(UntrainedDog())        # 输出结果为: ____________
p.work_with_dog(ArmyDog())             # 输出结果为: ____________
p.work_with_dog(DrugDog())             # 输出结果为: ____________
```

本章你学到了什么

在这一章，我们主要介绍了以下内容。

- 电子宠物V1.0：运用类和对象实现设计多只电子宠物，它们具有名字、性别、能量、体重等属性，可以完成吃饭、运动、显示状态等动作。
- 电子宠物V2.0：运用继承实现一款新的宠物软件，不仅具有吃饭、运动、显示状态的动作，还具备运算的能力。
- 电子宠物V3.0：运用继承中重写父类方法实现改变新型的宠物食物，改写父类中吃饭的方法。

课后练习题

一、单项选择题

1. Python使用(　　)关键字来定义类。

   A. class　　B. def　　C. import　　D. del

2. 下列关于类的说法，错误的是(　　)。

   A. 在类中可以定义私有方法和属性　　B. 类方法的第一个参数是cls

   C. 实例方法的第一个参数是self　　D. 类的实例无法访问类属性

3. 下列关于继承的说法中，错误的是(　　)。

   A. Python不支持多继承

   B. 如果一个类有多个父类，该类会继承这些父类的成员

   C. 子类会自动拥有父类的属性和方法

   D. 私有属性和私有方法是不能被继承的

4. 下列方法中，用于初始化属性的方法是(　　)。

   A. __del__()　　B. __init__()　　C. __init()　　D. __add__()

5. 阅读下面程序：

```
class Test:
    count = 21
    def print_num(self) :
        count=20
        self.count += 20
        print(count)
test=Test()
test.print_num()
```

运行程序的输出结果是(　　)。

A. 20　　B. 40　　C. 21　　D. 41

6. 阅读下面程序：

```
class Init:
    def __init__(self,addr,tel):
        self.__addr = addr
        self.tel = tel
    def show_info(self) :
        print(f"地址: {self.__addr}")
        print(f"手机号: {self.tel}")
init=Init('北京','12345')
init.show_info ()
```

运行程序，输出结果是( )。

A. 程序无法运行　　B. 手机号：12345　　C. 地址：北京　　D. 地址：北京
手机号：12345

7. 类的组成，不包括( )。

A. 类名　　B. 属性　　C. 方法　　D. 对象

8. 方法中的self代表(　　)。

A. 类的实例对象　　B. 类自身　　C. 类的方法　　D. 类的属性

9. 下面这段代码的输出结果将是什么(　　)。

```
class Parent(object):
    x = 1
class Child1(Parent):
    pass
class Child2(Parent):
    pass
print(Parent.x, Child1.x, Child2.x)
Child1.x = 2
print(Parent.x, Child1.x, Child2.x)
Parent.x = 3
print(Parent.x, Child1.x, Child2.x)
```

A. 1 1 1
1 2 1
3 3 3　　B. 1 1 1
1 2 1
3 2 3　　C. 1 1 1
1 2 2
3 2 3　　D. 1 1 1
2 2 2
3 3 3

10. 对于类属性和实例属性，说法不正确的是(　　)。

A. 类的属性是所有对象共有的

B. 实例属性是类的实例化对象所具有的

C. 所有函数内部以“self.变量名”的方式定义的变量为实例属性

D. 实例属性可以用类名直接访问

二、编写程序题

1. 设计一个Circle(圆)类，该类中包括属性radius(半径)，还包括__init_()、get_ perimeter()(求周长)和get_area()(求面积)等方法。设计完成后，创建Circle 类的对象并测试求周长和面积的功能。

2. 创建一个名为User的类，其中包含属性first_name、last_name、phone，在类User中定义一个名为describe_user()的方法，它输出用户信息摘要，定义一个名为greet_user()的方法，向用户发出个性化问候。

User类实例化及方法调用代码如下：

```
user1=User('hua','Zhang',17262717727)
user1.describe_user()
user1.greet_user()
```

输出样例：

```
个人信息:
hua
Zhang
17262717727
问候:
Hello!!!Zhanghua
结尾无空行
```

3. 用户账户登录功能。创建一个名为User的类，其中包含属性用户名uname和密码upass，在类User中定义一个名为login()的方法，它可以实现用户账户登录验证，若用户名和密码都正确，提示“登录成功！”，当用户名不正确时，提示“用户名不正确！”，当密码不正确时，提示“密码不正确！”。

所有用户名和密码存放在一个字典dt中：

```
dt={'Alice':'a123','Mike':'good','John':'456','Kate':'ktt'}
```

User类实例化及方法调用代码如下：

```
uname=input("")
upass=input("")
user1=User(uname,upass)
user1.login()
```

输入样例：

```
Alice
a123
```

输出样例：

```
登录成功!
```

第 8 章

turtle 库及其应用

案例7　神奇的抽象画：计算机不仅是严谨的，还是浪漫和艺术的。我们可以使用turtle库，让计算机绘制出现代风格的艺术图案。通过turtle库，绘制出由随机大小、随机位置、随机颜色的正方形组成的抽象画。每次绘制，都是一幅独一无二的画作，是独属于计算机的浪漫，如图8-1所示。

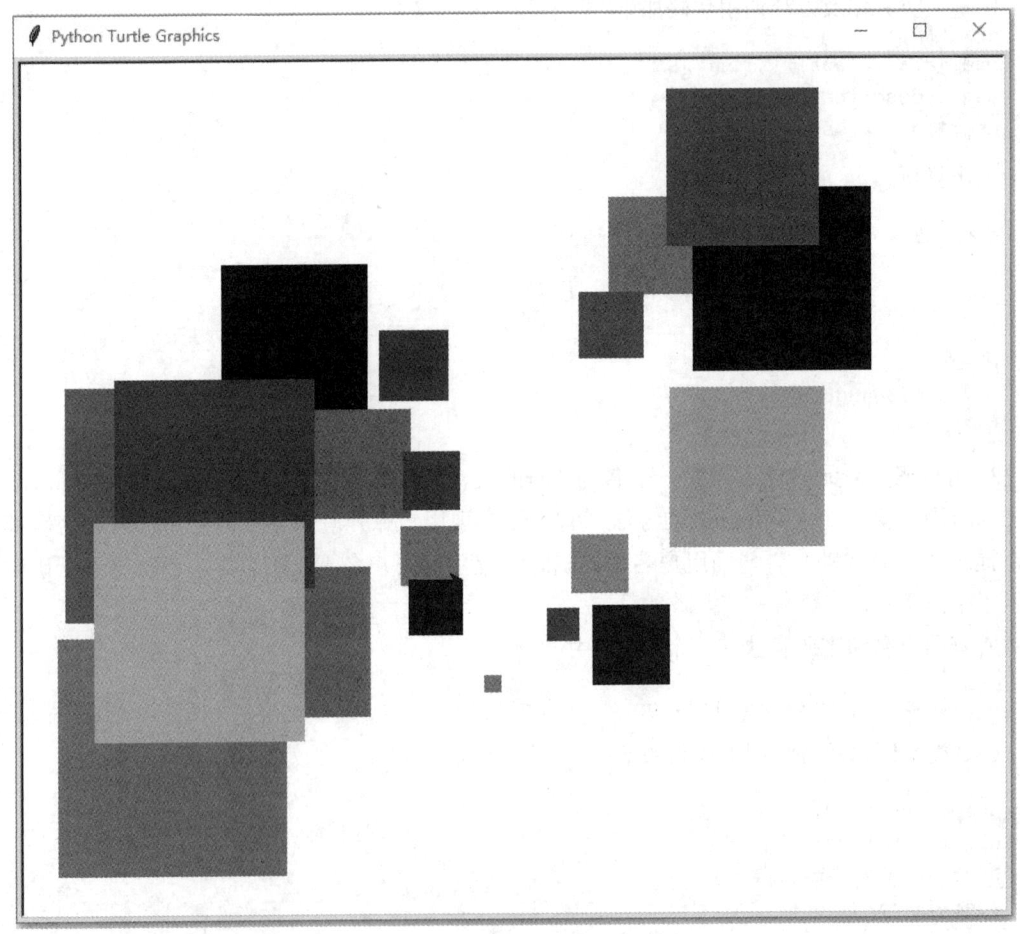

图 8-1　神奇的抽象画

本案例要解决两个问题：

- 问题一：如何绘制随机位置、随机大小的抽象画？
- 问题二：如何绘制随机颜色的抽象画？

本案例涉及的知识点如图8-2所示。

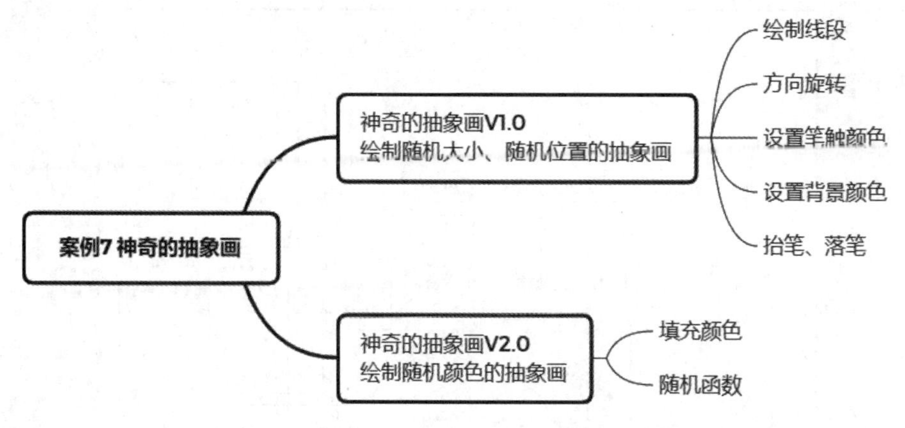

图 8-2　神奇的抽象画涉及的知识点思维导图

8.1　turtle库

turtle函数库是Python的标准库之一，提供了一系列关于绘图的功能函数。turtle一词的含义为“海龟”，我们可以想象有一只海龟，位于显示器上窗口的正中心，在该窗口构成的画布上游走，它游走的轨迹就变成了绘制的图形。

turtle是Python内置的一个标准模块，它提供了绘制线段、圆等形状的函数，可以通过使用该模块创建图形窗口，在图形窗口中可以像使用笔在纸上绘图一样，在turtle画布上绘制图形。

通过turtle库不仅可以绘制出如图8-3所示的庄严的五星红旗，还可以绘制出雄伟的天安门、美丽的山水画等。

图 8-3　五星红旗

8.2　turtle库的基本用法

神奇的抽象画V1.0

计算机不仅是严谨的，还是浪漫和艺术的。我们可以使用turtle库，让计算机绘制出现代风格的艺术图案。使用turtle库，绘制出如图8-4所示的由随机大小、随机位置的正方形组成的抽象画。

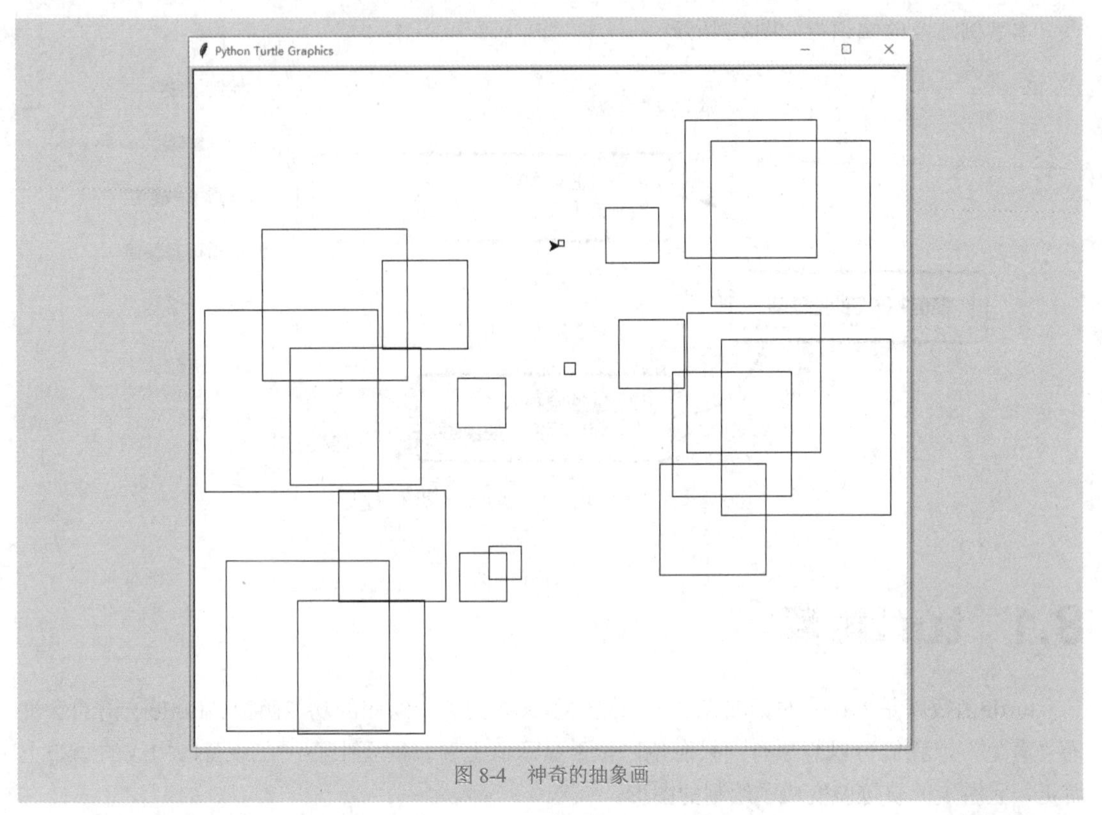

图 8-4　神奇的抽象画

这需要用到turtle库和随机函数。

在使用turtle库前，需要把这个库引入到当前的程序中。引入语句为：

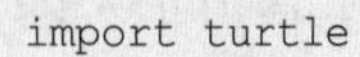

```
import turtle
```

神奇的抽象画 V1.0

8.2.1　移动函数

在绘制这样一幅图案前，我们需要对其拆解步骤。首先需要学会如何绘制正方形。绘制正方形需要两步：

(1) 绘制线段。

(2) 把方向旋转90°。

重复以上步骤，就可以得到正方形了。那么，如何绘制一条线段呢？

这里“海龟”的移动用到了forward()函数。其使用原型为：

```
turtle.forward(distance)
```

表示向当前画笔方向移动distance像素长度，其中distance的取值可以为整数，也可以为浮点数。若distance为负值，则“海龟”会向后移动。例如：

```
import turtle
# 向前移动200
turtle.forward(200)
```

运行结果：

如图8-5所示。

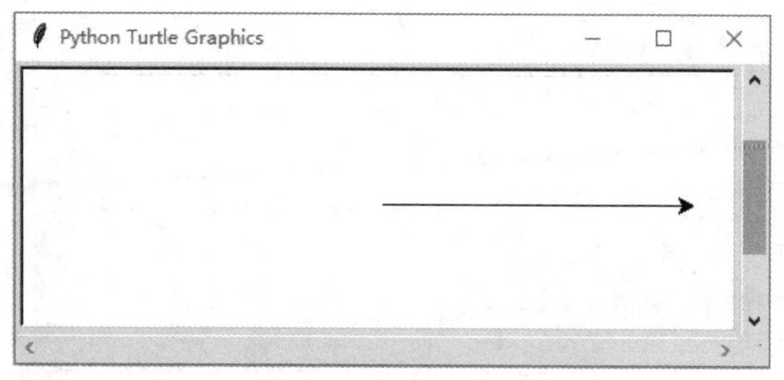

图 8-5　向前移动 200

```
import turtle
# 先向前移动200
turtle.forward(200)
# 再向后移动100，"海龟"方向不变
turtle.forward(-100)
```

运行结果：

可以看到“海龟”先向前移动200，再向后退了100，但是“海龟”的方向没有改变，如图8-6所示。

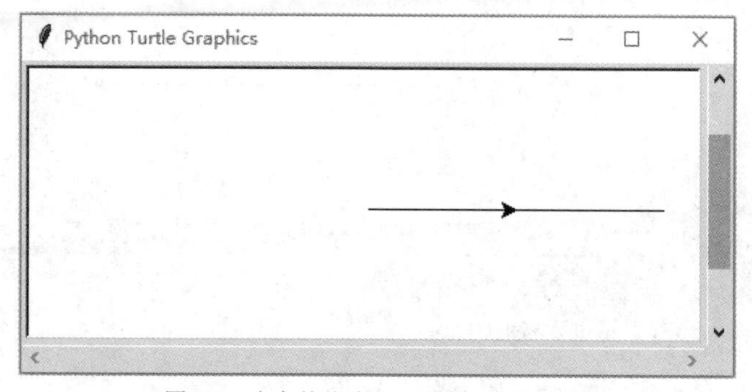

图 8-6　先向前移动 200，再向后移动 100

除了修改distance的值，还可以使用backward()函数，在不改变“海龟”朝向的前提下，实现后退功能。其语法格式为：

```
turtle.backward(distance)
```

例如：

```
import turtle
# 先向前移动200
turtle.forward(200)
# 再向后移动100，"海龟"方向不变
turtle.forward(-100)
# 继续后退50，"海龟"方向不变
turtle.backward(50)
```

运行结果：

如图8-7所示。

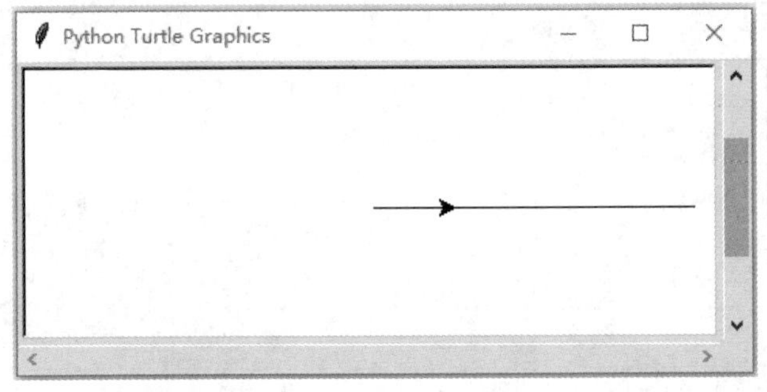

图 8-7　先向前移动 200，再向后移动 100，继续后退 50

可以看到“海龟”先向前移动200，再向后退100，然后继续后退50，但是“海龟”的方向不改变。

神奇的抽象画V1.0

任务1：在屏幕上绘制一条线段，如图8-8所示。

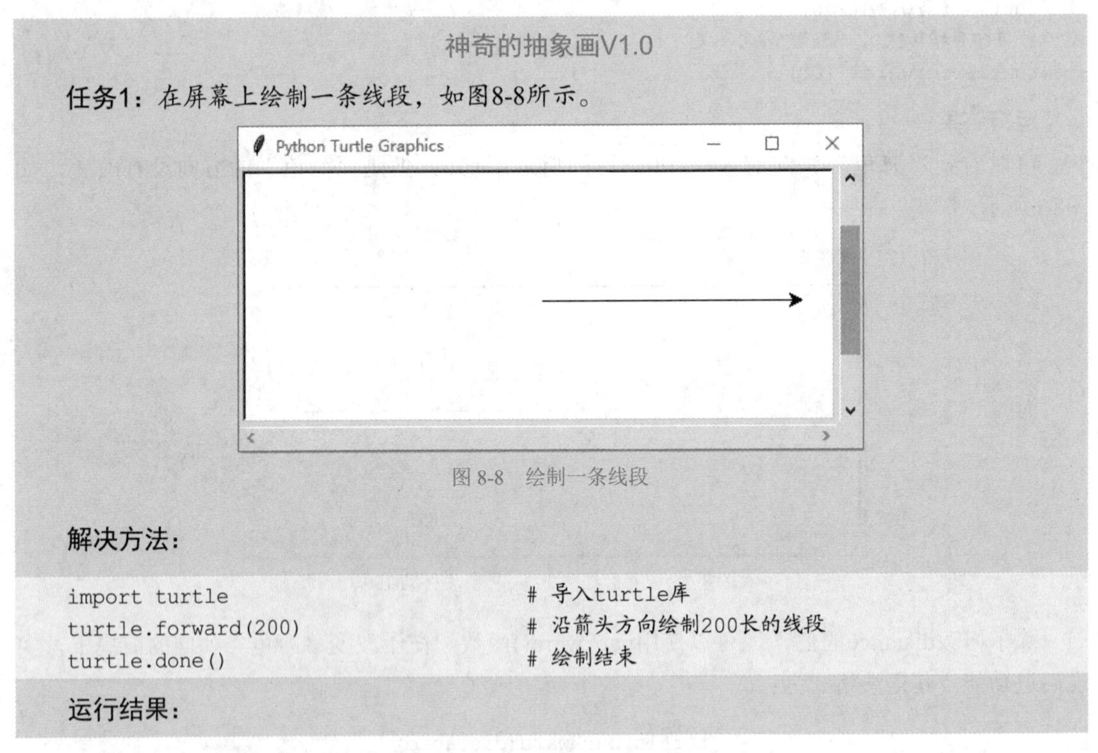

图 8-8　绘制一条线段

解决方法：

```
import turtle                                   # 导入turtle库
turtle.forward(200)                             # 沿箭头方向绘制200长的线段
turtle.done()                                   # 绘制结束
```

运行结果：

运行后，会看到Python在屏幕上打开了一个新的绘图窗口，并且有一个三角形的箭头“海龟”从中心向前移动了一段距离，如图8-8所示。

如何让“海龟”的方向旋转呢？可以使用顺时针旋转right()和逆时针旋转left()。其命令为：

```
turtle.right(degree)                            # 顺时针旋转degree度
turtle.left(degree)                             # 逆时针旋转degree度
```

如何看“小海龟”的旋转方向呢？可以假设自己和“小海龟”面向同一方向，如果想向左手边旋转，就选择left()；如果想向右手边旋转，就选择right()。其使用示例如下：

```
# 向左旋转90度方向(逆时针)
turtle.left(90)
```

运行结果如图8-9所示。

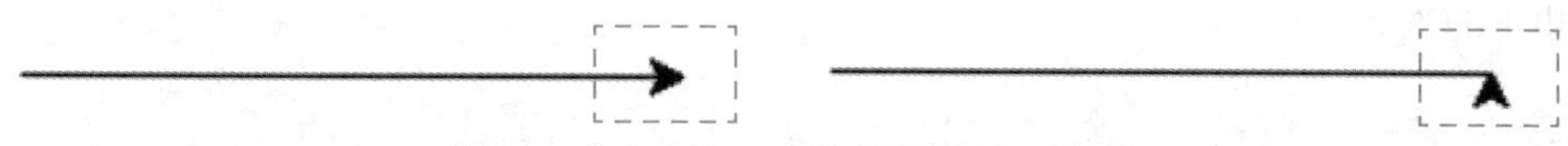

图 8-9　向左旋转 90 度前后箭头朝向示意图

```
# 向右旋转90度方向(顺时针)
turtle.right(90)
```

运行结果如图8-10所示。

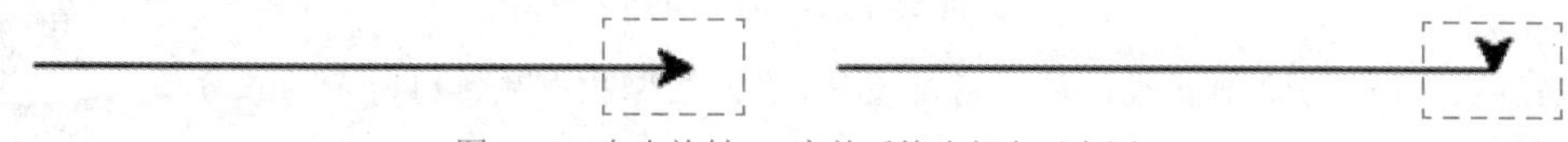

图 8-10　向右旋转 90 度前后箭头朝向示意图

现在，可以通过对线段和旋转的重复，绘制出一个正方形。

神奇的抽象画V1.0

任务2-1：通过将绘制直线、旋转角度重复4次，绘制出一个正方形。

解决方法1：

```
import turtle
turtle.forward(200)
turtle.left(90)                          # 向左旋转90度
turtle.forward(200)                      # 沿箭头方向绘制200长的线段
turtle.left(90)                          # 向左旋转90度
turtle.forward(200)                      # 沿箭头方向绘制200长的线段
turtle.left(90)                          # 向左旋转90度
turtle.forward(200)                      # 沿箭头方向绘制200长的线段
turtle.left(90)                          # 向左旋转90度
turtle.done()                            # 绘制结束
```

运行结果：

如图8-11所示。

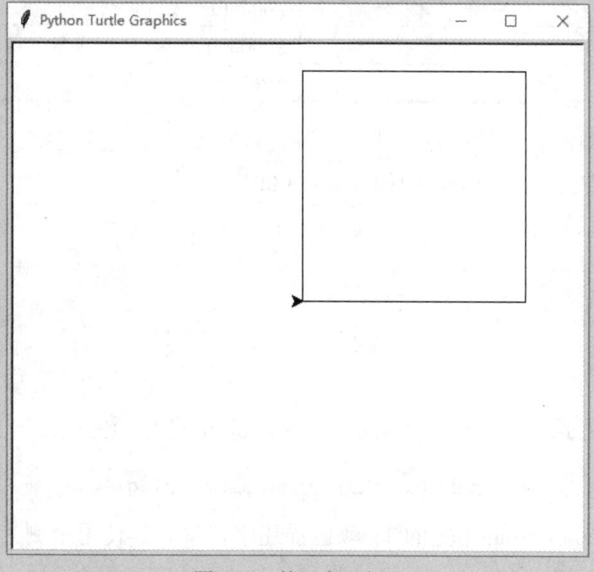

图 8-11　第一个正方形

通过重复绘制正方形，显然不是我们想要的代码。因此，可以将turtle与循环结构结合，减少代码出现的次数。

```
turtle.forward(200)
turtle.left(90)
```

这两句代码重复出现了4次，因此可以将循环设置为4次，同时，将这两条语句作为循环体，来实现绘制一个正方形。

神奇的抽象画V1.0

任务2-2：通过将绘制直线、旋转角度重复4次，绘制出如图8-11所示的正方形。

解决方法2：

```
import turtle
for i in range(4):
    turtle.forward(200)
    turtle.left(90)
turtle.done()                          # 绘制结束
```

8.2.2 颜色控制函数

turtle库还支持绘制彩色的图形。可以通过使用pencolor()来设置画笔的颜色。其语法格式为：

```
turtle.pencolor(colorstring)
```

其中，colorstring可以是指定的 Tk 颜色描述字符串，如表8-1所示；也可以是RGB 3元组。

表8-1　常用颜色

字符串	数值
red	#FF0000
blue	#0000FF
black	#000000
yellow	#FFFF00

在绘图过程中，颜色有两种设置方式。一种是以英文单词构成的字符串，例如red，另一种是六位十六进制数值方式的字符串，例如“#FF0000”。

pencolor()的使用示例如下：

```
# 将画笔设置为红色
pencolor("red")
# 将画笔设置为黄色
pencolor("#FFFF00")
```

turtle除了可以设置画笔的颜色，还可以使用fillcolor()进行颜色填充，其语法格式为：

```
turtle.fillcolor(colorstring)
```

设置填充颜色为 colorstring 指定的 Tk 颜色描述字符串。其使用示例为：

```
# 将填充颜色设置为紫色
```

```
turtle.fillcolor("purple")
```

另一个与颜色相关的函数为color()，其语法格式为：

```
turtle.color(color1,color2)
```

这里，可以使用color()函数来分别设置画笔颜色pencolor=color1和填充颜色fillcolor=color2；若只有一个颜色参数，则相当于同时设置填充颜色和画笔颜色为指定的值。使用示例如下：

```
# 将画笔颜色设置为黄色，填充颜色设置为红色
turtle.color("yellow","red")
#将画笔颜色、填充颜色均设置为黄色
turtle.color("yellow")
```

这里可以看到“海龟”的轮廓和内部分别变成了设定的颜色，此时能够绘制出指定颜色的线条，但并未填充，这是因为在进行颜色填充前需要使用颜色填充函数(该内容将在8.4.1节进行讲解)。

神奇的抽象画V1.0

任务3：通过color函数为笔触设置颜色，绘制如图8-12所示的红色正方形。

解决方法：

```
import turtle
turtle.color("red")                          # 笔触设为红色
for i in range(4):
    turtle.forward(100)
    turtle.left(90)
turtle.done()
```

运行结果：

如图8-12所示。

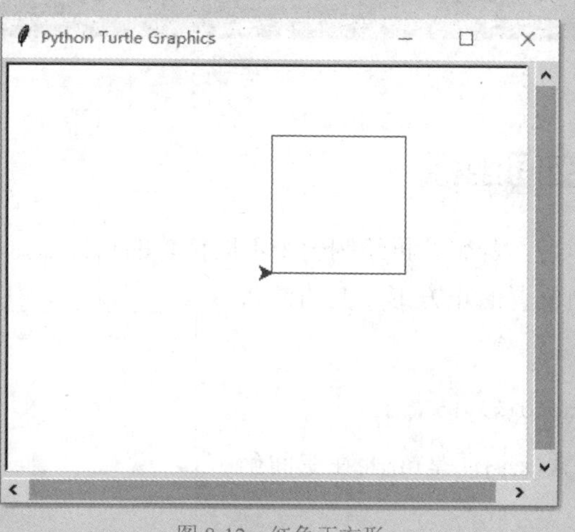

图 8-12　红色正方形

运行以上代码，可以得到一个红色的正方形。

现在，可以通过bgcolor()函数设置背景颜色。其语法格式为：

```
turtle.bgcolor(colorstring)
```

设置或返回 TurtleScreen 的背景颜色。

神奇的抽象画V1.0

任务4： 通过bgcolor函数设置如图8-13所示的黑色背景。

解决方法：

```
import turtle
turtle.color("red")                          # 笔触设为红色
turtle.bgcolor("black")                      # 背景颜色设为黑色
for i in range(4):
    turtle.forward(100)
    turtle.left(90)
turtle.done()
```

运行结果：

如图8-13所示。

图 8-13　设置黑色背景

8.2.3　turtle的空间坐标

在绘制完一个正方形后，若想要再绘制一个不同位置的正方形，该如何解决呢？这里可以通过goto函数画两个不同位置的正方形。其语法格式为：

```
turtle.goto(x,y)
```

这里goto()移到的位置(x,y)便是turtle在空间坐标体系里的相应位置。

turtle以画布中心为坐标原点，构成了横轴为x，纵轴为y的坐标系。“小海龟”在(0，0)位置，面向x轴正方向为初始位置。坐标系如图8-14所示。

通过使用turtle函数指令，让“小海龟”在该空间坐标系上移动，从而在它爬行的路径上绘制出图形。

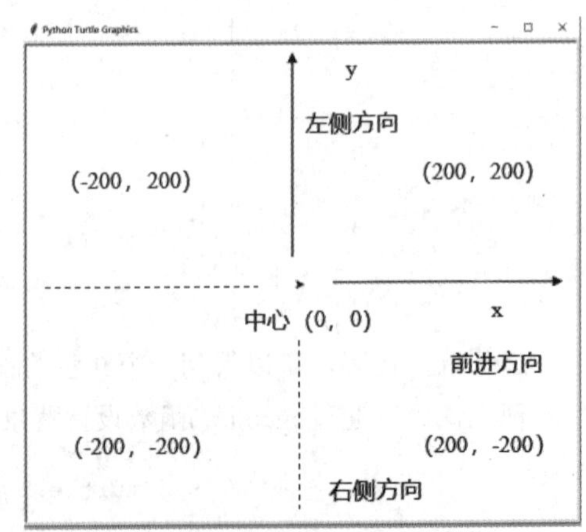

图 8-14　turtle 的空间坐标系

神奇的抽象画V1.0

任务5： 利用goto函数绘制如图8-15所示的两个不同位置的正方形。

解决方法：

```
import turtle
turtle.color("red")
turtle.bgcolor("black")
turtle.goto(-200,200)                      # 移动到(-200, 200)的位置
for i in range(4):
    turtle.forward(100)
    turtle.left(90)
turtle.goto(200,200)                       # 移动到(200, 200)的位置
for i in range(4):
    turtle.forward(100)
    turtle.left(90)
turtle.done()
```

运行结果：

如图8-15所示。

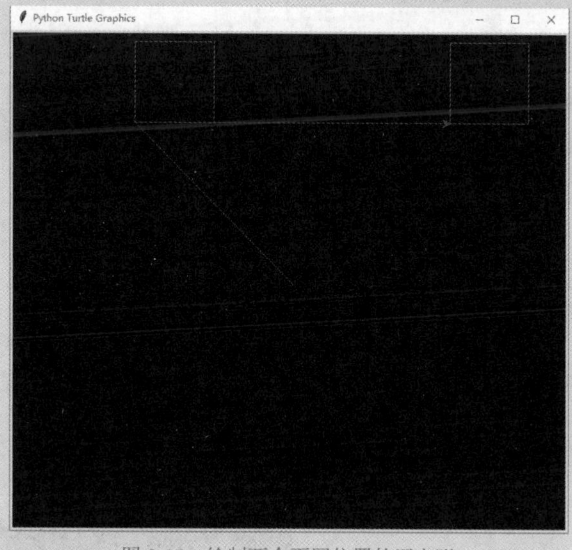

图 8-15　绘制两个不同位置的正方形

通过运行代码，发现在画布上绘制了两个不同的正方形，但是画布上的图形中有一些多余的线条，如何去除这些线条呢？

8.2.4　画笔状态函数

使用turtle在画布上绘图，其实和我们画画的原理是一样的。我们在绘制不同的图形时，需要先抬笔，移到另一块地方，然后再落笔画画，在使用turtle库绘制时也是同样的原理。通过使用up()和down()函数进行抬笔、落笔操作。其语法格式为：

```
turtle.up()              # 抬笔
turtle.down()            # 落笔
```

常用的画笔状态函数如表8-2所示。

表8-2　常用的画笔状态函数

函数	功能
up()/penup()	抬笔，移动时不画线
down()/pendown()	落笔，移动时画线
pensize()/width()	设置画笔宽度，默认值为1
pen()	返回画笔当前的各种属性
isdown()	返回画笔是否是放下的状态，True为放下
hideturtle()	隐藏画笔的turtle形状
showturtle()	显示画笔的turtle形状

部分函数使用示例如下：

```
>>> turtle.penup()
>>> turtle.isdown()
False
>>> turtle.pendown()
>>> turtle.isdown()
True
```

神奇的抽象画V1.0

任务6：绘制如图8-16所示的两个不相连的正方形。

解决方法：

```
import turtle
turtle.color("red")
turtle.bgcolor("black")
turtle.up()
turtle.goto(-200,200)
turtle.down()
for i in range(4):
    turtle.forward(100)
    turtle.left(90)
turtle.up()
turtle.goto(200,200)
turtle.down()
for i in range(4):
    turtle.forward(100)
    turtle.left(90)
turtle.done()
```

运行结果：

如图8-16所示。

图 8-16　绘制两个不相连的正方形

运行以上代码，首先抬笔，移动到(-200，200)的位置，落笔，绘制第一个正方形；然后再抬笔，移动到(200，200)的位置，落笔，绘制第二个正方形。这样不同位置的图形就不会有多余的线条相连了。

练一练

【练一练8-1】绘制一个正n边形，其轮廓颜色为黄色，背景颜色为红色。正n边形的角度为360/n。

```
import turtle
turtle.pencolor("yellow")                       #设置笔触为黄色
turtle.______________________                   #设置背景为红色
n=int(input())                                  #输入边数n
for i in range(_______):                        #循环
    turtle.forward(100)
    turtle.left(_________)                      #旋转角度
turtle.done()
```

【练一练8-2】绘制计算两点间的距离。输入两个点$A(x1, y1)$和$B(x2, y2)$，计算AB的距离，要求如下：

(1) 提示用户输入两个点。

(2) 计算两点之间的距离。

(3) 利用turtle图形画出两点之间的连线。

(4) 在线的中央显示线的长度。

```
import turtle
x1,y1=eval(input("请输入x1,y1(用英文逗号隔开): "))
x2,y2=eval(input("请输入x2,y2(用英文逗号隔开): "))
distance=((x1-x2)**2+(y1-y2)**2)**0.5
turtle.up()
turtle.goto(x1,y1)
turtle.down()
turtle.______("A点")                            #显示"A点"
turtle.______________                           #移动到(x2,y2)
turtle.write("B点")
turtle.up()
turtle.______________                           #移动到两点中间位置
turtle.write(round(distance,2))
turtle.hideturtle()
turtle.done()
```

8.3 随机函数

在绘制复杂图形时，需要使用函数来帮助我们完成相应的功能。

学会绘制不同位置的正方形后，我们希望绘制出由随机大小、随机位置的正方形组成的抽象画。如何得到随机大小、随机位置的正方形呢？这需要用到随机函数。

random库是使用随机数的Python标准库。我们可以使用random随机库中的random.randrange()函数产生随机数，randrange()函数的语法格式为：

```
randrange(m,n[,k])
```

其功能为生成一个[m，n)之间以k为步长的随机整数。

randint(a，b)函数，则可以生成一个[a，b]之间的整数。

例如，想要产生一个随机的位置，用x、y分别表示横坐标和纵坐标，则可以使用如下代码：

```
# 生成随机位置
x=random.randrange(-200,200)
y=random.randrange(-200,200)
```

使用randrange函数，生成在[-200，200)之间的一个随机数，赋值给横坐标，纵坐标同理。

神奇的抽象画V1.0

任务7：使用20个随机位置、随机大小的正方形，生成如图8-17所示的抽象画。

解决方法：

```
import turtle
import random
for i in range(20):
    x=random.randrange(-200,200)
    y=random.randrange(-200,200)
    turtle.up()
    turtle.goto(x,y)
    turtle.down()
    for j in range(4):
        turtle.forward(x)
        turtle.left(90)
turtle.done()
```

运行结果：

如图8-17所示。

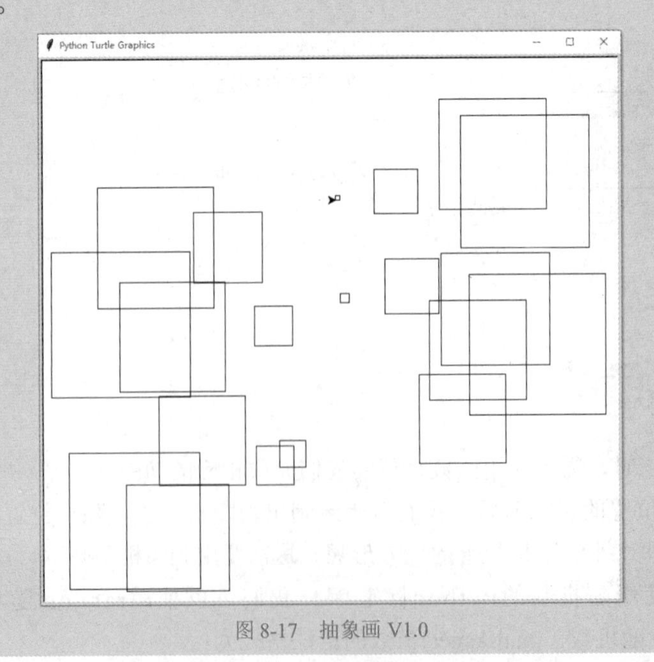

图 8-17　抽象画 V1.0

首先要生成一个随机位置、随机大小的正方形：生成随机坐标x、y，抬笔，移动到该位置(x，y)，落笔，绘制正方形。正方形的边长设置为x，使得每次的边长随着坐标的随机数改变。重复20次，绘制20个随机位置、随机大小的正方形。

8.4　turtle的高阶用法

神奇的抽象画V2.0

计算机不仅是严谨的，还是浪漫和艺术的。我们可以使用turtle库，让计算机绘制出现代风格的艺术图案。绘制一幅如图8-18所示的随机颜色、随机位置、随机大小的抽象画。

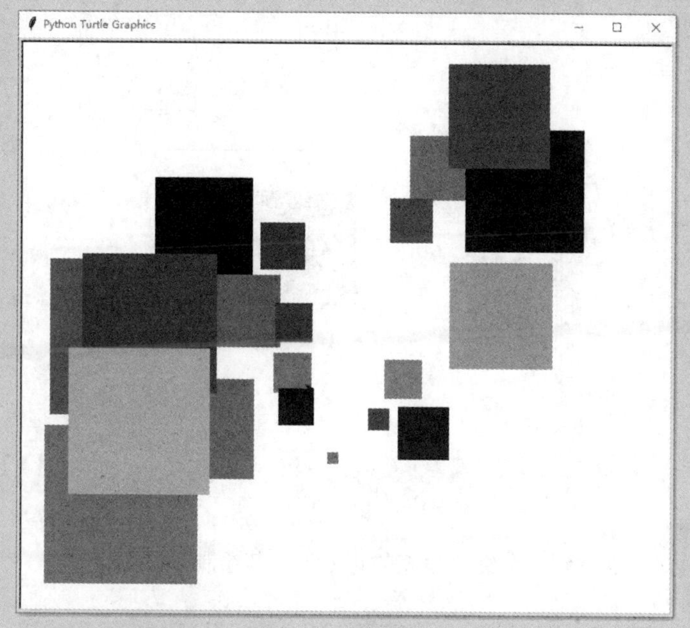

图 8-18　神奇的抽象画 V2.0

这需要用到turtle库的颜色填充和随机颜色生成。

神奇的抽象画 V2.0

8.4.1　颜色填充

想要得到随机颜色的正方形，首先需要进行颜色的填充。使用begin_fill和end_fill函数，为正方形填充颜色，其语法格式为：

```
turtle.begin_fill()        # 开始填充
turtle.end_fill()          # 结束填充
```

在进行颜色填充时，需要先调用begin_fill()，然后进行绘制，绘制完毕后再调用end_fill()。

神奇的抽象画V2.0

任务1： 使用begin_fill和end_fill函数，为正方形填充颜色，如图8-19所示。

解决方法：

```
import turtle
turtle.color("red")
turtle.begin_fill()                        # 开始填充
for i in range(4):
    turtle.forward(100)
    turtle.left(90)
turtle.end_fill()                          # 结束填充
turtle.done()
```

运行结果：

如图8-19所示。

图 8-19 填充红色正方形

运行以上代码，可以得到一个红色填充的正方形。其绘制步骤为：

(1) 设置颜色。

(2) 使用begin_fill()准备填充。

(3) 绘制正方形。

(4) 使用end_fill()结束填充。

通过这种方式，可以得到一个填充颜色的形状。

练一练

【练一练8-3】绘制一个五角星，五角星颜色为黄色，画布背景颜色为红色。

```
import turtle
turtle.______________("yellow")            #笔触设置为黄色
turtle.______________("red")               #背景设置为红色
turtle.begin_fill()
for i in range(5):
    turtle.forward(100)
    turtle.__________________              #顺时针旋转144°
    turtle.forward(100)
    turtle.left(72)
turtle.end_fill()
turtle.done()
```

8.4.2 生成随机颜色

如果想要获得随机颜色，需要通过自定义函数来完成。颜色的格式为#0000FF，可以拆解为“#”与“六位数值元素”所构成的字符串。“六位数值元素”的字符串中每一位的取值均为由16位数字的0～F构成。因此，可以使用colorArr列表中存放一位元素可能的取值，范围从0到F。示例如下：

```
colorArr=['0','1','2','3','4','5','6','7','8','9','A','B','C','D','E','F']
```

如果想要实现随机，则只需每一位元素都从colorArr列表中随机取值。

神奇的抽象画V2.0

任务2： 编写生成随机颜色的函数randomcolor()。

解决方法：

```
import turtle
import random
def randomcolor():
    colorArr=['0','1','2','3','4','5','6','7','8','9','A','B','C','D','E','F']
    color = ""
    for i in range(6):
        color += colorArr[random.randint(0,15)]
    return "#" + color
turtle.color(randomcolor())
```

自定义随机颜色函数randomcolor()。将每位元素可能的取值存在列表colorArr当中，定义一个字符串变量color，循环取值6次，将每次取值存在color之中，与之前所取字符做连接。最后将六位数值字符前面加上#后作为函数的返回值返回。调用该函数便可得到一个随机颜色。

神奇的抽象画V2.0

任务3： 生成随机颜色、随机大小、随机位置的正方形组成的抽象画，如图8-20所示。

解决方法：

```
import turtle
import random
def randomcolor():
    colorArr=['0','1','2','3','4','5','6','7','8','9','A','B','C','D','E','F']
    color = ""
    for i in range(6):
        color += colorArr[random.randint(0,14)]
    return "#" + color
for i in range(20):
    x=random.randrange(-200,200)
    y=random.randrange(-200,200)
    turtle.up()
    turtle.goto(x,y)
    turtle.down()
```

```
    turtle.color(randomcolor())
    turtle.begin_fill()
    for j in range(4):
        turtle.forward(x)
        turtle.left(90)
    turtle.end_fill()
turtle.done()
```

运行结果：

如图8-20所示。

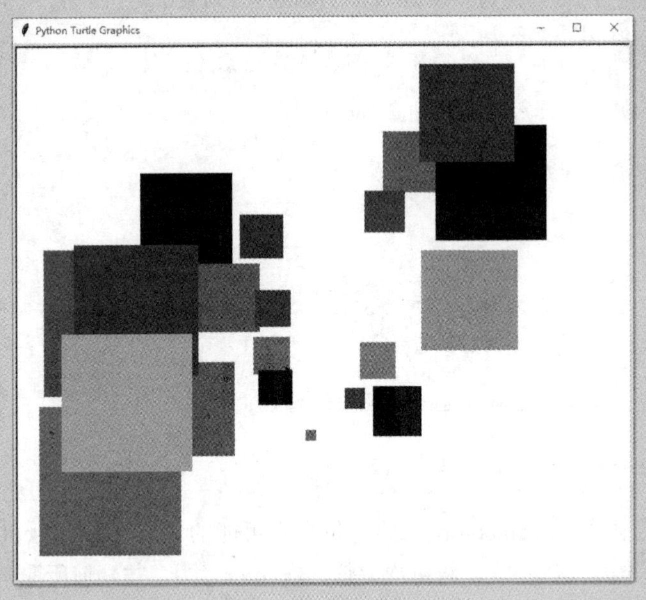

图 8-20　神奇的抽象画 V2.0

8.4.3　常用绘制函数

除了前面用到的一些函数，还有一些常用的绘制函数，如表8-3所示。

表8-3　常用的绘制函数

函数	功能
circle(radius,extent=None, steps=None)	画圆，半径为正(负)，表示圆心在画笔的左边(右边) radius表示半径；extent表示角度数值；steps为整数，表示用几条边的正多边形近似表示这个圆，默认为圆
speed()	画图的速度。值为0～10
home()	“海龟”移至初始坐标 (0,0)，并设置朝向为初始方向
tracer(n)	绘制复杂图形时，可以用于加快刷新速度
update()	与tracer()结合使用，更新绘图
write(s[,font=(“font-name”, font_size, “font_tyoe”)])	写文本，s为文本内容，font为字体参数，包括字体名称、大小和类型

circle()函数绘制一个 radius 半径指定的圆，圆心在“海龟”左边 radius 个单位；extent 为一个夹角，用来决定绘制圆的一部分。如未指定 extent则绘制整个圆。如果 extent 不是完整圆周，

则以当前画笔位置为一个端点绘制圆弧。如果 radius 为正值，则朝逆时针方向绘制圆弧，否则朝顺时针方向。最终“海龟”的朝向会依据 extent 的值而改变，逆时针圆弧的绘制和顺时针圆弧的绘制如图8-21和图8-22所示。

```
import turtle
turtle.circle(40,270)                    # 半径为40，逆时针旋转270°
```

运行结果：

如图8-21所示。

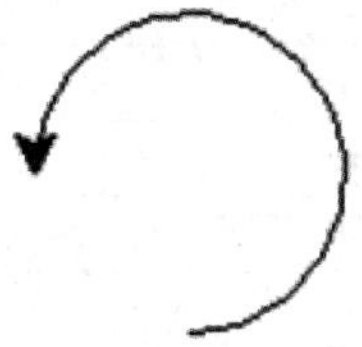

图 8-21　绘制逆时针圆弧

```
import turtle
turtle.circle(-40,270)                   # 半径为40，顺时针旋转270°
```

运行结果：

如图8-22所示。

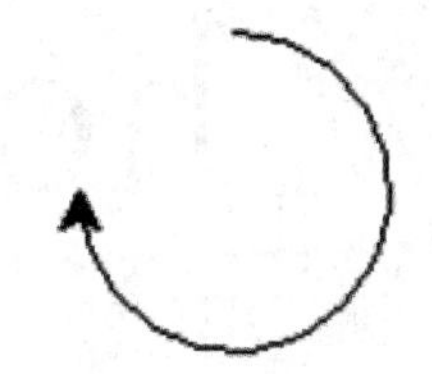

图 8-22　绘制顺时针圆弧

圆实际是以其内切正多边形来近似表示的，其边的数量由 steps 指定。如果未指定边数则会自动确定。此方法也可用来绘制正多边形，例如设steps=5，则会绘制出如图8-23所示的正五边形，其示例如下：

```
import turtle
turtle.pensize(3)
turtle.color('blue')
turtle.circle(40,steps=5)
turtle.hideturtle()
```

运行结果：

如图8-23所示。

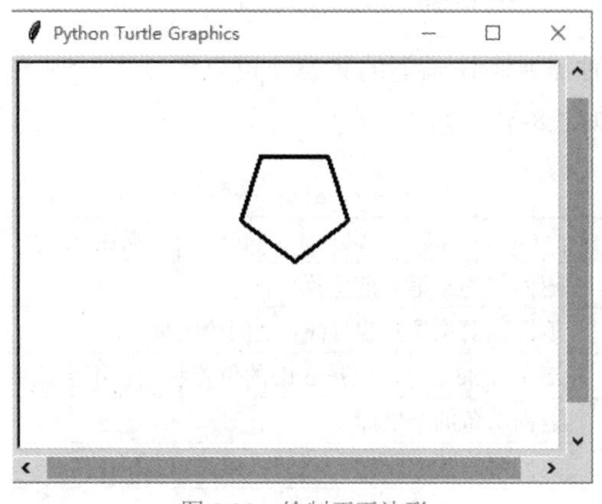

图 8-23　绘制正五边形

speed()函数可以设置画笔的移动速度，其取值为[0,10]的整数。从1～10数字越大，表示速度越快，0代表最快的速度。速度字符串与速度值的对应关系如表8-4所示。

表8-4 速度字符串与速度值的对应关系

速度字符串	速度值	描述
fastest	0	最快
fast	10	快
normal	6	正常
slow	3	慢
slowest	1	最慢

练一练

【练一练8-4】绘制一个如图8-24所示的彩色“Python”，颜色的顺序依次为红色、橙色、黄色、绿色、蓝色、紫色。

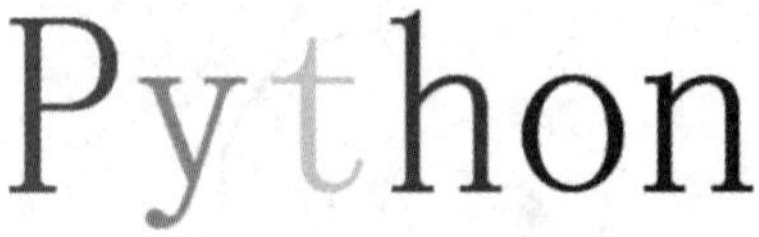

Python

图 8-24 彩色的“Python”

```
import turtle
color1=["red","orange","yellow","green","blue","purple"]
str="Python"
for i in range(6):
    turtle.color(_______________)                     #设置画笔颜色
    turtle.write(___________,font=("3ds",96,))        #依次写下字母
    turtle.up()
    turtle.forward(65)
    turtle.down()
turtle.hideturtle()                                   #隐藏画笔
turtle.done()
```

8.4.4 获取“海龟”的状态

在绘图的过程中，有时需要确认画笔的状态，可以通过表8-5中的函数来帮助确定状态，方便进行后续的功能编写，如表8-5所示。

表8-5 返回状态函数

函数	描述
position/pos()	返回值为画笔当前位置坐标
distance(x,y=None)	返回当前位置到坐标(*x*,*y*)之间的距离
clear()	清空turtle窗口，但是turtle的位置和状态不会改变
xcor()	返回海龟的 *x* 坐标
ycor()	返回海龟的 *y* 坐标
heading()	返回海龟当前的朝向

返回状态函数的使用示例如下：

```
>>> turtle.goto(300,400)                # 由原点移动到(300, 400)位置
>>> turtle.distance(0,0)                # 计算当前位置到(0, 0)的距离
500.0
>>> turtle.pos()                        # 返回当前的位置
(300.00,400.00)
>>> turtle.xcor()                       # 返回x坐标位置
300
>>> turtle.ycor()                       # 返回y坐标位置
400
>>> turtle.heading()                    # 返回当前“海龟”朝向
0.0
```

由于当前“小海龟”仅发生了位移，朝向并未更改，因此朝向仍然为右侧水平方向，heading()的返回值为0.0。

本章你学到了什么

在这一章，我们主要介绍了以下内容。

- 神奇的抽象画V1.0：运用绘制线段、旋转角度操作实现绘制正方形，通过产生随机数生成随机坐标和goto函数实现绘制不同位置、不同大小的正方形构成抽象画。
- 神奇的抽象画V2.0：运用begin_fill和end_fill方法实现绘制中的颜色填充；运用颜色表示的#+六位数字方法实现随机颜色的产生；通过对产生随机颜色函数的调用，最终绘制不同颜色、不同位置、不同大小的正方形构成的抽象画。

课后练习题

一、单项选择题

1. 绘制图形所使用的库为(　　)。

   A. pygame　　B. image　　C. turtle　　D. draw

2. 下列选项中可以设置画笔颜色的是(　　)。

   A. color()　　B. pensize()　　C. forward()　　D. bgcolor()

3. 以下不可以使“小海龟”的方向发生变化的是(　　)。

   A. left()　　B. right()　　C. backward()　　D. circle()

4. 以下语句执行后的效果为(　　)。

```
turtle.color("yellow", "red")
```

   A. 先将画笔设置为黄色，然后设置为红色
   B. 先将画笔设置为红色，然后设置为黄色
   C. 将画笔设置为红色，背景设置为黄色
   D. 将画笔设置为黄色，背景设置为红色

5. 输入5，则以下代码的执行结果是(　　)。

```
n=int(input())
for i in range(n):
    turtle.forward(100)
    turtle.left(360/n)
```

A. 绘制一个正方形　　B. 绘制一个正五边形
C. 绘制五个正方形　　D. 绘制一个正六边形

6. 以下说法错误的是(　　)。
A. turtle.begin_fill()可以单独使用
B. turtle.goto()可以移动到指定坐标
C. turtle.pensize()可以设置画笔的粗细
D. turtle.circle()可以画圆

7. 以下关于randrange()函数，说法正确的是(　　)。
A. randrange()函数是内置函数，可以直接使用
B. randrange(-200，200)可以取值-200
C. randrange(-200，200)可以取值200
D. randrange(-200，200)可以取值0.5

8.以下关于randint()，说法错误的是(　　)。
A. randint()函数在random模块中
B. random.randint(0，9)输出数值可以是4
C. random.randint(0，9)输出数值可以是9
D. random.randint(0，9)输出数值不可以是9

9. 执行下面的程序的输出结果是(　　)。

```
import turtle
turtle.pensize(3)
turtle.circle(40,steps=4)
```

A. 绘制一个圆　　B. 绘制半径为4的圆
C. 绘制四个圆　　D. 绘制一个正方形

10. 以下说法错误的是(　　)。
A. turtle.clear()清空turtle窗口，turtle的位置和状态回到初始状态
B. turtle.write()可以用来写文本
C. turtle.penup()抬笔，不绘制图形
D. turtle.right(90)顺时针旋转90°

二、编写程序题

1. 利用turtle绘制3个同心圆，如图8-25所示。

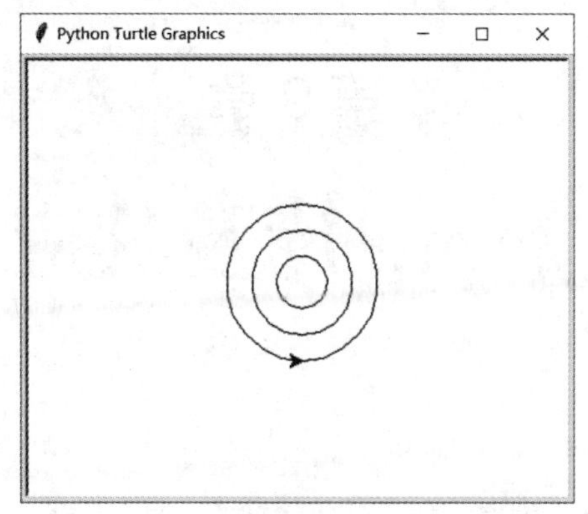

图 8-25　绘制 3 个同心圆

2. 奥运五环的大小、间距都有固定的比例，已知坐标(-110，25)，(0，-25)，(110，-25)，(-55，-75)和(55，-75)，半径为45的奥运五环的起点。五环的颜色分别为red、blue、green、yellow、black。根据给定的坐标和颜色绘制奥运五环，效果如图8-26所示。

图 8-26　绘制奥运五环

3. 在同一个位置绘制半径为40的圆的内接正多边形，当绘制完一个图形后用clear()函数擦除，再重新绘制边数量增加1的正多边形，内接正多边形的边数从3开始，到9结束，最终实现一个逐渐变为圆的效果。

4. 绘制一个太阳花，其中笔触颜色为红色，填充颜色为黄色，效果如图8-27所示。

图 8-27　绘制太阳花

第 9 章

pygame 库及其应用

案例8　大球吃小球游戏：本案例要设计“大球吃小球”游戏。游戏中点击屏幕随机产生一个球，球碰到屏幕边缘会反弹，若两球发生碰撞，大球会把小球吃掉，大球变大，小球消失。其界面如图9-1所示。

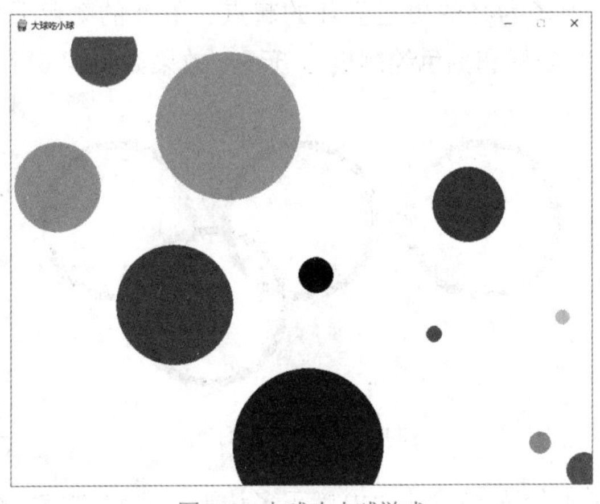

图 9-1　大球吃小球游戏

本案例要解决两个问题：

- 问题一：如何绘制和运行游戏窗体？
- 问题二：如何采用模块化编程实现“大球吃小球”游戏？

本案例涉及的知识点范围如图9-2所示。

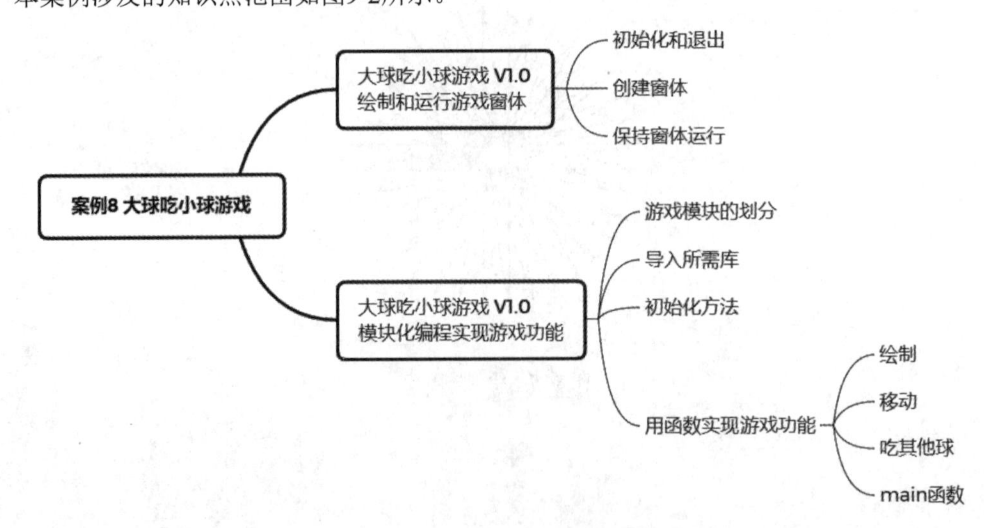

图 9-2　大球吃小球游戏涉及的知识点思维导图

9.1 pygame基础知识

大球吃小球游戏 V1.0

设计“大球吃小球”这款游戏。用鼠标点击屏幕时随机产生一个球，球碰到屏幕边缘会反弹，若两球发生碰撞，大球会把小球吃掉，这时大球变大，小球消失。

这需要用到pygame库绘制和运行游戏窗体，运用模块化编程实现游戏功能。

大球吃小球 V1.0

pygame是Python为开发二维游戏而设计的跨平台的第三方模块，最初由Pete Shinners开发，专门为游戏设计，包括图像、声音以及网络支持功能。pygame能帮助游戏开发者从繁琐的语法规则的束缚中解放出来，专注于游戏逻辑的实现。

9.1.1 安装pygame库

在使用pygame开发游戏之前，需要先安装pygame库。用户可以通过pygame的官方网站下载源文件，也可以在cmd控制台下通过pip命令向系统中安装pygame模块，具体的命令如下：

```
pip install pygame
```

当命令行窗口出现如下字样时，说明pygame安装成功。

```
Installing collected packages: pygame
Successfully installed pygame-1.9.6
```

当然，也可以在IDLE交互模式下，输入以下语句检验pygame是否安装成功：

```
>>> import pygame                              # 导入pygame库
pygame 1.9.6
Hello from the pygame community. https://www.pygame.org/contribute.html
```

通过import语句导入pygame。若安装成功，可以看到当前pygame的版本号。pygame 1.9.6是当前的最新版本。

9.1.2 pygame的初始化和退出

pygame模块针对不同的开发需求提供了不同的子模块，例如显示模块、字体模块等，在使用一些子模块之前必须要进行初始化。pygame提供了init()和quit()两个函数，使开发人员能够简洁地使用pygame进行初始化和退出。

1. init()

init()函数可以一次性初始化pygame的所有模块，如此，在开发程序时，开发人员无需再单独调用某个子模块的初始化方法，而是可以直接使用所有子模块(例如pygame.font()和pygame.

image())。该函数必须在进入游戏的无限循环之前被调用，通过它载入驱动和硬件请求，游戏程序才可以使用计算机上的所有设备。

2. quit()

quit()函数可以卸载所有之前被初始化的pygame模块，是pygame.init()函数的相反函数，用来关闭整个显示模块。Python程序在退出之前解释器会释放所有模块，quit()函数并非必须调用，但程序开发应秉持谁申请、谁释放的原则，因此程序开发人员应当在需要时主动调用quit()函数卸载模块资源。该函数多次重复调用没有效果。

大球吃小球游戏 V1.0

任务1：对pygame进行初始化和退出。

解决方法：

```
import pygame                           # 导入pygame库
def main():                             # 定义main函数
    pygame.init()                       # 初始化
    pygame.quit()                       # 退出
if __name__=='__main__':
    main()
```

首先定义一个函数，这里定义的函数名为main，该函数的功能为先调用pygame.init()函数进行初始化，再调用pygame.quit()退出。

每个python模块都包含内置的变量 __name__，当该模块被直接执行的时候，__name__ 等于文件名(包含后缀 .py)；如果把该模块导入到其他模块中，则该模块的 __name__ 等于模块名称(不包含后缀.py)。而 __main__ 始终指当前执行模块的名称(包含后缀.py)，进而当模块被直接执行时，__name__ == 'main' 结果为真。此时，调用main()函数。

9.1.3 创建游戏窗口

pygame通过display模块创建游戏窗口。pygame.display模块包括处理pygame显示方式的函数，其中包括普通窗口和全屏模式。

编写游戏程序通常需要以下函数。

1. flip()

flip()函数用来更新显示。一般来说，修改当前屏幕显示需要两步，首先需要对get_surface函数返回的surface对象进行修改，然后调用pygame.display.flip()更新显示以反映所作的修改。

2. update()

update()函数用于刷新窗口，在只需更新部分屏幕显示时使用update()函数，而不是flip()函数。

3. set_mode()

set_mode建立游戏窗口，返回surface对象，该函数的声明如下：

```
set_mode(resolution=(0,0),flags=0,depth=0)
```

它包含3个参数，第一个参数resolution指定窗口的尺寸，该参数是元组，该元组的两个元素为窗口的宽和高，单位为像素；第二个参数flags是标志位，用于设置窗口的特性，默认值为0，具体含义如表9-1所示；第三个参数depth为色深，指定窗口的彩色位数，该参数为整数类型，取值范围为[8,32]。

表9-1 set_mode的窗口标志位参数取值

窗口标志位	功能
FULLSCREEN	创建一个全屏窗口
DOUBLEBUF	创建一个“双缓冲”窗口，建议在HWSURFACE或者OPENGL时使用
HWSURFACE	创建一个硬件加速的窗口，必须与FULLSCREEN同时使用
OPENGL	创建一个OPENGL渲染的窗口
RESIZABLE	创建一个可以改变大小的窗口
NOFRAME	创建一个没有边框的窗口

4. set_caption

set_caption()函数可以设定游戏程序标题。当游戏以窗口模式(对应于全屏)运行时尤其有效，因为该标题会作为窗口的标题。该函数的声明如下：

```
set_caption(title,icontitle=None)
```

该函数总共有两个参数，第一个参数title用于设置显示在窗口标题栏上的标题，第二个参数icontitle用于设置显示在任务栏上的程序标题，默认与title一致。

5. get_surface()

get_surface()函数可以返回一个可用来绘图的surface对象。

大球吃小球游戏 V1.0

任务2：创建一个800*600的窗口，命名为“大球吃小球”。

解决方法：

```
import pygame
def main():
    pygame.init()                          # 初始化
    # 创建窗口，设置窗口大小为800*600
    screen = pygame.display.set_mode((800, 600))
    # 设置窗口标题
    pygame.display.set_caption('大球吃小球')
    pygame.quit()
    if __name__=='__main__':
        main()
```

在运行该代码后，会创建一个800*600的黑色图形窗口。如果想要一个白色的图形窗口应该怎么办呢？

set_mode()函数创建的窗口默认为黑色背景，这时需要使用Surface对象的fill()方法来填充画布、修改窗口颜色，其语句为：

```
screen.fill((255, 255, 255))          # 将窗口填充为白色
```

在运行任务2后，发现窗口一闪而过，这是为什么呢？

这是因为程序在设置完标题后，就结束了。该如何解决该问题呢？

9.1.4 游戏循环

游戏开启后，往往是通过玩家手动关闭游戏窗口的，但是在任务2的程序中，在设置完标题后就退出了，这时，我们需要添加一个无限循环模块，这是每个pygame程序都需要使用的模块，其结构为：

```
while True:
    pass
```

在本案例中，该循环需要完成以下工作：

(1) 处理事件，如鼠标、键盘、关闭窗口等事件；

(2) 更新游戏状态，如球变大、球的数量变化等；

(3) 在屏幕上绘图，如绘制新的球等。

不断重复以上3个步骤，就可以实现游戏逻辑了。

9.1.5 事件与事件处理

游戏需要接收玩家的操作并且根据玩家的操作有针对性的响应，起到游戏与玩家之间交互的作用。在程序开发过程中，玩家对游戏进行的操作叫做事件(Event)，根据输入媒介的不同而产生不同的事件。

pygame.event模块会追踪鼠标单击、鼠标移动、按键按下和释放等事件。其中，pygame.event.get()可以获取最近事件列表。

来自系统的事件都有一个事件类型和对应的参数，表9-2所示为是每个事件类型以及对应的参数列表：

表9-2 事件类型及参数表

事件类型	参数	事件类型	参数
QUIT	none	JOYAXISMOTION	joy、axis、value
ACTIVEEVENT	gain、state	JOYBALLMOTION	joy、ball、rel
KEYDOWN	unicode、key、mod	JOYHATMOTION	joy、hat、value
KEYUP	key、mod	JOYBUTTONUP	joy、button
MOUSEMOTION	pos、rel、buttons	JOYBUTTONDOWN	joy、button
MOUSEBUTTONUP	pos、button	VIDEORESIZE	size、w、h
MOUSEBUTTONDOWN	pos、button	VIDEOEXPOSE	none

由表9-2可知，键盘事件包括KEYDOWN按下键盘和KEYUP放开键盘。KEYDOWN的参数unicode用来记录按键的值。

KEYDOWN和KEUP的参数key用来记录按下或者放开的键的键值，该值可以为一个数字。也可以用K_x来表示按键，例如，按下了字母键a就可表示为K_a。对于键盘的方向键上、下、左、右，可以使用K_UP、K_DOWN、K_LEFT、K_RIGHT来表示。

鼠标事件包括MOUSEMOTION、MOUSEBUTTONUP和MOUSEBUTTONDOWN，其中参数pos表示鼠标操作的位置，该位置用元组(x,y)表示，其中x表示横坐标，y表示纵坐标。

button表示鼠标相关的操作，为整型数值，当值为1时表示单击鼠标左键，2表示单击滚轮，3表示单击鼠标右键，4表示向上滑动滚轮，5表示向下滑动滚轮。

pygame可以使用event子模块中的type属性判断事件类型，用法为event.type。

在设计游戏时，并非所有的事件都需要进行处理，因此，可以在循环中遍历事件列表。由于事件支持等值比较，如果两个事件具有相同的类型和属性值，那么认为两个事件是相等的，则当前事件为需要处理的事件，再对其进行相应操作。

大球吃小球游戏 V1.0

任务3：创建窗口并保持窗体的运行，关闭窗口后，窗体关闭。

解决方法：

```
import pygame
def main():
    pygame.init()
    screen = pygame.display.set_mode((800, 600))
    pygame.display.set_caption('大球吃小球')
    running = True                          # running为标识量
    while running:                          # 开启一个事件循环处理发生的事件
        # 从消息队列中获取事件并对事件进行处理
        for event in pygame.event.get():
            # 接收到窗口关闭事件
            if event.type == pygame.QUIT:
                running = False
    pygame.quit()
if __name__=='__main__':
    main()
```

以上代码设置了标识量running，初值为True，作为无限循环的条件，在while循环中通过for循环对事件进行遍历，对每层for循环取出的事件event进行判断，若当前事件为窗口关闭事件(用户按下Esc键)，则将running变量值改为False，while循环结束，结束运行。

程序运行后，仅仅出现黑色的游戏窗口，标题是“大球吃小球”，用户按下Esc键后，窗体关闭。运行窗体如图9-3所示。

图 9-3　pygame 开发的游戏窗口

练一练

【练一练9-1】创建游戏窗口。按照注释要求，将语句填写在横线处。

```
def main():
    pygame.init()
    # 将当前窗体screen大小设置为640*480
    screen=pygame.__________(__________)
    pygame.display.________('推箱子') # 设置标题为"推箱子"
    pygame.__________________         # 卸载所有模块
```

【练一练9-2】事件处理。根据注释，将事件处理代码填写在横线处。

```
while True:
for event in________________:        # 获取事件列表
    # 如果有鼠标按键放开事件
    if event.type ==________________:
        # 如果按下了左键或者a键
        if event.key in (________, K_a)
               print("向左移动")
```

9.1.6 绘制图形图像

pygame的图形图像绘制分为加载图片、绘制图片和刷新显示三步。

1. 加载图片

pygame中通过使用image模块的load()方法加载图片，load()方法声明如下：

```
load(filename)
```

load()方法的返回值为surface，参数filename是将要被加载的图像的文件名。

```
img=pygame.image.load('cheese.jpg')
```

加载当前路径下名为cheese.png的图像，结果返回一个surface保存在img当中。这时，运行后会发现窗体并没有加载出图片，需要将图片绘制在窗体上。

2. 绘制图片

pygame在加载完图片后，并不是直接显示在窗体中，需要将加载生成的surface绘制到窗体上。通过surface对象的blit()方法可以实现图像绘制，blit()方法声明如下：

```
screen.blit(img,dest)
```

```
img=pygame.image.load('cheese.jpg')
screen.blit(img,(0,0))
```

blit()方法的第二个参数dest需要以元组类型的数据表示坐标。绘制完毕后，仍然没有将图片显示出来，此时需要将窗体刷新，显示加载后的效果。

3. 刷新显示

使用update()方法更新屏幕显示，就可以看到加载的图片了。

```
img=pygame.image.load('cheese.jpg')
screen.blit(img,(0,0))
pygame.display.update()
```

在一个名为food的窗体上，加载一个cheese的图片。示例如下：

```
import pygame
def main():
    pygame.init()
    screen = pygame.display.set_mode((800, 600))
    pygame.display.set_caption('food')                 #将窗体命名为food
    screen.fill((255,255,255))                          #将窗体背景设置为白色
    img=pygame.image.load('cheese.jpg')                 #加载cheese图片
    screen.blit(img, (0,0))                             #将图片绘制在窗体上
    pygame.display.update()                             #刷新窗体
    running = True                                      #保持窗体运行
    while running:
        for event in pygame.event.get():
            if event.type == pygame.QUIT:
                running = False
    pygame.quit()
if __name__=='__main__':
    main()
```

运行结果如图9-4所示。

图 9-4　加载 cheese 图片

9.1.7 pygame的窗体坐标体系

在设计游戏时，我们要把一些角色、文字摆放在指定的位置上。在前两个例子中，我们将图片和文字都放在了(0，0)位置，那如何确定具体的位置呢？

pygame的图形窗口坐标原点在窗口的左上角，x轴方向水平向右，y轴方向垂直向下。

创建一个800*600的游戏窗口，若有一个180*160的图片需要放在游戏窗口(200，200)的位置，其示意图如图9-5所示。

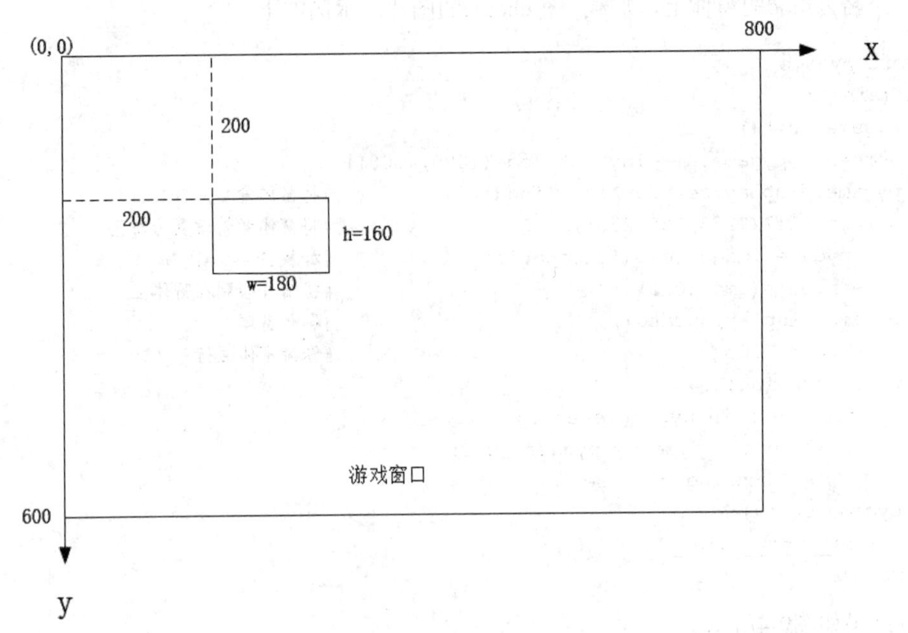

图 9-5　游戏窗口坐标示意图

如果想把加载的图形img绘制到某个准确的位置，可以通过元组(*x*，*y*)的形式，将坐标(*x*，*y*)传递给blit()方法的第二个参数dest，语法如下：

```
screen.blit(img,(x,y))
```

将cheese图片加载到窗口(100，50)的位置，代码如下：

```
img=pygame.image.load('cheese.jpg')
screen.blit(img,(100,50))
```

将cheese图片显示在窗口(100，50)的位置，完整代码如下：

```
import pygame
def main():
    pygame.init()
    screen = pygame.display.set_mode((800, 600))
    pygame.display.set_caption('food')                  #将窗体命名为food
    screen.fill((255,255,255))                          #将窗体背景设置为白色
    img=pygame.image.load('cheese.jpg')                 #加载cheese图片
    # 将图片绘制在窗体(100,50)的位置
    screen.blit(img,(100,50))
    pygame.display.update()                             #刷新窗体
    running = True                                      #保持窗体运行
    while running:
        for event in pygame.event.get():
            if event.type == pygame.QUIT:
                running = False
    pygame.quit()
if __name__=='__main__':
    main()
```

运行结果如图9-6所示。

图 9-6　加载 cheese 图片到(100，50)的位置

9.1.8 pygame的字体

pygame可以直接调用系统的字体。在调用前，先创建一个Font对象，调用方式如下：

```
fontt=pygame.font.SysFont('arial',10)
```

这里创建一个Font对象，命名为fontt，SysFont第一个参数为字体的名字，第二个参数为字体的字号。通常系统里都有 arial 字体(如果没有，会使用默认字体)，默认字体和用户使用的系统有关。

用户可以使用pygame.font.get_fonts()来获得当前系统的所有可用字体。在交互模式下输入该语句，可以看到当前系统的所有可用字体。

```
>>> pygame.font.get_fonts()
['arial', 'arialblack', 'bahnschrift', 'calibri', 'cambria', 'candara',
'comicsansms', 'consolas', 'constantia', 'corbel', 'couriernew', 'ebrima',
'franklingothicmedium', 'gabriola', 'gadugi', 'georgia', 'impact', 'inkfree',
'javanesetext', 'leelawadeeui', 'lucidaconsole', 'lucidasans', 'malgungothic',
'microsofthimalaya']
```

除了以上方式，pygame还可以调用自己的TTF字体。创建一个Font对象my_font，调用方式如下：

```
my_font = pygame.font.Font('my_font.ttf',10)
```

这里my_font.ttf是自己的TTF字体名称。采用这种方式可以将自己的字体与游戏一同打包，避免玩家设备中没有这个字体而无法正常显示的问题。

设置好Font对象后，就可以使用 render() 方法来设置文本内容，然后通过 blit() 方法写到屏幕上。

```
text=fontt.render("cheese",True,(0,0,0),(255,0,0))
screen.blit(text,(0,0))
```

render()方法的第1个参数是写入的文本内容；第2个参数是布尔值，说明是否开启抗锯齿；第3个参数是字体本身的颜色，这里设置为黑色；第4个参数是字体背景的颜色，这里将背景色设置为红色。如果不想有背景色，也就是让背景透明，可以不加第4个参数。

字体相关的设置在更新窗口内容 pygame.display.update() 之前加入，示例如下：

```
import pygame
def main():
    pygame.init()
    screen = pygame.display.set_mode((800, 600))
    pygame.display.set_caption('food')
    screen.fill((255,255,255))
    # 设置字体
    fontt=pygame.font.SysFont('arial',50)
    # 设置文本内容、字体颜色、背景颜色等信息
    text=fontt.render("cheese",True,(0,0,0),(255,0,0))
    screen.blit(text,(0,0))
    pygame.display.update()
    running = True
    while running:                          # 保持窗体运行
        for event in pygame.event.get():
            if event.type == pygame.QUIT:
                running = False
    pygame.quit()
if __name__=='__main__':
    main()
```

运行结果如图9-7所示。

图 9-7　游戏字体设置

如果希望将窗体上显示的英文“cheese”改为中文“芝士”，可以将上面代码中的英文“cheese”改为中文“芝士”，即将代码：

```
# 设置字体
fontt=pygame.font.SysFont('arial',50)
# 设置文本内容、字体颜色、背景颜色等信息
text=fontt.render("cheese",True,(0,0,0),(255,0,0))
改为:
# 设置字体
fontt=pygame.font.SysFont('arial',50)
# 设置文本内容、字体颜色、背景颜色等信息
text=fontt.render("芝士",True,(0,0,0),(255,0,0))
```

运行程序发现结果如图9-8所示，中文“芝士”在窗体上显示出现乱码，是两个“口”样子的字符。

图 9-8　将英文“cheese”改为中文“芝士”后的运行结果

解决乱码问题，可以把设置字体部分的代码改为：

```
pygame.font.Font('字体路径',字号)
```

例如，字体路径可以选择C:/Windows/Fonts/simhei.ttf路径下的simhei.ttf字体，代码如下：

```
# 设置字体
fontt=pygame.font.Font('C:/Windows/Fonts/simhei.ttf',58)
# 设置文本内容、字体颜色、背景颜色等信息
text=fontt.render("芝士",True,(0,0,0),(255,0,0))
```

再次运行代码，中文“芝士”就可以正常显示了，如图9-9所示。

图 9-9　窗体显示中文字体“芝士”

练一练

【练一练9-3】在pygame窗体显示图片和文字，如图9-10所示，窗体标题为“适度游戏”，窗体上面显示game.jpeg的图片，下面显示一段文字“适度游戏益智，沉迷游戏伤身！”，字体颜色为红色，背景颜色为黑色。请按照要求将下列代码补充完整。

图 9-10　在 pygame 窗体显示图片和文字

```
import pygame
def main():
    pygame.init()
```

```
    screen = pygame.display.set_mode((800, 600))
    pygame.display.set_caption('_________________')
    screen.fill((255,255,255))
    # 加载game图片
    img=pygame.________________('game.jpeg')
    # 将图片绘制在窗体上
    screen.blit(________________,(0,0))
    # 设置字体
    fontt=_________________.Font('C:/Windows/Fonts/simhei.ttf',58)
    # 设置文本内容、字体颜色、背景颜色等信息
    text=fontt.render("___________",True, ___________,(0,0,0))
    screen.blit(___________,(0,500))
    pygame.display.update()
    running = True
    while running:                              # 保持窗体运行
        for event in pygame_______________:
            if event.type == pygame.QUIT:
                running = False
    pygame.quit()
if __name__=='__main__':
    main()
```

9.2 模块化编程

9.2.1 游戏的模块划分

程序由一条条语句实现，当程序功能复杂，代码行数很多时，如果不采取一定的组织方法，就会使程序的可读性较差，后期也难以维护。

模块化编程是指在进行程序设计时，将一个大程序按照功能划分为若干小程序模块，每个小程序模块完成一个确定的功能，并在这些模块之间建立必要的联系，通过模块的互相协作完成整个功能的程序设计方法。

根据大球吃小球游戏的规则，划分模块，实现基本功能。首先，将功能拆解如下：

(1) 鼠标点击窗口会出现一个球。

(2) 球的颜色、初始速度、大小、移动方向均随机。

(3) 球碰到边缘会反弹。

(4) 大球碰到了小球，小球消失，大球变大。

根据游戏要求，对球进行模块化处理，分为初始化方法init()、绘制方法draw()、移动方法move()、吃其他球方法eat()四个模块，其结构如图9-11所示。

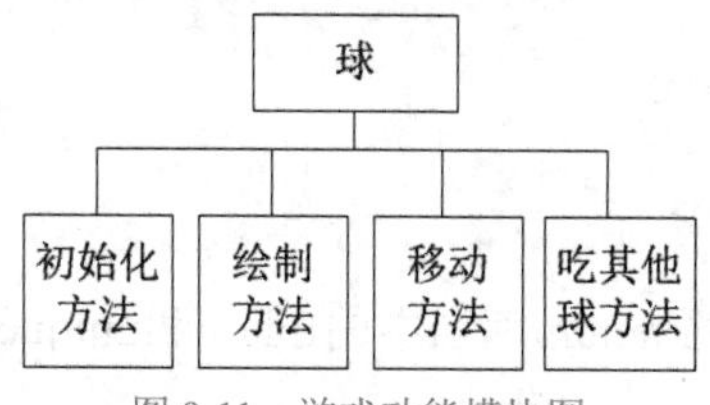

图 9-11　游戏功能模块图

程序整体的结构如下所示：

```
class Ball(object):
    def __init__(参数):
        语句块1
    def draw():
        语句块2
    def move(参数):
        语句块3
    def eat(参数):
        语句块4
```

9.2.2 游戏的实现

1. 导入所需要的库

1) enum库(枚举)

枚举是一组符号名称(枚举成员)的集合，枚举成员应该是唯一的、不可变的。在枚举中，可以对成员进行恒等比较，并且枚举本身是可迭代的。枚举类型可以看作是一种标签或是一系列常量的集合，通常用于表示某些特定的有限集合，例如星期、月份、状态等。

enum 提供了 Enum、IntEnum、unique 三个工具，用法也非常简单，可以通过继承 Enum、IntEnum 定义枚举类型，其中 IntEnum 限定枚举成员必须为(或可以转化为)整数类型，而 unique 方法可以作为修饰器限定枚举成员的值不可重复。

unique方法作为修饰器限定枚举成员的值不可重复。如果要求所有成员有唯一的值，则要为Enum增加@unique修饰符。解释Enum类时，有重复值的成员会触发一个ValueError异常。

2) math库

math库是Python提供的内置数学类函数库，因为复数类型常用于科学计算，一般计算并不常用，因此math库不支持复数类型，仅支持整数和浮点数运算。

math库一共提供了4个数学常数和44个函数。44个数学函数共分为4大类：16个数值表示函数、8个幂对数函数、16个三角对数函数和4个高等特殊函数。

3) random库

random库是使用随机数的Python标准库。random库包含两类函数，常用的共8个。基本随机函数包括seed()、random()；扩展随机函数包括randint()、getrandbits()、uniform()、randrange()、choice()、shuffle()。

大球吃小球游戏 V1.0

任务4：导入"大球吃小球"游戏所需要的库。

解决方法：

```
from enum import Enum, unique
from math import sqrt
from random import randint
```

"大球吃小球"游戏需要用到enum库当中的Enum和unique工具，以及math库当中的sqrt函数、random库当中的randint函数。

2. 球的初始化方法

在“大球吃小球”的游戏中，每个球的行为都是一致的，都可以移动、吃其他的球等，因此，我们可以采用“类”的方式，对球进行描述。通过定义一个球的类Ball，其中包含初始化方法__init__()、球绘制的方法draw()、球移动的方法move()、吃其他球的方法eat()。

球的初始化方法__init__()包含了7个参数，其中self指当前的球，*x*，*y*分别表示球的坐标，radius表示球的半径，*sx*、*sy*分别表示球在相应方向的移动速度，color=Color.RED表示球的颜色，默认为红色，Color类的定义在任务9当中。

大球吃小球游戏 V1.0

任务5：定义一个球的类，并进行初始化。

解决方法：

```
class Ball(object):
    def __init__(self, x, y, radius, sx, sy, color=Color.RED):
        self.x = x                          # 横坐标
        self.y = y                          # 纵坐标
        self.radius = radius                # 半径
        self.sx = sx                        # x方向速度
        self.sy = sy                        # y方向速度
        self.color = color                  # 球的颜色
        self.alive = True                   # 球的状态
```

3. 球的绘制方法

pygame.draw 模块用于在Surface上绘制一些简单的图形，比如点、直线、矩形、圆、弧等。pygame.draw的常用函数如表9-3所示。

表9-3　pygame.draw的常用函数

函数	功能	函数	功能
pygame.draw.rect	绘制矩形	pygame.draw.line	绘制直线(线段)
pygame.draw.polygon	绘制任意边数的多边形	pygame.draw.lines	从一个点列表中连续绘制直线段
pygame.draw.circle	绘制圆	pygame.draw.aaline	绘制一根平滑的线(反锯齿)
pygame.draw.arc	绘制圆弧(或者椭圆的一部分)	pygame.draw.aalines	绘制一系列平滑的线

在“大球吃小球”的游戏中，我们需要绘制多个圆，因此选用pygame.draw.circle函数，其原型为：

```
pygame.draw.circle(Surface, color, pos, radius, width=0)
```

该函数用于绘制圆形。第一个参数Surface表示要在定义的表面上画圆，本例名为 screen，这就是显示表面；第二个参数color为颜色；第三个参数pos是圆心的位置坐标；第四个参数radius指定了圆的半径，即圆心到外围边界的距离，单位是像素；最后一个参数width指定了线宽。该函数的返回值为Rect对象，包含了绘制的区域。

大球吃小球游戏 V1.0

任务6： 定义球绘制的方法。

解决方法：

```
def draw(self, screen):
    pygame.draw.circle(screen, self.color, (self.x, self.y),self.radius, 0)
```

定义一个draw()方法，调用pygame.draw.circle()函数，在screen当前窗口绘制，设置颜色、坐标、半径及线宽。width = 0，表示圆是完全填充的。

4. 球的移动方法

首先定义移动方法move()。在球的坐标上做速度的累加，self.x += self.sx表示在当前的*x*坐标累加上一个*x*方向的速度，表示不停地移动，*y*方向同理。如果当前球的*x*坐标与球半径之差小于0，或者当前球的*x*坐标与半径之和大于屏幕宽度时，则球的*x*方向速度变为负数，表示球碰到边缘则反弹。*y*方向亦同理。

大球吃小球游戏 V1.0

任务7： 定义球移动的方法。

解决方法：

```
def move(self, screen):
    self.x += self.sx                    # x方向速度累加
    self.y += self.sy                    # y方向速度累加
    if self.x - self.radius <=0 or self.x + self.radius >= screen.get_width():
        self.sx = -self.sx               # 碰到边缘反弹
    if self.y - self.radius <=0 or self.y + self.radius >= screen.get_height():
        self.sy = -self.sy               # 碰到边缘反弹
```

5. 吃其他球的方法

定义一个吃其他球的方法。首先判断球的状态，如果球的状态为True，其他球也为True，并且当前的球不是其他的球，则根据两球的坐标计算它们之间的距离(distance)。如果距离(distance)小于这两个球的半径和，并且当前的球大于另一个球，则将另一个球的状态改为False，表示这个球被吃掉了，同时增加当前球的半径，当前的球变大。

大球吃小球游戏 V1.0

任务8： 定义吃其他球的方法。

解决方法：

```
def eat(self, other):
    # 判断球的状态
    if self.alive and other.alive and self != other:
        # 计算坐标差
        dx, dy = self.x - other.x, self.y - other.y
        # 获得两球距离
        distance = sqrt(dx ** 2 + dy ** 2)
        # 对两球距离及大小做判断
```

```
        if distance < self.radius + other.radius  and\
            self.radius > other.radius:
            # 小球被吃掉后状态改变
            other.alive = False
            # 大球变大
            self.radius = self.radius + int(other.radius * 0.146)
```

6. 产生随机颜色的球

pygame中使用的颜色系统是很多计算机语言和程序通用的系统，称为 RGB。这里的 R、G 和 B 分别代表红、绿和蓝。

定义一个颜色的类Color，采用Enum枚举颜色，并采用unique方法作为修饰器限定枚举成员的值不可重复，保证颜色是唯一的。

staticmethod为返回函数的静态方法。声明一个静态方法的程序如下：

```
class A(object):
    @staticmethod
    def b(arg1,arg2):
        语句块
```

该方法不强制要求传递参数。以上实例声明了静态方法 b，从而可以实现实例化使用 A().b()，当然也可以不实例化调用该方法A.b()。

大球吃小球游戏 V1.0

任务9：产生随机颜色的球。

解决方法：

```
@unique
class Color(Enum):
    RED = (255, 0, 0)
    GREEN = (0, 255, 0)
    BLUE = (0, 0, 255)
    BLACK = (0, 0, 0)
    WHITE = (255, 255, 255)
    GRAY = (242, 242, 242)
    @staticmethod
    def random_color():
        r = randint(0, 255)
        g = randint(0, 255)
        b = randint(0, 255)
        return (r, g, b)
```

声明了静态方法random_color()，该方法实现随机生成r、g、b的值，取值范围为0～255，返回r、g、b的值。

7. main函数

main函数当中除了设置一些初始量及初始状态外，还需要包含主循环，主循环主要实现以下功能：

(1) 保持窗体的运行状态；

(2) 通过鼠标左键单击事件在鼠标位置生成一个随机颜色、随机半径、随机方向和速度的球；

(3) 对球进行遍历及绘制；

(4) 调用球的各种方法，实现大球吃小球。

大球吃小球游戏 V1.0

任务10：设计main函数，处理事件，更新游戏状态，绘制游戏状态到屏幕上。

解决方法：

```
def main():
    balls = []                          # 定义用来装所有球的容器
    # 初始化导入的pygame中的模块
    pygame.init()
    # 初始化用于显示的窗口并设置窗口尺寸
    screen = pygame.display.set_mode((800, 600))
    pygame.display.set_caption('大球吃小球')         #设置当前窗口的标题
    x, y = 50, 50                                    # 定义变量来表示小球在屏幕上的位置
    running = True
    while running:
        # 从消息队列中获取事件并对事件进行处理
        for event in pygame.event.get():
            if event.type == pygame.QUIT:
                running = False
            if event.type == pygame.MOUSEBUTTONDOWN \
                and event.button == 1:               # 鼠标左键单击
                x, y = event.pos                     # 获取鼠标点击位置的坐标
                radius = randint(10, 100)            # 生成球的半径
                # 生成速度
                sx, sy = randint(-10, 10), randint(-10, 10)
                color = Color.random_color()         # 生成颜色
                # 创建球的对象
                ball = Ball(x, y, radius, sx, sy, color)
                # 将生成的球添加到容器当中
                balls.append(ball)
        # 用白色的背景填充窗口
        screen.fill((255, 255, 255))
        for ball in balls:
            if ball.alive:
                ball.draw(screen)
            else:
                balls.remove(ball)
        pygame.display.flip()
        # 每隔50毫秒就改变小球的位置再刷新窗口
        pygame.time.delay(50)
        for ball in balls:
            ball.move(screen)
            for other in balls:
                ball.eat(other)
    pygame.quit()
```

首先定义一个可以装所有球的容器balls，进行初始化，设定球的初始位置。使用while循环

对事件进行处理，使用for循环从消息队列中获取事件并对事件进行处理，判断是否是退出事件，如果是，则结束；判断是否为鼠标点击事件，如果是，则获取鼠标点击位置的坐标，随机生成一个球的半径、速度、颜色，并创建球的对象，将该球添加到球的容器balls列表中。

然后设置背景颜色为白色，对球的容器(列表)进行遍历，如果这个球的状态是存在的，就调用绘制draw()方法，否则调用remove()方法将该球从列表中删除。

这里需要注意的是，仅改变balls还不够，此时窗口上是没有变化的，需要通过刷新窗口，来体现出变化。因此，需要调用pygame.display.flip()更新显示以反映所作的修改。使用pygame.time.delay(50)设置一个时间间隔，每隔50毫秒刷新一次窗口。

对球进行遍历，调用球的移动方法，使球移动，进一步遍历，如果符合被该球“吃掉”的条件，则吃掉其他的球，球自身半径变大。这样，“大球吃小球”游戏就设计完成了，其效果如图9-12所示。

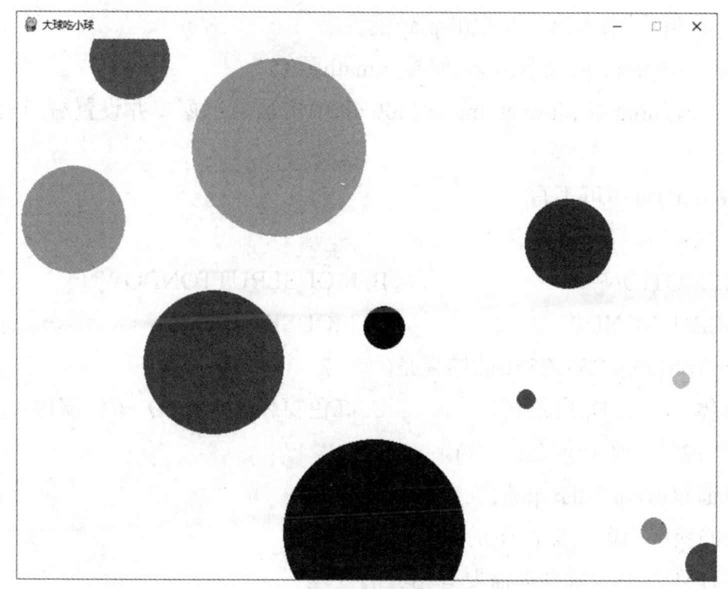

图 9-12　大球吃小球游戏运行界面截图

本章你学到了什么

在这一章，我们主要介绍了以下内容。

大球吃小球游戏V1.0。

- pygame的初始化和退出、窗体的创建、保持窗体的运行，以及pygame的一些常见操作。
- 功能模块的划分、导入所需的库、初始化方法、游戏功能函数的实现。

课后练习题

一、单项选择题

1. 以下关于pygame的说法，错误的是(　　)。

   A. pygame是为开发二维游戏而设计的Python第三方模块，需要在开发环境中安装pygame库

   B. 初始化pygame模块的方法为init()

C. pygame.event.put() 表示从消息队列中获取事件

D. display模块用来显示窗体

2. 设置游戏窗口的背景颜色需要(　　)。

A. 设置depth参数　　B. 使用fill()方法

C. 使用bgcolor()方法　　D. 使用set_caption()

3. (　　)可以使游戏保持运行状态。

A. 使用wait()方法让窗口暂停

B. 使用stop()方法使窗口停留

C. 使用flip()方法减少屏幕的刷新

D. 设置一个循环体保持窗口运行

4. 以下说法正确的是(　　)。

A. pygame.quit()用来退出，结束display模块

B. from math import sqrt表示从sqrt库导入math函数

C. screen = pygame.display.set_mode((800,600))表示显示窗口并设置窗口的长为600，宽为800

D. pygame.init()可写可不写

5. 以下(　　)不是鼠标相关事件。

A. MOUSEMOTION　　B. MOUSEBUTTONDOWN

C. MOUSEBUTTONUP　　D. MOUSEMOVE

6. 代码screen.fill((255, 255, 255))的结果是(　　)。

A. 黑色窗体　　B. 白色窗体　　C. 红色窗体　　D. 蓝色窗体

7.关于事件的说法，错误的是(　　)。

A. 程序可通过event中的type属性判断事件类型

B. 通过get()获取当前时刻产生的所有事件列表

C. 所有事件列表中的事件都需要有相应的处理

D. 可采用循环遍历事件列表

8.下面代码的结果是(　　)。

```
if event.type == MOUSEBUTTONUP:
    print('点击了窗体')
```

A. 如果按下鼠标，显示点击了窗体

B. 如果鼠标不动，显示点击了窗体

C. 如果鼠标按键曾被按下，当前事件为鼠标放开，显示点击了窗体

D. 如果鼠标按键曾被放开，当前事件为鼠标保持放开，显示点击了窗体

9.下面代码产生的结果是(　　)。

```
pygame.time.delay(60)
```

A. 暂停60毫秒　　B. 暂停60秒

C. 时间向后推移60毫秒　　D. 时间向前快进60毫秒

10.下面代码产生的结果是(　　)。

```
pygame.display.set_caption('大球吃小球')
```

A. 窗体标题显示大球吃小球
B. 窗体显示大球吃小球
C. 将游戏名命名为大球吃小球
D. 将函数命名为大球吃小球

二、编写程序题

1. 建立一个pygame的窗体，窗口标题为“Hello，World”，并加载一幅图片，图片自选，如图9-13所示。

图 9-13　加载图片的 pygame 窗体

实现如上题目的步骤如下：

(1) 导入如下两个库：

```
import pygame
import sys
```

(2) pygame中图片加载：

```
image=pygame.image.load("图片名称.jpeg")
```

(3) 将图片作为背景画在窗体上：

```
screen.blit(image, (0, 0))
```

(4) 刷新画面：

```
pygame.display.update()
```

2. 使用pygame开发一个可以显示cheese自由移动的游戏窗口。

第 10 章

数据分析与可视化

案例9 中国城市数据：中国城市数据存放在china-city-list.csv文件中，如图10-1所示。该文件共有3243条记录，每条记录包含9列，如表10-1所示。

	A	B	C	D	E	F	G	H	I
1	City_ID	City_EN	City_CN	Province_EN	Province_CN	Admin_district_EN	Admin_district_CN	Latitude	Longitude
2	CN101010100	beijing	北京	beijing	北京	beijing	北京	39.90499	116.4053
3	CN101010100	beijing	北京	beijing	北京	beijing	北京	39.90499	116.4053
4	CN101010200	haidian	海淀	beijing	北京	beijing	北京	39.95607	116.3103
5	CN101010300	chaoyang	朝阳	beijing	北京	beijing	北京	39.92149	116.4864
6	CN101010400	shunyi	顺义	beijing	北京	beijing	北京	40.12894	116.6535
7	CN101010500	huairou	怀柔	beijing	北京	beijing	北京	40.32427	116.6371
8	CN101010600	tongzhou	通州	beijing	北京	beijing	北京		116.6586
9	CN101010700	changping	昌平	beijing	北京	beijing	北京	40.21809	116.2359
10	CN101010800	yanqing	延庆	beijing	北京	beijing	北京	40.46532	115.985
11	CN101010900	fengtai	丰台	beijing	北京	beijing	北京	39.86364	116.287
12	CN101011000	shijingsha	石景山	beijing	北京	beijing	北京	39.9146	
13	CN101011100	daxing	大兴	beijing	北京	beijing	北京	39.72891	116.338
14	CN101011200	fangshan	房山	beijing	北京	beijing	北京	39.73554	116.1392
15	CN101011300	miyun	密云	beijing	北京	beijing	北京	40.37736	116.8434
16	CN101011400	mentougc	门头沟	beijing	北京	beijing	北京	39.93718	116.1054
17	CN101011500	pinggu	平谷	beijing	北京	beijing	北京	40.14478	117.1123
18	CN101011600	dongchen	东城	beijing	北京	beijing	北京	39.91755	116.4188

……

图 10-1 中国城市数据 china-city-list.csv 文件

表10-1 china-city-list.csv包含9列

列名	含义
City_ID	城市ID
City_EN	城市名(英文)
City_CN	城市名(中文)
Province_EN	省份(英文)
Province_CN	省份(中文)
Admin_district_EN	所属区(英文)
Admin_district_CN	所属区(中文)
Latitude	纬度
Longitude	经度

本案例通过读取china-city-list.csv文件，经过数据的清洗和处理得到各省份的平均纬度和平均经度柱状图，如图10-2所示。

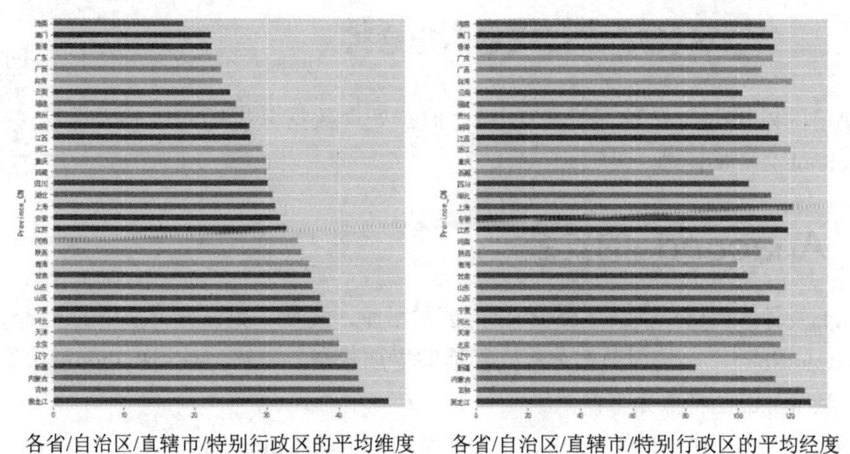

图 10-2　各省/自治区/直辖市/特别行政区的平均纬度和平均经度柱状图

本案例要解决五个问题：

- 问题一：如何安装和使用数据分析利器Jupyter Notebook？
- 问题二：如何运用pandas库读取中国城市数据china-city-list.csv文件，然后实现对DataFrame二维表格部分行、部分列的选取和删除操作？
- 问题三：如何运用pandas库实现DataFrame二维表格的索引、排序、分组、分割、合并和数据透视表等数据分析操作？
- 问题四：如何运用pandas库实现DataFrame二维表格的缺失值处理、重复值去重的数据清洗操作？
- 问题五：如何运用matplotlib库实现柱状图、折线图、饼图、箱型图和散点图的数据可视化操作？

本案例涉及的知识点范围如图10-3所示。

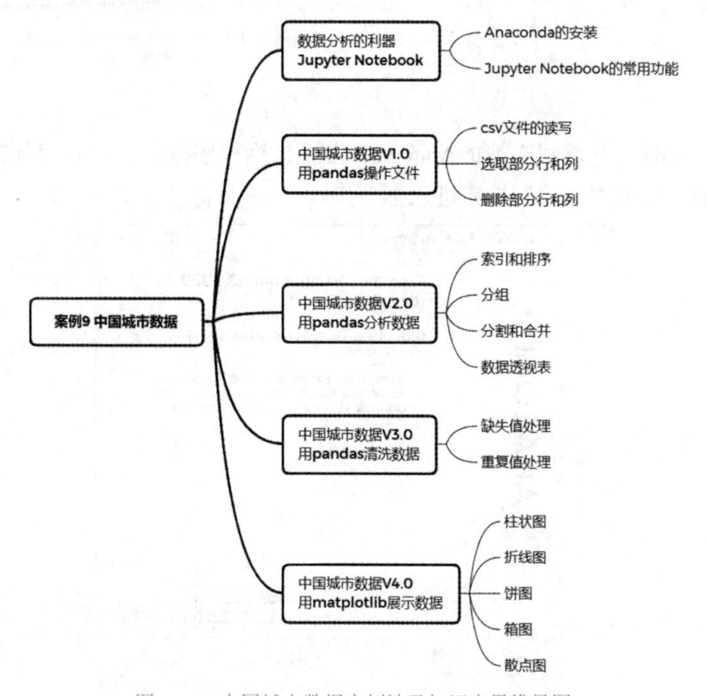

图 10-3　中国城市数据案例涉及知识点思维导图

10.1 Jupyter Notebook

Notebook 的安装和使用

前面使用的Python的开发环境是IDLE，但在处理数据分析等问题时采用Jupyter Notebook会更加便捷。

10.1.1 Anaconda的安装

Anaconda发行版Python预装了150个以上的常用库，囊括了数据分析常用的numpy、scipy、pandas和matplotlib等库，使得数据分析人员能够更加顺畅、专注地使用Python解决数据分析的相关问题。Anaconda的特点如下：

(1) 包含了众多流行的科学、数学、工程和数据分析的Python库。

(2) 完全开源和免费。

(3) 全平台支持Windows、MacOS和Linux。

Anaconda的安装步骤如下：

(1) 下载Anaconda。进入Anaconda官方网站，打开官网下载链接https://www.anaconda.com/products/individual”，下载Windows系统中的Anaconda安装包，选择下载Python 3.x的Anaconda，本书代码均是按Python 3的规范编写的。应选择下载与本地Windows操作系统的位数(如64位或32位)一致的Anaconda 3版本，如图10-4所示。

图 10-4　Anaconda 官方网站下载安装包

(2) 安装Anaconda。下载到本地的Anaconda为可执行程序(.exe文件)，双击安装该可执行程序。如图10-5所示，单击“Next”按钮进入下一步。

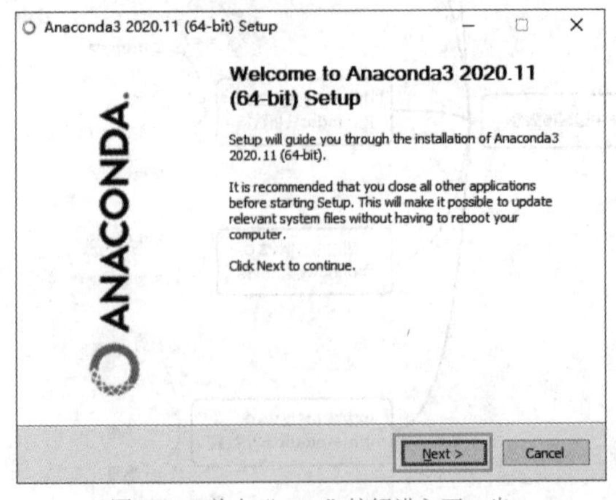

图 10-5　单击“Next”按钮进入下一步

(3) 单击“I Agree”按钮，同意上述协议并进入下一步，如图10-6所示。

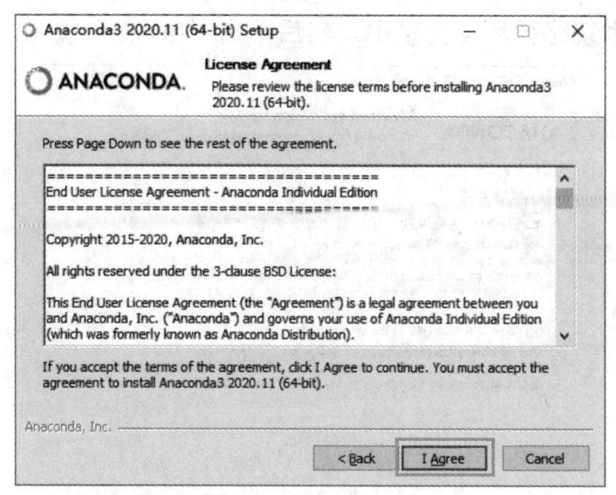

图 10-6　同意上述协议

(4) 选择“All Users(requires admin privileges)”，单击“Next”按钮，进入下一步，如图10-7所示。

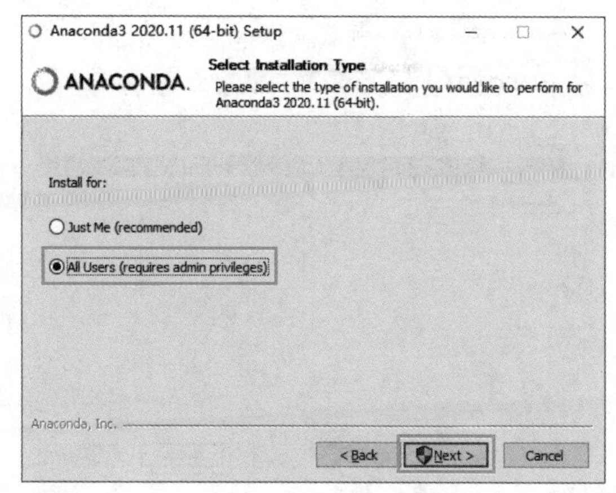

图 10-7　选择“All Users(requires admin privileges)”

(5) 单击“Browse”按钮，选择在指定的路径安装Anaconda，选择完成后单击“Next”按钮，进入下一步，如图10-8所示。

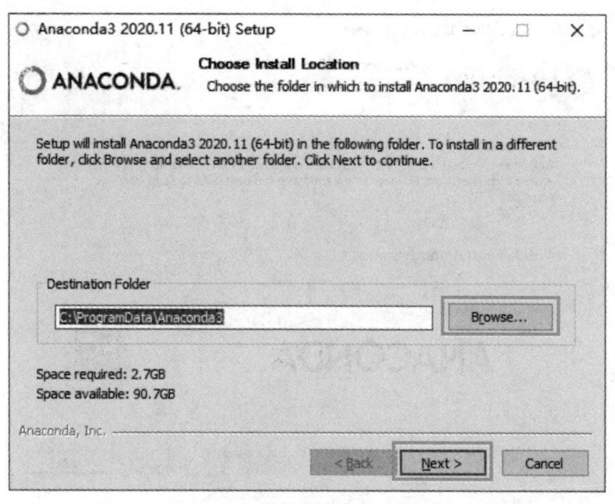

图 10-8　选择安装路径

(6) 勾选“Add Anaconda3 to the system PATH environment variable”(添加环境变量)复选框，允许将Anaconda添加到系统路径环境变量中。然后单击“Install”按钮，如图10-9所示。

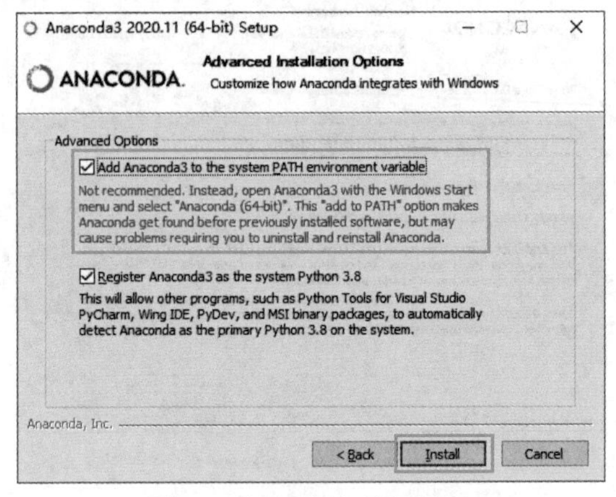

图 10-9　勾选“添加环境变量”

(7) 等待安装结束，单击“Next”按钮，进入下一步，如图10-10所示。

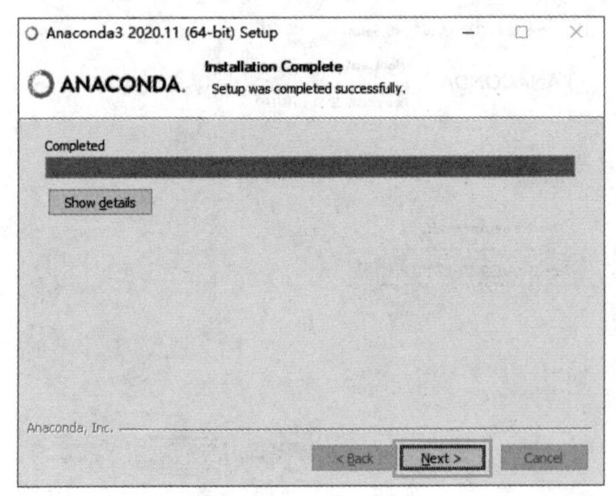

图 10-10　安装结束

(8) 如果选择安装配套工具“PyCharm”，则单击链接“https://www.anaconda.com/pycharm”下载安装。也可跳过安装步骤，直接单击“Next”按钮，如图10-11所示。

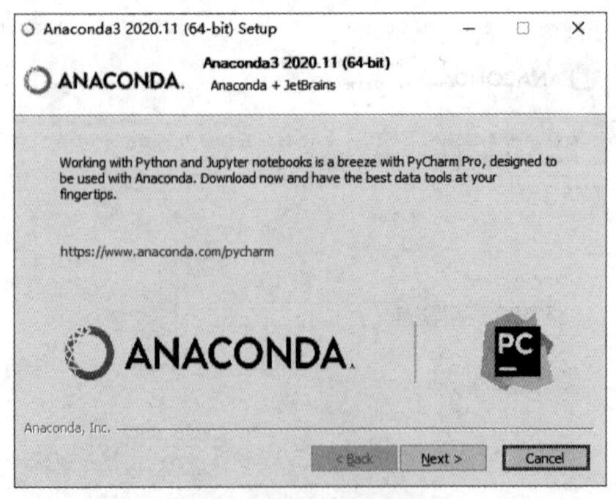

图 10-11　跳过安装步骤

(9) 单击“Finish”按钮，结束Anaconda的安装，如图10-12所示。

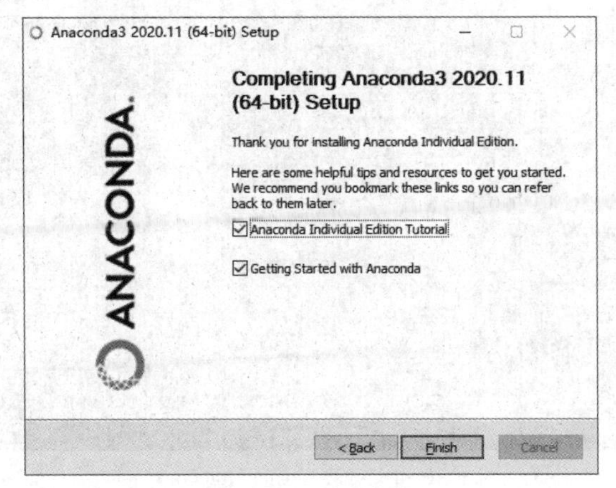

图 10-12　结束安装

(10) 打开Windows操作系统的“开始”菜单，可以找到安装好的Anaconda，如图10-13所示。

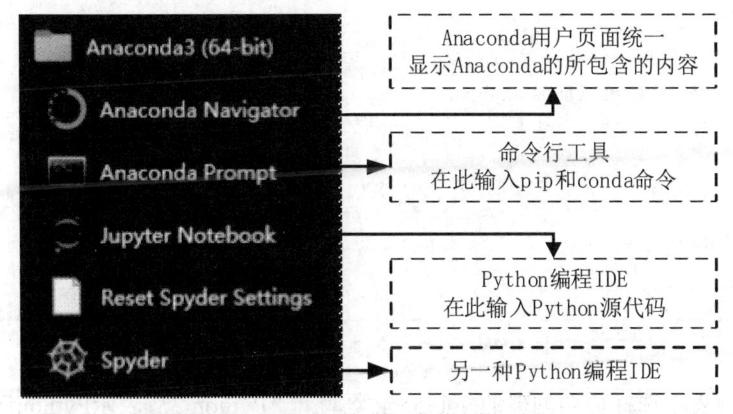

图 10-13　Windows“开始”菜单中的 Anaconda

10.1.2　Jupyter Notebook的常用功能

Jupyter Notebook是一个交互式笔记本，支持40多种编程语言。它支持代码、数学方程、可视化和Markdown的Web应用程序。对于数据分析，Jupyter Notebook的最大优点是可以重现整个分析过程，并将说明文字、代码、图表、公式和结论都整合在一个文档中。

1. 启动Jupyter Notebook

安装完Anaconda后，在Windows操作系统下的命令行中输入“jupyter notebook”，即可启动Jupyter Notebook，如图10-14所示。注意，在Jupyter Notebook启动运行期间，该命令行窗口要一直保持运行状态，不要关闭，否则Jupyter Notebook不能正常运行。

2. 新建一个Notebook

(1) 打开Jupyter Notebook以后会在系统默认浏览器中出现Jupyter Notebook的界面。单击右上方的“New”下拉按钮，出现下拉列表，如图10-15所示。

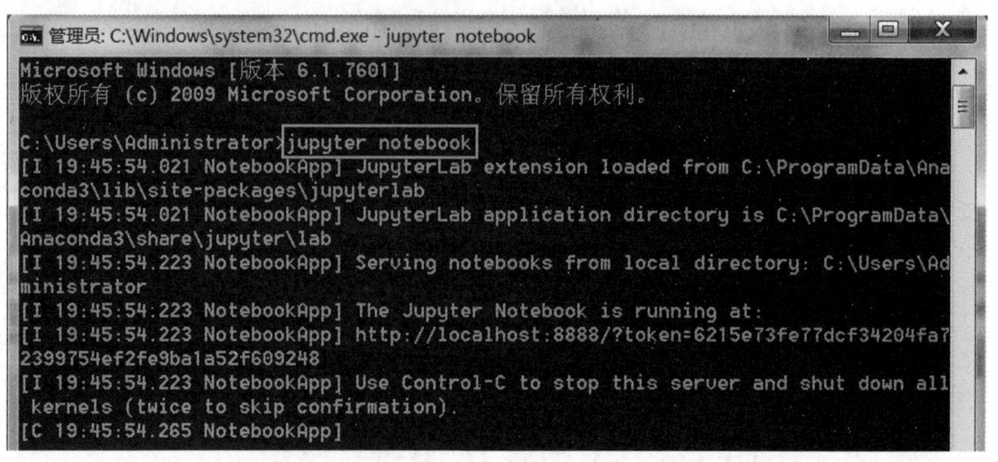

图 10-14　启动 Jupyter Notebook

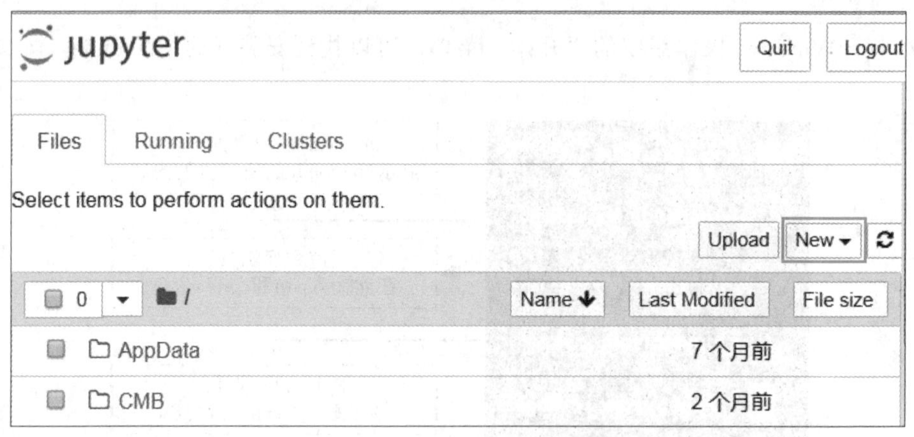

图 10-15　单击“New”菜单准备新建一个 Notebook

(2) 在下拉列表中选择需要创建的Notebook类型。“Python 3”表示Python运行脚本。选择“Python 3”选项，如图10-16所示。

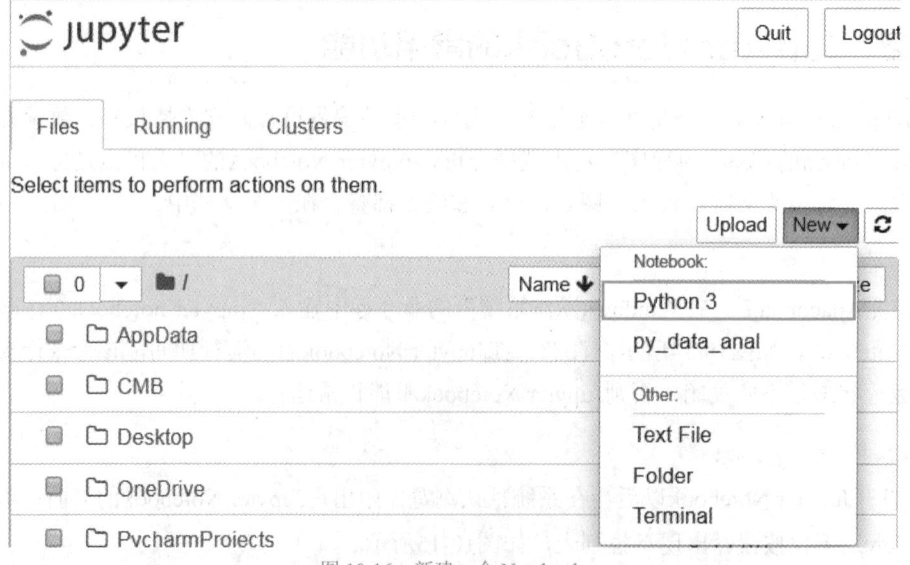

图 10-16　新建一个 Notebook

(3) 进入Python脚本编辑界面，如图10-17所示。

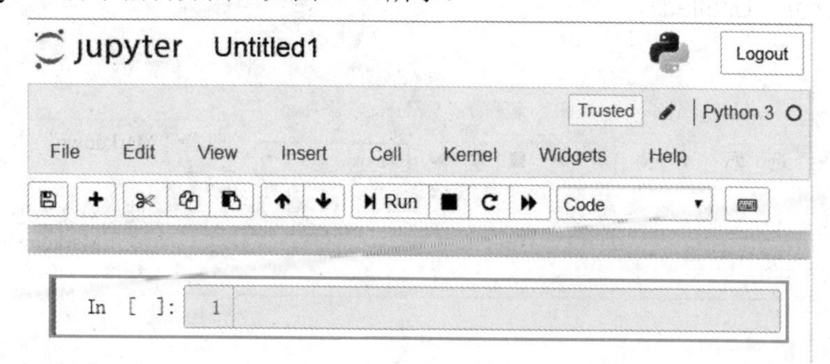

图 10-17　Python 脚本编辑界面

3. Jupyter Notebook的界面及其构成

Jupyter Notebook文档由一些列单元(Cell)构成，主要有两种形式的单元。

1) 代码单元

下拉框中选择“Code”，则为“代码单元”形式，下方编辑框中是编写代码的地方，如图10-18所示。

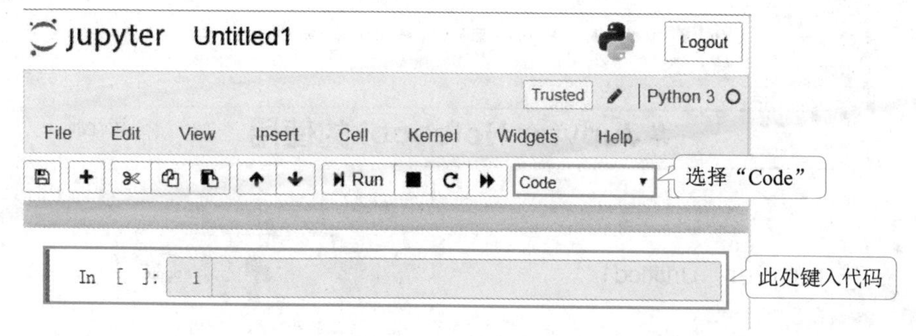

图 10-18　代码单元

在编辑框中输入“print(2)”，运行代码，可以单击“Run”按钮运行代码，也可以按下组合快捷键Shift+Enter运行代码。运行结果如图10-19所示，结果为“2”。

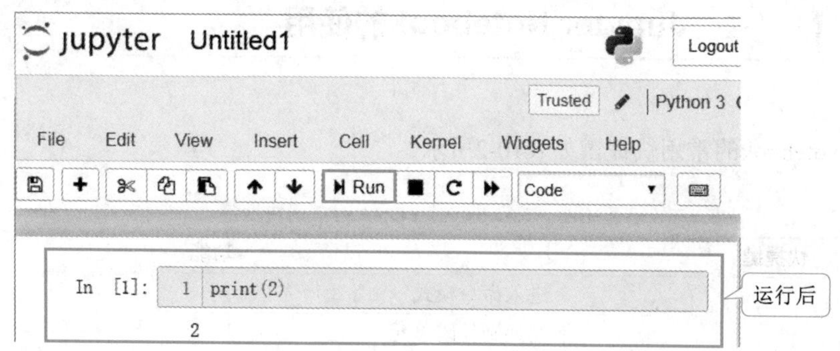

图 10-19　运行代码

2) Markdown单元

在下拉框中选择“Markdown”，则为“Markdown单元”形式，下方编辑框中是编写文本的地方，如图10-20所示。

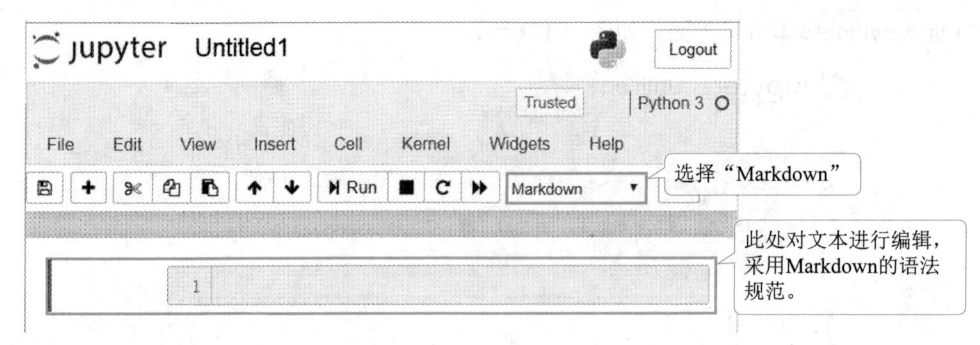

图 10-20 Markdown 单元

在编辑框中输入“# Jupyter Notebook的使用”，如图10-21所示。运行代码，可以单击“Run”按钮运行代码，也可以按下组合快捷键Shift+Enter运行代码。运行结果如图10-22所示。

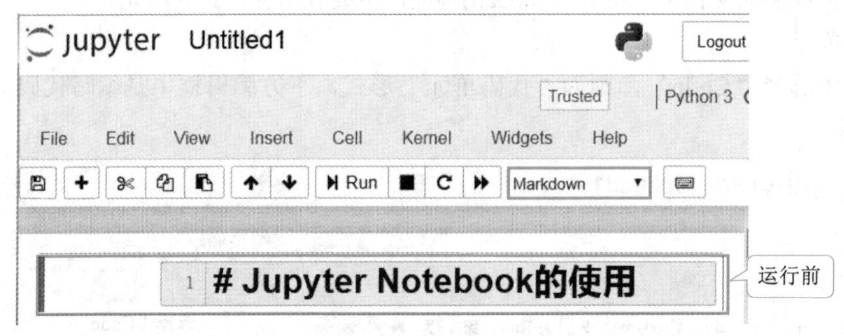

图 10-21 编辑 Markdown 单元

图 10-22 运行 Markdown 单元

Jupyter Notebook的常用快捷键如表10-2所示。

表10-2 Jupyter Notebook的常用快捷键

快捷键	功能
Esc	进入命令模式
Y	切换到代码单元
M	切换到 Markdown 单元
B	在本单元的下方增加一单元
H	查看所有快捷命令
Shift＋Enter	运行代码

4. Markdown语言

Markdown 是一种可以使用普通文本编辑器编写的标记语言，通过简单的标记语法，可以使普通文本内容具有一定的格式。

1) 标题

标题是标明文章和作品等内容的简短语句。一个#字符代表一级标题，两个##字符代表二级标题，以此类推，例如，输入如图10-23所示的Markdown语法标题。

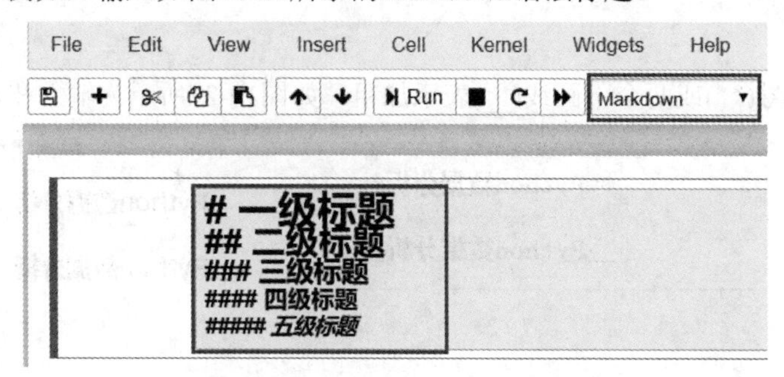

图 10-23　输入 Markdown 语法标题

单击“Run”按钮，或按下组合快捷键Shift+Enter运行，得到的结果如图10-24所示。

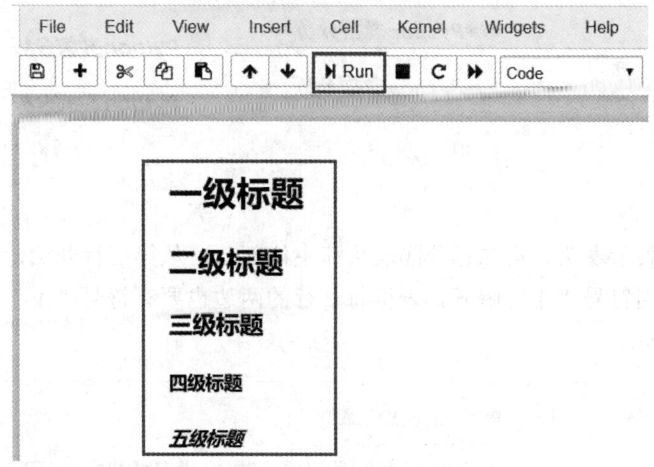

图 10-24　运行 Markdown 语法标题

2) 列表

列表是一种由数据项构成的有限序列，即按照一定的线性顺序排列而成的数据项的集合。

第一，无序列表：使用星号(*)、加号(+)或者减号(−)，后面再加上“(一个空格)”作为列表标记。如图10-25所示为输入无序列表和运行无序列表。

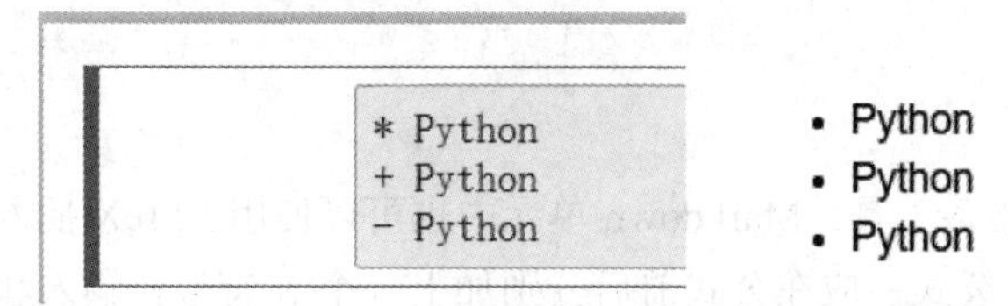

图 10-25　输入和运行无序列表

第二，有序列表：使用数字、“.”和“(一个空格)”作为列表标记。如图10-26所示为输入有序列表和运行有序列表。

1. 星期一
2. 星期二
3. 星期三

图 10-26　输入和运行有序列表

3) 加粗 / 斜体

❍ 加粗

前后有两个星号(**)或两个下画线(__)表示加粗。如图10-27所示为输入和显示加粗字体。

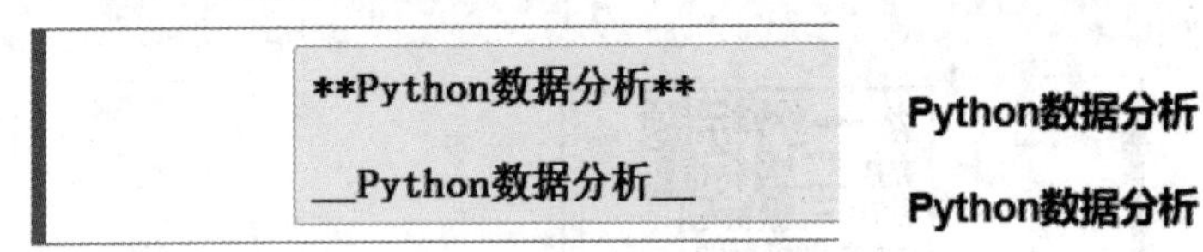

图 10-27　输入和显示加粗字体

❍ 斜体

前后有三个星号(***)或三个下画线(___)表示斜体。如图10-28所示为输入和显示斜体字体。

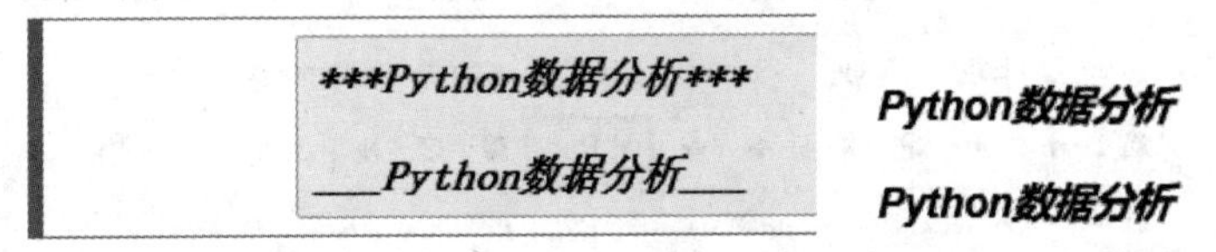

图 10-28　输入和显示斜体字体

4) 表格

代码的第一行表示表头，第二行分隔表头和主体部分，从第三行开始，每一行代表一个表格行；列与列之间用符号“｜”隔开，表格每一行的两边也要有符号“｜”。输入和显示表格的实例如图10-29所示。

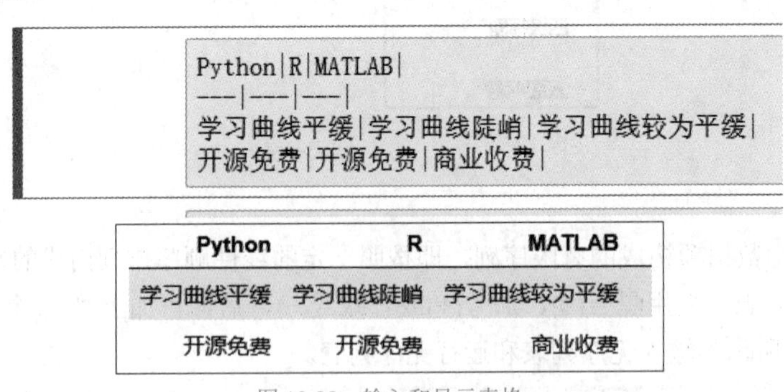

图 10-29　输入和显示表格

5) 数学公式编辑

LaTeX是写科研论文的必备工具，Markdown 单元中也可以使用 LaTeX 插入数学公式。

① 在文本行中插入数学公式，应在公式前后分别加上一个 $ 符号。输入和显示数学公式的实例如图10-30所示。

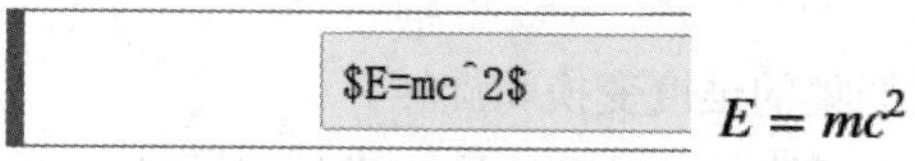

```
$E=mc^2$
```

$E = mc^2$

图 10-30　输入和显示数学公式

②如果要插入一个数学区块，则在公式前后分别加上两个$$符号。键入和显示数学区块的实例如图10-31所示。

```
$$z=\frac{x}{y}$$
```

$$z = \frac{x}{y}$$

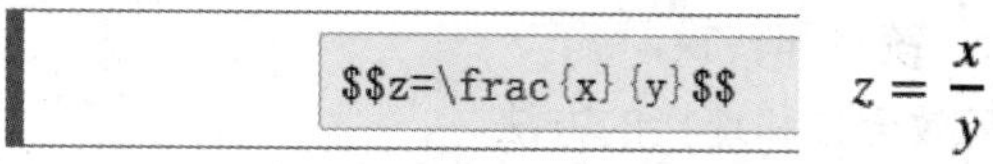

图 10-31　输入和显示数学区块

5. Jupyter Notebook的导出功能

Notebook 还有一个强大的特性，就是导出功能。可以将 Notebook导出为多种格式，如ipynb、py、HTML、Markdown、PDF等。导出功能可通过选择“File”→“Download as”级联菜单中的命令实现，如图10-32所示。

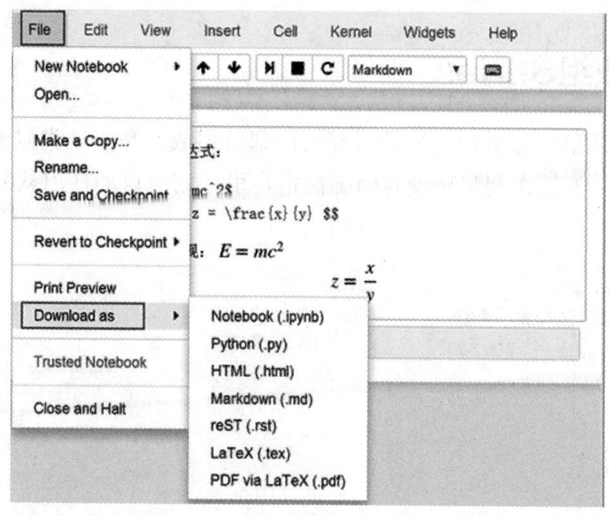

图 10-32　Jupyter Notebook 的导出功能

10.2　初识pandas库

一般而言，数据分析工作的目标非常明确，即从特定的角度对数据进行分析，提取有用的信息，分析的结果可作为后期决策的参考。pandas库是数据分析模块，提供了大量标准数据模型，具有高效操作大型数据集所需要的功能。pandas是使Python被称为高效且强大的数据分析行业首选语言的重要因素之一。

pandas库的优点如下：

(1) pandas提供了快速高效的DataFrame对象，可用于集成索引的数据集操作。

(2) pandas提供了对各种格式数据的读取和写入工具，包括CSV数据、文本文件、Microsoft Excel、SQL数据库和HDF5文件格式。

(3) 提供智能的数据对齐功能和缺失数据处理方式，可以方便地将混乱的数据处理成有序的

形式。

(4) 可以很灵活地进行数据集的维度变换和旋转。

(5) 基于DataFrame对象的标签，可以对数据集进行灵活的切片、花式索引，或将大数据集拆为多个小子集。

(6) 当需要修改数据尺度时，允许对数据对象中的数据列进行添加和删除操作。

(7) pandas提供了强大的分组引擎，可以对分组数据集进行拆分、应用、组合等操作，也可以方便地对数据集进行汇总、统计和转换。

(8) 提供了多个数据集高效合并和连接的方法。

(9) pandas经过高度的性能优化，核心代码使用Cython、C语言编写，执行效率高。

(10) 应用领域广泛。pandas正在广泛应用于各学术和商业领域，包括神经科学、金融、经济学和统计学等。

pandas常用的数据结构有以下两个：

(1) Series：带标签的一维数组。

(2) DataFrame：带标签且大小可变的二维表格结构。

10.2.1 一维数组Series

Series是pandas提供的一维数组，由索引和值两部分组成，是一个类似于字典的结构。Series中值的类型可以不同。如果在创建时没有明确指定索引，则会自动使用从0开始的非负整数作为索引。

```
import pandas as pd
# 创建一个一维数组，包含索引和值
s = pd.Series(range(1,20,5))
print(s)
```

运行结果：

```
0    1
1    6
2    11
3    16
dtype: int64
```

10.2.2 二维数组DataFrame

DataFrame是pandas提供的二维表格，由索引、列名和值三部分组成，是一个类似于字典的结构。

```
import pandas as pd
# 使用人名字符串作为索引，科目作为列名，成绩作为值
df=pd.DataFrame({'语文':[88,79,65],
                 '数学':[95,84,77],
                 '英语':[78,88,90]},
                 index=['张三','李四','王五'])
print(df)
```

运行结果如图10-33所示。

	语文	数学	英语
张三	88	95	78
李四	79	84	88
王五	65	77	90

图 10-33 运行结果

DataFrame结构的组成部分如图10-34所示。

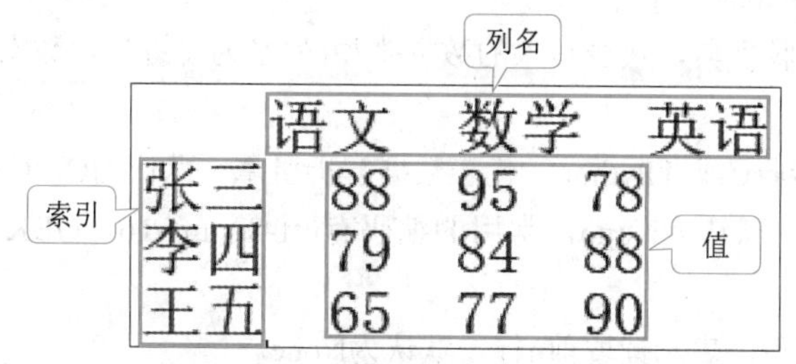

图 10-34 DataFrame 结构的组成部分

10.3 运用pandas库完成文件的操作

中国城市数据V1.0

中国城市数据是一个CSV文件，要对数据进行分析和处理，需要先读取数据。如何运用pandas库读取中国城市数据china-city-list.csv文件，然后实现对DataFrame二维表格部分行、部分列的选取和删除操作呢?

这需要用到pandas库的文件操作。

中国城市数据 V1.0

10.3.1 CSV文件的读写

使用pandas做数据处理需要读取和写入文件，CSV文件便是其中之一。csv是一种用分隔符分隔的文件格式，因为其分隔符不一定是逗号，因此又被称为字符分隔文件。pandas读取CSV文件使用read_csv()函数实现，写入CSV文件使用to_csv()函数实现。

1. CSV文件的读取

读取CSV文件的函数read_csv()的语法格式如下：

```
read_csv(filepath_or_buffer, sep=', ', header='infer', names=None, index_col=None,
         dtype=None, engine=None, encoding=None, nrows=None)
```

其中：

(1) 参数filepath_or_buffer：文件路径或URL。

(2) 参数sep：分隔符，默认值为',', 当文本中的分隔符不是','时，可用sep='分隔符'来指定。

(3) 参数header：整型或整型列表，表示将某行数据作为列名。默认为infer，表示自动识别。

(4) 参数names：要使用的列名的列表，如果文件不包含标题行，则应为head赋值None。

(5) 参数index_col：接收整型、整型列表或False。表示索引列的位置，取值为整型列表，则代表多重索引。默认为None。

(6) 参数dtype：接收字典，代表写入的数据类型(列名为“键”，数据格式为“值”)。默认为None。

(7) 参数engine：接收C或者Python，代表数据解析引擎。默认为C，C引擎速度更快。

(8) 参数encoding：默认为None，常用的编码有utf-8、utf-16、GBK、GB2312、GB18030等。

(9) 参数nrows：整型，表示读取前n行，默认为None。

中国城市数据V1.0

任务1：读取china_city_list.csv文件。

解决方法：

```
import pandas as pd
# "./"表示Python项目文件和csv文件放在同一个目录夹
df = pd.read_csv("./china-city-list.csv")
df
```

运行结果如图10-35所示。

	City_ID	City_EN	City_CN	Province_EN	Province_CN	Admin_district_EN	Admin_district_CN	Latitude	Lon
0	CN101010100	beijing	北京	beijing	北京	beijing	北京	39.904987	116.4
1	CN101010100	beijing	北京	beijing	北京	beijing	北京	39.904987	116.4
2	CN101010200	haidian	海淀	beijing	北京	beijing	北京	39.956074	116.3
3	CN101010300	chaoyang	朝阳	beijing	北京	beijing	北京	39.921490	116.4
4	CN101010400	shunyi	顺义	beijing	北京	beijing	北京	40.128937	116.6

图 10-35 运行结果

2. CSV文件的写入

写入CSV文件的函数to_csv()的语法格式如下：

```
to_csv(path_or_buf=None, sep=',', na_rep=' ', columns=None, header=True,
       index=True,index_label=None, mode='w',encoding=None)
```

其中：

(1) 参数path_or_buf：接收字符串，代表文件路径。

(2) 参数sep：分隔符。默认为','。

(3) 参数na_rep：缺失值。默认为' '。

(4) 参数columns：写入文件的列名。默认为None。

(5) 参数header：接收布尔类型值，代表是否将列名写出。默认为True。

(6) 参数index：接收布尔类型值，代表是否将索引写出。默认为True。

(7) 参数index_label：接收列表，表示索引名。默认为None。

(8) 参数mode：数据的写入模式。默认为'w'。

(9) 参数encoding：存储文件的编码格式。默认为None。

中国城市数据V1.0

任务2：将二维表格的两列(City_ID,City_EN)信息存入到一个新的csv文件“china-city-list-write.csv”中。

解决方法：

```
df.to_csv(
    "./china-city-list-write.csv",
    columns=['City_ID','City_EN'],      # columns表示选取写入的列
    index=False,                        # index为False，表示不增加索引列
    header=True                         # header为True，表示需要表头
)
```

运行程序后用Excel打开china-city-list-write.csv文件，文件内容如图10-36所示。

china-city-list-write.csv

	A	B
1	City_ID	City_EN
2	CN101010100	beijing
3	CN101010100	beijing
4	CN101010200	haidian
5	CN101010300	chaoyang
6	CN101010400	shunyi

图 10-36 用 Excel 打开的 china-city-list-write.csv 文件

10.3.2 选取部分行和列

如果想对DataFrame对象进行切片来获取部分数据，根据想获取的区域不同，有几种常用的数据选择方式：选择行、选择列、选择数据区域、选择单个数据、条件筛选。下面以图10-37所示的DataFrame对象df为例介绍数据选择方式。

	语文	数学	英语
张三	88	95	78
李四	79	84	88
王五	65	77	90

图 10-37 示例对象 df

1) 选择行

数据行的示例代码如下：

```
import pandas as pd
# 使用人名字符串作为索引，科目作为列名，成绩作为值
```

```
df=pd.DataFrame({'语文':[88,79,65],
              '数学':[95,84,77],
              '英语':[78,88,90]},
              index=['张三','李四','王五'])
print(df[0:1])                               # 获取序号为0的行
```

运行结果如图10-38所示。

	语文	数学	英语
张三	88	95	78

图 10-38　运行结果

```
print(df[1:3])                               # 获取序号为1-2的行
```

运行结果如图10-39所示。

	语文	数学	英语
李四	79	84	88
王五	65	77	90

图 10-39　运行结果

```
print(df['李四':'王五']) # 获取'李四'和'王五'所在的行
```

运行结果如图10-40所示。

	语文	数学	英语
李四	79	84	88
王五	65	77	90

图 10-40　运行结果

```
print(df.head())                             # 默认获取前5行数据
```

运行结果如图10-41所示。

	语文	数学	英语
张三	88	95	78
李四	79	84	88
王五	65	77	90

图 10-41　运行结果

```
print(df.head(2)) # 获取前2行数据
```

运行结果如图10-42所示。

	语文	数学	英语
张三	88	95	78
李四	79	84	88

图 10-42　运行结果

```
print(df.tail(1))                            # 获取最后1行数据
```

运行结果如图10-43所示。

	语文	数学	英语
王五	65	77	90

图 10-43　运行结果

2) 选择列

数据列的示例代码如下：

```
print(df['数学'])                          # 获取'数学'列
```

运行结果如图10-44所示。

```
张三    95
李四    84
王五    77
Name: 数学, dtype: int64
```

图 10-44　运行结果

3) 选择区域

选择区域数据时可能用到的方法有loc、iloc、at和iat等，这些方式可以分为两种：一种是基于行列索引标签进行选择，如loc、at；另一种是基于行列位置关系进行切片，如iloc、iat。常见的使用方式如表10-3所示。

表10-3　选择DataFrame对象区域数据

使用格式	描述
loc[i]	选取行索引为i的行
loc[i1:i2]	选取行索引从i1到i2的行，包含i2行
loc[i1:i2,c1:c2]	选取行索引从i1到i2，列索引从c1到c2的矩形区域
at[i,c]	选取行索引为i和列索引为c的单个数据
iloc[r]	选取位置为第r行的数据，r从0开始
iloc[r1:r2]	选取位置为第r1行到第r2行的数据，不包含r2行
iloc[r1:r2,c1:c2]	选取位置为第r1行到第r2行，c1到c2列的矩形区域
iat[r,c]	选取位置为第r行、第c列的单个数据，r和c从0开始

数据区域示例代码如下：

```
# 基于行列索引标签选择
print(df.loc['李四'])                      # 选取'李四'所在的行
```

运行结果如图10-45所示。

```
语文    79
数学    84
英语    88
Name: 李四, dtype: int64
```

图 10-45　运行结果

```
print(df.loc['李四':'王五']) # 选取从'李四'到'王五'的两行
```

运行结果如图10-46所示。

```
    语文  数学  英语
李四  79  84  88
王五  65  77  90
```

图 10-46　运行结果

```
print(df.loc['李四':'王五','数学':'英语'])            # 选取指定的矩形区域
```

运行结果如图10-47所示。

	数学	英语
李四	84	88
王五	77	90

图 10-47　运行结果

```
# 基于数据所在的行列位置进行选择
print(df.iloc[1]) # 选取序号为1所在的行
```

运行结果如图10-48所示。

```
语文    79
数学    84
英语    88
Name: 李四, dtype: int64
```

图 10-48　运行结果

```
print(df.iloc[1:3]) # 选取序号为1~2所在的行
```

运行结果如图10-49所示。

	语文	数学	英语
李四	79	84	88
王五	65	77	90

图 10-49　运行结果

```
print(df.iloc[1:3,1:3]) # 选取指定的矩形区域
```

运行结果如图10-50所示。

	数学	英语
李四	84	88
王五	77	90

图 10-50　运行结果

```
# 基于标签选择'李四'的'数学'
df.at['李四','数学']
```

运行结果如图10-51所示。

```
84
```

图 10-51　运行结果

```
# 基于位置选择'李四'的'数学'
df.iat[1,1]
```

运行结果如图10-52所示。

```
84
```

图 10-52　运行结果

中国城市数据V1.0

任务3：DataFrame二维表格数据有3243行、9列。根据需要显示部分行和部分列的数据。

解决方法：

```
import pandas as pd
df = pd.read_csv("./china-city-list.csv")
df.head()                                   # 显示前5行数据
```

运行结果如图10-53所示。

	City_ID	City_EN	City_CN	Province_EN	Province_CN	Admin_district_EN	Admin_district_CN	Latitude	Longitude
0	CN101010100	beijing	北京	beijing	北京	beijing	北京	39.904987	116.40529
1	CN101010100	beijing	北京	beijing	北京	beijing	北京	39.904987	116.40529
2	CN101010200	haidian	海淀	beijing	北京	beijing	北京	39.956074	116.31032
3	CN101010300	chaoyang	朝阳	beijing	北京	beijing	北京	39.921490	116.48641
4	CN101010400	shunyi	顺义	beijing	北京	beijing	北京	40.128937	116.65353

图 10-53 运行结果

```
rows = df[2:4]                              # 选取2~4行，但不包括第4行的数据
rows
```

运行结果如图10-54所示。

	City_ID	City_EN	City_CN	Province_EN	Province_CN	Admin_district_EN	Admin_district_CN	Latitude	Longitude
2	CN101010200	haidian	海淀	beijing	北京	beijing	北京	39.956074	116.31032
3	CN101010300	chaoyang	朝阳	beijing	北京	beijing	北京	39.921490	116.48641

图 10-54 运行结果

```
# 选取所有行，City_ID和City_CN两列的数据
cols = df[['City_ID','City_CN']]
cols
```

运行结果如图10-55所示。

	City_ID	City_CN
0	CN101010100	北京
1	CN101010200	海淀
2	CN101010300	朝阳
3	CN101010400	顺义
4	CN101010500	怀柔
5	CN101010600	通州

图 10-55 运行结果

```
# 选取2-3行，City_ID和City_CN两列的数据
df.loc[2:3,['City_ID','City_CN']]
```

运行结果如图10-56所示。

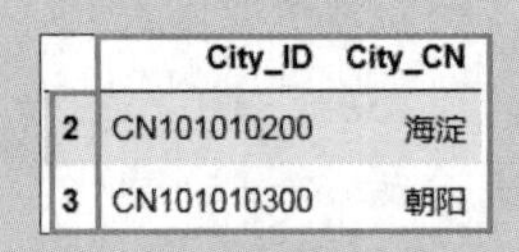

	City_ID	City_CN
2	CN101010200	海淀
3	CN101010300	朝阳

图 10-56　运行结果

10.3.3　删除部分行和列

可以使用drop()函数删除DataFrame对象的行或者列。该函数的语法格式为：

```
drop(labels=None,axis=0, index=None, columns=None, inplace=False)
```

其中：

(1) 参数labels：要删除的行列的名字，用列表给定。

(2) 参数axis：默认为0，指删除行。要删除列时，要指定axis=1。

(3) 参数index：指定要删除的行。

(4) 参数columns：指定要删除的列。

(5) 参数inplace：默认为False，指该删除操作不改变原数据，而是返回一个执行删除操作后的新DataFrame。如果inplace=True，则会直接在原数据上进行删除操作，删除后无法返回。

接下来以图10-33所示的DataFrame对象df为例介绍数据的删除。

```
# 删除'数学'列，删除操作不改变原DataFrame
print(df.drop('数学',axis=1))
```

运行结果如图10-57所示。

	语文	英语
张三	88	78
李四	79	88
王五	65	90

图 10-57　运行结果

```
print(df)
```

运行结果如图10-58所示。

	语文	数学	英语
张三	88	95	78
李四	79	84	88
王五	65	77	90

图 10-58　运行结果

```
# 删除'数学'列，删除操作改变原DataFrame
print(df.drop('数学',axis=1,inplace=True))
print(df)
```

运行结果如图10-59所示。

	语文	英语
张三	88	78
李四	79	88
王五	65	90

None

图 10-59　运行结果

中国城市数据V1.0

任务4： 删除DataFrame二维表格中的Admin_district_EN和Admin_district_CN两列。

解决方法：

```
# drop方法：删除Admin_district_EN和Admin_district_CN两列
# axis=1：删除列；axis=0：删除行
df3 = df.drop(["Admin_district_EN","Admin_district_CN"],axis=1)
df3
```

运行结果如图10-60所示。

9列数据变成了7列

	City_ID	City_EN	City_CN	Province_EN	Province_CN	Latitude	Longitude
0	CN101010100	beijing	北京	beijing	北京	39.904987	116.405290
1	CN101010100	beijing	北京	beijing	北京	39.904987	116.405290
2	CN101010200	haidian	海淀	beijing	北京	39.956074	116.310320
3	CN101010300	chaoyang	朝阳	beijing	北京	39.921490	116.486410
4	CN101010400	shunyi	顺义	beijing	北京	40.128937	116.653530

图 10-60　运行结果

练一练

【练一练10-1】 编写程序完成DataFrame的行列选取和删除功能。将代码在横线处补充完整。

```
import pandas as pd
df=pd.DataFrame({'人口(万)':[2189,2487,1867,1756,1121],
        'GDP(亿元)':[36103,38701,25019,27670,15616] },
        index=['北京','上海','广州','深圳','武汉'])
print(df[1: ________])           # 获取序号为1-2的行
print(df['北京':'________'])     # 获取'北京'、'上海'和'广州'3行
print(df.head(________))         # 获取前3行数据
print(________ ['GDP(亿元)'])     # 获取' GDP(亿元)'列
print(df. ________['北京':'广州']) # 选取'北京'、'上海'和'广州'3行
# 选取'北京'、'上海'和'广州'3行，'人口'和'GDP'的矩形区域
print(df.iloc[0: ________,0: ________])
print(df.at['________','人口(万)'])  # 选取'武汉'的'人口(万)'
print(df.________[4,0])          # 选取'武汉'的'人口(万)'
print(df.drop('GDP(亿元)', ________ )) # 删除列'GDP(亿元)'
```

10.4 运用pandas库完成数据分析

中国城市数据V2.0

读取中国城市数据china-city-list.csv文件，如何实现对DataFrame二维表格进行数据分析呢?

这需要用到索引、排序、分组、分割、合并、数据透视表。

中国城市数据 V2.0

10.4.1 索引和排序

DataFrame结构支持sort_index()方法沿某个方向按标签进行排序，并返回一个新的DataFrame对象，其语法格式如下。

```
sort_index(axis=0, level=None, ascending=True, inplace=False, kind='quicksort',
           na_position='last', sort_remaining=True, by=None)
```

其中：

(1) 参数axis=0时，表示根据行索引标签进行排序；axis=1时，表示根据列名进行排序。

(2) 参数ascending=True表示升序排序，ascending=False表示降序排序。

(3) 参数inplace=True时，表示原地排序，inplace=Fasle表示返回一个新的DataFrame。

另外，DataFrame结构还支持sort_values()方法根据值进行排序，其语法格式如下：

```
sort_values(by, axis=0, ascending=True, inplace=False, kind='quicksort',
            na_position='last')
```

其中：

(1) 参数by用来指定依据哪个或哪些列名进行排序，如果只有一列则直接写出列名，多列的话需要放到列表中。

(2) 参数ascending=True表示升序排序，ascending=False表示降序排序，如果ascending设置为包含若干True/False的列表(必须与by指定的列表长度相同)，可以为不同的列指定不同的顺序。

(3) 参数na_position用来指定把缺失值放在最前面(na_position='first')还是最后面(na_position='last')。

中国城市数据V2.0

任务1：按照Province_EN的升序进行索引和排序，使得查找省份更加快捷和方便。

解决方法：

```
import pandas as pd
df = pd.read_csv("./china-city-list.csv")
# set_index方法：以Province_EN为索引
df1 = df.set_index("Province_EN")
# sort_index方法：按索引升序进行排序(默认为升序)
df1 = df1.sort_index()
df1
```

运行程序，上图为df的结果，下图为df1的结果，如图10-61所示。

	City_ID	City_EN	City_CN	Province_EN	Province_CN	Admin_district_EN	Admin_district_CN	Latitude	Longitude
0	CN101010100	beijing	北京	beijing	北京	beijing	北京	39.904987	116.40529
1	CN101010100	beijing	北京	beijing	北京	beijing	北京	39.904987	116.40529
2	CN101010200	haidian	海淀	beijing	北京	beijing	北京	39.956074	116.31032
3	CN101010300	chaoyang	朝阳	beijing	北京	beijing	北京	39.921490	116.48641
4	CN101010400	shunyi	顺义	beijing	北京	beijing	北京	40.128937	116.65353

	City_ID	City_EN	City_CN	Province_CN	Admin_district_EN	Admin_district_CN	Latitude	Longitude
Province_EN								
anhui	CN101220407	bagongshan	八公山	安徽	huainan	淮南	32.628227	116.841110
anhui	CN101220408	shouxian	寿县	安徽	huainan	淮南	32.577305	116.785350
anhui	CN101220501	maanshan	马鞍山	安徽	maanshan	马鞍山	31.689362	118.507904
anhui	CN101220502	dangtu	当涂	安徽	maanshan	马鞍山	31.556168	118.489876
anhui	CN101220503	hanshan	含山	安徽	maanshan	马鞍山	31.727758	118.105545

图 10-61　运行结果

中国城市数据V2.0

任务2：先按Province_EN索引，再按City_EN二级索引，最后排序。

解决方法：

```
# set_index方法先对Province_EN进行索引，再对City_EN进行索引
df2 = df.set_index(["Province_EN","City_EN"])
# 方法一：按Province_EN字段来进行排序--sortlevel()方法
# sortlevel(0)表示以0号字段进行排序
# 0号为Province_EN，1号为City_EN
df2 = df2.sortlevel(0)
df2
# 方法二：按Province_EN字段来进行排序--sort_values()方法
df2 = df2.sort_values(by="Province_EN")
df2
```

运行结果如图10-62所示。

Province_EN	City_EN							
anhui	anqing	CN101220601	安庆	安徽	anqing	安庆	30.508830	117.04355
	bagongshan	CN101220407	八公山	安徽	huainan	淮南	32.628227	116.8411
	bangshan	CN101220206	蚌山	安徽	bangbu	蚌埠	32.938065	117.35579
	baohe	CN101220110	包河	安徽	hefei	合肥	31.829560	117.28575
	bengbu	CN101220201	蚌埠	安徽	bengbu	蚌埠	32.939667	117.36323

图 10-62　运行结果

10.4.2　分组

DataFrame结构支持使用groupby()方法根据指定的一列或多列的值进行分组，得到一个GroupBy对象。该GroupBy对象支持大量方法对列数据进行求和、求均值和其他操作，并自动忽

略非数值列，是数据分析时经常使用的，其语法格式如下：

```
groupby(by=None, axis=0, level=None, as_index=True, sort=True, group_keys=True,
        squeeze=False, **kwargs)
```

其中：

(1) 参数by用来指定作用于index的函数、字典、Series对象，或者指定列名作为分组依据。

(2) 参数as_index=Fasle时，用来分组的列中的数据不作为结果DataFrame对象的index。

(3) 参数squeeze=True时，会在某些情况下降低结果对象的维度。

中国城市数据V2.0

任务3：按Province_EN分组，求各省份的纬度和经度的均值。

解决方法：

```
# groupby方法：按照Province_EN进行分组
# mean方法：求纬度和经度的均值
df4 = df.groupby("Province_EN").mean()
df4
```

运行结果如图10-63所示。

	Latitude	Longitude
Province_EN		
anhui	31.845046	117.371566
beijing	40.021119	116.434603
chongqing	29.886660	107.328205
fujian	25.727797	118.335385
gansu	36.142619	103.699785

纬度和经度的均值

图 10-63 运行结果

中国城市数据V2.0

任务4：先按Province_EN，再按City_EN分组，求各省份各城市的纬度和经度的均值。

解决方法：

```
# groupby方法：先按Province_EN，再按City_EN分组
df4 = df.groupby(["Province_EN","City_EN"]).mean()
df4
```

运行结果如图10-64所示。

		Latitude	Longitude
Province_EN	City_EN		
anhui	anqing	30.508830	117.043550
	bagongshan	32.628227	116.841110
	bangshan	32.938065	117.355790
	baohe	31.829560	117.285750
	bengbu	32.939667	117.363230

各省份各城市纬度和经度的均值

图 10-64 运行结果

10.4.3　分割与合并

DataFrame结构的merge()方法可以实现与数据表连接操作类似的合并功能，其语法格式如下：

```
merge(right, how='inner', on=None, left_on=None, right_one=None,
    left_index=False, right_index=False, sort=False,
    suffixes=('_x', '_y'), copy=True, indicator=False)
```

其中：

(1) 参数right表示另一个DataFrame结构。

(2) 参数how的取值可以是left、right、outer或inner之一，表示数据连接的方式。

(3) 参数on用来指定连接时依据的列名或包含若干列名的列表，要求指定的列名在两个DataFrame中都存在，如果没有任何参数指定连接键，则根据两个DataFrame的列名交集进行连接。

(4) 参数left_on和right_on分别用来指定连接时依据的左侧列名标签和右侧列名标签。

中国城市数据V2.0

任务5：进行数据分割，保留df的第0～9行，City_ID、City_CN两列的数据。

任务6：进行数据分割，保留df的第0～9行，City_ID、Latitude和Longitude三列的数据。

解决方法：

```
# 保留第0～9行，保留City_ID、City_CN两列的数据
df1 = df[0:10][["City_ID","City_CN"]]
df1
# 保留第0～9行，保留City_ID,Latitude,Longitude三列的数据
df2 = df[0:10][["City_ID","Latitude","Longitude"]]
df2
```

运行结果如图10-65所示，左图为任务5的结果，右图为任务6的结果。

	City_ID	City_CN
0	CN101010100	北京
1	CN101010100	北京
2	CN101010200	海淀
3	CN101010300	朝阳
4	CN101010400	顺义
5	CN101010500	怀柔
6	CN101010600	通州
7	CN101010700	昌平
8	CN101010800	延庆
9	CN101010900	丰台

	City_ID	Latitude	Longitude
0	CN101010100	39.904987	116.405290
1	CN101010100	39.904987	116.405290
2	CN101010200	39.956074	116.310320
3	CN101010300	39.921490	116.486410
4	CN101010400	40.128937	116.653530
5	CN101010500	40.324272	116.637120
6	CN101010600	NaN	116.658600
7	CN101010700	40.218086	116.235910
8	CN101010800	40.465324	115.985010
9	CN101010900	39.863644	116.286964

图 10-65　运行结果

中国城市数据V2.0

任务7：进行数据合并，合并df1和df2两个二维表格，如图10-66所示。

df1

	City_ID	City_CN
0	CN101010100	北京
1	CN101010100	北京
2	CN101010200	海淀
3	CN101010300	朝阳
4	CN101010400	顺义
5	CN101010500	怀柔
6	CN101010600	通州
7	CN101010700	昌平
8	CN101010800	延庆
9	CN101010900	丰台

df2

	City_ID	Latitude	Longitude
0	CN101010100	39.904987	116.405290
1	CN101010100	39.904987	116.405290
2	CN101010200	39.956074	116.310320
3	CN101010300	39.921490	116.486410
4	CN101010400	40.128937	116.653530
5	CN101010500	40.324272	116.637120
6	CN101010600	NaN	116.658600
7	CN101010700	40.218086	116.235910
8	CN101010800	40.465324	115.985010
9	CN101010900	39.863644	116.286964

合并后

	City_ID	City_CN	Latitude	Longitude
0	CN101010100	北京	39.904987	116.405290
1	CN101010100	北京	39.904987	116.405290
2	CN101010100	北京	39.904987	116.405290
3	CN101010100	北京	39.904987	116.405290
4	CN101010200	海淀	39.956074	116.310320
5	CN101010300	朝阳	39.921490	116.486410
6	CN101010400	顺义	40.128937	116.653530
7	CN101010500	怀柔	40.324272	116.637120
8	CN101010600	通州	NaN	116.658600
9	CN101010700	昌平	40.218086	116.235910
10	CN101010800	延庆	40.465324	115.985010
11	CN101010900	丰台	39.863644	116.286964

图10-66　合并df1和df2两个二维表格

解决方法：

```
# 合并df1和df2
# 不指定列名，默认会选择列名相同的字段合并
pd.merge(df1,df2)
```

10.4.4 数据透视表

透视表通过聚合一个或多个键，把数据分散到对应的行和列上，是数据分析常用的技术之一。DataFrame结构提供了pivot()方法和pivot_table()方法来实现透视表所需要的功能，返回新的DataFrame，pivot()方法的语法格式如下：

```
pivot(index=None, columns=None, values=None)
```

其中：

(1) 参数index用来指定使用哪一列数据作为结果DataFrame的索引。

(2) 参数columns用来指定哪一列数据作为结果DataFrame的列名。

(3) 参数values用来指定哪一列数据作为结果DataFrame的值。

DataFrame结构的pivot_table()方法提供了更加强大的功能，其语法格式如下：

```
pivot_table(values=None, index=None, columns=None, aggfunc='mean',
 fill_value=None, margins=False, dropna=True, margins_name='All')
```

其中：

(1) 参数values、index、columns的含义与DataFrame结构的pivot()方法一样。

(2) 参数aggfunc用来指定数据的聚合方式，例如求平均值、求和、求中值等。

(3) 参数fill_value用来指定把数据透视表中的缺失值替换为什么值。

(4) 参数margins用来指定是否显示边界以及边界上的数据。

(5) 参数margins_name用来指定边界数据的索引名称和列名。

(6) 参数dropna用来指定是否丢弃缺失值。

中国城市数据V2.0

任务8： 建立以“Province_EN”为行，“City_EN”为列，纬度Latitude为数据的数据透视表，如图10-67所示。

列　数据　行

	Latitude										
City_EN	Taibei	aba	abaga	acheng	aershan	aheqi	aihui	aimin	akesai	akesu	...	zizhon
Province_EN												
anhui	NaN	NaN	NaN	NaN	NaN	NaN	NaN	NaN	NaN	NaN	...	N
beijing	NaN	NaN	NaN	NaN	NaN	NaN	NaN	NaN	NaN	NaN	...	N
chongqing	NaN	NaN	NaN	NaN	NaN	NaN	NaN	NaN	NaN	NaN	...	N
fujian	NaN	NaN	NaN	NaN	NaN	NaN	NaN	NaN	NaN	NaN	...	N
gansu	NaN	NaN	NaN	NaN	NaN	NaN	NaN	NaN	39.63164	NaN	...	N
guangdong	NaN	NaN	NaN	NaN	NaN	NaN	NaN	NaN	NaN	NaN	...	N

图 10-67　建立数据透视表

解决方法：

```
# 建立数据透视表
df5 = pd.pivot_table(df ,
    values=['Latitude'] ,              # values: 透视表中的数据值
    index=['Province_EN'] ,            # index: 透视表中的行
    columns=['City_EN'])               # columns: 透视表中的列
df5
```

练一练

【练一练10-2】 编写程序完成DataFrame的索引和排序。在横线处补充完整代码。

```
import pandas as pd
dic = {'城市':['北京','上海','广州','深圳','武汉'],
      '人口(万)':[2189,2487,1867,1756,1121],
      'GDP(亿元)':[36103,38701,25019,27670,15616] }
```

```
# 创建包含城市、人口和GDP信息的二维数组
df = pd.DataFrame(________________,index=['r3','r2','r1','r5','r4'])
# 按照index升序排序
df1 = df. ________________
print(df1)
print()
# 按照'人口(万)'升序排序
df2 = df. ________________ (by=['人口(万)'])
print(df2)
```

运行结果如图10-68所示。

```
  城市 人口(万) GDP(亿元)
r1 广州 1867  25019
r2 上海 2487  38701
r3 北京 2189  36103
r4 武汉 1121  15616
r5 深圳 1756  27670

  城市 人口(万) GDP(亿元)
r4 武汉 1121  15616
r5 深圳 1756  27670
r1 广州 1867  25019
r3 北京 2189  36103
r2 上海 2487  38701
```

图 10-68　运行结果

【练一练10-3】编写程序完成DataFrame的分组。在横线处补充完整代码。

```
import pandas as pd
dic = {'省份':['北京','上海','广东','广东','湖北'],
       '城市':['北京','上海','广州','深圳','武汉'],
       '人口(万)':[2189,2487,1867,1756,1121],
       'GDP(亿元)':[36103,38701,25019,27670,15616] }
df = pd.DataFrame(dic)
# 按照'省份'分组，求各省的人口和GDP的均值
df1 = df. __________('省份'). ________________
print(df1)
```

运行结果如图10-69所示。

```
   人口(万) GDP(亿元)
省份
上海 2487.0 38701.0
北京 2189.0 36103.0
广东 1811.5 26344.5
湖北 1121.0 15616.0
```

图 10-69　运行结果

【练一练10-4】编写程序完成数据合并。在横线处补充完整代码。

```
import pandas as pd
dic = {'省份':['北京','上海','广东','广东','湖北'],
       '城市':['北京','上海','广州','深圳','武汉'],
       '人口(万)':[2189,2487,1867,1756,1121],
       'GDP(亿元)':[36103,38701,25019,27670,15616] }
df = pd.DataFrame(dic)
df1 = df.iloc[:3,:] # 获取前3行
df2 = df.iloc[3:,:] # 获取后2行
# 采用concat实现纵向堆叠
```

```
print(pd.concat([df1, ____________],axis=____________))
df3 = df.iloc[:,:3] # 获取前3列
df4 = df.iloc[:,2:] # 获取后2列
# 使用merge函数合并数据表
print(____________.merge(df3, ____________))
```

运行结果如图10-70所示。

```
   省份  城市  人口（万）  GDP（亿元）
0  北京  北京   2189     36103
1  上海  上海   2487     38701
2  广东  广州   1867     25019
3  广东  深圳   1756     27670
4  湖北  武汉   1121     15616

   省份  城市  人口（万）  GDP（亿元）
0  北京  北京   2189     36103
1  上海  上海   2487     38701
2  广东  广州   1867     25019
3  广东  深圳   1756     27670
4  湖北  武汉   1121     15616
```

图 10-70　运行结果

【练一练10-5】编写程序完成数据透视表。将代码补充完整。

```
import pandas as pd
dic = {'省份':['北京','上海','广东','广东','湖北'],
      '城市':['北京','上海','广州','深圳','武汉'],
      '人口(万)':[2189,2487,1867,1756,1121],
      'GDP(亿元)':[36103,38701,25019,27670,15616] }
df = pd.DataFrame(dic)
# 以省份和城市为索引的数据透视表
df1 = df.pivot_table(df[['人口(万)','GDP(亿元)']],
index=['________________','________________'])
print(df1)
```

运行结果如图10-71所示。

```
          GDP（亿元）  人口（万）
省份 城市
上海 上海    38701    2487
北京 北京    36103    2189
广东 广州    25019    1867
     深圳    27670    1756
湖北 武汉    15616    1121
```

图 10-71　运行结果

10.5　运用pandas库完成数据清洗

中国城市数据V3.0

读取中国城市数据china-city-list.csv文件，如何实现对DataFrame二维表格进行数据清洗呢？

这需要用到缺失值处理、重复值去重。

中国城市数据 V3.0

10.5.1 缺失值处理

由于人为失误或机器故障，可能会导致某些数据丢失。在数据分析时应注意检查有没有缺失的数据，如果有则将其删除或替换为特定的值，以减小对最终数据分析结果的影响。

1. 检查缺失值

pandas库中的isnull()函数，可以用来判断DataFrame中是否有缺失值。若返回值为False，表示没有缺失值；若返回值为True，表示有缺失值。该函数的语法格式为：

```
isnull()
```

中国城市数据V3.0

任务1：查看DataFrame二维表格中是否有缺失值，如图10-72所示。

	City_ID	City_EN	City_CN	Province_EN	Province_CN	Admin_district_EN	Admin_district_CN	Latitude	Lon
0	CN101010100	beijing	北京	beijing	北京	beijing	北京	39.904987	116.4
1	CN101010100	beijing	北京	beijing	北京	beijing	北京	39.904987	116.4
2	CN101010200	haidian	海淀	beijing	北京	beijing	北京	39.956074	116.3
3	CN101010300	chaoyang	朝阳	beijing	北京	beijing	北京	39.921490	116.4
4	CN101010400	shunyi	顺义	beijing	北京	beijing	北京	40.128937	116.6
5	CN101010500	huairou	怀柔	beijing	北京	beijing	北京	40.324272	116.6
6	CN101010600	tongzhou	通州	beijing	北京	beijing	北京	NaN	116.6

⬇

	City_ID	City_EN	City_CN	Province_EN	Province_CN	Admin_district_EN	Admin_district_CN	Latitude	Longitude	AD_c
0	False	False	False	False	False	False	False	False	False	F
1	False	False	False	False	False	False	False	False	False	F
2	False	False	False	False	False	False	False	False	False	F
3	False	False	False	False	False	False	False	False	False	F
4	False	False	False	False	False	False	False	False	False	F
5	False	False	False	False	False	False	False	False	False	F
6	False	False	False	False	False	False	False	True	False	F

图 10-72　查看 DataFrame 二维表格中是否有缺失值

解决方法：

```
import pandas as pd
df = pd.read_csv("./china-city-list.csv")
# isnull方法: 查看是否有缺失值
# False: 无缺失值; True: 有缺失值
df.isnull()
```

2. 丢弃缺失值

DataFrame结构支持使用dropna()方法丢弃带有缺失值的数据行，丢弃缺失值的方法dropna()的语法格式如下：

```
dropna(axis=0, how='any', thresh=None, subset=None, inplace=False)
```

其中：

(1) 参数how='any'时表示只要某行包含缺失值就“丢弃”；how='all'时表示某行全部为缺失

值才“丢弃”。

(2) 参数thresh用来指定保留包含几个非缺失值数据的行。

(3) 参数subset用来指定在判断缺失值时只考虑哪些列。

中国城市数据V3.0

任务2：删除DataFrame二维表格中的缺失值，如图10-73所示。

	City_ID	City_EN	City_CN	Province_EN	Province_CN	Admin_district_EN	Admin_district_CN	Latitude	Lon
0	CN101010100	beijing	北京	beijing	北京	beijing	北京	39.904987	116.4
1	CN101010100	beijing	北京	beijing	北京	beijing	北京	39.904987	116.4
2	CN101010200	haidian	海淀	beijing	北京	beijing	北京	39.956074	116.3
3	CN101010300	chaoyang	朝阳	beijing	北京	beijing	北京	39.921490	116.4
4	CN101010400	shunyi	顺义	beijing	北京	beijing	北京	40.128937	116.6
5	CN101010500	huairou	怀柔	beijing	北京	beijing	北京	40.324272	116.6
6	CN101010600	tongzhou	通州	beijing	北京	beijing	北京	NaN	116.6

	City_ID	City_EN	City_CN	Province_EN	Province_CN	Admin_district_EN	Admin_district_CN	Latitude	Lon
0	CN101010100	beijing	北京	beijing	北京	beijing	北京	39.904987	116.4
1	CN101010100	beijing	北京	beijing	北京	beijing	北京	39.904987	116.4
2	CN101010200	haidian	海淀	beijing	北京	beijing	北京	39.956074	116.3
3	CN101010300	chaoyang	朝阳	beijing	北京	beijing	北京	39.921490	116.4
4	CN101010400	shunyi	顺义	beijing	北京	beijing	北京	40.128937	116.6
5	CN101010500	huairou	怀柔	beijing	北京	beijing	北京	40.324272	116.6
7	CN101010700	changping	昌平	beijing	北京	beijing	北京	40.218086	116.2

图 10-73　删除 DataFrame 二维表格中的缺失值

解决方法：

```
# dropna方法：删除缺失值
# axis=0：删除行，axis=1：删除列
df1 = df.dropna(axis=0)
df1
```

3. 填充缺失值

DataFrame结构支持使用fillna()方法对缺失值进行填充。用于填充缺失值的fillna()方法的语法格式如下：

```
fillna(value=None, method=None, axis=None,inplace=False, limit=None,
        downcast=None, **kwargs)
```

其中：

(1) 参数value用来指定要替换的值，该值可以是标量、字典、Series或DataFrame。

(2) 参数method用来指定填充缺失值的方式，值为pad或ffill时，表示使用扫描过程中遇到的最后一个有效值一直填充到下一个有效值。值为backfill或bfill时，表示使用缺失值之后遇到的第一个有效值填充前面遇到的所有连续缺失值。

(3) 参数limit用来指定设置参数method时，最多填充多少个连续的缺失值。

(4) 参数inplace=True时，表示原地替换，inplace=False时，返回一个新的DataFrame对象而不对原来的DataFrame做任何修改。

中国城市数据V3.0

任务3：用字符串填充DataFrame二维表格中的缺失值，如图10-74所示。

	City_ID	City_EN	City_CN	Province_EN	Province_CN	Admin_district_EN	Admin_district_CN	Latitude	Lon
0	CN101010100	beijing	北京	beijing	北京	beijing	北京	39.904987	116.4
1	CN101010100	beijing	北京	beijing	北京	beijing	北京	39.904987	116.4
2	CN101010200	haidian	海淀	beijing	北京	beijing	北京	39.956074	116.3
3	CN101010300	chaoyang	朝阳	beijing	北京	beijing	北京	39.921490	116.4
4	CN101010400	shunyi	顺义	beijing	北京	beijing	北京	40.128937	116.6
5	CN101010500	huairou	怀柔	beijing	北京	beijing	北京	40.324272	116.6
6	CN101010600	tongzhou	通州	beijing	北京	beijing	北京	NaN	116.6

	City_ID	City_EN	City_CN	Province_EN	Province_CN	Admin_district_EN	Admin_district_CN	Latitude	Longit
0	CN101010100	beijing	北京	beijing	北京	beijing	北京	39.905	116.
1	CN101010100	beijing	北京	beijing	北京	beijing	北京	39.905	116.
2	CN101010200	haidian	海淀	beijing	北京	beijing	北京	39.9561	116
3	CN101010300	chaoyang	朝阳	beijing	北京	beijing	北京	39.9215	116.
4	CN101010400	shunyi	顺义	beijing	北京	beijing	北京	40.1289	116.
5	CN101010500	huairou	怀柔	beijing	北京	beijing	北京	40.3243	116.
6	CN101010600	tongzhou	通州	beijing	北京	beijing	北京	missing	116.

图 10-74 用字符串填充 DataFrame 二维表格中的缺失值

解决方法：

```
# fillna方法：用字符串'missing'填充缺失值
df3 = df.fillna('missing')
df3
```

中国城市数据V3.0

任务4：用DataFrame二维表格中上一行的纬度数据填充下一行的缺失值，如图10-75所示。

	City_ID	City_EN	City_CN	Province_EN	Province_CN	Admin_district_EN	Admin_district_CN	Latitude	Lon
0	CN101010100	beijing	北京	beijing	北京	beijing	北京	39.904987	116.4
1	CN101010100	beijing	北京	beijing	北京	beijing	北京	39.904987	116.4
2	CN101010200	haidian	海淀	beijing	北京	beijing	北京	39.956074	116.3
3	CN101010300	chaoyang	朝阳	beijing	北京	beijing	北京	39.921490	116.4
4	CN101010400	shunyi	顺义	beijing	北京	beijing	北京	40.128937	116.6
5	CN101010500	huairou	怀柔	beijing	北京	beijing	北京	40.324272	116.6
6	CN101010600	tongzhou	通州	beijing	北京	beijing	北京	NaN	116.6

	City_ID	City_EN	City_CN	Province_EN	Province_CN	Admin_district_EN	Admin_district_CN	Latitude	Lon
0	CN101010100	beijing	北京	beijing	北京	beijing	北京	39.904987	116.4
1	CN101010100	beijing	北京	beijing	北京	beijing	北京	39.904987	116.4
2	CN101010200	haidian	海淀	beijing	北京	beijing	北京	39.956074	116.3
3	CN101010300	chaoyang	朝阳	beijing	北京	beijing	北京	39.921490	116.4
4	CN101010400	shunyi	顺义	beijing	北京	beijing	北京	40.128937	116.6
5	CN101010500	huairou	怀柔	beijing	北京	beijing	北京	40.324272	116.6
6	CN101010600	tongzhou	通州	beijing	北京	beijing	北京	40.324272	116.6

图 10-75 用 DataFrame 二维表格中上一行的纬度数据填充下一行的缺失值

解决方法：

```
# fillna方法：填充缺失值
# method参数值为pad：用上一行数据填充缺失值
df4 = df.fillna(method='pad')
df4
```

中国城市数据V3.0

任务5：用DataFrame二维表格中下一行的纬度数据填充上一行的缺失值，如图10-76所示。

	City_ID	City_EN	City_CN	Province_EN	Province_CN	Admin_district_EN	Admin_district_CN	Latitude	Lon
0	CN101010100	beijing	北京	beijing	北京	beijing	北京	39.904987	116.4
1	CN101010100	beijing	北京	beijing	北京	beijing	北京	39.904987	116.4
2	CN101010200	haidian	海淀	beijing	北京	beijing	北京	39.956074	116.3
3	CN101010300	chaoyang	朝阳	beijing	北京	beijing	北京	39.921490	116.4
4	CN101010400	shunyi	顺义	beijing	北京	beijing	北京	40.128937	116.6
5	CN101010500	huairou	怀柔	beijing	北京	beijing	北京	40.324272	116.6
6	CN101010600	tongzhou	通州	beijing	北京	beijing	北京	NaN	116.6

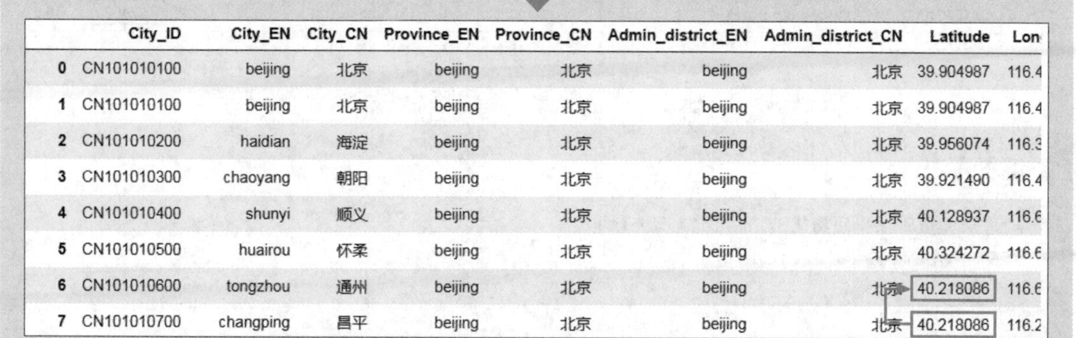

	City_ID	City_EN	City_CN	Province_EN	Province_CN	Admin_district_EN	Admin_district_CN	Latitude	Lon
0	CN101010100	beijing	北京	beijing	北京	beijing	北京	39.904987	116.4
1	CN101010100	beijing	北京	beijing	北京	beijing	北京	39.904987	116.4
2	CN101010200	haidian	海淀	beijing	北京	beijing	北京	39.956074	116.3
3	CN101010300	chaoyang	朝阳	beijing	北京	beijing	北京	39.921490	116.4
4	CN101010400	shunyi	顺义	beijing	北京	beijing	北京	40.128937	116.6
5	CN101010500	huairou	怀柔	beijing	北京	beijing	北京	40.324272	116.6
6	CN101010600	tongzhou	通州	beijing	北京	beijing	北京	40.218086	116.6
7	CN101010700	changping	昌平	beijing	北京	beijing	北京	40.218086	116.2

图 10-76　用 DataFrame 二维表格中下一行的纬度数据填充上一行的缺失值

解决方法：

```
# fillna方法：填充缺失值
# method参数值为bfill：用下一行数据填充缺失值
df5 = df.fillna(method='bfill')
df5
```

中国城市数据V3.0

任务6：用DataFrame二维表格中纬度数据列的均值填充缺失值，如图10-77所示。

	City_ID	City_EN	City_CN	Province_EN	Province_CN	Admin_district_EN	Admin_district_CN	Latitude	Lon
0	CN101010100	beijing	北京	beijing	北京	beijing	北京	39.904987	116.4
1	CN101010100	beijing	北京	beijing	北京	beijing	北京	39.904987	116.4
2	CN101010200	haidian	海淀	beijing	北京	beijing	北京	39.956074	116.3
3	CN101010300	chaoyang	朝阳	beijing	北京	beijing	北京	39.921490	116.4
4	CN101010400	shunyi	顺义	beijing	北京	beijing	北京	40.128937	116.6
5	CN101010500	huairou	怀柔	beijing	北京	beijing	北京	40.324272	116.6
6	CN101010600	tongzhou	通州	beijing	北京	beijing	北京	NaN	116.6

	City_ID	City_EN	City_CN	Province_EN	Province_CN	Admin_district_EN	Admin_district_CN	Latitude	Lon
0	CN101010100	beijing	北京	beijing	北京	beijing	北京	39.904987	116.4
1	CN101010100	beijing	北京	beijing	北京	beijing	北京	39.904987	116.4
2	CN101010200	haidian	海淀	beijing	北京	beijing	北京	39.956074	116.3
3	CN101010300	chaoyang	朝阳	beijing	北京	beijing	北京	39.921490	116.4
4	CN101010400	shunyi	顺义	beijing	北京	beijing	北京	40.128937	116.6
5	CN101010500	huairou	怀柔	beijing	北京	beijing	北京	40.324272	116.6
6	CN101010600	tongzhou	通州	beijing	北京	beijing	北京	33.245293	116.6

均值

图 10-77　用 DataFrame 二维表格中纬度数据列的均值填充缺失值

解决方法：

```
# 用缺失值所在列的均值df.mean()来进行填充
df6 = df.fillna(df.mean())
df6
```

10.5.2　重复值去重

当记录失误，可能会导致存在重复数据。这种情况下一般采用的处理方法是直接删除重复数据。

1. 检查重复值

DataFrame结构的duplicated()方法可以用来检测哪些行是重复的，其语法格式如下：

```
duplicated(subset=None, keep='first')
```

其中：

(1) 参数subset用来指定判断不同行的数据是否重复时所依据的一列或多列，默认使用整行所有列的数据进行比较。

(2) 参数keep='first'时，表示重复数据的第一次出现标记为False；keep='last'时，表示重复数据的最后一次出现标记为False；keep=False时，表示标记所有重复数据为True。

2. 删除重复值

DataFrame结构的drop_duplicates()方法用来删除重复的数据，其语法格式如下：

```
drop_duplicates(subset=None, keep='first', inplace=False)
```

其中：

(1) 参数subset和keep的含义与duplicated()方法类似。

(2) 参数inplace=True时表示原地修改，此时duplicated()方法没有返回值，inplace=False时表示返回新的DataFrame结构而不对原来的DataFrame结构做任何修改。

中国城市数据V3.0

任务7：识别DataFrame二维表格中的重复值，如图10-78所示。

	City_ID	City_EN	City_CN	Province_EN	Province_CN	Admin_district_EN	Admin_district_CN	Latitude	Lon
0	CN101010100	beijing	北京	beijing	北京	beijing	北京	39.904987	116.4
1	CN101010100	beijing	北京	beijing	北京	beijing	北京	39.904987	116.4
2	CN101010200	haidian	海淀	beijing	北京	beijing	北京	39.956074	116.3
3	CN101010300	chaoyang	朝阳	beijing	北京	beijing	北京	39.921490	116.4
4	CN101010400	shunyi	顺义	beijing	北京	beijing	北京	40.128937	116.6
5	CN101010500	huairou	怀柔	beijing	北京	beijing	北京	40.324272	116.6
6	CN101010600	tongzhou	通州	beijing	北京	beijing	北京	NaN	116.6

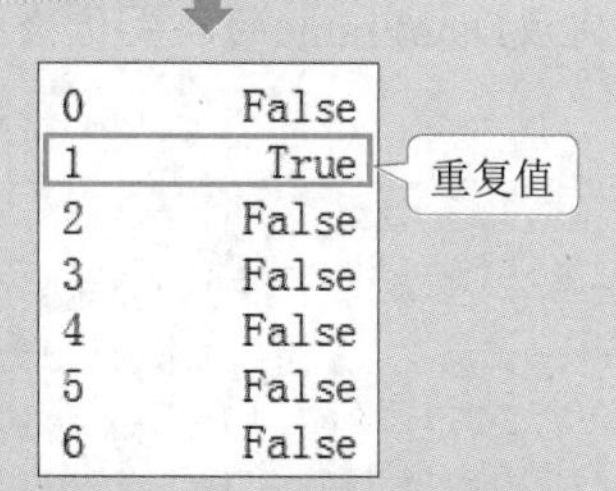

0 False
1 True
2 False
3 False
4 False
5 False
6 False
重复值

图 10-78　识别 DataFrame 二维表格中的重复值

解决方法：

```
# duplicated方法：识别是否有重复值
# True：表示有重复值；False：表示无重复值
df.duplicated()
```

中国城市数据V3.0

任务8：删除DataFrame二维表格中的重复值所在的行，如图10-79所示。

	City_ID	City_EN	City_CN	Province_EN	Province_CN	Admin_district_EN	Admin_district_CN	Latitude	Lon
0	CN101010100	beijing	北京	beijing	北京	beijing	北京	39.904987	116.4
1	CN101010100	beijing	北京	beijing	北京	beijing	北京	39.904987	116.4
2	CN101010200	haidian	海淀	beijing	北京	beijing	北京	39.956074	116.3
3	CN101010300	chaoyang	朝阳	beijing	北京	beijing	北京	39.921490	116.4
4	CN101010400	shunyi	顺义	beijing	北京	beijing	北京	40.128937	116.6
5	CN101010500	huairou	怀柔	beijing	北京	beijing	北京	40.324272	116.6
6	CN101010600	tongzhou	通州	beijing	北京	beijing	北京	NaN	116.6

	City_ID	City_EN	City_CN	Province_EN	Province_CN	Admin_district_EN	Admin_district_CN	Latitude	Lon
0	CN101010100	beijing	北京	beijing	北京	beijing	北京	39.904987	116.4
2	CN101010200			beijing	北京	beijing	北京	39.956074	116.3
3	CN101010300	chaoyang	朝阳	beijing	北京	beijing	北京	39.921490	116.4
4	CN101010400	shunyi	顺义	beijing	北京	beijing	北京	40.128937	116.6
5	CN101010500	huairou	怀柔	beijing	北京	beijing	北京	40.324272	116.6
6	CN101010600	tongzhou	通州	beijing	北京	beijing	北京	NaN	116.6

1号重复行被删除

图 10-79　删除 DataFrame 二维表格中的重复值所在的行

解决方法：

```
# drop_duplicated方法：删除City_ID字段上有重复值的行
df.drop_duplicates("City_ID")
```

练一练

【练一练10-6】编写程序完成DataFrame的缺失值检查、丢弃和填充功能。将代码在横线处补充完整。

```
import pandas as pd
dic = {'省份':['北京','上海','上海','广东','广东','湖北'],
      '城市':['北京','上海','上海','广州','深圳','武汉'],
      '人口(万)':[2189,2487,2487,1867,1756,None],
      'GDP(亿元)':[36103,38701,38701,25019,27670,15616] }
df = pd.DataFrame(dic)
print(df)
print()
# 查看缺失值
print(df.________________)
print()
# 删除缺失值所在的行
df1 = df.________________(axis=________________)
print(df1)
print()
# 填充缺失值
df2 = df.________________(1121)
print(df2)
```

运行结果如图10-80所示。

```
    省份    城市  人口（万）  GDP（亿元）
0  False  False  False     False
1  False  False  False     False
2  False  False  False     False
3  False  False  False     False
4  False  False  False     False
5  False  False   True     False

   省份  城市   人口（万）  GDP（亿元）
0  北京  北京  2189.0    36103
1  上海  上海  2487.0    38701
2  上海  上海  2487.0    38701
3  广东  广州  1867.0    25019
4  广东  深圳  1756.0    27670

   省份  城市   人口（万）  GDP（亿元）
0  北京  北京  2189.0    36103
1  上海  上海  2487.0    38701
2  上海  上海  2487.0    38701
3  广东  广州  1867.0    25019
4  广东  深圳  1756.0    27670
5  湖北  武汉  1121.0    15616
```

图10-80 运行结果

【练一练10-7】编写程序完成DataFrame的重复值去重。将代码在横线处补充完整。

```
import pandas as pd
dic = {'省份':['北京','上海','上海','广东','广东','湖北'],
       '城市':['北京','上海','上海','广州','深圳','武汉'],
       '人口(万)':[2189,2487,2487,1867,1756,1121],
       'GDP(亿元)':[36103,38701,38701,25019,27670,15616] }
df = pd.DataFrame(dic)
print(df)
print()
# "省份"列去重
province1 = df['________________'].________________()
print(province1)
print()
# "省份"重复的行去除
province2 = df.________________('________________')
print(province2)
```

运行结果如图10-81所示。

```
   省份  城市  人口（万）  GDP（亿元）
0  北京  北京   2189    36103
1  上海  上海   2487    38701
2  上海  上海   2487    38701
3  广东  广州   1867    25019
4  广东  深圳   1756    27670
5  湖北  武汉   1121    15616

0    北京
1    上海
3    广东
5    湖北
Name: 省份, dtype: object

   省份  城市  人口（万）  GDP（亿元）
0  北京  北京   2189    36103
1  上海  上海   2487    38701
3  广东  广州   1867    25019
5  湖北  武汉   1121    15616
```

图10-81 运行结果

10.6 运用matplotlib库完成数据可视化

中国城市数据V4.0

如何实现清洗后数据可视化展示？显示各省/自治区/直辖市/特别行政区的平均纬度和平均经度的柱状图等各类图形，如图10-82所示。

	City_ID	City_EN	City_CN	Province_EN	Province_CN	Admin_district_EN	Admin_district_CN	Latitude	Lon
0	CN101010100	beijing	北京	beijing	北京	beijing	北京	39.904987	116.4
1	CN101010100	beijing	北京	beijing	北京	beijing	北京	39.904987	116.4
2	CN101010200	haidian	海淀	beijing	北京	beijing	北京	39.956074	116.3
3	CN101010300	chaoyang	朝阳	beijing	北京	beijing	北京	39.921490	116.4
4	CN101010400	shunyi	顺义	beijing	北京	beijing	北京	40.128937	116.6
5	CN101010500	huairou	怀柔	beijing	北京	beijing	北京	40.324272	116.6
6	CN101010600	tongzhou	通州	beijing	北京	beijing	北京	40.324272	116.6

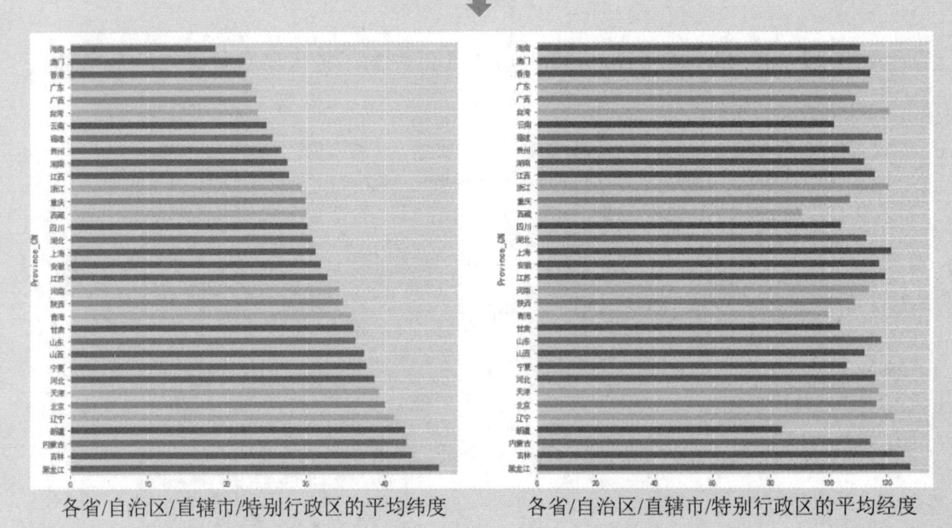

图 10-82　各省/自治区/直辖市/特别行政区的平均纬度和平均经度的柱状图

这需要用到matplotlib库的柱状图、折线图、饼图、箱型图和散点图。

中国城市数据 V4.0

Python的matplotlib库依赖于第三方库numpy和标准库tkinter，是Python二维绘图领域使用最广泛的套件，可以绘制多种形式的图形，能很轻松地将数据图形化，并且提供多样化的输出格式，例如柱状图、折线图、饼状图、散点图等。matplotlib库在数据可视化与科学计算可视化领域都比较常用。

matplotlib主要包括pyplot等绘图模块和大量用于字体、颜色、图例等图形元素的管理与控制模块，提供了类似于MATLAB的绘图接口，支持对线条样式、字体属性、轴属性及其他属性的管理和控制，可以使用非常简洁的代码绘制出各种优美的图案。

使用pyplot绘图的一般过程为：

(1) 生成或读入数据。

(2) 设定画图背景样式，设定画布。

(3) 绘制二维折线图、散点图、柱状图、饼状图、雷达图或三维曲线、曲面、柱状图等。

(4) 设置标题。可以使用matplotlib.pyplot模块的title()函数。

(5) 设置坐标轴标签。可以使用matplotlib.pyplot模块的xlabel()、ylabel()函数或轴域的set_xlabel()、set_ylabel()方法实现。

(6) 设置坐标轴刻度。可以使用matplotlib.pyplot模块的xticks()、yticks()函数或轴域的set_xticks()、set_yticks()方法。

(7) 设置图例。可以使用matplotlib.pyplot模块的legend()函数。

(8) 显示或保存绘图结果。

每一种图形都有特定的应用场景，对于不同类型的数据和可视化要求，我们需要选择最合适类型的图形进行展示。

在绘制图形、设置轴和图形属性时，大多数函数都有很多可选参数来支持个性化设置，例如颜色、散点符号、线型等参数，而其中很多参数又有多个可能的值。本章重点介绍和演示pyplot模块中相关函数的用法，但是并没有给出每个参数的所有可能取值。读者可以通过Python的内置函数help()或者查阅matplotlib官方在线文档https://matplotlib.org/来获知该内容。

中国城市数据V4.0

任务1：预备工作：按省份分组得到各省的纬度和经度的平均值数据。

解决方法：

```
import pandas as pd
df = pd.read_csv("./china-city-list.csv")
# 删除Admin_district_EN和Admin_district_CN两列
df_mean = df.drop(["Admin_district_EN","Admin_district_CN"],axis=1)
.groupby("Province_CN")                                  # 按'Province_CN'分组
.mean()                                                  # 求纬度和经度的均值
.sort_values("Latitude",ascending=False)                 # 以纬度Latitude降序排序
df_mean
```

运行结果如图10-83所示。

Province_CN	Latitude	Longitude
黑龙江	46.945361	128.168142
吉林	43.426689	125.987590
内蒙古	42.766623	114.320011
新疆	42.587872	83.867789
辽宁	41.149009	122.615151
北京	40.021119	116.434603

图 10-83　运行结果

10.6.1 导入pyplot模块

利用matplotlib绘图，首先要导入matplotlib库的pyplot模块，一般起别名为plt。语法格式如下。

```
import matplotlib.pyplot as plt
```

10.6.2 切分绘图区域

默认情况下，matplotlib会使用整个绘图区域进行图形绘制，绘制的多个图形会叠加并共用同一套坐标系统。但有时会需要把整个绘图区域切分成多个子区域(也称为轴域)，在不同的子区域中绘制不同的图形，并且允许每个子区域使用独立的坐标系统。

matplotlib.pyplot的函数subplot()可以用来切分绘图区域和创建子图，该函数的语法格式如下：

```
subplot(nrows, ncols, index, **kwargs)
```

参数nrows、ncols、index分别表示行数、列数和序号，当前画布被划分为nrows×ncols个子区域，index表示当前绘图在第index个子区域。

例如，subplot(1,2,1)表示把整个绘图区域切分成1行2列并返回第1个(左边)子图。如果行数、列数和当前选择的子图编号都小于10，可以使用更简单的形式，例如subplot(121)和subplot(1,2,1)的功能是等价的。

```
import matplotlib.pyplot as plt
plt.subplot(121)
plt.show() # 显示图形
```

运行结果如图10-84所示。

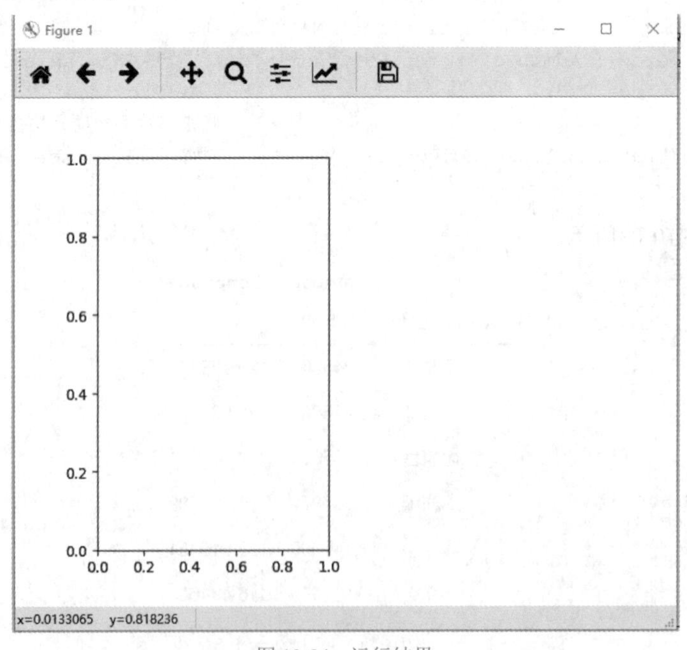

图 10-84 运行结果

中国城市数据V4.0

任务2：设置画布风格。

解决方法：

```
import matplotlib as mpl
import matplotlib.pyplot as plt
# use方法：设置画布风格
# 参数ggplot：一个出色的画图库
mpl.style.use('ggplot')
```

任务3：设置画布规格。

解决方法：

```
# subplots方法：设置1行2列的两块小画布：ax1和ax2
# figsize参数：设置画布的大小为20*10点
fig,(ax1,ax2) = plt.subplots(1,2,figsize=(20,10))
```

运行结果如图10-85所示。

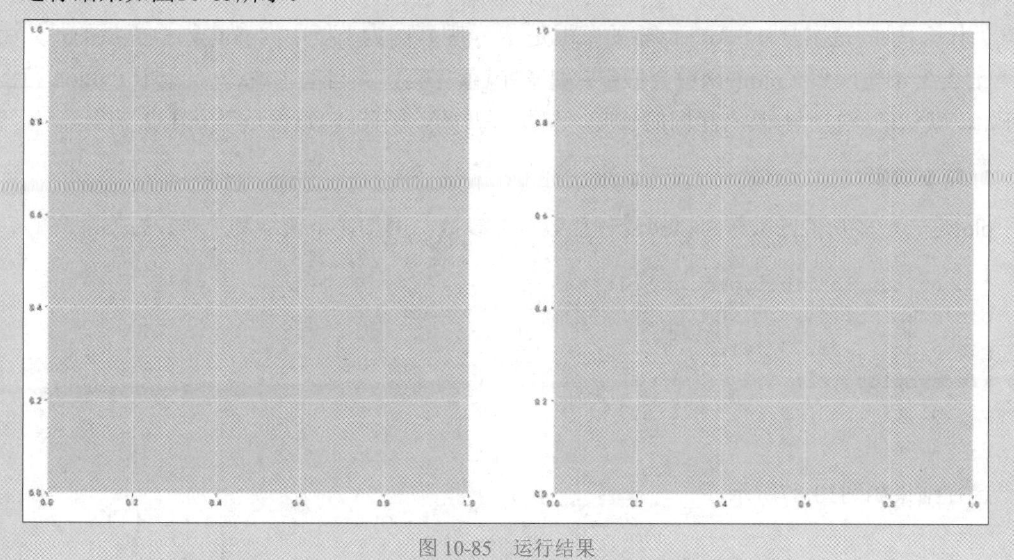

图 10-85　运行结果

10.6.3　pyplot.plot()绘图函数

plot()是pyplot模块中最基本的绘图函数，使用pyplot模块生成可视化图形非常快，该函数语法格式如下。

```
plt.plot(x,y,format_string,**kwargs)
```

1. 单个参数

```
import matplotlib.pyplot as plt
plt.subplot(121)
plt.plot([1, 2, 3, 4])
plt.show()
```

运行结果如图10-86所示。

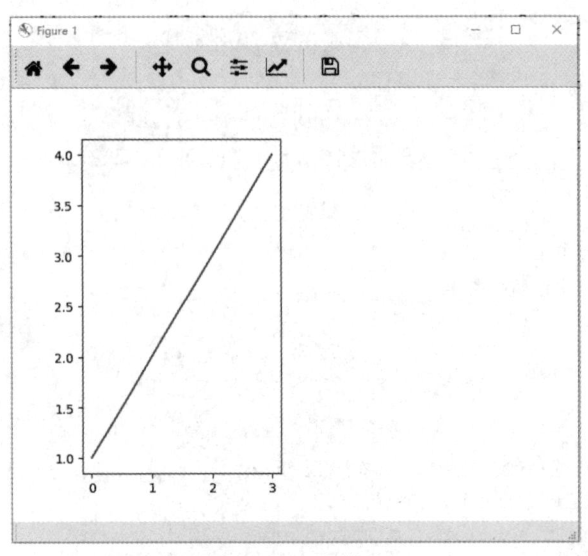

图 10-86　运行结果

为什么x轴的范围是 0～3，而y轴的范围是 1～4呢？因为上例中向plot()函数提供的是单个列表“[1, 2, 3, 4]”，那么plot()函数会假定它是一个y值序列，并自动生成x值。由于 Python 范围从 0 开始，默认的x向量与y具有相同的长度，但从 0 开始。因此x轴数据是“[0, 1, 2, 3]”。

2. 两个参数

plot是一个多功能函数，可以接受任意数量的参数。例如，下例绘制了x与y的关系。

```
import matplotlib.pyplot as plt
plt.subplot(121)
plt.plot([1, 2, 3, 4])
plt.subplot(122)
plt.plot([1, 2, 3, 4], [1, 4, 9, 16])
plt.show()
```

运行结果如图10-87所示。

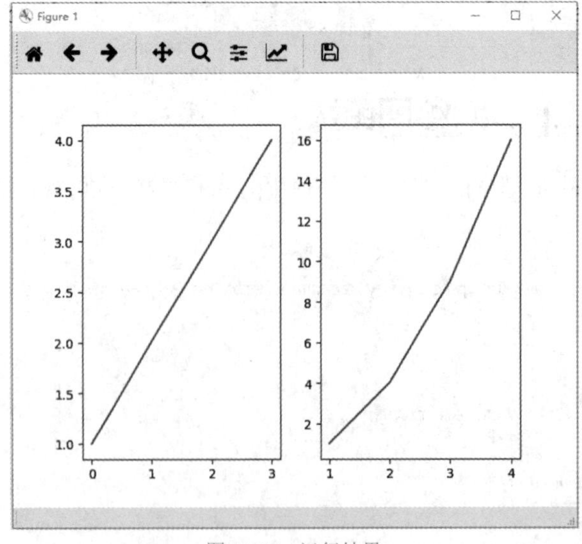

图 10-87　运行结果

本例中向第二个plot()函数提供的是两个列表“[1, 2, 3, 4]”和“[1, 4, 9, 16]”，其中x值序列为“[1, 2, 3, 4]”，y值序列为“[1, 4, 9, 16]”。

3. 美化

matplotlib中支持对曲线进行各种美化，如规定线条颜色、线条风格、线条标记等。线条颜色如表10-4所示。线条风格如表10-5所示。线条标记如表10-6所示。

表10-4 线条颜色(color或c)

color	描述	颜色	color	描述	颜色
red	r	红色	black	k	黑色
blue	b	蓝色	white	w	白色
green	g	绿色	cyan	c	青色
yellow	y	黄色	magenta	m	洋红色

表10-5 线条风格(linestyle或ls)

线条风格	描述	线条风格	描述
-	实线	:	虚线
--	破折线	-.	点画线

表10-6 线条标记(marker)

线条风格	描述	线条风格	描述	线条风格	描述
,	像素	p	五边形	v	倒三角形
.	点	h	六边形	^	正三角形
o	圆	8	八边形	*	星号
D	菱形	|	竖直线	+	加号
d	小菱形	>	右三角形	x	乘号
s	正方形	<	左三角形	P	填充的加号

```
import matplotlib.pyplot as plt
plt.subplot(121)
plt.plot([1, 2, 3, 4], 'r--')                    # 美化：红色破折线
plt.subplot(122)
plt.plot([1, 2, 3, 4], [1, 4, 9, 16], 'bs')      # 美化：蓝色正方形
plt.show()
```

运行结果如图10-88所示。

4. 标签

matplotlib中标签相关的函数如表10-7所示。

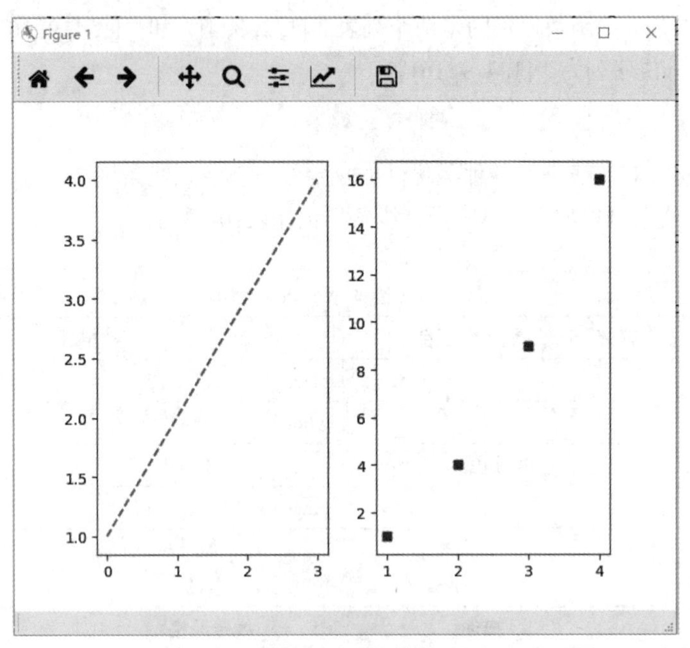

图 10-88　运行结果

表10-7　标签相关函数

函数	描述
title()	添加标题
legend()	添加图注
xlabel(s)	设置x轴标签
ylabel(s)	设置y轴标签
xticks()	设置x轴刻度位置和标签
yticks()	设置y轴刻度位置和标签
xlim(xmin,xmax)	设置当前x轴取值范围
ylim(ymin,ymax)	设置当前y轴取值范围

```
import matplotlib.pyplot as plt
plt.subplot(121)
plt.plot([1, 2, 3, 4], 'r--')          # 美化：红色破折线
plt.title('first')                     # 添加标题
plt.xlabel('first-x')                  # 设置x轴标签
plt.ylabel('first-y')                  # 设置y轴标签
# 右下角增加图例，图例名称为'A simple line'
plt.legend(['A simple line'],loc='lower right')
plt.subplot(122)
plt.plot([1, 2, 3, 4], [1, 4, 9, 16], 'bs')# 美化：蓝色正方形
plt.title('second')                    # 添加标题
plt.yticks([1,4,9,16])                 # 设置y轴刻度
plt.ylim(0,20)                         # 设置y轴取值范围，使边框比曲线略大
plt.show()
```

运行结果如图10-89所示。

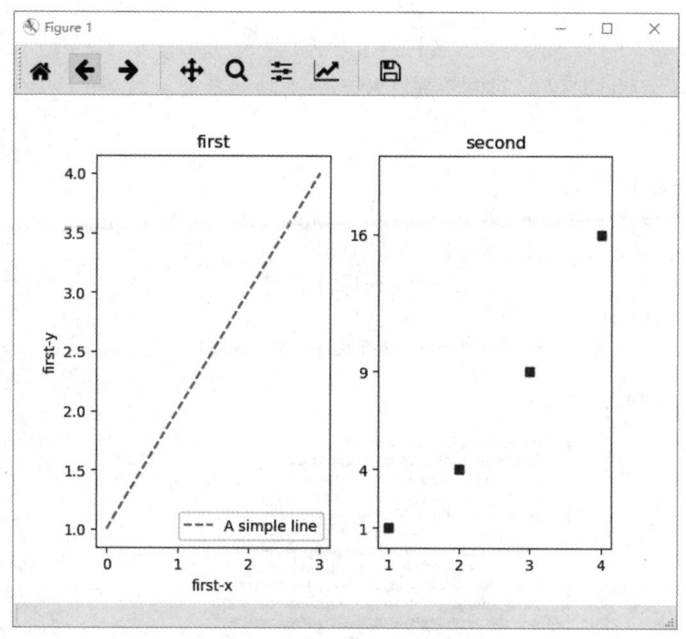

图 10-89 运行结果

5. 保存到文件

matplotlib支持将绘制的图形显示在屏幕上并保存在文件中，显示在屏幕上使用函数show()，无参数。保存图片文件的函数为savefig()，该函数的语法格式为：

```
savefig('文件名')
```

注意，如果需要保存文件，savefig()函数必须置于show()函数之前，这是因为show()函数在显示图形的同时，会清空缓冲区，无法再保存为文件。

```
import matplotlib.pyplot as plt
plt.subplot(121)
plt.plot([1, 2, 3, 4], 'r--')          # 美化：红色破折线
plt.title('first')                      # 添加标题
plt.xlabel('first-x')                   # 设置x轴标签
plt.ylabel('first-y')                   # 设置y轴标签
# 右下角增加图例，图例名称为'A simple line'
plt.legend(['A simple line'],loc='lower right')
plt.subplot(122)
plt.plot([1, 2, 3, 4], [1, 4, 9, 16], 'bs')# 美化：蓝色正方形
plt.title('second')                     # 添加标题
plt.yticks([1,4,9,16])                  # 设置y轴刻度
plt.ylim(0,20)                          # 设置y轴取值范围，使边框比曲线略大
#保存为图片文件，与项目文件在同一路径下
plt.savefig('simple line')
plt.show()
```

运行程序，在与该python项目文件的同一路径下出现一个名为simple line.png的图片。

中国城市数据V4.0

任务4：绘制各省/自治区/直辖市/特别行政区的平均纬度的柱状图。

解决方法：

```
# plot方法：对均值中的纬度绘图
# kind='barh'：绘制的是横向柱状图
# ax=ax1：柱状图画在ax1这张子画布上
df_mean.Latitude.plot(kind='barh',ax=ax1)
# set_xlabel方法：设定X轴标签
ax1.set_xlabel("各省/自治区/直辖市/特别行政区的平均纬度")
```

运行结果如图10-90所示。

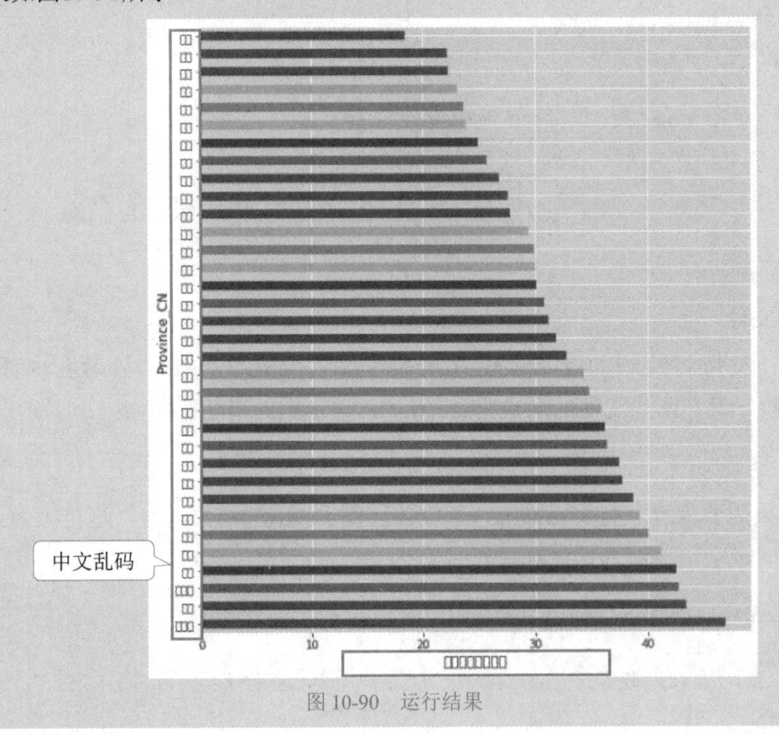

图 10-90　运行结果

中国城市数据V4.0

任务5：绘制各省/自治区/直辖市/特别行政区的平均纬度的柱状图，并解决中文乱码问题。

解决方法：

```
import matplotlib as mpl
import matplotlib.pyplot as plt
# 通过增加字体的方式来解决中文乱码问题
plt.rcParams['font.family'] = ['sans-serif']
plt.rcParams['font.sans-serif'] = ['SimHei']
mpl.style.use('ggplot')
fig,(ax1,ax2) = plt.subplots(1,2,figsize=(20,10))
df_mean.Latitude.plot(kind='barh',ax=ax1)
ax1.set_xlabel("各省/自治区/直辖市/特别行政区的平均纬度")
```

运行结果如图10-91所示。

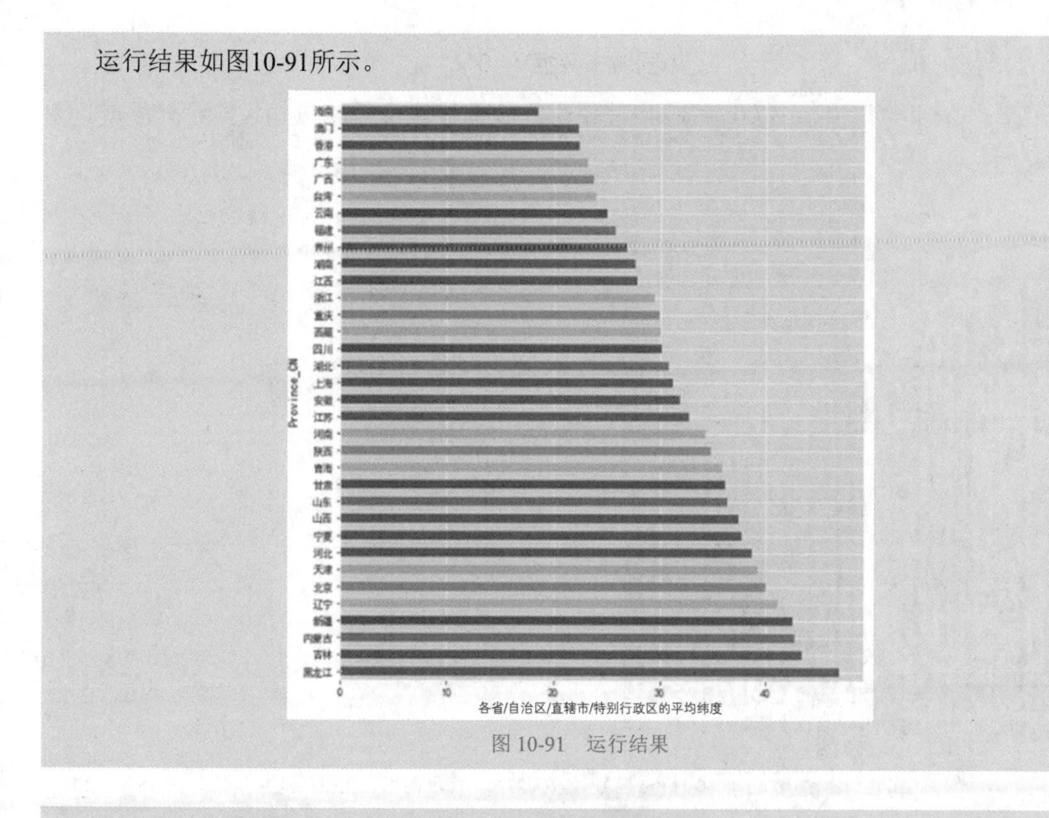

图 10-91　运行结果

中国城市数据V4.0

任务6：按照同样的方法绘制各省/自治区/直辖市/特别行政区的平均经度的柱状图。

解决方法：

```
df_mean.Longitude.plot(kind='barh',ax=ax2)
ax2.set_xlabel("各省/自治区/直辖市/特别行政区的平均经度")
```

运行结果如图10-92所示。

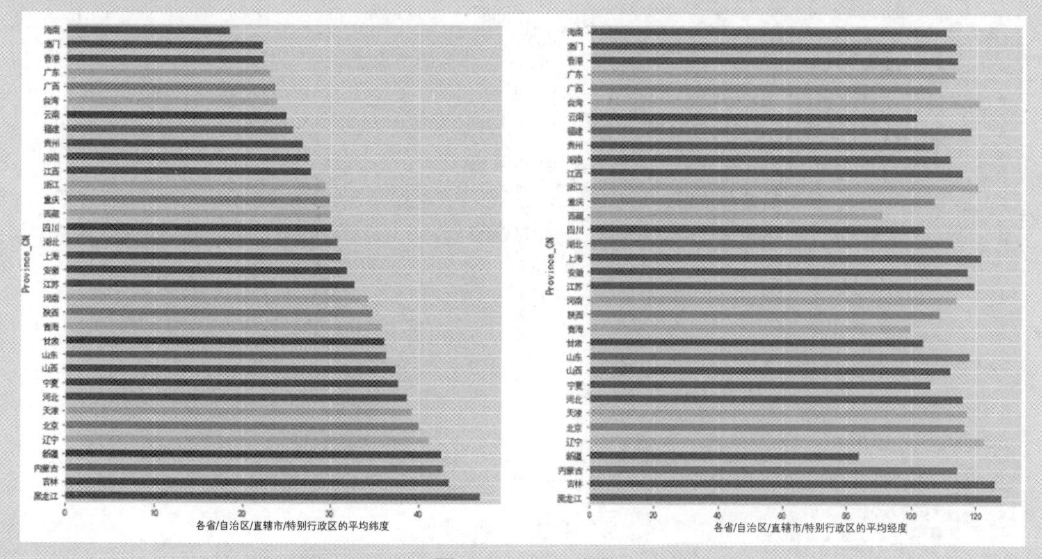

图 10-92　运行结果

中国城市数据V4.0

任务7：绘制各省/自治区/直辖市/特别行政区的平均纬度的纵向柱状图和折线图，如图10-93所示。

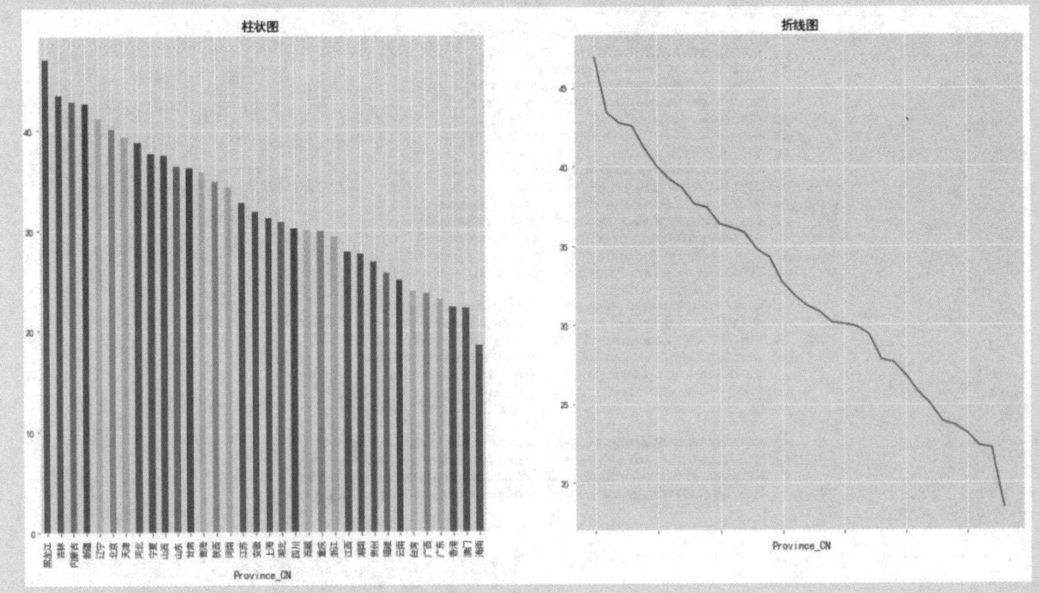

图 10-93　各省 / 自治区 / 直辖市 / 特别行政区的平均纬度的纵向柱状图和折线图

解决方法：

```
import matplotlib as mpl
import matplotlib.pyplot as plt
plt.rcParams['font.family'] = ['sans-serif']
plt.rcParams['font.sans-serif'] = ['SimHei']
mpl.style.use('ggplot')
# subplots方法：设置1行2列的两块小画布，画布名为axes
fig,axes = plt.subplots(1,2,figsize=(20,10))
s = df_mean.Latitude                    # 获取纬度的平均值s
# plot方法：对s画图；ax=axes[0]：表示第1块画布
# kind='bar'：绘制的是纵向柱状图；title：图的标题
s.plot(ax=axes[0],kind='bar',title='柱状图')
# kind='line'：绘制的是折线图
s.plot(ax=axes[1],kind='line',title='折线图')
```

中国城市数据V4.0

任务8：绘制各省/自治区/直辖市/特别行政区的平均纬度的饼图和箱型图，如图10-94所示。

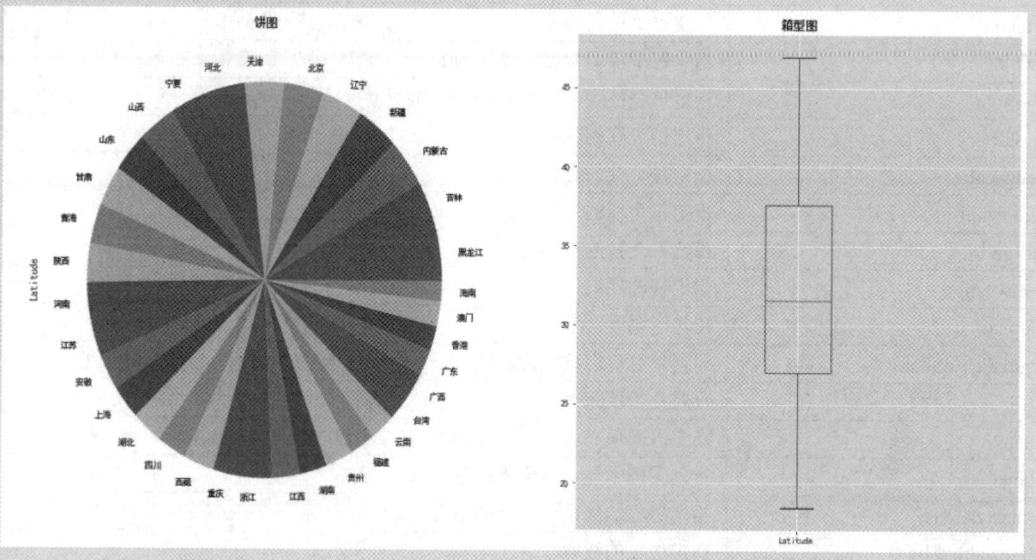

图 10-94　各省/自治区/直辖市/特别行政区的平均纬度的饼图和箱型图

解决方法：

```
import matplotlib as mpl
import matplotlib.pyplot as plt
plt.rcParams['font.family'] = ['sans-serif']
plt.rcParams['font.sans-serif'] = ['SimHei']
mpl.style.use('ggplot')
# subplots方法: 设置1行2列的两块小画布, 画布名为: axes
fig,axes = plt.subplots(1,2,figsize=(20,10))
s = df_mean.Latitude                    # 获取纬度的平均值s
# kind='pie'表示饼图
s.plot(ax=axes[0],kind='pie',title='饼图')
# kind='box'表示箱型图
s.plot(ax=axes[1],kind='box',title='箱型图')
```

10.6.4　柱状图

柱状图适合用来比较多组数据的大小，或者类似的场合，但不适合对大规模数据的可视化。

matplotlib库的pyplot模块中的bar()函数可以用来绘制柱状图，语法格式如下，部分常用参数如表10-8所示。

```
bar(left, height, width=0.8, bottom=None, hold=None, data=None, **kwargs)
```

表10-8 bar()函数的常用参数

参数	描述
left	指定每个柱的左侧边框的x坐标
height	指定每个柱的高度
width	指定每个柱的宽度，默认为0.8
bottom	指定每个柱底部边框的y坐标
color	指定每个柱的颜色
edgecolor	指定每个柱的边框的颜色
linewidth	指定每个柱的边框的线宽
align	指定每个柱的对齐方式
orientation	指定柱的朝向
alpha	指定透明度
antialiased或aa	设置是否启用抗锯齿功能
fill	设置是否填充
hatch	指定内部填充符号，可选的值有/、\、|、+、x、o、O、.、*
label	指定图例中显示的文本标签
linestyle或ls	指定边框的线型，可选的值有-、--、-.、:等
linewidth或lw	指定边框的线宽
visible	设置绘制的柱是否可见

2020东京奥运会排名前五的奖牌榜如表10-9所示。编写程序绘制柱状图显示各个国家/地区金牌、银牌、铜牌和总计的奖牌数，并要求坐标轴和图例能够显示中文，可以借助pandas的DataFrame结构快速绘制图形。

表10-9 2020东京奥运会排名前五的奖牌榜

排名	国家/地区	金牌数	银牌数	铜牌数	总计
1	美国	39	41	33	113
2	中国	38	32	19	89
3	日本	27	14	17	58
4	英国	22	20	22	64
5	俄罗斯奥委会	20	28	23	71

```
import pandas as pd
import matplotlib.pyplot as plt
import matplotlib.font_manager as fm
# 创建DataFrame结构
data = pd.DataFrame({'美国':[39,41,33,113],
                    '中国':[38,32,18,88],
                    '日本':[27,14,17,58],
                    '英国':[22,21,22,65],
                    '俄罗斯奥委会':[20,28,23,71]})
data.plot(kind='bar')                                # 绘制柱状图
plt.ylabel('奖牌数',fontproperties='simhei')         # 设置y轴标签字体
# 设置x轴刻度和文本
plt.xticks([0,1,2,3],
          ['金牌','银牌','铜牌','总计'],
```

```
        fontproperties='simhei',                    # 中文字体
        rotation=20)                                # 旋转刻度的文本
# 设置图例字体
myfont=fm.FontProperties(fname=r'C:\Windows\Fonts\STKAITI.ttf')
plt.legend(prop=myfont)
plt.show()
```

运行结果如图10-95所示。

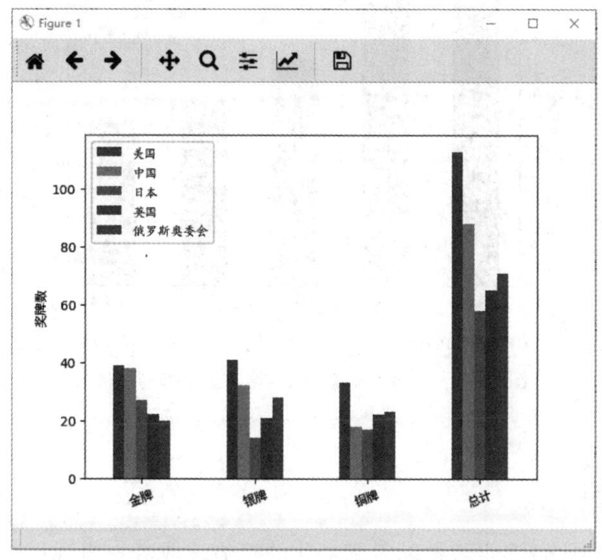

图 10-95 2020 东京奥运会排名前五奖牌榜柱状图

继续编写程序绘制金牌榜前五名的国家/地区金牌数量的柱状图，要求标题、坐标轴和图例能够显示中文。

```
import pandas as pd
import matplotlib.pyplot as plt
# 设置图形中使用中文字体
plt.rcParams['font.sans-serif']=['simhei']
# 国家/地区列表
country = ['美国','中国','日本','英国','俄罗斯奥委会']
nums = [39,38,27,22,20]                      # 金牌数列表
# 绘制每个国家/地区金牌数量
for x,y in zip(country,nums):
    plt.bar(x,                               # x轴数据为国家/地区
            y,                               # y轴数据为金牌数
            hatch='/',                       # 指定内部填充符号
            width=0.5,                       # 指定每个柱的宽度
            alpha=0.8,                       # 设置透明度
            edgecolor='k',                   # 指定柱的边框颜色
            linestyle='--',                  # 指定边框的线型
            linewidth=1)                     # 指定边框的线宽
plt.title('2020东京奥运会金牌榜')            # 设置标题
plt.xlabel('国家/地区')                      # 设置x轴标签
plt.ylabel('金牌数')                         # 设置y轴标签
plt.legend(country)                          # 设置图例
plt.show()
```

运行结果如图10-96所示。

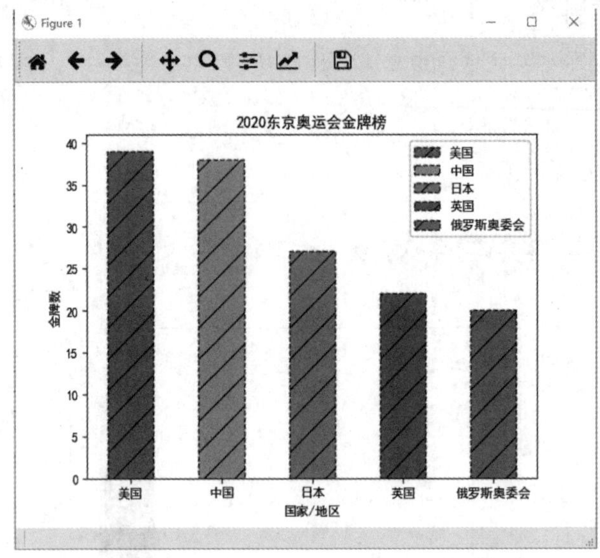

图 10-96　2020 东京奥运会排名前五金牌榜柱状图

10.6.5　折线图

折线图适合描述和比较多组数据随时间变化的趋势，或者一组数据对另外一组数据的依赖程度。

绘制金牌榜前五名的国家/地区金牌数量的折线图的程序如下。

```
import pandas as pd
import matplotlib.pyplot as plt
# 设置图形中使用中文字体
plt.rcParams['font.sans-serif']=['simhei']
# 国家/地区列表
country = ['美国','中国','日本','英国','俄罗斯奥委会']
nums = [39,38,27,22,20]                    # 金牌数列表
# plot()函数第一个参数表示横坐标数据，第二个参数表示纵坐标数据
# 第三个参数表示颜色、线型和标记样式
# 颜色常用的值有(r/g/b/c/m/y/k/w)
# 线型常用的值有(-/--/:/-.)
# 标记样式常用的值有(./,/o,v/^/s/*/D/d/x/</>/h/H/1/2/3/4/_/|)
plt.plot(country,nums,'r-.v')
# 设置标题，字体大小为18
plt.title('2020东京奥运会金牌榜',fontsize=18)
plt.xlabel('国家/地区')                     # 设置x轴标签
plt.ylabel('金牌数')                        # 设置y轴标签
plt.show()
```

运行结果如图10-97所示。

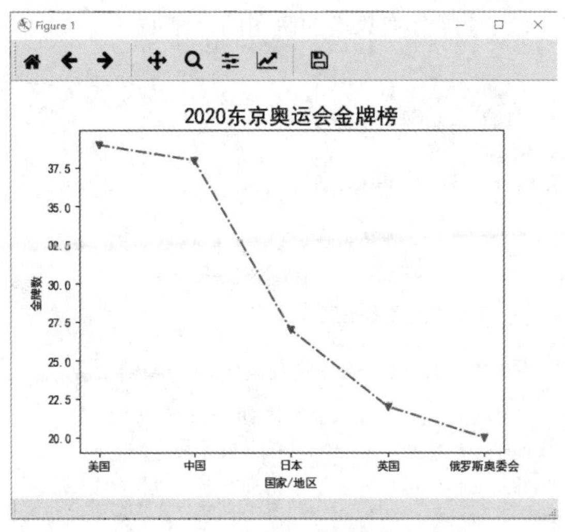

图 10-97　2020 东京奥运会排名前五金牌榜折线图

10.6.6　饼图

饼图适合展示一个总体中各类别数据所占的比例，例如商场年度营业额中各类商品不同类别的占比。但人眼对面积不是很敏感，难以区分微小的差异，使用饼状图时要注意这个问题。

matplotlib库的pyplot模块中的pie()函数可以用来绘制饼图，语法格式如下，部分常用参数如表10-10所示。

```
pie(x, explode=None, labels=None, colors=None, autopct=None, pctdistance=0.6,
    shadow=False, labeldistance=1.1, startangle=None, radius=None,
    counterclock=True, wedgeprops=None, textprops=None, center=(0,0), frame=False,
    hold=None, data=None)
```

表10-10　pie()函数的常用参数

参数	描述
x	数组形式的数据，自动计算其中每个数据的占比并确定对应的扇形面积
explode	取值可以为None或与x等长的数组，用来指定每个扇形沿半径方向相对于圆心的偏移量，None表示不进行偏移，正数表示远离圆心
colors	可以为None或包含颜色值的序列，用来指定每个扇形的颜色，如果颜色数量少于扇形数量，就循环使用这些颜色
labels	与x等长的字符串序列，用来指定每个扇形的文本标签
autopct	设置在扇形内部使用数字作为标签显示时的格式
pctdistance	设置每个扇形的中心与autopct指定的文本之间的距离，默认为0.6
labeldistance	每个饼标签绘制时的径向距离
shadow	True/False，设置是否显示阴影
startangle	设置饼状图第一个扇形的起始角度，相对于x轴并沿逆时针方向计算
radius	设置饼的半径，默认为1
counterclock	True/False，设置饼状图中每个扇形的绘制方向
center	(x,y)形式的元组，设置饼的圆心位置
frame	True/False，设置是否显示边框

绘制金牌榜前五名的国家/地区金牌数量的饼图的程序如下。

```
import pandas as pd
import matplotlib.pyplot as plt
# 设置图形中使用中文字体
plt.rcParams['font.sans-serif']=['simhei']
# 国家/地区列表
country = ['美国','中国','日本','英国','俄罗斯奥委会']
nums = [39,38,27,22,20]                  # 金牌数列表
# 每个扇形沿半径方向相对于圆心的偏移量元组
explode=(0,0.1,0,0,0)
plt.axes(aspect=1)                       # 参数为1，设置饼为图形
plt.pie(nums,                            # 饼图各部分数据
       explode=explode,                  # 设置偏移量
       labels=country,                   # 各部分数据的标签
       labeldistance=1.1,                # 每个标签位置离原点的距离比例
       autopct='%2.0f%%',                # 饼图里面的文本格式，整数2位，小数0位
       shadow=True,                      # 饼图有阴影
       startangle=90,                    # 起始角度，从90度开始逆时针转
       pctdistance=0.7)                  # autopct设置的文本离原点的距离比例
# 设置标题
plt.title('2020东京奥运会金牌榜')
plt.xlabel('金牌数量')
# bbox_to_anchor调整图例的位置，分别为左边和下面的距离
plt.legend(loc='upper left',bbox_to_anchor=(-0.15,1.15))
plt.show()
```

运行结果如图10-98所示。

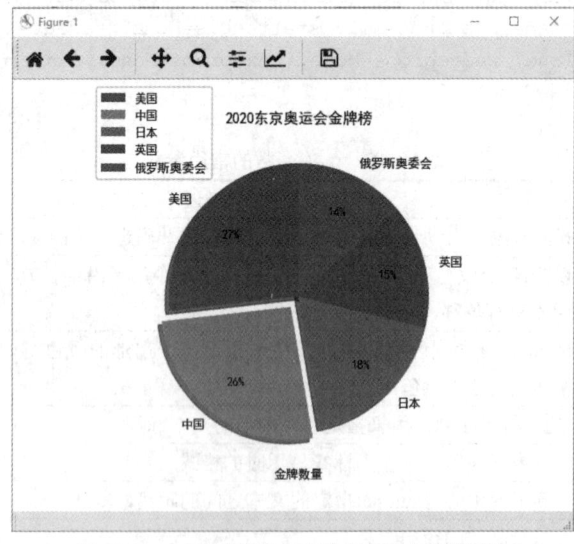

图 10-98　2020 东京奥运会排名前五金牌榜饼图

10.6.7　散点图

散点图适合描述数据在平面或空间中的分布，可以用来帮助分析数据之间的关联。

matplotlib.pyplot中的函数scatter()可以根据给定的数据绘制散点图，语法格式如下：

```
scatter(x, y, s=None, c=None, marker=None, cmap=None, norm=None, vmin=None,
        vmax=None, alpha=None, linewidths=None, verts=None, edgecolors=None,
        hold=None, data=None, **kwargs)
```

scatter()函数的常用参数如表10-11所示。

表10-11 scatter()函数的常用参数

参数	含义
x、*y*	分别用来指定散点的*x*和*y*坐标，可以为标量或数组形式的数据。如果*x*和*y*都为标量，则在指定位置绘制一个散点符号；如果均为数组形式的数据，则把两个数组中对应位置上的数据作为坐标，在这些位置上绘制若干散点符号
s	用来指定散点符号的大小
marker	用来指定散点符号的形状
alpha	用来指定散点符号的透明度
linewidths	用来指定线宽，可以是标量或类似于数组的对象
edgecolors	用来指定散点符号的边线颜色，可以是颜色值或包含若干颜色值的序列

十名男生身高与体重数据的散点图的程序如下。

```
import matplotlib.pyplot as plt
plt.rcParams['font.family'] = "kaiti"                #显示中文
# 身高列表(单位: cm)
height = [162, 171, 169, 165, 173, 177, 182, 175, 185, 180]
# 体重列表(单位: kg)
weight = [60, 68, 72, 58, 61, 69, 74, 70, 72, 75]
# 颜色列表，颜色数量少于身高、体重数量，循环使用这些颜色
colors = ['b', 'g', 'r', 'c', 'm', 'y', 'k']
plt.scatter(height,                         # 横轴为身高
        weight,                             # 纵轴为体重
        s = 100,                            # 散点的大小
        c = colors,                         # 散点的颜色
        marker ='*',                        # 散点的形状
        alpha = 0.8,                        # 散点的透明度
        linewidths = 0.5,                   # 散点的线宽
        edgecolor='k')                      # 散点的边线颜色
plt.title("男生的身高与体重数据")              # 设置标题
plt.xlabel("身高/cm",size=10)                # size: 设置字体大小
plt.ylabel("体重/kg",size=10)
plt.grid(True)                              #设置网格线
#设置坐标轴的刻度和文本
plt.xticks(range(160,190,5),["{}cm".format(i) for i in range(160,190,5)])
plt.show()
```

运行结果如图10-99所示。

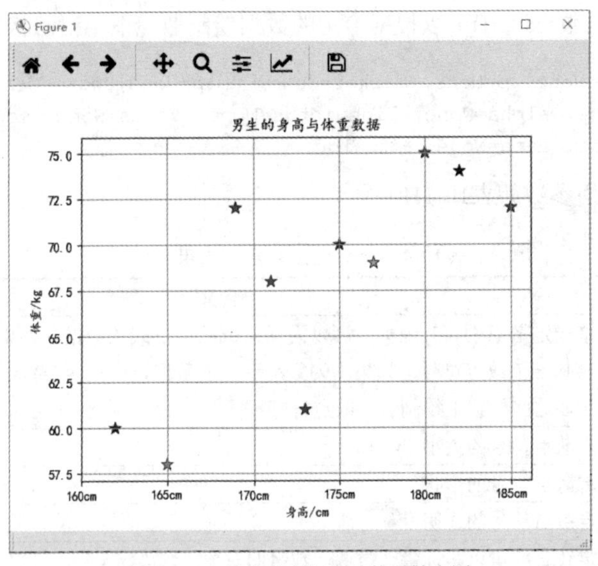

图 10-99　男生身高与体重数据散点图

中国城市数据V4.0

任务9：绘制各省/自治区/直辖市/特别行政区的平均纬度和平均经度的散点图，如图10-100所示。

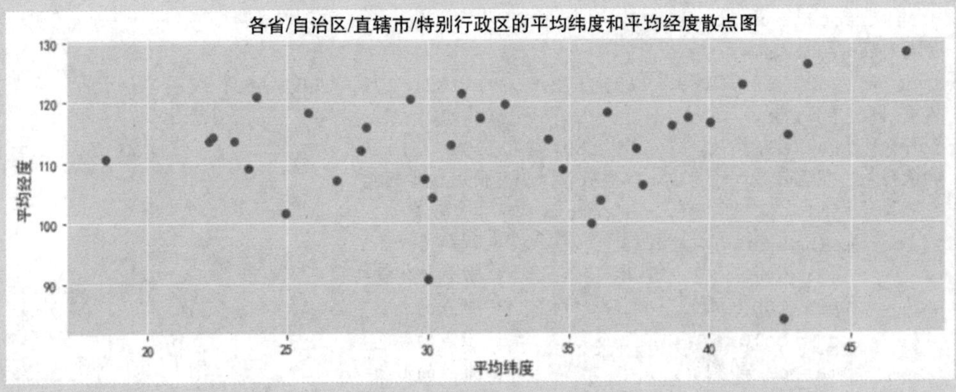

图 10-100　各省/自治区/直辖市/特别行政区的平均纬度和平均经度的散点图

解决方法：

```
import matplotlib as mpl
import matplotlib.pyplot as plt
plt.rcParams['font.family'] = ['sans-serif']
plt.rcParams['font.sans-serif'] = ['SimHei']
mpl.style.use('ggplot')
# 设置画布ax
fig, ax = plt.subplots(1,1,figsize=(12,4))
# 在画布ax上绘制平均纬度和平均经度的散点图
# x轴为平均纬度，y轴为平均经度
ax.scatter(df_mean.Latitude,df_mean.Longitude)
ax.set_title("各省/自治区/直辖市/特别行政区的平均纬度和平均经度散点图")
ax.set_xlabel("平均纬度")                # 设置x轴标签
ax.set_ylabel("平均经度")                # 设置y轴标签
```

练一练

【练一练10-8】俗话说“天有不测风云”，说明天气是变幻莫测的。人们的生活离不开天气预报，无论是居家还是外出，人们时刻会关注天气的变化，以便备好伞具、增减衣物。表10-12是9月1日预测武汉市未来10天的最高气温和最低气温。编写程序完成武汉市未来10天最高气温和最低气温的折线图的绘制，其中将“日期”这一列数据作为*x*轴的数据，将“最高气温”和“最低气温”两列数据作为*y*轴的数据，如图10-101所示。将代码在横线处补充完整。

表10-12　预测武汉市9月1日～9月10日的最高气温和最低气温

日期	最高气温	最低气温
9月1日	32	20
9月2日	33	21
9月3日	34	19
9月4日	31	18
9月5日	30	20
9月6日	35	22
9月7日	32	21
9月8日	31	20
9月9日	33	21
9月10日	35	23

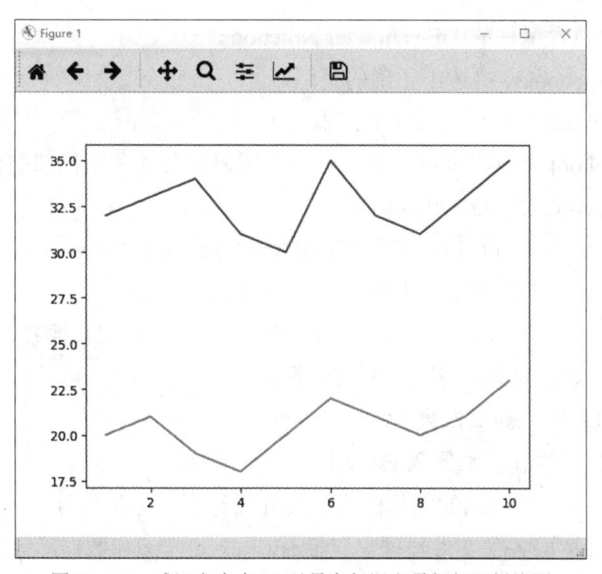

图 10-101　武汉市未来 10 天最高气温和最低气温折线图

```
import matplotlib.pyplot as plt
date = range(1,11)                          # 日期
max_temp = [32,33,34,31,30,35,32,31,33,35]
min_temp = [20,21,19,18,20,22,21,20,21,23]
plt.plot(date,max_temp)                     # 最高气温的折线图
plt.______(date,______)                     # 最低气温的折线图
plt.________________
```

本章你学到了什么

在这一章，我们主要介绍了以下内容。

- 中国城市数据V1.0：运用pandas库实现csv文件的读写、DataFrame二维表格的部分行、部分列的选取和删除操作。
- 中国城市数据V2.0：运用pandas库实现DataFrame二维表格的索引、排序、分组、分割、合并和数据透视表的数据分析操作。
- 中国城市数据V3.0：运用pandas库实现DataFrame二维表格的缺失值处理、重复值去重的数据清洗操作。
- 中国城市数据V4.0：运用matplotlib库的pyplot模块实现柱状图、折线图、饼图、箱型图和散点图的数据可视化操作。

课后练习题

一、单项选择题

1. 关于Anaconda的描述，不正确的是(　　)。

   A. 包含了众多流行的科学、数学、工程和数据分析的Python库

   B. 仅支持Windows操作系统

   C. 开源和免费

   D. Anaconda中包含编程的IDE—Jupyter Notebook

2. 关于Jupyter Notebook，描述不正确的是(　　)。

   A. Jupyter Notebook是一个交互式笔记本

   B. Jupyter Notebook可以将说明文字、代码、图表、公式和结论都整合在一个文档中

   C. Jupyter Notebook仅支持Python语言

   D. Jupyter Notebook支持代码单元和Markdown单元

3. DataFrame是pandas提供的二维表格，它不包含的部分是(　　)。

   A. 索引　　B. 列名　　C. 值　　D. 行名

4. 下列关于pandas数据的读写说法，错误的是(　　)。

   A. read_csv能够读取csv文件数据

   B. to_csv能够将结构化数据写入.csv文件

   C. csv是一种用分隔符分隔的文件格式，其分隔符不一定是逗号

   D. read_csv能够读取各种文件数据，包括csv、excel、txt和数据库等

5. 下列loc、iloc属性的用法正确的是(　　)。

   A. df.loc['索引名', '列名']　　df.iloc['索引位置', '列位置']

   B. df.loc['索引位置', '列位置']　　df.iloc['索引名', '列名']

   C. df.loc['索引名', '列名']　　df.iloc['索引名', '列名']

   D. df.loc['索引位置', '列位置']　　df.iloc['索引位置', '列位置']

6. 下列关于groupby方法的说法，正确的是(　　)。

   A. groupby方法支持对非数值列求和

   B. groupby是pandas提供的一个用来分组的方法

C. groupby方法的结果能够直接查看

D. groupby方法通过参数axis来指定用来分组的列

7. DataFrame中缺失值的处理方法不包括(　　)。

A. 丢弃缺失值　　　　B. 用上一行数据填充缺失值

C. 删除缺失值所在的列　　　　D. 用字符串填充缺失值

8. 运行下面一段程序：

```
import matplotlib.pyplot as plt
ax_one = plt.subplot(223)
ax_one.plot([1,2,3,4,5])
plt.show()
```

运行结果为(　　)。

A.

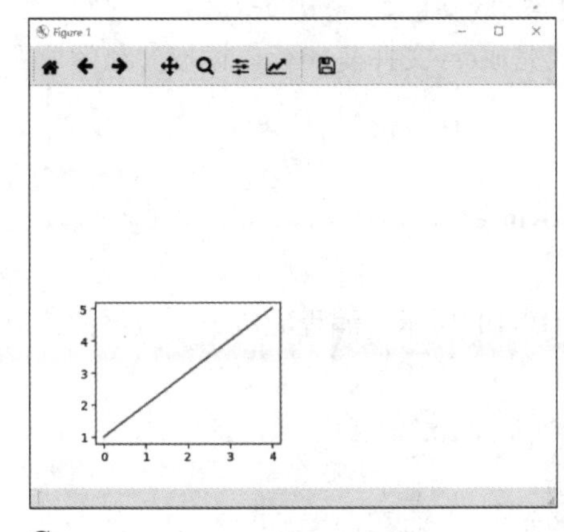

B.

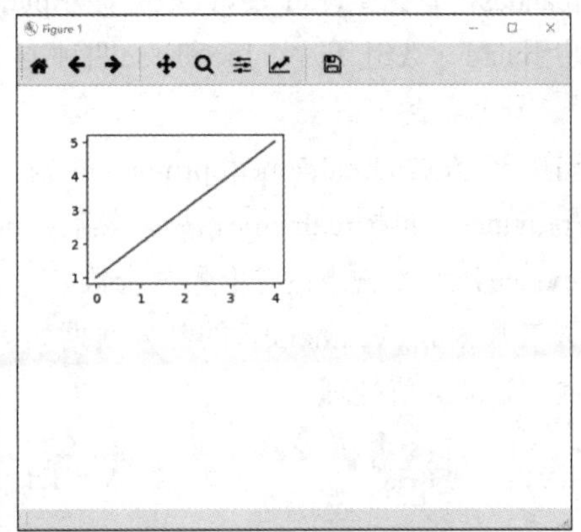

C.

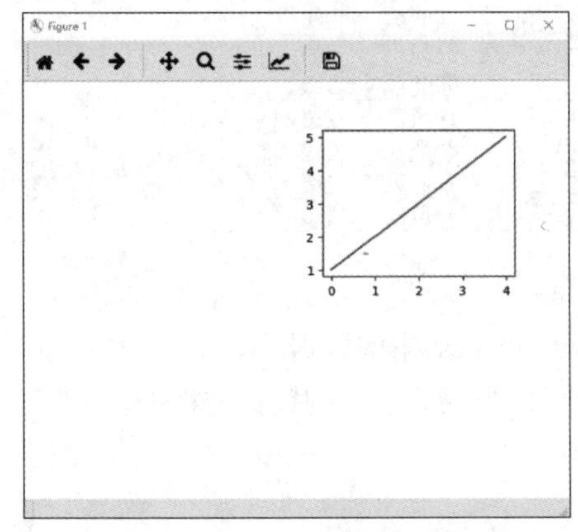

D.

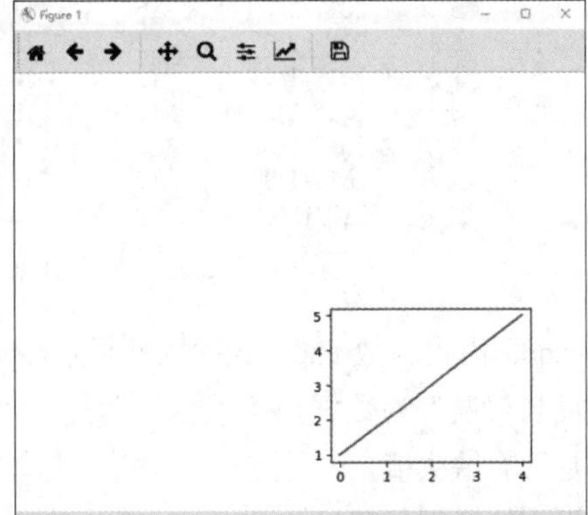

9.下列函数中，可以设置坐标轴刻度标签的是(　　)。

A. xlim()　　B. grid()　　C. xticks　　D. axhline()

10.下列函数中，可以一次绘制多个子图的是(　　)。

A. twinx()　　B. subplot2grid()　　C. subplots()　　D. subplot()

二、编写程序题

1. 已知个人信息数据pandas-csv-origin.csv的部分数据如图10-102所示。编程完成如下功能：

```
pandas-csv-origin.csv - 记事本
文件(F) 编辑(E) 格式(O) 查看(V) 帮助(H)
realname,province,gender
魏芮,北京市,女
宋霜,北京市,女
杨毅,北京市,男
张鹏,天津市,男
程凤媛,天津市,女
郑楷丽,天津市,女
王佩珍,天津市,女
马月,天津市,男
郑文珺,天津市,女
张晓玉,天津市,女
张永娇,天津市,女
```

图 10-102　个人信息数据 pandas-csv-origin.csv

(1) 利用pandas内置函数read_csv读取并显示pandas-csv-origin.csv中的数据。

(2) 分别用head、数组切片、loc和iloc四种方式完成csv文件前10行，读取并显示所有列的数据。

(3) 选择前三个人员的realname和province信息。

(4) 先按province，再按realname索引，然后按province排序。

(5) 按province分组，统计各省份人员个数。

2. 已知天气数据hz_weather.csv的部分数据如图10-103所示。编程完成天气数据的读取、数据透视表的展示和缺失值处理。

	A	B	C	D	E	F
1	日期	最高气温	最低气温	天气	风向	风力
2	2017/1/1	17	7	晴	西北风	2级
3	2017/1/2	16	8	多云	东北风	2级
4	2017/1/3	15	8	多云	东北风	1级
5	2017/1/4	15	11	小雨	西北风	2级
6	2017/1/5	13	11	小到中雨	北风	2级
7	2017/1/6	12	10	小雨	东北风	1级
8	2017/1/7	11	9	中雨	北风	2级
9	2017/1/8	12	5	多云	北风	2级
10	2017/1/9	11	4	多云	东北风	2级
11	2017/1/10	9	4	多云	北风	1级

图 10-103　天气数据 hz_weather.csv

(1) 利用pandas内置函数read_csv读取并显示hz_weather.csv中的数据。

(2) 以“最高气温”为数据，“天气”为行，“风向”为列，得到数据透视表。

(3) 查看是否有缺失值。

(4) 使用平均值数据代替缺失值NaN。

3. 已知学校附近某烧烤店2020年每月的营业额如表10-13所示。编写程序绘制折线图，对该烧烤店全年营业额进行可视化，使用红色点划线连接每月的数据，并在每月的数据处使用三角形标记。

表10-13　某烧烤店2020年每个月的营业额

月份	1	2	3	4	5	6	7	8	9	10	11	12
营业额(万元)	5.4	2.9	6.1	6.0	7.5	9.5	18.9	15.8	20.8	18.5	7.9	7.2

4. 近年来随着移动支付应用的出现，人们的生活发生了翻天覆地的变化，无论是到超市选购商品，还是跟朋友聚餐，或者是来一场说走就走的旅行，都可以使用移动支付应用轻松完成支付，非常便捷。支付宝是人们使用较多的移动支付方式，它拥有自动记录每月账单的功能，可以方便用户了解每月资金的流动情况。例如，赵明2月份使用支付宝的消费明细如表10-14所示。

表10-14　赵明2月份使用支付宝的消费明细(单位：元)

分类	金额
餐饮美食	800
生活用品	400
交通出行	500
人情往来	300
商场购物	1000
休闲娱乐	300
其他	200
总支出	3500

根据表10-14的数据，将“分类”一列的数据作为饼图的标签，将各分类对应的金额与总支出金额的比例作为饼图的数据，绘制出赵明2月份支付宝消费情况的饼图。

5. 已知淘宝女装CSV文件，文件内容如图10-104所示。

(1) 利用pandas内置函数read_csv读取并显示taobao_data.csv中的数据。

(2) 丢弃“宝贝”和“卖家”两列，按“位置”进行分组，求“价格”和“成交量”的均值，并按照“成交量”的降序排列。

(3) 绘制以“位置”为行，“卖家”为列，“成交量”为数据的数据透视表。

(4) 绘制“各省份的平均价格”和“各省份的平均成交量”的横向柱状图、纵向柱状图、饼图和散点图。

宝贝	价格	成交量	卖家	位置
新款中老年女装春装雪纺打底衫妈妈装夏装中袖宽松上衣中年人t恤	99	16647	夏奈凤凰旗舰店	江苏
中老年女装清凉两件套妈妈装夏装大码短袖T恤上衣雪纺衫裙裤套装	286	14045	夏洛特的文艺	上海
母亲节衣服夏季妈妈装夏装套装短袖中年人40-50岁中老年女装T恤	298	13458	云新旗舰店	江苏
母亲节衣服中老年人春装女40岁50中年妈妈装套装夏装奶奶装两件套	279	13340	韶妃旗舰店	浙江
中老年女装春夏装裤大码 中年妇女40-50岁妈妈装夏装套装七分裤	59	12939	千百奈旗舰店	江苏
中老年女装夏装短袖T恤40-50岁中年春装30打底衫妈妈装母亲节衣服	198	12664	依安雅旗舰店	江苏
妈妈装春夏装T恤宽松雪纺衬衫40-50岁中老年女装大码中袖上衣套装	199	12398	千百萌旗舰店	湖北
中老年女装夏季T恤雪纺衫妈妈装夏装套装短袖中年妇女40-50岁t恤	288	12087	zxtvszml	江苏
妈妈夏装两件套母亲节衣服老人上衣60-70岁人夏季中老年女装套装	298	11655	ceo放牛	江苏
中老年女装夏装套装圆领上衣裤子夏季中年妈妈装短袖T恤两件套	189	11632	简港旗舰店	上海
母亲节衣服夏季中年女装春装套装40-50岁妈妈装外套中老年人上衣	258	11568	朵莹旗舰店	浙江
母亲节衣服中老年人女装奶奶短袖两件套中年40岁胖妈妈装夏装套装	177	11125	依诗曼妮	江苏
母亲节中老年女装短袖t恤40-50岁中年妈妈装夏装套装上衣两件套	298	10366	夕牧旗舰店	江苏
母亲节中老年女装短袖t恤40-50岁中年妈妈装夏装雪纺两件套装	124	9113	绰美佳人旗舰店	江苏

图 10-104　淘宝女装 taobao_data.csv 文件

第 11 章

Python 网络爬虫

案例10　豆瓣网电影信息的爬取：豆瓣(douban)网是一个社区网站。该网站以书籍、影音起家，提供关于书籍、电影、音乐等作品的信息，无论是描述还是评论都由用户提供，是Web 2.0网站中较有特色的一个。

豆瓣网电影板块(https://movie.douban.com/cinema/nowplaying/wuhan/)展示了武汉市正在上映的电影，如图11-1所示，可以通过爬取其网页来获取有关最新电影的信息，保存到文件movie_data.csv中，如图11-2所示。本案例将从获取网页数据、解析网页并提取电影信息、组织数据并保存三个主要步骤来完成电影信息的爬取。

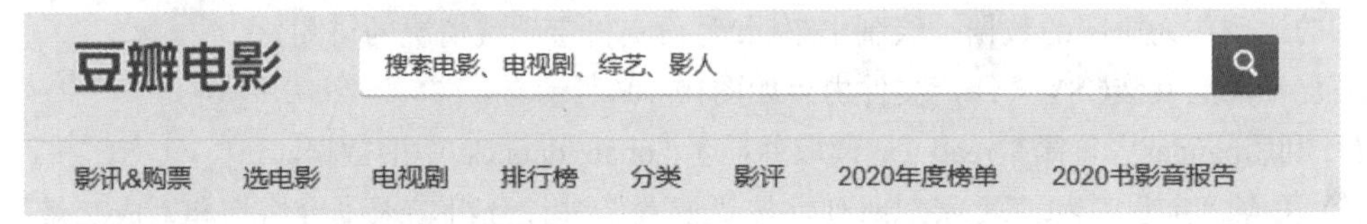

图 11-1　豆瓣网电影板块展示武汉市正在上映的部分电影信息

	A	B	C	D	E	F	G	H
1	电影名称	电影评分	星级	发行时间	时长	产地	导演	演员
2	扬名立万	7.7	40	2021	123分钟	中国大陆	刘循子墨	尹正 / 邓家佳 / 喻恩泰
3	梅艳芳	7.2	40	2021	137分钟	中国香港	梁乐民	王丹妮 / 古天乐 / 林家栋
4	007：无暇赴死	6.8	35	2021	164分钟	英国 美国	凯瑞·福永	丹尼尔·克雷格 / 拉米·马雷克 / 蕾雅·赛杜
5	天书奇谭	9.2	50	1983	100分钟(中	中国大陆	王树忱 钱运达	丁建华 / 毕克 / 苏秀
6	丛林奇航	6.1	30	2021	127分钟	美国	佐米·希尔拉	道恩·强森 / 艾米莉·布朗特 / 埃德加·拉米雷兹

图 11-2　武汉市正在上映的部分电影信息

本案例要解决三个问题：

- 问题一：如何获取网页数据？
- 问题二：如何解析网页并提取电影信息？
- 问题三：如何组织并存储数据？

本案例涉及的知识点范围如图11-3所示。

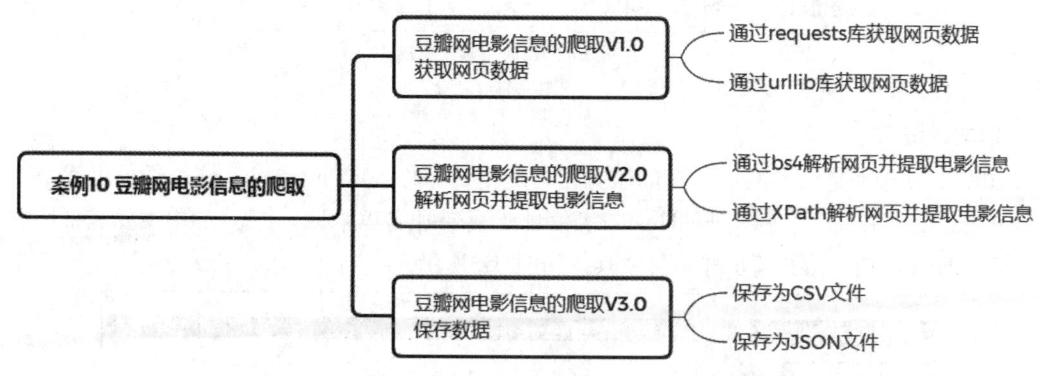

图 11-3　豆瓣网电影信息的爬取案例涉及知识点思维导图

11.1　网络爬虫的概念

网络爬虫，是一种按照一定规则，自动抓取互联网信息的程序或者脚本。由于互联网数据的多样性和资源的有限性，根据用户需求定向抓取相关网页并分析已成为如今主流的爬取策略。

网络爬虫程序通过模拟人类浏览网页、输入、点击、提交等操作，可以大幅度提高工作效率，是目前非常热门的一个应用方向。网络爬虫程序结合数据分析技术，可以将海量的杂乱无章的信息按照既定的规则进行过滤，得到有用的信息，进一步为商业决策提供支持。Python提供了丰富的用于编写网络爬虫程序的内置标准库和第三方扩展库，包括urllib、requests、scrapy、selenium等；也提供了较丰富的网页数据提取库，如re、BeautifulSoup、lxml、PyQuery等。

利用Python相关技术可以爬取感兴趣的文本或图片，爬取想看的视频等，能通过浏览器访问的数据都可以通过爬虫获取。因此，网络爬虫的本质是模拟浏览器打开网页，获取网页中我们真正想要的那部分数据(局部数据)。

11.2 网络爬虫的工作流程

网络爬虫通过模拟人工浏览网页方式打开网页并提取所需数据，其工作的基本流程如图11-4所示。首先打开网页并获取网页的全部数据，这一步可以通过发送请求来实现。其次获取响应内容。如果服务器正常响应，会收到response即所请求的网页内容，包含HTML或json字符串或者二进制的数据(视频、图片)等。再次，解析内容。如果是HTML源码，Python利用正则表达式或标准库、扩展库等提取用户需要的目标信息；如果是json数据，则可以转换成json对象进行解析；如果是二进制的数据，则可以保存到文件或进一步处理。最后，保存内容：以文本、图片、音频和视频等多种形式将解析得到的数据保存到本地，可以保存为文本文件或特定格式的文件，也可以保存到数据库如(MySQL、Redis、Mongodb等)。

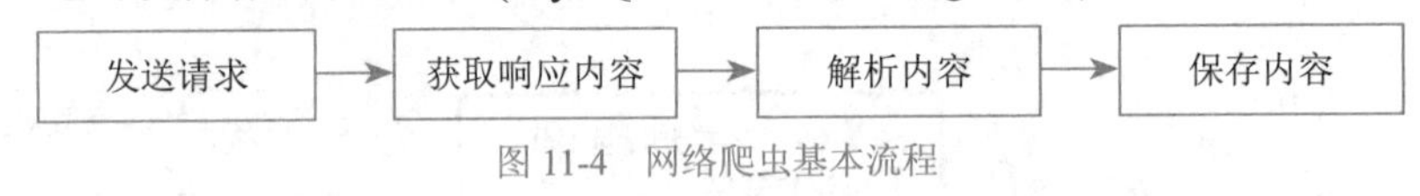

图 11-4　网络爬虫基本流程

1. 发送请求

浏览器发送消息给某网址所在的服务器，这个过程称为HTTP请求，这个过程也就是发送一个Request(请求可以包含额外的Header等信息)，等待服务器响应。Request中主要包括请求方式、请求URL、请求头和请求体信息，具体如图11-5所示。

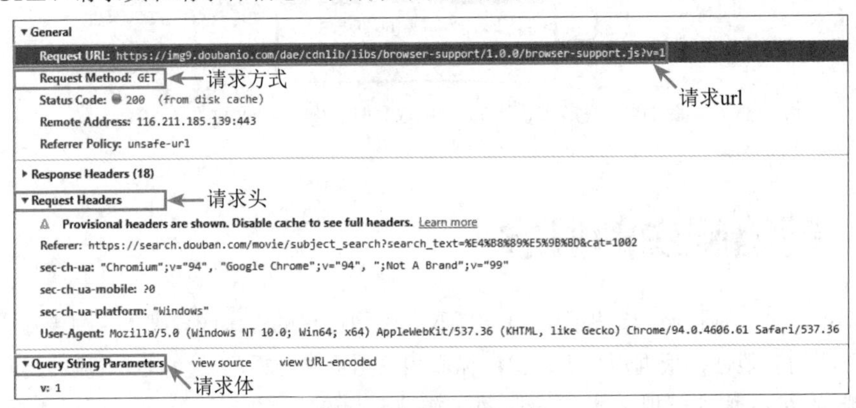

图 11-5　Request 报文结构

(1) 请求方式：主要是GET(获取)和POST(传送)两种类型，还有HEAD、PUT、DELETE和PATH等类型。

(2) 请求URL：一个网页文档、一张图片或者一个视频等，都可以用URL唯一地确定。

(3) 请求头：包含请求时的头部信息，如User-Agent、Host和Cookies等信息。

(4) 请求体：请求时额外携带的数据，如提交表单时的表单数据等。

Python中有多种库可以用来处理http请求，例如Python的原生库urllib、第三方库requests，之前，urllib和urllib2是相互独立的模块，Python 3.x以上把urllib和urllib2合并成一个库。requests库是对urllib库的封装，其提供的方法和HTTP的方法是一一对应的，使用起来更加便捷，具体如表11-1所示。

表11-1 requests库方法与HTTP协议方法比较

HTTP协议方法	Requests库方法	功能一致性
GET	requests.get()	一致
HEAD	requests.head()	一致
POST	requests.post()	一致
PUT	requests.put()	一致
PATCH	requests.patch()	一致
DELETE	requests.delete()	一致

2. 获取响应内容

服务器接收到浏览器发送的消息后，能够根据浏览器发送消息的内容做相应的处理，然后将消息回传给浏览器，这个过程为HTTP响应。浏览器接收到服务器的响应信息后，会对信息进行相应处理，然后将信息显示出来。

(1) 响应状态：有多种响应状态，例如，200表示成功，301表示跳转，404表示找不到页面，502表示服务器错误等。

(2) 响应头部：包括内容的类型、长度、服务器信息、设置Cookie等多个属性，如图11-6所示，Content-Type属性用来告诉客户端返回资源文件的类型和字符编码。

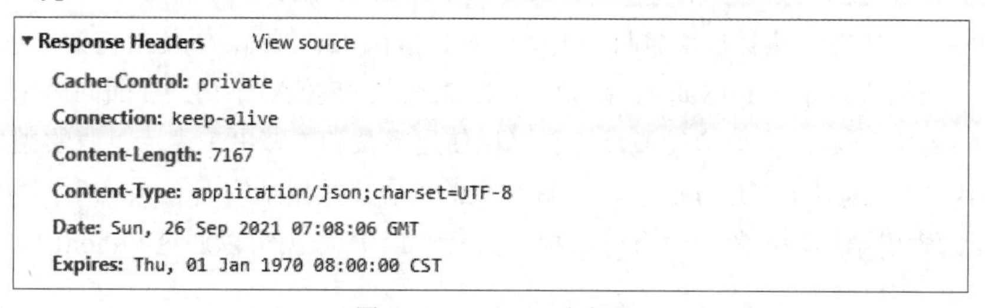

图 11-6 Response 响应头

(3) 响应体：响应体是最主要的部分，包含了请求资源的内容，如网页HTML、JSON、XML等文本形式的数据，或者图片、音视频文件等二进制数据。如果网站数据是通过Ajax动态加载的，就会造成请求获取的页面和浏览器显示的页面不同，还需要通过Selenium、Splash、Ghost等库来模拟JavaScript渲染。

3. 解析网页内容

通过发送请求并获取到的文本类型的数据，还需要进一步解析其中的内容，然后提取有用的局部数据，常见的文本格式有HTML、JSON、XML等。HTML格式的数据一般都是开放访问的，而大部分XML和JSON格式的数据则需要授权才能通过调用相关方法得到数据。

HTML(Hyper Text Markup Language)即超文本标记语言，是一种标识性语言。它包括一系列标签，通过这些标签可以将网络上的文档格式统一，使分散的Internet资源连接为一个逻辑整体。标准的超文本标记语言文件都具有一个基本的结构，即超文本标记语言文件的开头与结尾标志和超文本标记语言的头部与实体两大部分。头部包含的标记是页面的标题、序言、说明等内容，实体是网页中要显示的内容。图11-7上边所示的为HTML源代码，下边为浏览器中的预览效果。HTML数据常用的解析器有re正则匹配、html.parser、lxml等。

```
<!DOCTYPE HTML>
<html>
<head>
<meta  charset="utf-8">
<title>案例驱动式Python基础与应用</title>
</head>
<body>
    <h1>这是标题:案例驱动式Python基础与应用</h1>
    <p>这是段落: 课程简介</p>
...
</body>
</html>
```

file:///C:/Users/Administrator/Desktop/demo0201.html

京东秒杀 游戏大全 系统装机 百度 hao123 淘宝 天猫 京东

这是标题:案例驱动式Python基础与应用

这是段落：课程简介

图 11-7　HTML 文档源代码与效果

JSON(JavaScript Object Notation，JS 对象简谱) 是一种轻量级的数据交换格式，采用完全独立于编程语言的文本格式来存储和表示数据。简洁和清晰的层次结构使得 JSON 成为理想的数据交换语言。任何Python支持的类型都可以通过JSON来表示，如字符串、数字、对象和数组等。对象和数组是比较特殊且常用的两种类型，对象指在 JavaScript 中使用花括号包裹 {} 起来的内容，其数据结构为 {key1：value1, key2：value2, ...} 的键值对结构。在面向对象的语言中，key 为对象的属性，value 为对应的值，键名可以使用整数和字符串来表示，值的类型可以是任意类型。数组在JavaScript 中是方括号 [] 包裹起来的内容，数据结构为 [“java”，“javascript”，“vb”, …] 的索引结构。对象和数组可以相互嵌套。JSON数据可以通过Python内置模块json进行解析。

4. 清洗、组织数据并保存

爬虫抓取的数据通过解析提取了其中有价值的数据，这些数据可以根据人们的需求编写一定的Python代码进行组织并保存，且能建立永久存储。如果数据量比较小，可以用文件直接保存，如果数据量较大或为了方便后期对数据进行查询和统计，则可以将数据存储到数据库。

11.3　通过requests库获取网页数据

豆瓣网站电影信息的爬取V1.0

豆瓣网电影板块https://movie.douban.com/cinema/nowplaying/wuhan/展示了武汉市正在上映的电影，如何获取该网页数据呢？

这可以使用Python第三方库requests来实现。

豆瓣网电影信息的爬取 V1.0

11.3.1 requests库简介

requests库是基于Python内置库urllib进行封装而形成的第三方库，它以API的方式提供与HTTP的方法相对应的功能。它能够将请求背后的复杂操作抽象成一个简单的API，调用者只需专注于与服务器交互的数据，使用起来比urllib更加方便，可以减少大量的工作，而且完全满足HTTP的使用需求。

requests库是第三方库，因此使用前需要先安装，安装命令如下：

```
pip install requests
```

更推荐读者采用国内镜像方式安装，例如采用清华大学的镜像资源方式安装，其安装命令如下：

```
pip install requests -i https://pypi.tuna.tsinghua.edu.cn/simple/
```

安装完成后，可以在Python IDLE交互式命令行下进行安装小测试：

```
>>> import requests
# 获取"武昌首义学院"首页
>>> res = requests.get("http://www.wsyu.edu.cn/")
# 输出响应状态码
>>> print(res.status_code)
200
# 输出响应结果的前200个字符
>>> print(res.text[:200])
<!DOCTYPE html PUBLIC "-//W3C//DTD XHTML 1.0 Transitional//EN" "http://www.w3.org/
TR/xhtml1/DTD/xhtml1-transitional.dtd">
<html xmlns="http://www.w3.org/1999/xhtml">
<head>
  <meta http-equiv="Content
```

11.3.2 requests库的常用方法

requests库是一个简洁且简单的处理HTTP请求的第三方库，它提供了丰富的网页请求方法，如表11-2所示。

表11-2 requests库中网页请求的主要方法

requests库方法	描述
requests.request()	创建请求的通用方法
requests.get()	获取HTML网页的主要方法，对应于HTTP的GET
requests.post()	向HTML网页提交POST请求的方法，对应于HTTP的POST
requests.head()	获取HTML网页头信息的方法，对应于HTTP的HEAD
requests.put()	向HTML网页提交PUT请求的方法，对应于HTTP的PUT
requests.patch()	向HTML网页提交局部修改请求，对应于HTTP的PATCH
requests.delete()	向HTML页面提交删除请求，对应于HTTP的DELETE

1. requests.request()方法

requests.request()方法的语法格式如下：

```
requests.request(method, url,**kwargs)
```

其中，method即请求方法，常见的有GET、POST请求，此外还有HEAD、PUT、PATCH、DELETE、OPTIONS，前6种就是HTTP协议所对应的请求方式，OPTIONS事实上是向服务器获取一些跟客户端能够打交道的参数，且不区分大小写。

url参数指请求的URL地址。

**kwargs参数指控制访问的参数，均为可选项，详情参见表11-3。在传实际参数时，以关键字参数的形式传入，Python会自动解析成字典的形式。

表11-3　**kwargs可选参数信息

可选参数名	描述
params	字典或字节序列，作为参数增加到url中，一般用于get请求，post请求也可用(不常用)
data	字典、字节序列或文件对象，作为post请求的参数
json	JSON格式的数据，作为post请求的json参数
headers	字典，HTTP定制头
cookies	字典或CookieJar、Request中的cookie
auth	元组，支持HTTP认证功能
files	字典类型，传输文件
timeout	设定超时时间，单位为秒
proxies	字典类型，设定访问代理服务器，可以增加登录认证
allow_redirects	True/False，默认为True，重定向开关
stream	True/False，默认为True，获取内容立即下载开关
verify	True/False，默认为True，认证SSL证书开关
cert	本地SSL证书

在上述表中headers参数可设置为浏览器信息User Agent来模拟浏览器发送请求。

User Agent(用户代理，UA)是一个特殊字符串头，用于服务器识别客户端使用的操作系统及版本、CPU 类型、浏览器及版本、浏览器渲染引擎、浏览器语言、浏览器插件等。User Agent存放在请求的Headers中，服务器就是通过查看Headers中的UA来判断是谁在访问。在Python中，如果不设置User Agent，程序将使用默认参数。如果服务器检查User Agent，没有设置User Agent的Python程序将无法正常访问网站。UA可以进行伪装，Python允许用户修改User Agent来模拟浏览器访问，即伪装成浏览器，从而隐藏自己是爬虫程序的身份。

Windows 64平台的360安全浏览器，其User Agent的信息如下：

```
    Mozilla/5.0 (Windows NT 10.0; WOW64) AppleWebKit/537.36 (KHTML, like Gecko)
Chrome/78.0.3904.108 Safari/537.36
```

其中

```
headers={'User-Agent':"Mozilla/5.0 (Windows NT 10.0; WOW64) AppleWebKit/537.36
    (KHTML, like Gecko) Chrome/78.0.3904.108 Safari/537.36"}
```

通过requests.request()方法，伪装浏览器且以get方式访问“武昌首义学院”首页数据的代码如下：

```
import requests
header = {'User-Agent':"Mozilla/5.0 (Windows NT 10.0; WOW64) AppleWebKit/537.36
(KHTML, like Gecko) Chrome/78.0.3904.108 Safari/537.36"}
url = "http://www.wsyu.edu.cn/"
res = requests.request('get',url,headers=header)
print(res.text)
```

2. requests库的get()方法

get()方法的语法格式如下：

```
requests.get(url,params=None,**kwargs)
```

其中url即请求的URL地址，params为url 中的额外参数，字典或字节流格式，可选，默认为空，**kwargs可选参数信息可参见表11-3。get()是获取网页最常用的方法，在调用requests.get()函数后，返回的网页内容会保存为一个Response对象，例如：

```
>>> import requests
# 获取"武昌首义学院"首页
>>> res = requests.get("http://www.wsyu.edu.cn/")
>>> type(res)
<class 'requests.models.Response'>    # 返回Response对象
```

和浏览器的交互过程一样，requests.get()代表请求过程，返回的Response对象代表响应，返回的内容作为一个对象便于操作，Response对象的主要属性如表11-4所示。

表11-4 Response对象的主要属性

属性	描述
status_code	HTTP请求的返回状态码，常见的状态码有：200表示连接成功，404表示失败
text	HTTP响应内容的字符串形式，即url对应的页面内容
encoding	HTTP响应内容的编码方式
apparent_encoding	从响应内容中分析出的编码方式(网页的实际编码方式)
content	HTTP响应内容的二进制形式

status_code属性返回请求HTTP后的状态，在处理数据之前要先判断状态情况，如果请求未被响应，即意味着获取响应内容失败，需要进行异常处理且终止内容处理。text属性是请求的页面内容，以字符串形式展示。encoding属性非常重要，它给出了返回页面内容的编码方式，可以通过对encoding属性赋值更改编码方式，以便进行中文字符的处理。apparent_encoding即从响应内容中分析出的编码方式，是实际编码方式。content属性是页面内容的二进制形式。例如：

```
>>> import requests
# 获取"武昌首义学院"首页
>>> res = requests.get("http://www.wsyu.edu.cn/")
>>> res.status_code                    # 返回状态
200
# 中文字符显示为乱码(因内容过多，在此只给出了一部分数据)
>>> res.text
'<!DOCTYPE html PUBLIC "-//W3C//DTD XHTML 1.0 Transitional//EN"
"http://www.w3.org/TR/xhtml1/DTD/xhtml1-transitional.dtd">\n<html
xmlns="http://www.w3.org/1999/xhtml">\n<head>\n  <meta http-equiv="Content-Type"
content="text/html; charset=utf-8" />\n  <title style="color: rgb(51, 51, 51);
```

```
border-color: rgb(51, 5);">æ\xad¦æ\x98\x8cé¦\x96ä¹\x89å\xad¦é\x99¢â\x80\x94å\x8e\
x9få\x8d\x8eä¸\xadç§\x9……'
# 默认的编码方式是ISO-8859-1，所以中文是乱码
>>> res.encoding
'ISO-8859-1'
# 更改编码方式为响应内容分析出的编码方式
# 此处apparent_encoding的值为utf-8
>>> res.encoding=res.apparent_encoding
# 更改完成，返回内容中的中文字符可以正常显示了
>>>res.text
'<!DOCTYPE html PUBLIC "-//W3C//DTD XHTML 1.0 Transitional//EN"
"http://www.w3.org/TR/xhtml1/DTD/xhtml1-transitional.dtd">\n<html
xmlns="http://www.w3.org/1999/xhtml">\n<head>\n
<meta http-equiv="Content-Type" content="text/html; charset=utf-8" />\n
<title style="color: rgb(51, 51, 51); border-color: rgb(51, 5);">武昌首义学院—原
华中科技大学武昌分校……'
```

除了属性，response对象还提供了一些方法，如表11-5所示。

表11-5 Response对象的主要方法

方法	描述
json()	如果HTTP响应内容包含JSON格式数据，则该方法解析JSON数据
raise_for_status	如果HTTP响应状态码不是200，则产生异常

json()方法能够在HTTP响应内容中解析存在的json数据，这将使解析HTTP更便利。raise_for_status()方法能在非成功响应后产生异常，即只要返回的请求状态码status_code不是200，这个方法会产生一个异常，这时可以引入异常处理机制try...except。

requests会产生几种常用异常。当遇到网络问题时，如DNS查询失败、拒绝连接等，requests会抛出ConnectionError异常；遇到无效HTTP响应时，requests则会抛出HTTPError异常；若请求url超时，则抛出Timeout异常；若请求超过了设定的最大重定向次数，则会抛出一个TooManyRedirects异常。

获取一个网页的通用代码框架如下：

```
import requests
def getHTMLText(url):
    try:
        # 设置超时时长为30秒
        r = requests.get(url,timeout = 30)
        # 如果HTTP响应状态码不是200，则产生异常
        r.raise_for_status()
        # 设置编码方式
        r.encoding = r. apparent_encoding
        # 返回响应内容字符串
        return r.text
        except:
        return "产生异常"
        url = "http://www.wsyu.edu.cn/"
        print(getHTMLText(url))
```

3. requests.post()方法

requests.post()方法的语法格式如下：

```
requests.post(url,data=None,json=None,**kwargs)
```

requests.post()方法一般用于表单提交，向指定URL提交数据，可提交字符串、字典、文件数据。其中url即是请求的URL地址，data为请求上传的数据且常为字典形式，json为请求体中上传的json数据。post()方法的常用方式参见如下代码：

```
>>> import requests
>>> params = {'spam': 1, 'eggs': 2, 'bacon': 0}
>>> res = requests.post("http://www.musi-cal.com/cgi-bin/query", data=params)
>>> res.text                          # 输出信息过多，在此只输出部分信息
'<!DOCTYPE html>\r\n<html lang="ja" prefix="og: http://ogp.me/ns#">\r\n
<head prefix="og: http://ogp.me/ns# fb: http……'
>>> r = requests.post("http://httpbin.org/post",data = "helloWorld")
>>> r.text
'{\n  "args": {}, \n  "data": "helloWorld", \n  "files": {}, \n  "form": {},
\n  "headers": {\n    "Accept": "*/*", \n    "Accept-Encoding": "gzip, deflate",
\n    "Content-Length": "10", \n    "Host": "httpbin.org", \n    "User-
Agent": "python-requests/2.26.0", \n    "X-Amzn-Trace-Id": "Root=1-618cd757-
1b398e34049f8917361daa82"\n  }, \n  "json": null, \n  "origin": "111.181.60.150",
\n  "url": "http://httpbin.org/post"\n}\n'
```

豆瓣网站电影信息的爬取V1.0

任务1：获取豆瓣网电影板块。

https://movie.douban.com/cinema/nowplaying/wuhan武汉正热映的页面数据。

解决方法1(通过requests库获取网页内容)：

```
def getMoviesHtmlTextRequests(url):
    header={'User-Agent':"Mozilla/5.0 (Windows NT 10.0; WOW64) AppleWebKit/537.36
    (KHTML, like Gecko) Chrome/78.0.3904.108 Safari/537.36"}
    try:
        res = requests.get(url,headers=header)
        res.raise_for_status()
        res.encoding = res.apparent_encoding
        text = res.text
        return text
    except:
        return "获取电影数据失败"
# 调用getMoviesHtmlTextRequests()，通过requests库获取网页内容
    import requests
    url = 'https://movie.douban.com/cinema/nowplaying/wuhan/'
    print(getMoviesHtmlTextRequests (url))
```

练一练

【练一练11-1】使用requests库中的get方法获取指定url的网页数据，请将代码补充完整。

```
>>> import requests
>>> url = 'http://www.wsyu.edu.cn'
>>> res = ____________________________
>>> print(res.text)
```

【练一练11-2】使用requests库中的post方法获取网页数据，请将代码补充完整。

```
>>> import requests
>>> import json
>>> url = 'http://fanyi.youdao.com/translate?smartresult=dict&smartresult=rule'
>>> form_data = {'i':'我爱中国', ……} #form_data为请求表单数据
>>> response =______________(____________,data= ____________)
>>> res = json.loads(response.text)
>>> print(res)
```

11.4 通过urllib库获取网页数据

豆瓣网站电影信息的爬取V1.0

豆瓣网电影板块https://movie.douban.com/cinema/nowplaying/wuhan/展示了武汉市正在上映的电影，如何获取该网页数据呢?

可以使用Python内置的urllib库来实现。

实现网络爬虫，首先要爬取网页数据，即下载包含目标数据的网页。爬取网页需要爬虫向服务器发送一个HTTP请求，然后接收服务器返回的响应内容中的整个网页源代码。

利用Python完成这个过程，既可以使用前面所介绍的第三方库requests，也可以使用Python的内置库urllib。使用这两个库在爬取网页数据时，只需要关心请求的URL格式、要传递什么参数、要设置什么样的请求头，而不需要关心它们的底层是怎样实现的。

11.4.1 urllib库简介

urllib库是Python内置的HTTP请求库，它可以看作是处理URL的组件集合。urllib库包含四大模块：

(1) urllib.request模块即请求模块，用于打开并读取URL。

(2) urllib.error模块即异常处理模块，包含一些由urllib.request产生的异常，可以使用try进行捕捉处理。

(3) urllib.parse模块即URL解析模块，包含一些解析URL的方法。

(4) urllib.robotparser模块即robot.txt解析模块，用于解析robot.txt文本文件。它提供了一个单独的RobotFileParser类，通过该类提供can_fetch()方法，测试爬虫是否可以下载一个页面。

11.4.2 urllib库的基本使用

urllib.request 模块提供了最基本的构造 HTTP 请求的方法，利用它可以模拟浏览器的一个请求发起过程，同时它还带有处理authenticaton(授权验证)、redirections(重定向)、cookies(浏览器Cookies)以及其他内容。

1.urlopen()方法

使用urllib.request.urlopen()函数可以很轻松地打开一个网站，读取网页信息，urlopen()函数

的语法格式如下：

```
urlopen(url[,data=None[,proxies]])
```

urlopen()返回一个HTTPResponse对象，然后可以像操作本地文件一样，通过这个对象来获取远程数据。其中参数url为目标资源在网站中的位置，可以是一个表示url地址的字符串，也可以是一个request对象；参数data用来指明向服务器发送的额外信息(默认为None，此时以get方式提交数据，当用户设置data参数时，需要将数据提交方式改为post)；参数proxies用于设置代理。urlopen()函数还有其他一些可选参数，具体可以参见Python帮助文档。

urlopen函数返回HTTPResponse对象，提供了如下方法：

(1) read()、readline()、readlines()、fileno()、close()：这些方法的使用方式与文件对象完全一样。

(2) info()：返回一个httplib.HTTPMessage对象，表示远程服务器返回的头信息。

(3) getcode()：返回HTTP状态码。

(4) geturl()：返回请求的url。

例如，在命令行输入如下语句：

```
>>> import urllib.request
>>> f = urllib.request.urlopen("https://www.baidu.com")
>>> type(f)
<class 'http.client.HTTPResponse'>
# 读取网页内容并解码
>>> html = f.read().decode('utf-8')
>>> print(html)
<html>
<head>
    <script>
        location.replace(location.href.replace("https://","http://"));
    </script>
</head>
<body>
    <noscript><meta http-equiv="refresh"
    content="0;url=http://www.baidu.com/"></noscript>
</body>
</html>
```

由上述语句输出的结果看，urlopen()函数的返回值类型是http.client模块的HTTPResponse类；通过调用HTTPResponse对象的read()读取网页内容，且read()获取了请求页内容的二进制形式，可用decode()方法将网页的信息进行解码。本书重点介绍了read()方法，其他方法如readline()、readlines()、fileno()、close()可参见Python帮助文档。

```
在命令行输入如下语句:
>>> import urllib.request
>>> f = urllib.request.urlopen("https://www.baidu.com")
>>> f.geturl()
https://www.baidu.com
>>> f.getcode()
200
>>> f.info()
```

```
Accept-Ranges: bytes
Cache-Control: no-cache
Content-Length: 227
Content-Type: text/html
Date: Tue, 05 Oct 2021 07:54:38 GMT
P3p: CP=" OTI DSP COR IVA OUR IND COM "
P3p: CP=" OTI DSP COR IVA OUR IND COM "
Pragma: no-cache
Server: BWS/1.1
Set-Cookie: BD_NOT_HTTPS=1; path=/; Max-Age=300
Set-Cookie: BIDUPSID=1DDFB66D1B5DE434565D428D1E1B78AA; expires=Thu, 31-Dec-37
23:55:55 GMT; max-age=2147483647; path=/; domain=.baidu.com
Set-Cookie: PSTM=1633420478; expires=Thu, 31-Dec-37 23:55:55 GMT; max-age=
2147483647; path=/; domain=.baidu.com
Set-Cookie: BAIDUID=1DDFB66D1B5DE4345EAC17D16421AA5B:FG=1; max-age=31536000;
expires=Wed, 05-Oct-22 07:54:38 GMT; domain=.baidu.com; path=/; version=1; comment=bd
Strict-Transport-Security: max-age=0
Traceid: 163342047802555540589717727333881334137
X-Frame-Options: sameorigin
X-Ua-Compatible: IE=Edge,chrome=1
Connection: close
```

由上述测试可知HTTP状态码为200，即服务器已成功处理了请求，表示服务器提供了请求的网页。响应的头部信息与在浏览器中打开百度首页(https://www.baidu.com)，按F12键之后，在Network选项卡中看到的响应标头信息一致。

2. 构造request对象

urlopen()函数中url参数不仅可以是一个表示url地址的字符串，也可以是一个request对象。当使用urlopen()函数发送一个请求时，如果希望执行更为复杂的操作(如增加HTTP报头)，则必须创建一个request对象来作为urlopen()函数的参数。例如，在命令行输入如下指令，也可以访问百度首页的内容。

```
>>> import urllib.request
>>> request = urllib.request.Request("https://www.baidu.com")
>>> f = urllib.request.urlopen(request)
# 读取网页内容并解码
>>> html = f.read().decode('utf-8')
>>> print(html)
<html>
<head>
    <script>
        location.replace(location.href.replace("https://","http://"));
</script>
</head>
<body>
    <noscript><meta http-equiv="refresh" content="0;url=http://www.baidu.com/">
        </noscript>
</body>
</html>
```

3. 向服务器发送数据

在爬取网页时，可以通过HTTP请求传递数据给服务器，传递数据的方式分为get和post两种。两者的特点分别如下：

(1) get方式可以通过url提交数据，即待提交数据是url的一部分。由于各种浏览器和服务器对url的长度有限制，因此get方式提交的数据内容长度也受限。例如，在命令行输入如下指令测试get方法，提交数据data即为url的一部分。

```
>>> import urllib.parse
>>> import urllib.request
>>> data = urllib.parse.urlencode({'word':'hello'})
>>> url = 'http://httpbin.org/get?%s' %data
>>> url
'http://httpbin.org/get?word=hello'
>>> res = urllib.request.urlopen(url)
>>> res.read()
b'{\n  "args": {\n    "word": "hello"\n  }, \n  "headers": {\n    "Accept-Encoding":
"identity", \n    "Host": "httpbin.org", \n    "User-Agent": "Python-urllib/3.7",
\n    "X-Amzn-Trace-Id": "Root=1-615c16e7-330778991b6aa41f674f37c9"\n  },
\n  "origin": "219.140.64.130", \n  "url": "http://httpbin.org/get?word=hello"\n}\n'
```

(2) post方式则将提交的数据放置在HTML HEADERS内，且对提交内容的长度无限制。例如，在命令行输入如下指令，测试post方式。

```
>>> import urllib.parse
>>> import urllib.request
>>> data = bytes(urllib.parse.urlencode({'word':'hello'}),encoding='utf8')
>>> res = urllib.request.urlopen('http://httpbin.org/post',data=data)#使用post方式
>>> res.read()
b'{\n  "args": {}, \n  "data": "", \n  "files": {}, \n  "form": {\n    "word":
"hello"\n  }, \n  "headers": {\n    "Accept-Encoding": "identity", \n    "Content-
Length": "10", \n    "Content-Type": "application/x-www-form-urlencoded", \n
"Host": "httpbin.org", \n    "User-Agent": "Python-urllib/3.7", \n    "X-Amzn-Trace-
Id": "Root=1-615c0cde-07c1da2403a5de5a78a29053"\n  }, \n  "json": null,
\n  "origin": "219.140.64.130", \n  "url": "http://httpbin.org/post"\n}\n'
```

对比上述get和post两种请求得到的响应数据，发现通过get方式提交的数据存在于参数url字段中，而通过post方式提交的数据存在于参数data(即表单)中。

4. 设置超时时间

通过request模块的urlopen方法向对方服务器发送请求时，如果长时间没有得到响应，不应继续等待，而应当立即终止该请求。否则，会继续耗费本地客户端和对方服务器的资源，还会让调用程序的用户长时间内得不到响应，降低用户体验。

在实际项目中，在调用urlopen方法时，一般会加入timeout参数来指定超时时间，该参数的单位是秒，具体的值可以根据实际项目需求而定，一般不宜过长。如果超过这个时间，服务端还没有响应结果，就会抛出异常。在如下代码示例中演示了超时设置的效果：

```
import urllib.request
url = 'https://www.baida.com/'          #BAIDA.com是一个国外的网站
# 设置超时时间为0.1秒
res = urllib.request.urlopen(url,timeout=0.1)
# 如果响应状态码为200，则成功返回
if res.getcode() == 200:
    # 将结果以二进制方式读取后以utf-8解码输出
    print(res.read().decode('utf-8'))
```

运行上述程序，结果出现如下异常信息：

```
raise URLError(err)
urllib.error.URLError: <urlopen error timed out>
```

说明其在调用urlopen方法时，传入了timeout=0.1的参数，即发出请求后经0.1秒没有得到响应，则抛出异常。这时可以把timeout的参数值改成1或更大，就能看到返回的正常页面数据。所以，在实际项目中，可根据实际能接受的时间设置timeout参数值，避免过长的请求等待。

5. 设置headers属性来模拟浏览器发送请求

在前述代码示例中都是直接通过urlopen方法发送HTTP请求来获取响应数据，而在访问某些网站(如豆瓣网时)，发送请求的同时需要携带像浏览器访问时所带的HTTP头信息，从而模拟浏览器发请求，否则可能无法获得预期的返回信息。通常这种做法也叫“使用User Agent隐藏身份”。

设置User Agent的方法，一种是在创建Request对象时，填入headers参数(包含User Agent信息)，这个headers参数要求为字典；另一种是在创建Request对象时不添加headers参数，而是在创建完成之后，使用add_header()的方法添加headers.

以下代码将演示创建Request对象时，如何填入headers参数(包含User Agent信息)：

```
import urllib.request
url = 'https://www.douban.com/'        # 豆瓣网
header = {'User-Agent': 'Mozilla/5.0 (Windows NT 10.0; WOW64) AppleWebKit/537.36
(KHTML, like Gecko) Chrome/78.0.3904.108 Safari/537.36'}
# 创建Request对象时添加headers
req = urllib.request.Request(url,headers = header)
res = urllib.request.urlopen(req)
if res.getcode() == 200:
    print(res.read().decode('utf-8'))
```

以下代码将演示在创建Request对象时，不添加headers参数，而是在创建完成之后，使用add_header()的方法添加headers：

```
import urllib.request
url = 'https://www.douban.com/'        # 豆瓣网
# 创建Request对象时不添加headers参数
req = urllib.request.Request(url)
req.add_header('User-Agent','Mozilla/5.0 (Windows NT 10.0; WOW64) AppleWebKit/
    537.36 (KHTML, like Gecko) Chrome/78.0.3904.108 Safari/537.36')
# 通过add_header添加headers
res = urllib.request.urlopen(req)
if  res.getcode() == 200:
    print(res.read().decode('utf-8'))
```

6. 异常处理

urllib.error 模块为 urllib.request 所引发的异常定义了异常类，基础异常类是 URLError。异常产生的原因可能是没有连接网络、服务器连接失败、找不到指定的服务器等，异常的主要类型有URLError 和 HTTPError两种。

URLError 是 OSError 的一个子类，程序在遇到问题时会引发此异常(或其派生的异常)，包含的属性 reason 为引发异常的原因。

HTTPError 是 URLError 的一个子类，用于处理特殊 HTTP 错误，例如作为认证请求的时候，包含的属性code为 HTTP 的状态码，reason为引发异常的原因，headers为导致 HTTPError 的特定 HTTP 请求的 HTTP 响应头。

如将百度的网址输入错误，就无法连接服务器，此时会发生 [WinError 10060]异常，该异常为url错误，其异常处理代码如下：

```
import urllib.request
import urllib.error
request = urllib.request.Request('https://www.baidux.com/')
try:
    res = urllib.request.urlopen(request)
except: urllib.error.URLError as e:
    print(e)
```

运行结果：

```
<urlopen error [WinError 10060] 由于连接方在一段时间后没有正确答复或连接的主机没有反应，连接尝试失败。>
```

如果能够成功地连接服务器，但服务器无法处理请求内容，urlopen()函数会抛出HTTPError 异常。其异常处理代码如下：

```
import urllib.request
import urllib.error
myURL1 = urllib.request.urlopen("https://www.runoob.com/")
print(myURL1.getcode())# 200
try:
    myURL2 = urllib.request.urlopen("https://www.runoob.com/no.html")
except: urllib.error.HTTPError as e:
    if e.code == 404:
        print(404)
```

运行结果：

```
404
```

如果urllib.request产生异常时，用HTTPError和URLError一起捕获异常，由于HTTPError是URLError的一个子类，因此需要将HTTPError放在URLError的前面，否则HTTPError将无法捕获异常信息。

豆瓣网站电影信息的爬取V1.0

任务2：获取豆瓣网电影板块https://movie.douban.com/cinema/nowplaying/wuhan武汉正热映的页面数据。

解决方法2(通过urllib库获取网页内容)：

```
def getMoviesHtmlTextUrllib(url):
    header = {'User-Agent':"Mozilla/5.0 (Windows NT 10.0; WOW64) AppleWebKit/537.36
    (KHTML, like Gecko) Chrome/78.0.3904.108 Safari/537.36"}
    try:
        req = urllib.request.Request(url,headers = header)
        res = urllib.request.urlopen(req)
        if res.getcode() == 200:
            text = res.read().decode('utf-8')
            return text
    except:
        return "获取电影数据失败"
# 调用getMoviesHtmlTextUrllib ()，通过urllib库获取网页内容
    import urllib.request
    url = 'https://movie.douban.com/cinema/nowplaying/wuhan/'
    print(getMoviesHtmlTextUrllib (url))
```

练一练

【练一练11-3】使用urllib库中的urlopen方法获取网页数据，请将代码补充完整。

```
>>> import urllib.request
>>> url = 'http://www.wsyu.edu.cn'
>>> res = urllib.request.________
>>> text = res.________.decode('utf-8')
>>> print(text)
```

【练一练11-4】使用urllib并设置headers获取网页数据，请将代码补充完整。

```
>>> import urllib.request
>>> url = 'http://www.wsyu.edu.cn'
>>> headers = {'______________':'Mozilla/5.0 (Windows NT 10.0; WOW64) AppleWebKit/
537.36 (KHTML, like Gecko) Chrome/78.0.3904.108 Safari/537.36'}
# 创建headers信息
# 创建Request对象req时添加headers
>>> req = urllib.request.Request(url,headers = headers)
# 通过打开Request对象req获取网页内容
>>> res = urllib.______________
>>> text = res.read().decode('utf-8')
>>> print(text)
```

11.5　通过BeautifulSoup解析网页

豆瓣网站电影信息的爬取V2.0

豆瓣网电影板块https://movie.douban.com/cinema/nowplaying/wuhan/展示了武汉市正在上映的电影，如何在获取网页信息的基础上进一步解析网页并提取电影信息？

这可以使用BeautifulSoup来实现。

豆瓣网站电影信息的爬取 V2.0

在豆瓣网电影信息的爬取V1.0中，使用Python第三方库requests或内置库urllib可以将整个网页的内容全部爬取下来。但是，这些数据的信息往往非常庞大，不仅整体非常混乱，而且大部分数据并不是人们所关心的。针对这种情况，需要对爬取的全局数据进行过滤，并选取人们所关心的数据。为此，Python支持一些解析网页的技术，包括正则表达式、XPath、BeautifulSoup和JsonPath等。BeautifulSoup库也叫beautifulsoup4或bs4，约定的引用方式为from bs4 import BeautifulSoup或 import bs4，其主要使用BeautifulSoup类的构造方法将HTML网页文档对应的标签树转为BeautifulSoup对象。所以，一个BeautifulSoup对象对应一个HTML或XML文档的全部内容。下面介绍如何使用BeautifulSoup解析网页信息。

11.5.1　beautifulsoup4库简介

获取HTML网页并将其转换为字符串后，需要进一步解析HTML页面格式，提取有用信息，通常需要处理HTML或XML的函数库。

beautifulsoup4库也称Beautiful Soup库或bs4库，用于解析和处理HTML和XML。其最大的优点就是能根据HTML和XML语法建立解析树，并提供了一些简单的方法和Python函数，用于高效地解析其中的内容，支持多种解析器。利用它不用编写正则表达式即可方便地实现网页信息的提取。

beautifulsoup4库采用面向对象思想实现，简单地说，它把每个页面当作一个对象，通过a.b的方式访问对象的属性或通过a.b()的方式调用方法，执行相关操作。

beautifulsoup4库是第三方库，因此使用前需要先安装，安装命令如下：

```
pip install beautifulsoup4
```

更推荐读者采用国内镜像方式安装，例如采用清华大学的镜像资源方式安装，其安装命令如下：

```
pip install beautifulsoup4 -i https://pypi.tuna.tsinghua.edu.cn/simple/
```

安装完成后，可以在Python IDLE交互式命令行下安装小测，其中BeautifulSoup对象中的prettify()方法可格式化输出HTML/XML文档：

```
>>> from bs4 import BeautifulSoup
>>> soup = BeautifulSoup('<p>data</p>','html.parser')
>>> print(soup.prettify())
<p>
 data
</p>
```

11.5.2 beautifulsoup4库的使用

beautifulsoup4简称bs4，使用bs4库的一般流程如下：

(1) 创建一个BeautifulSoup类型的对象；

(2) 通过BeautifulSoup对象的操作方法进行解析与查找；

(3) 利用DOM树(网页文档)结构标签的特性，按照给定的规则进行详细的信息节点提取。

根据DOM树(如find_all()方法)可以搜索出所有满足要求的节点。在搜索节点时，可以按照节点名称、节点属性或者节点的文本进行搜索。只要获得了一个节点，就可以进一步访问节点的名称、属性和文本。

1. 创建BeautifulSoup对象

BeautifulSoup对象可以通过一个字符串或一个类文件对象(可以是一个储存在本地的文件句柄或一个Web网页句柄)来创建。

首先，用字符串创建BeautifulSoup对象，即向构造器中传递一个字符串创建对象，例如：

```
>>> from bs4 import BeautifulSoup
>>> helloWord = "<html>Hello World!</html>"
>>> soup = BeautifulSoup(helloWord)
>>> soup
<html><body><p>Hello World!</p></body></html>
```

其次，可以用本地HTML文件来创建BeautifulSoup对象。例如：

```
>>> from bs4 import BeautifulSoup
>>> soup = BeautifulSoup(open('./demo.html'),'html.parser')
>>> soup
<html><head><title>This is a python demo page</title></head>
<body>
<p class="title"><b>The demo python introduces several python courses.</b></p>
<p class="course">Python is a wonderful general-purpose programming language. You
can learn Python from novice to professional by tracking the following courses:
<a class="py1" href="http://www.icourse163.org/course/BIT-268001" id="link1">Basic
Python</a> and <a class="py2" href="http://www.icourse163.org/course/
BIT-1001870001" id="link2">Advanced Python</a>.</p>
</body></html>
```

上述代码中demo.html是将https://python123.io/ws/demo.html下载到本地的html文件。

另外，也可以使用网址URL获取HTML文件，进而创建BeautifulSoup对象。例如：

```
>>> from urllib import request
>>> from bs4 import BeautifulSoup
>>> res = request.urlopen("https://python123.io/ws/demo.html")
```

```
>>> html = res.read().decode('utf-8')
>>> soup = BeautifulSoup(html,'html.parser')
>>> soup
<html><head><title>This is a python demo page</title></head>
<body>
<p class="title"><b>The demo python introduces several python courses.</b></p>
<p class="course">Python is a wonderful general-purpose programming language. You
can learn Python from novice to professional by tracking the following courses:
<a class="py1" href="http://www.icourse163.org/course/BIT-268001" id="link1">Basic
Python</a> and <a class="py2" href="http://www.icourse163.org/course/
BIT-1001870001" id="link2">Advanced Python</a>.</p>
</body></html>
```

其中html.parser为Python标准库中的HTML解析器。BeautifulSoup()除了支持Python标准库中的HTML解析器，还支持一些第三方解析器，如lxml和html5lib等。BeautifulSoup()支持的解析器以及它们的优缺点如表11-6所示。

表11-6　BeautifulSoup()支持的解析器

解析器	使用方法	说明
Python标准库中的HTML解析器	BeautifulSoup(markup,'html.parser')	速度适中，容错强
lxml的HTML解析器	BeautifulSoup(markup,'lxml')	速度快，容错强
lxml的XML解析器	BeautifulSoup(markup,'xml')	速度快，支持XML
html5lib解析器	BeautifulSoup(markup,'html5lib')	容错性最好，速度较慢

2. 对象的类型

BeautifulSoup将复杂的HTML文档转换成复杂的树形结构，每一个节点都是Python对象，所有对象可以归纳为4种：Tag即标签、NavigableString即标签的文本、BeautifulSoup对象即一个HTML/XML文档的全部内容和Comment即标签注释部分的文本。

1) Tag对象

标签Tag是HTML文档最基本的信息组织单元，分别用<>和</>标明开头和结尾，如<div class='title'>The Dormouse's story</div>等HTML标签，再加上其中包含的内容，便是BeautifulSoup中的Tag对象。Tag对象通常有标签名(name) 、标签属性(attrs)、标签文本(string)和标签内所有子标签的内容(contents)共4个常用属性，如表11-7所示。

表11-7　标签对象的常用属性

属性	描述
name	字符串，标签的名字如div
attrs	字典，包含了页面Tag的所有属性，如上述div标签中的{'class':'title'}
contents	列表，该Tag下所有子Tag的内容
string	字符串，Tag所包围的文本，网页中真实的文字(如上述div标签中的"The Dormouse's story")

下面的代码可以获取指定标签，如p标签的各种属性。

```
>>> import requests
>>> from bs4 import BeautifulSoup
>>> res = requests.get("https://python123.io/ws/demo.html")
>>> soup = BeautifulSoup(res.text,'html.parser')
>>> soup
```

```
<html><head><title>This is a python demo page</title></head>
<body>
<p class="title"><b>The demo python introduces several python courses.</b></p>
<p class="course">Python is a wonderful general-purpose programming language. You
can learn Python from novice to professional by tracking the following courses:
<a class="py1" href="http://www.icourse163.org/course/BIT-268001" id="link1">Basic
Python</a> and <a class="py2" href="http://www.icourse163.org/course/
BIT-1001870001" id="link2">Advanced Python</a>.</p>
</body>
</html>
>>> type(soup.p)
<class 'bs4.element.Tag'>              # Tag对象
# 默认返回soup对象中的第一个p标签信息
>>> soup.p.name
'p'
# 返回p标签的所有属性及其值构成的字典
>>> soup.p.attrs
{'class': ['title']}
# p标签下的所有子标签内容
>>> soup.p.contents
[<b>The demo python introduces several python courses.</b>]
# 返回p标签的文本信息
>>> soup.p.string
'The demo python introduces several python courses.'
```

2) NavigableString对象

NavigableString对象表示HTML标签的文本(非属性字符串)，获取标签(Tag)对象后，可通过string属性获取标签内部的文本，这样可以轻松获取标签中的内容，比正则表达式简便。

```
>>> from bs4 import BeautifulSoup
>>> markup="<html><div>这是一个div元素</div></html>"
>>> soup = BeautifulSoup(markup)
>>> soup.div.string
'这是一个div元素'
>>> type(soup.div.string)
<class 'bs4.element.NavigableString'>              # NavigableString对象
```

3) BeautifulSoup对象

BeautifulSoup对象表示一个文档的全部内容。它也是一个特殊的Tag对象，其name值为document，但没有attrs值。下面的代码可以分别获取它的类型、名称和属性。

```
>>> import requests
>>> from bs4 import BeautifulSoup
>>> res = requests.get("https://python123.io/ws/demo.html")
>>> soup = BeautifulSoup(res.text,'html.parser')
>>> print(type(soup))
<class 'bs4.BeautifulSoup'>              # BeautifulSoup对象
>>> print(soup.name)
[document]
>>> print(soup.attrs)
{}
```

4) Comment对象

Comment对象是一个特殊类型的NavigableString对象，表示标签内字符串的注释部分，其内容不包括注释符号，如下面的代码所示。

```
>>> from bs4 import BeautifulSoup
>>> markup = "<html><div><!--这是div元素注释部分--></div></div></html>"
>>> soup = BeautifulSoup(markup)
>>> soup.div.string
'这是div元素注释部分'
>>> type(soup.div.string)
<class 'bs4.element.Comment'>          #Comment对象
```

3. 搜索文档树的常用方法

BeautifulSoup库中定义了很多搜索方法，其中常用的有find()方法和find_all()方法，还有CSS选择器筛选元素的select()方法。

1) find()和find_all()

find()方法和find_all()方法参数一致，区别为：find()找到匹配的第一个结果，直接返回匹配内容；find_all()找到匹配的所有结果，返回列表类型，存储所有结果。find_all()方法可用于搜索文档树中的Tag对象，非常方便，其基本语法格式如下：

```
BeautifulSoup.find_all(name,attrs,recursive,text,limit,**kwargs)
```

实际上find()也就是当limit=1时的find_all()。find_all()方法常用的参数及其说明如表11-8所示。

表11-8 find_all()方法的常用参数及说明

参数名称	说明
name	基于标签名查找，通过标签名查找，name参数值可以为任一类型的过滤器，如字符串、正则表达式等。默认为None
attrs	基于属性查找，通过某标签的属性来查找
recursive	是否对子孙节点进行搜索，默认为True。若只搜索直接子节点，可置为False
text	基于文本查找，<>…</>中字符串区域的检索字符串
**kwargs	可选参数

现通过将requests库获取url='https://python123.io/ws/demo.html'的网页内容转为BeautifulSoup对象soup，其信息如下：

```
<html>
<head><title>This is a python demo page</title></head>
<body>
<p class="title"><b>The demo python introduces several python courses.</b></p>
<p class="course">Python is a wonderful general-purpose programming language. You
can learn Python from novice to professional by tracking the following courses:
<a class="py1" href="http://www.icourse163.org/course/BIT-268001"
id="link1">Basic Python</a> and <a class="py2"
href="http://www.icourse163.org/course/BIT-1001870001" id="link2">Advanced
Python</a>.</p>
</body>
</html>
```

再调用find_all()方法进行相关搜索的代码如下：

```
>>> import requests
>>> res = requests.get("https://python123.io/ws/demo.html")
>>> soup = BeautifulSoup(res.text,'html.parser')
# 输出所有<a>标签
>>> soup.find_all('a')
[<a class="py1" href="http://www.icourse163.org/course/BIT-268001" id="link1">
Basic Python</a>, <a class="py2" href="http://www.icourse163.org/course/
BIT-1001870001" id="link2">Advanced Python</a>]
>>> import re                          # 导入re模块
# 以匹配正则模式^h进行查找
>>> for tag in soup.find_all(re.compile("^h")):
    print(tag.name,end=" ")
html head
# 查找含有class属性且值为title的p标签
>>> soup.find_all('p',{'class':'title'})
[<p class="title"><b>The demo python introduces several python courses.</b></p>]
>>> soup.find_all('p',attrs={'class':'title'})
# 也可以写成attrs={'class':'title'}
[<p class="title"><b>The demo python introduces several python courses.</b></p>]
# 搜索文档中含有'Python'的标签文本
>>> soup.find_all(text=re.compile('Python'))
['Python is a wonderful general-purpose programming language. You can learn
Python from novice to professional by tracking the following courses:\r\n',
'Basic Python', 'Advanced Python']
# 使用limit参数限制返回的结果数量，返回含一个p标签的列表
>>> soup.find_all('p',limit=1)
[<p class="title"><b>The demo python introduces several python courses.</b></p>]
# find()方法各参数与find_all()一致，只返回第一个成功匹配值
>>> soup.find('p')
<p class="title"><b>The demo python introduces several python courses.</b></p>
```

2) select()方法

在写CSS时，标签不加任何修饰，类名前加点，id名前加#，这里也可以利用类似的方法来筛选元素，通过BeautifulSoup对象的select()方法实现。返回的结果类型为列表list。

以上述的requests库获取https://python123.io/ws/demo.html的网页内容转为BeautifulSoup对象soup为例：

① 通过标签名查找。

```
>>> import requests
>>> res = requests.get("https://python123.io/ws/demo.html")
>>> soup = BeautifulSoup(res.text,'html.parser')
# 输出所有<a>标签
>>> soup.select('a')
[<a class="py1" href="http://www.icourse163.org/course/BIT-268001" id="link1">
Basic Python</a>, <a class="py2" href="http://www.icourse163.org/course/BIT-
1001870001" id="link2">Advanced Python</a>]
```

② 通过类名(类选择器)查找。

```
>>> soup.select('.title')#通过类名class="title" 查找
```

```
[<p class="title"><b>The demo python introduces several python courses.</b></p>]
# 通过类名class="title" 查找，只返回第一个成功匹配值
>>> soup.select_one('.title')
<p class="title"><b>The demo python introduces several python courses.</b></p>
```

③ 通过id查找。

```
# 按id名查找，选取id="link1"的元素
>>> soup.select('#link1')
[<a class="py1" href="http://www.icourse163.org/course/BIT-268001" id="link1">
Basic Python</a>]
```

④ 组合查找。

```
# 查找p中含有class="py1" 的节点，p与.py1间需空格
>>> soup.select('p  .py1')
[<a class="py1" href="http://www.icourse163.org/course/BIT-268001" id="link1">
Basic Python</a>]
# 查找head节点下的直接子节点title
>>> soup.select('head>title')
[<title>This is a python demo page</title>]
>>> soup.select('.title>b')[0].text
'The demo python introduces several python courses.'
```

⑤ 属性查找。

查找时还可以加入属性元素，属性需要用中括号括起来，若属性和标签属于同一节点，则中间不能加空格，否则会无法匹配；若属性和标签不属于同一节点，则空格分开。

```
>>> soup.select('a[class="py1"]')
[<a class="py1" href="http://www.icourse163.org/course/BIT-268001" id="link1">
Basic Python</a>]
>>> soup.select('p  a[class="py1"]')
[<a class="py1" href="http://www.icourse163.org/course/BIT-268001" id="link1">
Basic Python</a>]
```

以上的select()方法返回的结果都是列表形式，可以遍历输出，然后用get_text()方法或text属性来获取它的文本内容。还可以通过get(attr)得到指定属性attr的值。

```
# 输出所有<a>标签
>>> soup.select('a')
[<a class="py1" href="http://www.icourse163.org/course/BIT-268001"
id="link1">Basic Python</a>, <a class="py2" href="http://www.icourse163.org/
course/BIT-1001870001" id="link2">Advanced Python</a>]
>>> soup.select('a')[0].get_text()
'Basic Python'
>>> for item in soup.select('a'):
        print(item.text)
        print(item.get('href'))
Basic Python
http://www.icourse163.org/course/BIT-268001
Advanced Python
http://www.icourse163.org/course/BIT-1001870001
```

豆瓣网站电影信息的爬取V2.0

任务1：解析并提取豆瓣网电影板块https://movie.douban.com/cinema/nowplaying/wuhan武汉正热映的电影信息。

解决方法1(通过BeautifulSoup解析网页并提取信息)：

```
# 解析目标网页内容text
def parseMoviesHtmlTextBs(text):
    # 将text生成BeautifulSoup对象
    soup = BeautifulSoup(text,'lxml')
    items=soup.select('#nowplaying > .mod-bd> .lists> .list-item')
    # 按CSS选择器查找电影信息，#表示id选择器，.表示类选择器，>表示直接后代预期的数据在网页中
      的字段
    data_required = ['data-title', 'data-score', 'data-star', 'data-release',
'data-duration', 'data-region', 'data-director', 'data-actors']
    # 定义列表movies存储多部电影的8个字段信息
    movies = [['电影名称','电影评分','星级','发行时间','时长','产地','导演','演员']]
    # 遍历解析得到的items,取出预期的数据
    for item in items:
        # result储存一部电影的8个字段信息
        movie = []
        # 遍历预期数据字段data_required
        for req in data_required:
            # 将数据存入result
            movie.append(item.get(req)) # get方法获取属性值
        movies.append(movie)
    return movies
import requests
from bs4 import BeautifulSoup
url = 'https://movie.douban.com/cinema/nowplaying/wuhan/'
# 通过requests库获取网页内容text
text = getMoviesHtmlTextRequests(url)
# 调用parseMoviesHtmlTextBs()方法
# 通过BeautifulSoup解析网页并提取信息
movie = parseMoviesHtmlTextBs(text)
print(movie)
```

练一练

【练一练11-5】通过字符串创建BeautifulSoup对象，请将代码补充完整。

```
>>> from bs4 import BeautifulSoup
>>> helloWorld = "<html>Hello World!</html>"
>>> soup =__________(helloWorld,'html.parser')
```

【练一练11-6】通过打开本地文件index.html创建BeautifulSoup对象，请将代码补充完整。

```
>>> from bs4 import BeautifulSoup
>>> soup = BeautifulSoup( _________('index.html'),'html.parser')
>>> soup
```

【练一练11-7】通过获取互联网中的资源(如百度首页)创建BeautifulSoup对象，请将代码补充完整。

```
>>> import requests
>>> from bs4 import BeautifulSoup
>>> res = requests.get('https://www.baidu.com/')
>>> soup = BeautifulSoup(__________,'html.parser')
```

【练一练11-8】搜索文档树，请将代码补充完整。

```
>>> from bs4 import BeautifulSoup
>>> text = '''<html>
<head><title>This is a python demo page</title></head>
<body>
<p class="title"><b>课程建设</b></p>
<p class="course">课程资源
<a href="http://www.icourse163.org/course/BIT-268001" class="py1"
 id="link1">Python基础</a>
and  <a href="http://www.icourse163.org/course/BIT-1001870001"
 class="py2" id="link2">Python进阶</a>  </p>
</body>
</html>'''
>>> soup = BeautifulSoup(text,'lxml')
# 查找title标签，返回匹配结果
>>>______________('______________')
<title>This is a python demo page</title>
# 查找所有title标签，返回匹配结果构成的列表
>>>______________('______________')
[<p class="title"><b>课程建设</b></p>]
# 使用select查找class=title的元素
>>>______________('______________')
[<title>This is a python demo page</title>]
# 查找a标签且属性class=py2
>>> soup.select('a[__________="__________"]')
[<a class="py2"
href="http://www.icourse163.org/course/BIT-1001870001" id="link2">Python进阶</a>]
# 查找a标签的href值
>>>soup.select('a[class="py2" ]')[0]._________ ('_________')
'http://www.icourse163.org/course/BIT-1001870001'
# 使用get_text()获取a标签的文本
>>> soup.select('a[class="py2" ]')[0]._________
'Python进阶'
# 使用text属获取a标签文本
>>>soup.select('a[class="py2" ]')[0]._________
'Python进阶'
# 使用string属获取a标签文本
>>>soup.select('a[class="py2" ]')[0]._________
'Python进阶'
```

11.6 通过XPath解析网页

豆瓣网站电影信息的爬取V2.0

豆瓣网电影板块https://movie.douban.com/cinema/nowplaying/wuhan/展示了武汉市正在上映的电影，如何在获取网页信息的基础上进一步解析网页并提取电影信息？

这可以使用XPath来实现。

豆瓣网站电影信息的爬取 V2.0

XML路径语言(XML Path Language，XPath)是一门在XML文档中查找信息的语言。最初被设计用来搜索XML文档，但是同样适用于搜索HTML文档。XPath的选择功能十分强大，它提供了非常简单明了的路径选择表达式，还提供了丰富的内置函数，用于字符串、数值、时间的匹配，以及节点、序列的处理等，几乎所有节点都可以用XPath来选择。

XPath属于lxml库模块，因此在使用XPath前需要先安装lxml库，具体安装方法同前述的requests或beautifulsoup4库的安装类似。

下面以解析网页https://python123.io/ws/demo.html为例介绍XPath的基本语法及使用方法。该网页源码如图11-8所示。

```
<html><head><title>This is a python demo page</title></head>
<body>
<p class="title"><b>The demo python introduces several python courses.</b></p>
<p class="course">Python is a wonderful general-purpose programming language. You can learn Python
from novice to professional by tracking the following courses:
<a href="http://www.icourse163.org/course/BIT-268001" class="py1" id="link1">Basic Python</a> and <a
href="http://www.icourse163.org/course/BIT-1001870001" class="py2" id="link2">Advanced Python</a>.
</p>
</body></html>
```

图 11-8　https://python123.io/ws/demo.html 的网页源码

11.6.1 XPath基本语法

使用XPath，需要从lxml库中导入etree模块，还需要使用HTML类方法将待解析html内容生XPath解析对象。HTML类的基本语法格式如下：

```
lxml.etree.HTML(text,parser=None,*,base_url=None)
```

HTML类方法的常用参数及其说明如表11-9所示。

表11-9　HTML类的常用参数及其说明

参数名称	说明
text	接收str，表示需要转换为HTML的字符串。无默认值
parser	接收str，表示所使用的HTML解析器。默认为None
base_url	接收str，表示文档的原始URL，用于查找外部实体的相对路径。默认为None

使用HTML类方法将网页内容生成HTML对象，并输出，代码如下：

```
>>> from lxml import etree
>>> import requests
>>> res = requests.get('https://python123.io/ws/demo.html')
>>> html = etree.HTML(res.text)
>>> html
<Element html at 0x2c2aa8b9c48>
>>>result=etree.tostring(html,encoding='utf-8',pretty_print=True,method='html')
>>> result                                    #输出修正后的HTML
b'<html>\n<head><title>This is a python demo page</title></head>\r\n<body>\r\
n<p class="title"><b>The demo python introduces several python courses.</b></p>\r\
n<p class="course">Python is a wonderful general-purpose programming language. You
can learn Python from novice to professional by tracking the following courses:\r\
n<a href="http://www.icourse163.org/course/BIT-268001" class="py1" id="link1">Basic
Python</a> and <a href="http://www.icourse163.org/course/BIT-1001870001" class="py2"
id="link2">Advanced Python</a>.</p>\r\n</body>\n</html>\n'
>>> print(result.decode('utf-8'))
<html>
<head><title>This is a python demo page</title></head>
<body>
<p class="title"><b>The demo python introduces several python courses.</b></p>
<p class="course">Python is a wonderful general-purpose programming language.
You can learn Python from novice to professional by tracking the following courses:
<a href="http://www.icourse163.org/course/BIT-268001" class="py1" id="link1">
Basic Python</a> and <a href="http://www.icourse163.org/course/BIT-1001870001"
class="py2" id="link2">Advanced Python</a>.</p>
</body>
</html>
```

在上述代码中，调用HTML类对Requests库请求回来的网页内容进行初始化，生成了一个XPath解析对象html。若HTML中的节点没有闭合，etree模块也可提供自动补全功能。调用tostring方法即可输出修正后的HTML代码，但是结果为bytes类型，需要使用decode方法将其转成str类型。

同样，上述代码也可以直接从本地文件中导入HTML文件，例如保存有网页内容的HTML文件demo.html，将其中的内容导入并使用HTML类进行初始化，编码方式设为utf-8，代码如下。

```
from lxml import etree
html_local = etree.parse('./demo.html',etree.HTMLParser(encoding="utf-8"))
# pretty_print=True使得输出规整
result = etree.tostring(html_local,encoding='utf-8',pretty_print=True,method='html')
# 将字节以utf-8解码为字符串再输出
print(result.decode('utf-8'))
```

XPath可使用类似的正则表达式来匹配HTML文件中的内容，常用的表达式如表11-10所示。

表11-10　XPath常用的表达式

表达式	说明
nodename	选取nodename节点的所有子节点，含nodename节点
/	从当前节点选取直接子节点
//	从当前节点选取所有子孙节点
.	选取当前节点
..	选取当前节点的父节点
@	选取属性
*	通配符，选择所有元素节点与元素名
@*	选取所有属性
[@attrib]	选取具有指定属性的所有元素
[@attrib='value']	选取指定属性具有匹配值的所有元素

表11-10中，直接子节点表示当前节点的下一层节点，子孙节点表示当前节点的所有下层节点，父节点表示当前节点的上一层节点。

使用XPath方法进行匹配时，可按表达式查找对应位置，并输出至一个列表内。依然以requests库获取https://python123.io/ws/demo.html网页内容，再通过HTML类方法生成XPath解析对象html为例。

```
>>> html = etree.HTML(res.text)#res.text为https://python123.io/ws/demo.html网页内容
# 通过名字查找head标签，成功
>>> html.xpath('head')
[<Element head at 0x1873a00b148>]
# 按节点层次定位title节点，成功
>>> html.xpath('/html/head/title')
[<Element title at 0x1873a00b0c8>]
# 通过名称定位title，结果失败
>>> html.xpath('title')
[]
# 在全局文档中搜索title节点，成功
>>> html.xpath('//title')
[<Element title at 0x1873a00b048>]
# 在全局文档中选取id属性的值
>>> html.xpath('//@id')
['link1', 'link2']
# 选取带有id属性的所有a标签
>>> html.xpath('//a[@id]')
[<Element a at 0x1f5f0fbeb88>, <Element a at 0x1f5f0fb08c8>]
# 选取带有id属性且值为link1的所有a标签
>>> html.xpath('//a[@id="link1"]')
[<Element a at 0x1f5f0fbeb88>]
```

在上述的代码测试中，直接使用名称无法定位子孙节点如title节点，因为按名称定位只能定位到子节点head或子节点body。

11.6.2　XPath谓语表达式

XPath中的谓语可用来查找某个特定的节点或包含某个指定值的节点，谓语被嵌在路径后的

方括号中，如表11-11所示。

表11-11　XPath谓语常用表达式

表达式	说明
/html/body/div[1]	选取属于body子节点的第一个div节点
/html/body/div[last()]	选取属于body子节点的最后一个div节点
/html/body/div[last()-1]	选取属于body子节点的倒数第二个div节点
/html/body/div[position()<3]	选取属于body子节点的前两个div节点
/html/body/div[@id]	选取属于body子节点的带有id属性的div节点
/html/body/div[@id="course"]	选取属于body子节点的带有id属性值为course的div节点

使用谓语时，将表达式加入XPath的路径的后面即可，如下面代码所示。

```
# 定位带有class属性的p节点
>>> html.xpath('//p[@class]')
[<Element p at 0x1f5f0f5ec88>, <Element p at 0x1f5f0c15a08>]
# 定位带有id="link1"的a节点
>>> html.xpath('//a[@id="link1"]')
[<Element a at 0x1f5f0fb08c8>]
# 查找html中的所有p节点
>>> html.xpath('//p')
[<Element p at 0x1f5f0f5ec88>, <Element p at 0x1f5f0fbeb88>]
# 查找html中的第一个p节点
>>> html.xpath('//p[1]')
[<Element p at 0x1f5f0f5ec88>]
```

11.6.3　XPath常用的功能函数

XPath中还提供了进行模糊搜索的功能函数。有时仅知道对象的部分特征，就可通过模糊搜索方式搜索该对象，这时可使用功能函数，如表11-12所示。

表11-12　XPath常用的功能函数

功能函数	示例	说明
starts-with	//div[starts-with(@id,"an")]	选取id值以an开头的div节点
contains	//div[contains(@id,"an")]	选取id值包含an的div节点
and	//div[contains(@id,"an") and contains(@id,"cn")]	选取id值包含an和cn的div节点
text	//li[contains(text(),"list")]	选取节点文本包含list的li节点

text()函数也可用于提取文本内容。定位title节点并获取title节点的文本内容的代码如下：

```
>>> title = html.xpath('//title/text()')
>>> title
['This is a python demo page']
```

11.6.4　XPath的使用

XPath在爬虫中使用最频繁的方法包括获取所有节点、获取子节点、获取文本信息及获取指定属性的值。下面的代码为XPath实例测试。

```
>>>from lxml import etree
>>>text = '''
<div>
<ul class='page'>
<li class='item-1'><a href='link1.html'><b>便利水果店<b></a></li>
<li class='item-2'><a href='link2.html'>居民身份证</a></li>
<li class='item-3'><a href='link3.html'>通讯录</a></li>
<li class='item-4'><a href='link4.html'>电子宠物</a></li>
</ul>
</div>
'''
# 通过etree.HTML，将字符串解析为HTML文档
>>> html = etree.HTML(text)
>>> html
<Element html at 0x1616c784588>
# 定位所有li节点
>>> li = html.xpath('//li')
>>> li
[<Element li at 0x1616cc01bc8>, <Element li at 0x1616cc01c08>, <Element li at
0x1616cc01cc8>, <Element li at 0x1616cc01d48>]
# 提取所有li节点的class属性的值
>>> item = html.xpath('//li/@class')
>>> item
['item-1', 'item-2', 'item-3', 'item-4']
# 提取li节点的文本
>>> text = html.xpath('//li/text()')
>>> text
[]
# 提取所有li节点的直接子节点a的文本
# 第一个li节点下的a不是直接子节点
>>> text = html.xpath('//li/a/text()')
>>> text
['居民身份证', '通讯录', '电子宠物']
# 提取所有li节点的直接子节点a的href
>>> url_list = html.xpath('//li/a/@href')
>>> for i in url_list:
        print(i)
link1.html
link2.html
link3.html
Link4.html
# 定位class值以item开头的li节点
>>> target = html.xpath('//li[starts-with(@class,"item")]')
# string方法获取li子孙节点的文本
>>> target_text = target[0].xpath('string(.)')
>>> target_text
'便利水果店'
# 使用text方法获取文本，前提需路径正确
>>> target[0].xpath('//a/b/text()')
['便利水果店']
# 按属性class = 'page'定位ul
>>> ul = html.xpath("//ul[@class = 'page']")[0]
```

```
>>> ul
<Element ul at 0x1616cc41408>
# 先定位到ul，再通过ul定位其直接子节点li
>>> lis = ul.xpath('./li')
>>> lis
[<Element li at 0x1616cc41588>, <Element li at 0x1616cc41488>, <Element li at
0x1616cc542c8>, <Element li at 0x1616cc54308>]
>>> for li in lis:                          # 遍历每一个li标签
        print(li.xpath('@class'))           # 通过li定位其class属性值
['item-1']
['item-2']
['item-3']
['item-4']
>>> for li in lis:
      # 通过li定位到其直接子节点a的href属性值
        print(li.xpath('./a/@href'))
['link1.html']
['link2.html']
['link3.html']
['link4.html']
>>> for li in lis:
        print(li.xpath('./a/text()'))
[]
['居民身份证']
['通讯录']
['电子宠物']
>>> for li in lis:
        print(li.xpath('.//a/@href')[0])
link1.html
link2.html
link3.html
link4.html
```

从上述的实例测试中可以看出：

(1) //用于获取子孙节点，而/用于获取直接子节点。

(2) text()函数用于提取某个单独子节点的文本，若想提取定位到的子节点及其子孙节点下的全部文本，则可以使用string方法来实现。

(3) 通过xpath定位，可以先定位到父节点，然后通过父节点定位其子节点，接着根据需要提取相关属性值或文本信息。

豆瓣网站电影信息的爬取V2.0

任务2： 解析并提取豆瓣网电影板块https://movie.douban.com/cinema/nowplaying/wuhan武汉正热映的电影信息。

解决方法2(通过XPath解析网页并提取信息)：

```
def parseMoviesHtmlTextXpath(text):
    html=etree.HTML(text)                    #将text解析为HTML文档
    ul=html.xpath("//div[@id='nowplaying']//ul[@class = 'lists']")[0]
```

```
    # 电影信息在<div id='nowplaying'>的后代<ul class="lists">节点中
    lis = ul.xpath('./li')                              # 进一步定位ul下的子节点li
    movies = []                                          # 创建列表用于存储各部电影信息
    for li in lis:
        title = li.xpath("@data-title")[0]              # 获取电影名
        score = li.xpath("@data-score")[0]              # 获取电影评分
        star  = li.xpath("@data-star")[0]               # 获取星级
        release  = li.xpath("@data-release")[0]         # 获取发布时间
        duration = li.xpath("@data-duration")[0]        # 获取电影时长
        region = li.xpath("@data-region")[0]            # 获取所属地
        director= li.xpath('@data-director')[0]         # 获取导演信息
        actors = li.xpath("@data-actors")[0]            # 获取演员信息
        movie = {"电影名称": title,"电影评分":score,"星级":star,"发行时间":release,
                 "时长":duration,"产地":region,"导演":director, "主要演员":actors}
        # movie为字典，存储一部电影的8个属性及其值
        movies.append(movie)
    return movies
import requests
# 从lxml中导入etree模块，以便使用xpath
from lxml import etree
url="https://movie.douban.com/cinema/nowplaying/wuhan"
# 通过requests库获取网页内容text
text= getMoviesHtmlTextRequests (url)
# 调用parseMoviesHtmlTextXpath()方法
# 通过XPath解析网页并提取信息
movies= parseMoviesHtmlTextXpath (text)
print(movies)
```

练一练

【练一练11-9】 XPath的常用方法，请将代码补充完整。

```
>>> from lxml import etree
>>> text='''
<div>
<ul class='lists'>
<li class='item-1'><a href='link1.html'>第一项</a></li>
<li class='item-2'><a href='link2.html'>第二项</a></li>
<li class='item-3'><a href='link3.html'>第三项</a></li>
</ul>
</div>'''
# 通过etree类的HTML方法生成解析对象html
>>> html = ______________________
>>> html
<Element html at 0x1a1efad6348>
# 获取所有的<li>标签
>>> html.xpath('______________________')
[<Element li at 0x1a1efaf4808>, <Element li at 0x1a1efbb1488>, <Element li at
0x1a1efbb14c8>]
# 获取li标签下的所有class属性值
>>> html.xpath('______________________')
['item-1', 'item-2', 'item-3']
```

```
# 获取li标签下的a节点的href属性值
>>> html.xpath('________________________')
['link1.html', 'link2.html', 'link3.html']
# 获取li标签下的a节点的文本信息
>>> html.xpath('________________________')
['第一项', '第二项', '第三项']
# 使用last()方法定位最后一个li标签，并获取其下的a节点的文本信息
>>> html.xpath('________________________')
['第三项']
```

11.7　数据存储

豆瓣网电影信息的爬取V3.0

爬虫通过解析网页获取页面中的数据后，还需要将获得的数据存储下来，以供后续的数据分析与可视化。数据可以存储为文件也可以存储到数据库，结合本案例的数据规模不大，考虑将数据存储到文件。Python支持多种文件的读写操作，在此可将数据存储为CSV文件。那如何将数据保存到CSV文件呢?

这需要用到CSV模块的相关方法。

豆瓣网电影信息的爬取 V3.0

11.7.1　保存于CSV文件

CSV (Comma-Separated Values)文件是一类文件的简称，通常是用逗号分隔值(有时分隔符也可以不是逗号)的文件格式，其文件以纯文本的形式存储表格数据(数字和文本)。纯文本意味着该文件是一个字符序列，不含二进制方式表示的数据。CSV文件的行与行之间通常用换行符分隔，列与列之间通常用逗号分隔，一行即是一条记录，所有记录都具有完全相同的字段序列。

相对于TXT文件，CSV文件既可以用记事本打开，又可以用Excel打开，表现为表格形式。由于数据通常用逗号分隔开，因此可以十分清晰地看到数据的结构，而TXT文件经常遇到变量分隔的问题。此外，存储同样的数据，CSV文件占用的空间和TXT文件差不多，所以在Python网络爬虫中经常使用CSV文件存储数据。

Python提供了对CSV文件的支持，内置了CSV模块，当对CSV文件进行读写操作时，不需要额外安装CSV模块。

1. 写入CSV文件

当把数据写入CSV文件时，需要创建一个writer对象，然后调用两个方法：一个是writerow，可写入一行；一个是writerows，可写入多行。代码如下：

```
import csv
```

```
headers=['书名','作者','价格']
values=[
    ('红楼梦','曹雪芹',59.7),
    ('三国演义','罗贯中',39.5),
    ('西游记','吴承恩',47.2),
    ('水浒传','施耐庵',50.6)
    ]
with open('book.csv','w',newline='') as fp:
# newline是写入一行后要执行的操作，设置为空，则写入后，行之间无空行
    writer = csv.writer(fp)
    writer.writerow(headers)          # 写入一行
    writer.writerows(values)          # 写入多行
```

将上述代码保存到程序文件中，执行该程序，将会在当前目录生成一个名为book.csv的文件，其内容如图11-9所示。

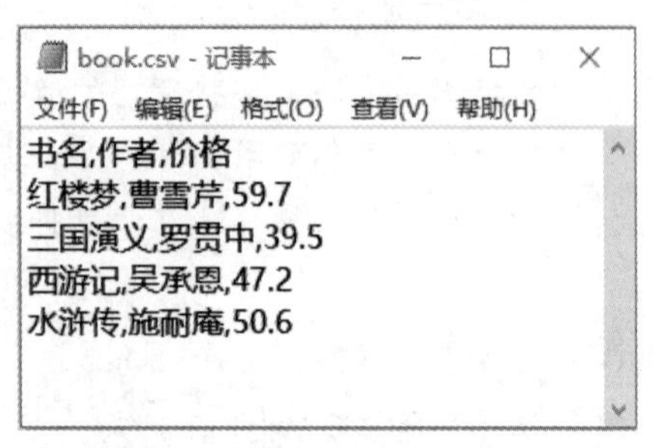

图 11-9 book.csv 文件以记事本方式查看

通过Excel打开book.csv文件，其内容如图11-10所示。

	A	B	C
1	书名	作者	价格
2	红楼梦	曹雪芹	59.7
3	三国演义	罗贯中	39.5
4	西游记	吴承恩	47.2
5	水浒传	施耐庵	50.6

图 11-10 book.csv 文件以 Excel 方式查看

除了按行写入CSV文件之外，还可以使用字典的方式把数据写入，这时就需要调用DictWriter()方法。以字典方式写入CSV文件的代码如下：

```
import csv
headers=['书名','作者','价格']
values=[
    {"书名":"红楼梦","作者":"曹雪芹","价格":59.7},
    {"书名":"三国演义","作者":"罗贯中","价格":39.5},
    {"书名":"西游记","作者":"吴承恩","价格":47.2}
    ]
with open('book2.csv','w',newline='') as fp:
    writer = csv.DictWriter(fp,headers)
    # 写入一行
    writer.writerow({"书名":"水浒传","作者":"施耐庵","价格":50.6})
    # 写入多行
    writer.writerows(values)
```

以上代码定义了一组字典列表，然后调用CSV模块中的DictWriter()方法初始化对象，之

后调用writerow()方法写入单行，最后调用writerows()方法写入多行，将字典内容写入CSV文件中。将以上代码保存到文件中并执行该程序，将会在当前目录生成一个名为book2.csv的文件，其内容如图11-11所示，与预期结果一致。

	A	B	C
1	水浒传	施耐庵	50.6
2	红楼梦	曹雪芹	59.7
3	三国演义	罗贯中	39.5
4	西游记	吴承恩	47.2

图 11-11　用 Excel 方式查看 book2.csv 文件

但是，通过测试发现，用字典方式时，表头信息如书名、作者、价格未写入文件。这是因为写入表头数据时，需要调用writeheader()方法。代码如下：

```
import csv
headers=['书名','作者','价格']
values=[
    {"书名":"红楼梦","作者":"曹雪芹","价格":59.7},
    {"书名":"三国演义","作者":"罗贯中","价格":39.5},
    {"书名":"西游记","作者":"吴承恩","价格":47.2}
    ]
with open('book3.csv','w',newline='') as fp:
    # 创建字典方式写对象
    writer = csv.DictWriter(fp,headers)
    # 写入表头数据，即首行(各列字段名)
    writer.writeheader()
    # 写单行
    writer.writerow({"作者":"施耐庵","价格":50.6,"书名":"水浒传"})
    # 写多行
    writer.writerows(values)
```

将以上代码保存到文件中并执行该程序，将会在当前目录生成一个名为book3.csv的文件，其内容如图11-12所示，与预期结果一致。

	A	B	C
1	书名	作者	价格
2	水浒传	施耐庵	50.6
3	红楼梦	曹雪芹	59.7
4	三国演义	罗贯中	39.5
5	西游记	吴承恩	47.2

图 11-12　用 Excel 方式查看 book3.csv 文件

2. 读取CSV文件

读取CSV文件内容是最基本的操作之一。调用CSV的reader()方法即可实现对CSV文件的读取操作。

通过执行前一节的程序，在当前目录下生成了book.csv文件，其内容如图11-10所示，现编写一个简单的程序读取CSV文件内容并输出，代码如下：

```
import csv
with open('book.csv','r') as fp:
    lines = csv.reader(fp)
    for line in lines:
        print(line)
```

将以上代码保存到文件中并执行该程序，其运行结果如图11-13所示。

```
['书名', '作者', '价格']
['红楼梦', '曹雪芹', '59.7']
['三国演义', '罗贯中', '39.5']
['西游记', '吴承恩', '47.2']
['水浒传', '施耐庵', '50.6']
```

图 11-13　读取 CSV 文件

如果想从CSV文件读取数据之后，再通过标题来提取数据，则可以调用DictReader()方法。其代码如下：

```
import csv
with open('book.csv','r') as fp:
    lines = csv.DictReader(fp)
    for line in lines:
        print(line['书名'],end="  ")
        print(line['价格'],end="  ")
        print(line['作者'])
```

以上代码调用DictReader()方法读取CSV文件内容后，就可以使用字典的方式来提取数据了。这里字典的key即为文件首行的各字段名。将以上代码保存到程序文件中，执行该程序，结果如图11-14所示。

```
红楼梦  59.7  曹雪芹
三国演义  39.5  罗贯中
西游记  47.2  吴承恩
水浒传  50.6  施耐庵
```

图 11-14　读取 CSV 文件并以字典方式提取内容

从上述代码及其运行结果可看出，字典方式读取CSV文件的内容，可以人为改变提取内容的先后顺序，同时不再以列表的形式输出。

豆瓣网站电影信息的爬取V3.0

任务1：将爬取的电影信息保存于CSV文件

```
def saveMovies(movies):
    #以写方式打开本地文件，newline为空
    with open('./movie_data.csv','w',newline='') as fp:
        # 创建写CSV件对象
        writer = csv.writer(fp)
        # 一次写入多行，含标题信息
        writer.writerows(movies)
# 获取网页内容->解析网页并提取电影信息->保存数据
import requests
from bs4 import BeautifulSoup
import csv
url = 'https://movie.douban.com/cinema/nowplaying/wuhan/'
# 通过requests库获取网页内容text
text = getMoviesHtmlTextRequests (url)
# 通过BeautifulSoup解析网页并提取电影信息movies
movies=parseMoviesHtmlTextBs(text)
# 保存电影信息到CSV文件
saveMovies(movies)
```

练一练

【练一练11-10】 写入CSV文件，请将代码补充完整。

```
import csv
headers = ['姓名','年龄','身高']
values=[
    ('张三',20,70),
    ('李四',22,178),
    ('王五',21,165)
    ]
with open('classroom.csv','w',newline='') as fp:
    writer = csv.writer(fp)
    # 按单行写入表头headers
    writer.____________(____________)
    # 一次写入values
    writer.____________(____________)
```

【练一练11-11】 读取CSV文件，请将代码补充完整。

创建CSV文件“classroom.csv”，文件内容如图11-15所示。

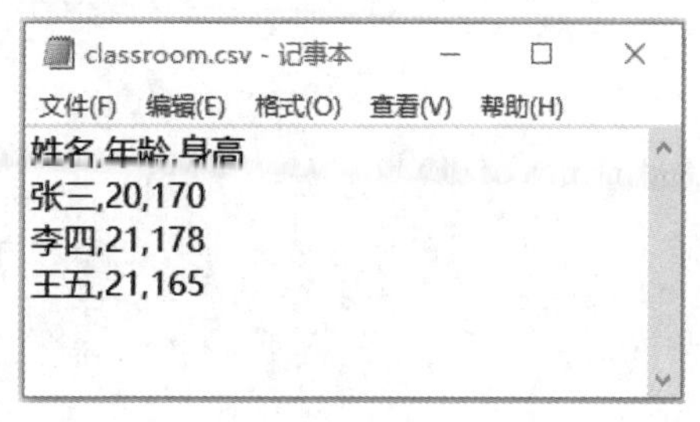

图 11-15 以记事本方式查看 classroom.csv 文件

编写程序读取该文件的内容。将代码在横线处补充完整，程序输出的结果如图11-16所示。

张三	20	170
李四	21	178
王五	21	165

图 11-16 读取 CSV 文件并以字典方式提取内容

```
import csv
with open('classroom.csv','r',encoding='utf-8') as fp:
    # 调用DictReader()方法创建读取对象lines
    lines = csv.____________(____________)
    for line in lines:
        print(line['姓名'],end="  ")
        print(line['年龄'],end="  ")
        # 输出身高
        print(____________['____________'])
```

11.7.2 保存于JSON文件

豆瓣网电影信息的爬取V3.0

爬虫通过解析网页获取页面中的数据后，还需要将获得的数据存储起来，以供后续的数据分析与可视化。数据可以存储为文件也可以存储到数据库，结合本案例的数据规模不大，考虑将数据存储到文件。Python支持多种文件的读写操作，除了CSV文件外，还可操作JSON文件，那么，如何将数据保存到JSON文件呢?

这可通过Python内置json模块的相关方法来实现。

在本书的第6章“词频统计”案例中介绍了有关JSON的常用方法。我们了解到JSON是一种常见的字典文件格式，通过Python内置标准库json提供的方法即可完成JSON字符串和Python对象的直接转换，也可很方便地将Python内置的基本类型(整型、浮点型、字符串型、字典、列表、元组)序列化为JSON对象后写入文件。例如将列表数据转为JSON数据，代码如下：

```
import json
movies = [
    {"电影名称":"长津湖",
    "电影评分":7.4
        },
   {"电影名称":"特种部队",
    "电影评分":4.3
        },
    {"电影名称":"沙丘",
    "电影评分":7.8
        }
    ]
movies_jsonStr = json.dumps(movies,ensure_ascii=False)
print(movies_jsonStr)
```

以上代码调用了json模块中的dumps()方法，将指定的列表(包含字典)数据转化为JSON字符串。而JSON在转储(dump)的时候，只能存放ASCII编码的字符，因此会对中文进行转义，这时可以使用ensure_ascii=False关闭ASCII编码。运行上述代码，其输出如图11-17所示。

```
[{"电影名称": "长津湖", "电影评分": 7.4}, {"电影名称": "特种部队",
"电影评分": 4.3}, {"电影名称": "沙丘", "电影评分": 7.8}]
```

图 11-17 列表转 JSON 字符串设置 ensure_ascii=False

若删除上述代码中ensure_ascii=False这个参数或将ensure_ascii设置为True，再次运行代码，其输出如图11-18所示。

```
[{"\u7535\u5f71\u540d\u79f0": "\u957f\u6d25\u6e56", "\u7535\u5f71\u
8bc4\u5206": 7.4}, {"\u7535\u5f71\u540d\u79f0": "\u7279\u79cd\u90e8
\u961f", "\u7535\u5f71\u8bc4\u5206": 4.3}, {"\u7535\u5f71\u540d\u79
f0": "\u6c99\u4e18", "\u7535\u5f71\u8bc4\u5206": 7.8}]
```

图 11-18 列表转 JSON 字符串 ensure_ascii=True

JSON模块中除了dumps()方法外，还有一个dump()方法，这个方法可以传入一个文件指针，直接将字符串转储(dump)到文件中，代码如下：

```
import json
```

```
movies = [
    {"电影名称":"长津湖",
    "电影评分":7.4
        },
  {"电影名称":"特种部队",
    "电影评分":4.3
        },
    {"电影名称":"沙丘",
    "电影评分":7.8
        }]
with open('movie.json','w') as fp:
    # 第一个参数为要转储的数据，第二个为文件指针
      json.dump(movies,fp)
```

运行上述代码，发现在当前程序所在路径下生成了一个movie.json文件，以记事本方式查看，其内容如图11-19所示。

movie.json - 记事本

文件(F)　编辑(E)　格式(O)　查看(V)　帮助(H)

```
[{"\u7535\u5f71\u540d\u79f0": "\u957f\u6d25\u6e56",
"\u7535\u5f71\u8bc4\u5206": 7.4}, {"\u7535\u5f71\u540d\u79f0":
"\u7279\u79cd\u90e8\u961f", "\u7535\u5f71\u8bc4\u5206": 4.3},
{"\u7535\u5f71\u540d\u79f0": "\u6c99\u4e18",
"\u7535\u5f71\u8bc4\u5206": 7.8}]
```

图 11-19　保存于 movie.json 文件的列表 movies 数据

查看movie.json文件中的内容，发现中文都被编码了，不能直接查看信息，这时可以通过json模块提供的load()方法将JSON文件的信息读取到Python对象中。代码如下：

```
import json
with open('movie.json', 'r') as fp:
# 读取文件fp，存放到变量d中
    d = json.load(fp)
      print(type(d))
    print(d)
```

运行结果：

```
<class 'list'>
[{'电影名称': '长津湖', '电影评分': 7.4}, {'电影名称': '特种部队', '电影评分': 4.3},
{'电影名称': '沙丘', '电影评分': 7.8}]
```

从程序的运行结果看出，json.load()方法读取了文件中JSON格式的字符串并转换为Python的列表对象，和前面转储JSON文件前的数据类型一致。

豆瓣网站电影信息的爬取V3.0

任务2：将爬取的电影信息保存于JSON文件

```
def saveMovies(movies):
  # movies为列表数据
  # 可用python内置json库的dumps方法转换为字符串
  # ensure_ascii=False关闭了ASCII编码
    movies_str = json.dumps(movies, ensure_ascii=False)
```

```
    # 以写的方式打开movie_data.json文件
    with open("./movie_data.json", 'w') as fp:
        # 使用dump方法将字符串转储到文件movie_data.json
        json.dump(movies_str,fp)
# 获取网页内容->解析网页并提取电影信息->保存数据
import requests
# 从lxml中导入etree模块，以便使用xpath
from lxml import etree
import json
url = 'https://movie.douban.com/cinema/nowplaying/wuhan/'
# 通过requests库获取网页内容text
text = getMoviesHtmlTextRequests (url)
# 通过XPath解析网页并提取电影信息
movies=parseMoviesHtmlTextXpath(text)
# 保存电影信息到json文件
saveMovies(movies)
```

练一练

【练一练11-12】把student的内容写入JSON文件，请将代码补充完整。

```
import json
student = [{'姓名':'张三','年龄':20,'身高':170},{'姓名':'李四','年龄':22,'身高':178},
{'姓名':'王五','年龄':21,'身高':180}]
with open('classroom.json','w',newline='') as fp:
    json._______(_______,_______)
```

【练一练11-13】读取JSON文件，请将代码补充完整。

创建一个JSON文件“classroom2.json”，文件内容如图11-20所示。

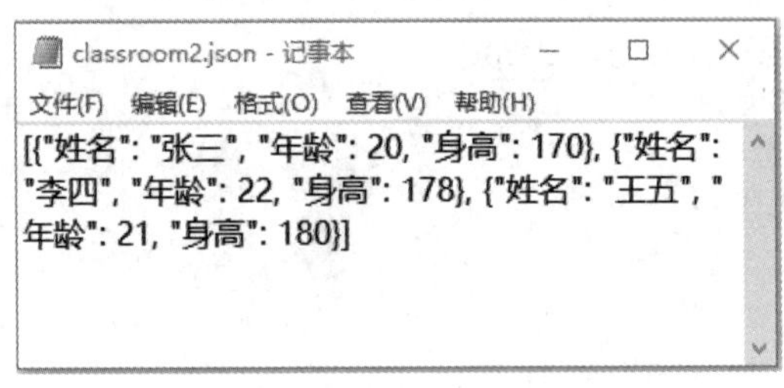

图 11-20　用记事本打开文件 classroom2.json

编写程序读取该文件的内容。将代码补充完整，程序输出的结果如图11-21所示。

```
[{'姓名': '张三', '年龄': 20, '身高': 170}, {'姓名': '李四', '年龄': 22, '身高': 178}, {'姓名': '王五', '年龄': 21, '身高': 180}]
```

图 11-21　运行结果

```
import json
with open('classroom2.json', 'r',encoding='utf-8') as fp:
    # 读取文件fp，存放到变量中student
    student = json.__________(_________)
print(student)
```

本章你学到了什么

在这一章，我们主要介绍了以下内容。

- 豆瓣网电影信息的爬取V1.0：通过第三方库requests或Python内置库urllib获取网页信息，即得到豆瓣网某地(如武汉)正在上映电影信息所在页面的全部数据。
- 豆瓣网电影信息的爬取V2.0：通过BeautifulSoup或XPath解析网页，即在前一步的基础上进一步提取武汉正在上映电影的信息，包括电影名称、电影评分、星级、发行时间、时长、产地、导演、演员。
- 豆瓣网电影信息的爬取V3.0：组织并保存电影数据，由多部电影的8个字段信息形成二维表格数据，然后按行写入CSV文件或JSON文件，实现对所提取的电影数据的保存，以便后续还可做数据的分析、清洗与可视化。

课后练习题

一、单项选择题

1.下列不属于网络爬虫工作流程的是(　　)。

A. 发送请求　　B. 获取响应内容　　C. 解析并保存　　D. 搜索文档

2. 下列关于requests爬虫，说法有误的是(　　)。

A. 请求头是将自身伪装成浏览器的关键

B. 通常都会根据Referer参数判断请求的来源

C. 编码问题的存在会使爬虫程序报错

D. 请求携带的参数封装到一个字典中，当作参数传给post或get

3. 下列关于urllib库，表述有误的是(　　)。

A. 向服务器发送数据时，get与post传递数据的方式相同

B. urlopen函数返回HTTPResponse对象提供的方法和文件对象非常相似

C. 同requests库一样，都可以生成HTTP请求

D. requests库是基于urllib库的封装，使用起来更便捷

4. 下列关于BeautifulSoup，表述有误的是(　　)。

A. BeautifulSoup支持Python标准库中的HTML解析器，也支持第三方解析器

B. BeautifulSoup可将复杂HTML文档转换成树形结构

C. BeautifulSoup唯一的搜索方法是find_all()

D. BeautifulSoup 有Tag、NavigableString、BeautifulSoup和Comment四种主要对象

5.下列关于XPath中常见的使用方法，表述有误的是(　　)。

A. /text()：获取当前路径下的文本内容

B. //(双斜杠)：定位根节点，对全文进行扫描，在文档中选取所有符合条件的内容，以列表的形式返回

C. /(单斜杠)：定位当前节点的下一层节点或对当前节点的内容进行操作

D. contains方法可用于选取以指定值开头的节点

二、操作题

1. 爬取中国旅游网首页(http://www.cntour.cn/)中表示新闻列表<ul class="newsList">节点的全

部子节点中的新闻链接和新闻标题，要求使用requests库获取网页数据并通过bs4解析网页，在本地创建一个news.csv文件，该文件包含两个列字段，分别用于存储新闻链接和新闻标题，如图11-22所示。

	A	B	C	D	E
1	新闻标题	新闻链接			
2	发挥旅游优势 共建开放型世界经济	http://www.cntour.cn/news/20081/			
3	冬奥盛会举世瞩目 冰雪旅游全民共享	http://www.cntour.cn/news/19074/			
4	文旅部更新景区恢复开放防疫指南	http://www.cntour.cn/news/19069/			
5	文旅部:国有景区年底实现在线预约	http://www.cntour.cn/news/19059/			
6	2021中国旅游向内发力	http://www.cntour.cn/news/14988/			
7	2020中国旅游浴火重生	http://www.cntour.cn/news/14987/			
8	“云旅游”赋能旅游业创新发展	http://www.cntour.cn/news/14977/			
9	旅游为幸福生活添彩	http://www.cntour.cn/news/14970/			
10	RCEP为旅游业带来机遇	http://www.cntour.cn/news/14965/			
11	大数据读懂中国旅游新引力	http://www.cntour.cn/news/14943/			
12	假日旅游复苏 市场平稳有序	http://www.cntour.cn/news/13916/			
13	全球旅游业呈现持续向好势头	http://www.cntour.cn/news/13907/			

图 11-22　中国旅游网部分新闻标题和新闻链接信息

2. 获取中国工程院院士网全体院士名单(http://www.cae.cn/cae/html/main/col48/column_48_1.html)中各个院士的姓名和超链接信息，已知院士姓名和超链接信息全部在该页面的<li class="name_list">节点a标签中，要求使用urllib库获取网页数据并使用XPath解析网页，可将获取的院士名称和院士链接保存于本地创建的caePersons.csv文件中，caePersons.csv文件的部分信息如图11-23所示。

	A	B
1	院士名称	院士链接
2	曹喜滨	https://www.cae.cn/cae/html/main/colys/63775817.html
3	陈学东	https://www.cae.cn/cae/html/main/colys/35791989.html
4	邓宗全	https://www.cae.cn/cae/html/main/colys/01567139.html
5	丁荣军	https://www.cae.cn/cae/html/main/colys/25235806.html
6	董春鹏	https://www.cae.cn/cae/html/main/colys/46604755.html
7	樊会涛	https://www.cae.cn/cae/html/main/colys/42793697.html
8	冯煜芳	https://www.cae.cn/cae/html/main/colys/48072917.html
9	甘晓华	https://www.cae.cn/cae/html/main/colys/71311121.html
10	高金吉	https://www.cae.cn/cae/html/main/colys/15801057.html
11	郭东明	https://www.cae.cn/cae/html/main/colys/03128697.html
12	何琳	https://www.cae.cn/cae/html/main/colys/84374699.html
13	侯晓	https://www.cae.cn/cae/html/main/colys/45460775.html
14	黄庆学	https://www.cae.cn/cae/html/main/colys/60678813.html
15	蒋庄德	https://www.cae.cn/cae/html/main/colys/42868818.html
16	金东寒	https://www.cae.cn/cae/html/main/colys/96936717.html
17	李德群	https://www.cae.cn/cae/html/main/colys/47471633.html

图 11-23　中国工程院院士网院士名单及其链接信息

参考文献

[1] Liang Y D. Python语言程序设计[M]. 李娜，译. 北京：机械工业出版社，2016.

[2] Lott S F. Python经典实例[M]. 闫兵，译. 北京：人民邮电出版社，2019.

[3] Lambert K. Python程序设计与问题求解[M]. 刘鸣涛，等译. 北京：机械工业出版社，2019.

[4] 赵广辉. Python语言及其应用[M]. 北京：中国铁道出版社，2019.

[5] 赵璐. Python语言程序设计教程[M]. 上海：上海交通大学出版社，2019.

[6] 刘立群. Python语言程序设计实训(微课版)[M]. 北京：清华大学出版社，2021.

[7] 董付国. Python数据分析、挖掘与可视化[M]. 北京：人民邮电出版社，2020.

[8] 刘凡馨. Python 3基础教程[M]. 2版. 北京：人民邮电出版社，2020.

[9] 沈涵飞. Python程序设计基础微课版[M]. 北京：人民邮电出版社，2021.

[10] Alex，武沛齐，王战山. Python编程基础[M]. 北京：人民邮电出版社，2020.

[11] 黑马程序员. Python程序开发案例教程[M]. 北京：中国铁道出版社，2019.

[12] 朝乐门. Python编程从数据分析到数据科学[M]. 北京：电子工业出版社，2019.

[13] McKinney W. 利用Python进行数据分析[M]. 徐敬一，译.北京：机械工业出版社，2018.

[14] 黄红梅，张良均. Python数据分析与应用[M]. 北京：人民邮电出版社，2018.

[15] 嵩天. Python语言程序设计基础[M]. 2版. 北京：高等教育出版社，2017.